정자
전쟁

정자전쟁

지은이 / 로빈 베이커
옮긴이 / 이민아
펴낸이 / 강동권
펴낸곳 / (주)이학사

1판 1쇄 발행 / 2002년 8월 28일
1판 6쇄 발행 / 2025년 4월 1일

등록 / 1996년 2월 2일 (신고번호 제1996-000015호)
주소 / 서울시 종로구 율곡로13가길 19-5(연건동 304) 우03081
전화 / 02-720-4572 · 팩스 / 02-6919-1668
홈페이지 / ehaksa.kr
이메일 / ehaksa1996@gmail.com
인스타그램 / www.instagram.com/ehaksa_
페이스북 / facebook.com/ehaksa · 엑스 / x.com/ehaksa

한국어판 ⓒ (주)이학사, 2007. Printed in Seoul, Korea.

ISBN 978-89-87350-98-1 03470

Sperm Wars, re-issued edition by Robin Baker
Copyright ⓒ Robin Baker, 1996
All rights reserved.
Original edition is published by Thunder's Mouth Press.

Korean Translation Copyright ⓒ 2007 by Ehak Publishing Co., Ltd.
All rights reserved.
Korean edition is published by arrangement with Robin Baker, c/o The Susijn
Agency Ltd., London, UK through Bestun Korea Agency Co., Seoul, Korea.

이 책의 한국어판 저작권은 (주)이학사가 가지고 있습니다.
저작권법에 의해 한국 내에서 보호를 받는 저작물이므로
무단 전재와 무단 복제를 금합니다.

* 책값은 뒤표지에 표시되어 있습니다.

SPERM WARS

정자
전쟁

불륜, 성적 갈등, 침실의 각축전

로빈 베이커 지음   이민아 옮김

일러두기

1. 이 책은 Robin Baker, *Sperm wars: Infidelity, Sexual Conflict, and Other Bedroom Battles,* re-issued edition(Thunder's Mouth Press, 2006)을 우리말로 옮긴 것이다.
2. 본문에 나오는 외국 인명 등은 현행 외래어 표기법을 기준으로 표기하는 것을 원칙으로 하였으나, 표기 원칙이 정해지지 않은 것은 일반적으로 통용되고 있거나 굳어진 표현을 사용하였다.
3. 원서의 고딕체(장면1~37)는 진한 명조체로, 이탤릭체는 고딕체로 표기하였다.
4. 부호의 쓰임은 다음과 같다.
   『 』: 서명
   ( ): 지은이의 부연 설명
   〔 〕: 옮긴이의 부연 설명

개정판 서문

　내 생애 첫 직업은 과학 연구자였다. 나는 그렇게 26년 동안 한 대학에 소속되어 강의하고 연구하면서 다양한 주제로 학술서를 저술하기도 했다. 나와 같은 위치에 있는 대부분의 학자들에게 그렇겠지만, 어떤 저서가 성공했다는 것은 그 책이 개별 독자들이 아니라 영어권 대학 도서관에 그럭저럭 팔렸다는 뜻이다. 그러면 그 책은 도서관 서고에 얌전히 진열되어 먼지나 그러모으면서 누군가가 이런저런 정보나 견해를 얻기 위해 언젠가 한번 들춰볼 날이 오기만을 기다리는 것이다. 그러나 그 책이 그런 식으로 읽히는 경우는 드물다. 그것을 집어 드는 것은 대개는 흠을 잡으려는 다른 학자들이다. 가끔은 결함을 찾기 위해서가 아니라 그저 사실을 확인하기 위해서일 때도 있지만. 한 10년 전이었을 것이다. 어느 날 갑자기, 그렇게 고생스러운 피와 땀의 결실이 너무나 소수의 사람들에게만 읽힌다는 것을 생각하고는 맥이 풀렸고, 그래서 대중 과학 저술로 방향을 돌렸다. 내가 쓰는 글이 상아탑 바깥에서도 읽혔으면 하는 바람이 있었고, 잘하면 영어권 독자들뿐만 아니라 다른 언어를 쓰는 독자들도 만날 수 있을지 모르겠다고 생각했다. 너무나 기쁘게도 두 소원 모두 이루어졌고, 그뒤로는 학문

저술 쪽으로 되돌아간다는 것은 생각도 해보지 않았다.

『정자전쟁』은 누구에게나 흥미로운 주제—성, 생식력, 출산—에 관해 재미와 유익한 정보를 동시에 주기 위한 책이다. 나는 사람들이 자신과 타인의 행동을 이해하고, 살다보면 누구라도 경험할 수 있는 성적 행동과 욕구를 다른 관점에서 바라보는 데 도움을 주고자 했다. 모든 사회에서 정상으로 받아들여지는 욕구만이 아니라 많은 사회에서 그렇게 받아들여지지 않는 욕구까지도 말이다. 이 책을 쓰는 동안에는 이 책을 읽고 위안을 얻는 독자가 있을 것이라고는 생각하지 못했다. 그러나 아이러니하게도 정작 독자들 사이에서 가장 공통된 경험이 바로 이것이었다.

사실 나는 어느 정도는 우편물이 올 것을 예상했다. 과학 연구를 팔아넘겼다고 노발대발하는 학자들이며, 내가 객관적 설명의 탈을 쓰고 반사회적이고 불법적이며 심지어는 벌받을 행동 혹은 그렇게 여겨지는 행동을 묵인한다고 여기는 광적인 도덕주의자들, 또 이 책이 상대 성의 가증스러운 행동을 정당화시키고 있다고 분노하는 남녀 쇼비니스트들로부터 말이다. 내 예상은 완전히 빗나갔다. 학자들은 나와 직접적으로 대결하는 것보다는 자신들의 저서 서문을 통해 언짢은 기분을 풀어내는 쪽을 선호했으며, 도덕주의자들이나 쇼비니스트들은 대체로 내 주장을 인정하거나 아예 아무런 반응도 보이지 않는 양극이었다. 대신 우리 집 우편함을 메운 것은 자기가 어째서 가끔가다 그런 행동을 하는지 도저히 이해할 수 없던 것을 내 책을 읽고 나서야 이해할 수 있었다는 전 세계 남녀 독자들의 감사 편지였는데, 남성보다는 여성 독자가 더 많았다. 이 편지들 대부분은 간통이나 난잡한 성생활에 관한 것이었고, 자위행위나 몽정에 관한 것도 있었다. 내가 예상한 반응은 아니었지만, 그럼에도 매우 감격스러웠으며 또한 감사한다.

내가 전 세계의 독자들로부터 편지를 받은 것은 대단히 유능하고 열정적인 대리인 로라 수진 덕분이다. 수진의 노력으로 『정자전쟁』의 판권은 북쪽으로 캐나다와 러시아를 위시하여 남쪽으로는 오스트레일리아, 서쪽으로는 미국, 극동의 중국과 일본까지, 21개 출판사와 계약을 맺었으며 모두 20개 언어로 번역되었다.

이 책이 범세계적으로 번역되고 출판된 덕분에 이 책에서 다룬 다양한 성적 행동이 나라마다 각기 다른 반응을 불러일으켰다는 아주 흥미로운 사실을 간파할 수 있었으며, 이는 편견 없는 논의로 이어졌다. 영국에서는 순식간에 『선데이타임스』의 베스트셀러 7위로 뛰어올랐고 몇 주 동안 순위권에 머물렀다. 독일어판, 폴란드어판, 중국어판도 이와 비슷하게 열광적인 반응을 얻었다. 대조적으로 덴마크어판과 스웨덴어판은 그만한 열기를 일으키지 못했던 것 같다. 아마도 솔직하고 자유로운 성 논의가 1996년 스칸디나비아에서는 전혀 새로운 것이 아니었을지도 모르겠다. 하지만 미국의 반응은 다른 어느 지역과도 달랐는데, 전혀 뜻밖이었다.

미국에서 『정자전쟁』이 출간된 지 몇 주 뒤, 미국 각 주의 라디오 방송국에서 인터뷰 요청이 밀려들었다. 캘리포니아와 뉴욕의 방송은 내가 유럽에서 흔히 접하던 것과 다를 것이 없었다. 활기차고 막힘없고 이것저것 질문이 쏟아지고, 그러다가 간통이나 여타의 은밀한 성생활에 관한 음담패설도 한두 마디씩 주고받고. 나는 당찮은 자신감에 부풀어 인터뷰 일정을 이어갔다—어느 어느 주였는지는 밝히지 않는다.

처음 충격을 받은 것은 한 라디오 방송국의 기이하기 짝이 없는 조건 때문이었다. 어떤 유명 인사가 사회를 맡고 『정자전쟁』에 관해서 15분 동안 대담 비슷하게 이야기를 나누는 시간이었는데, 나나 그 사회자가 "정자"라는 어휘를 절대로 써서는 안 된다는 단서가 붙어 있는 것이 아닌가. 그 어휘가 불쾌하다는 이유였다. 그뒤로는 더 이상 그렇게 충격을 받지는 않았지만, 방송국마다 내가 할 말에 이러저러한 제한을 두었다. 그러자니 이 책의 내용과 메시지를 설명한다는 것이 불가능에 가까운 경우가 한두 번이 아니었다. 그중에서도 (나에게) 최악은, 보아하니 이 책의 성격을 잘 아는 것 같았던, 한 시간짜리 대담을 제안한 방송국이었다. 방송을 시작하고 5분쯤 지나니 사회자가 근처에 있는 기술자들에게 "도움" 요청 신호를 보냈다. 그러고는 2분간 음악을 내보냈다. 왜 그랬냐고? 내가 무슨 욕설이나 거슬리는 소리를 해서도, 성기나 오르가슴을 논해서도 아니었다. 심지어 "정자"라는 어휘도 쓰지 않았다. 그건 내가 진지하고도 온전한 정신으로, 여성이 때로 며칠 간격으로 한 명 이상의 남자와 성관계를 맺는 이유, 그러니까 정자전쟁을 야기하는 행동을 열거했기 때문이었다. 그런데 그것이 바로 이 책의 핵심이 아니던가.

미국에서 『정자전쟁』이 처음 나왔을 때는 그런 대로 팔렸다. 하지만 그쪽 독자들이 워낙 점잖은 것인지, 아니면 당황한 것인지, 1996년 라디오 순회 인터뷰에서 다루었던 성 관련 주제를 대놓고 토론하는 것이 내키지 않았던 것인지, 판매량이 유럽이나 아시아에는 한참 뒤처졌다. 확실히 나 출판사가 기대했던 만큼은 되지 못했다. 그런데 이 책이 미국에 첫선을 보인 지 10년 가까이 지난 지금에 와서 다시 출간하는 이유는 무엇인가?

사람의 생식 작용이 변하기 시작했기 때문이 아니다. 우리의 기본적인 성적 행동은 인류의 탄생 이래 20세기 말까지 수천 년 동안, 어쩌면 백만 년 이상, 대체로 변화를 겪지 않았다. 하지만 내가 다른 책 『미래의 성Sex in the Future』에서 설명했듯이, 인공수정 기술의 적용성과 신뢰도가 점점 높아져 언젠가는 『정자전쟁』에서 상세히 다룬 다양한 성적 행동에도 영향을 미치게 될 것이다. 특히 친자 확인 유전자 검사는 남자가 어수룩하게 오쟁이 질 확률을 감소시키고 있다. 아직까지는 그 효과가 미미하지만 말이다. 그렇다고 『정자전쟁』이 전 세계 나머지 지역—영국, 프랑스, 폴란드, 체코, 중국 등 이미 재출간이 이루어졌거나 현재 진행되고 있는 나라들—에서 무슨 "고전적 명서"로 꼽혀서 재출간하는 것은 아니다. 미국에서 초판본이 장서가의 필수 항목으로 꼽혔기 때문도 아니다. 초판본이 미국 서점가에서 사라진 지 얼마 지나지 않아서 보니 미국에서 가장 큰 인터넷 서점에서 중

고본 한 부에 90달러라는 가격표가 붙어 있기는 했다. 원래 책값이 20달러 안팎이었는데 말이다. 어쨌거나 이런 이유는 아니고, 다만 2006년 미국의 보통 사람들이 이 책에서 다룬 문제와 설명에 1996년 당시보다는 훨씬 더 기꺼이, 나아가서는 더욱 열성적으로 매달릴 준비가 되어 있다는 느낌을 받았기 때문이다. 예전처럼 쉽사리 당황하지는 않을 것이라고 말이다.

지난 몇 년 동안 미국에서는 성 상품점 체인이 전국 단위로 뻗어나가면서 "섹스 장난감"에 사로잡힌 미국인들의 행태를 다룬 신문 기사, 뉴스 보도, 특집 프로그램 따위가 홍수를 이루었다. 섹스 장난감 자체는 그닥 새로운 것이 아니다. 기본적으로는 외로운 남성이나 여성 혹은 성생활에 새로운 분위기를 가미하고 싶은 부부나 애인들의 자위행위 보조 기구 이상은 아니다. 그러나 새로운 현상은 이러한 장난감이 미국에서 광범위한 소비자층에게 어마어마한 양으로 판매되고 있다는 사실이다—개방적이기로 둘째가라면 서러울 뉴욕과 샌프란시스코 시민들만의 이야기가 아니다! 현재 30세 이하 미국인들에게는 "포르노 세대"라는 이름표가 붙어 있다. 인터넷에서 텔레비전까지 어딜 봐도 섹스가 빠지면 이야기가 안 될 정도인데, 이는 미국인들이 충분한 정보와 지식을 접하고 있으며 편견 없는 건강한 태도를 갖게 되었음을, 아니 적어도 그러한 과정에 있음을 보여주는 것 같다. 내가 『정자전쟁』을 쓴 의도가 바로 그러한 변화였다.

물론 아직은 갈 길이 멀다. 미국인이라면 제아무리 화끈한 자유주의자라 해도, 그들의 성 의식이 유럽과 아시아 지역 사람들의 성 의식에 비하면 경직된 축에 든다는 사실을 인정하지 않을 수 없을 것이다. 그다지 운이 좋지 못했던 미국의 공직자들도 마찬가지 생각일 것이다. 전직 대통령들을 위시하여 많은 정치가들이 자기네 유권자들도 유럽 국가의 유권자들하고 좀 비슷했으면 하고 바랄 것 같다. 이쪽 지역에서는 유권자들 사이에 성공한 인물이라는 인상을 심어주고 싶으면 애인을 두는 것이 필수 조건인데, 상대가 매력적이고 유명할수록 유리하니 말이다. 그들은 그저 "자연이 시키는 대로" 사는 것—정자전쟁의 주제—을 평균 미국인들이 조금이라도 이해해주기를 바랄지도 모르겠다.

나는 이러한 『정자전쟁』의 메시지가 미국의 전 세대보다 현재 세대를 얼마나 더 깊이 끌어들이는지 흥미롭게 지켜볼 것이다. 우선 나는 내 책과 미국의 잠재 독자층을 믿어준 존 오크스와 아발론 출판 그룹에 감사하고 싶다. 이분들의 믿음 덕분에 오래전 나의 박사과정 지도교수에게서 물려받은 내 삶의 한 가지 척도를 실현할 수 있었다. 나의 지도교수 하워드 힌튼은 멕시코인의 유전자에 관한 어설픈 지식과 머리에 쏙쏙 박히는 경구를 무진장하게 보유한 총명하고도 유쾌한 괴짜였다. 그분의 이야기를 듣다보면 어떤 것이 지어낸 것이고 어떤 것이 실제로 존재하는 경구인지 분간이 가지 않았지만, 『정자전쟁』 개정판을 내면서 내내 떠오르던 두 마디가 있다.

하나는 학문적 적수들은 자기네 생각을 절대로 바꾸지 않으니 우리가 바랄 수 있는 유일한 승리는 그 사람들보다 오래 사는 것뿐이라는 말씀. 또 하나는 우리가 쓴 것이 10년 뒤에 여전히 인구에 회자되지 않는다면 애당초 쓸 가치가 없는 것이었다는 말씀. 내가 『정자전쟁』에 분개한 몇몇 학자들보다 오래 살 것인지는 시간이 지나봐야 알겠지만, 이 책이 초판이 나온 지 10년 만에 재발간된다는 것만큼은 흔들림 없는 사실이다. 이 개정판이 초판보다 독자들에게 더 큰 의미로 다가갈지 또한 두고봐야 알 일이지만, 나의 스승께서 살아 계셨다면 필시 빈정거리며 내뱉었을 축하의 말을 헤아려보는 것만으로도 나에게는 크나큰 기쁨이다.

2005년 8월
로빈 베이커

초판 서문

성과 번식은 사람들의 생활에서 중요한 부분을 차지한다—직접 관계하고 행하는 것보다는 생각하고 이야기하는 것으로. 이 모든 관심에도 불구하고 대부분의 사람들은 자신의 성적 행위와 반응, 느낌을 생활의 어떤 측면보다 부끄러운 것으로 여긴다. 한번 생각해보자.

우리는 왜 더할 나위 없이 행복하고 만족스러운 관계 속에서도 가끔씩 외도하고 싶은 강한 욕구를 느끼는가? 남자는 왜 한 번 성교를 할 때마다 전 미국 인구의 두 배를 수정하고도 남을 정자를 사정하는가? 그리고 그렇다면 왜 이중 절반이 여자의 다리 사이로 흘러 나가버리는가? 왜 우리는 그 대부분의 시간에 아이를 원하지 않으면서도 그렇게 자주 성욕을 느껴야 하는가? 왜 우리의 신체는 아이를 가장 원하지 않는 순간에 우리의 의지를 좌절시켜서 출산을 하게 만드는가? 왜 우리의 신체는 아이를 원할 때 우리의 소망을 좌절시켜서 출산을 하지 못하게 하는가? 임신을 하기 위한—혹은 하지 않기 위한—최적의 시기를 알아내는 것은 왜 그렇게 어려운가? 음경은 왜 그런 모양으로 생겼으며, 성교하는 동안 왜 삽입 행위를 하는가? 우리는 왜 그렇게 자위행위 욕구를 강하게 느끼며, 왜 어떤 사람들은 잠자는 동안 오르가슴을 느끼는가? 여자의 오르가슴은 왜 그렇게 예측하기가 어려우며, 왜 그렇게 이끌어내기가 어려운가? 왜 어떤 사람들은 동성 간의 성교에 더 관심이 높은가?

앞의 질문들은, 우리 대부분이 솔직하게 인정하는 한, 이성적이거나 적어도 조리에 맞는 답을 전혀 찾지 못하는 문제의 일부일 뿐이다. 그러나 1970년대에 시작된 성적 이해에 대한 혁명의 물결이 1990년대가 되도록 그 여세를 몰아가지 못하면서 뒤안에 남겨졌던 이 의문들이 바로 이 책에서 그 답을 구하고자 하는 문제들이다.

지금까지 성적 행위에 대한 해석의 혁명은 유일하게 학술 분야, 정확하게는 진화생물학에서만 누리던 특권이었다. 이 책을 쓰는 목적은 새로운 해석을 처음으로 광범한 청중 앞에 던지자는 것이다.

우리가 성에 대해서 생각하는 모든 방식은 언제든지 혁명으로 뒤바뀔 잠재력이 있다. 나의 야망은 이 잠재력을 추동하는 것이다. 이 혁명의 주 메시지는 우리의 성적 행위가 선조들에게 작용했던, 그리고 오늘날의 우리에게까지도 영향을 미치고 있는 진화의 힘에 의해서 설정되고 형성되었다는 점이다. 이 효과의 주된 힘은 의식이 아니라 **신체**를 이끌어왔다. 신체는 두뇌를 사용해서 우리가 본래 설정된 방식대로 행동하도록 조종할 따름이다.

이 설정 방향을 이끌어온 중심 추는 **정자전쟁**의 위협이다. 여자의 신체가 동시에 두 명(혹은 그 이상)의 남자의 정자를 보유하고 있으면 반드시 두 무리의 정자 사이에는 여자의 난자를 수정하여 '포상'을 받기 위한 쟁탈전이 벌어진다. 이들 정자의 경쟁 방식은 전쟁에 가깝다. 남자의 사정 물질 가운데 수정력 있는 엘리트 '난자잡이'(본문 3장 장면 4 참조)는 아주 소수(1% 이하)다. 나머지는 다른 남자의 정자가 난자를 수정하는 것을 저지하는 일 따위를 제외하면 아무런 기능이 없는, 불임성의 '자살특공대'다.

정자전쟁은 그 자체만으로도 이야깃거리이지만, 사람의 성적 행위 모든 단계에 걸쳐서 광범한 결과를 빚어내기도 한다. 성에 대한 우리의 태도,

감정, 반응, 성적 행위는 부분적으로는 의식적으로, 그러나 더욱 중요하게는 잠재의식적으로 정자전쟁과 관련되는데, 사람의 모든 성적 행위는 이 새로운 관점으로 재해석될 수 있다. 따라서 남성의 성적 행위 대부분은 한 여자가 보유한 자신의 정자가 정자전쟁에 노출되지 않도록 방지하는 것이며, 혹은 이에 실패했을 시 자신의 정자가 그 전쟁에서 승리할 수 있는 최상의 여건을 마련하는 것이다. 여성의 성적 행위 대부분은 자신의 배우자와 다른 남성의 허를 찌르며, 또는 자신이 촉발시킨 전쟁에서 어느 남자의 정자가 최상의 승리 조건을 확보할지에 영향을 미친다.

우리 모두에게는 과거의 어느 시점, 우리 아버지의 정자 가운데 하나가 우리 어머니의 난자에 진입해서 수태에 이르게 된 중차대한 순간이 있었다. 그 사건은 새 국면으로 가기 위한 복잡한 명령 체계를 풀어놓았다. 그 명령 체계의 절반은 아버지에게서 절반은 어머니에게서 물려받아서 마침내 오늘날 우리가 된 한 사람이 탄생된 것이다. 만약 우리의 어머니와 아버지가 그때 그 상대와 성관계를 가지지 않았고 그때 했던 대로 대비를 하지 않았더라면 우리는 결코 존재할 수 없었을 것이다.

모든 수태 뒤에는 이야기가 담겨 있다. 그러나 그 이야기들의 상세한 내막은 거의 알려져 있지 않다. 예를 들면 어머니가 우리를 수태할 때 오르가슴을 느꼈는지, 만약 그랬다면 아버지와 동시에 느꼈는지 아니면 그 앞이었는지 뒤였는지를 아는 사람이 우리 가운데 몇 명이나 있을까? 우리의 어머니나 아버지는 우리를 수태하기 며칠 전이나 몇 시간 전에 자위행위를 했을까? 우리 부모 가운데 어느 한쪽이 양성애자였거나 당시에 상대에게 부정을 행하지는 않았을까? 우리가 수태될 때 우리의 어머니는 한 남자의 정자만을 보유하고 있었을까, 아니면 두 사람이나 그 이상 되는 남자의 정자를 보유하고 있었을까? 우리가 아버지라고 부르는 남자가 실제로 우리를 배태시켰던 그 난자를 수정시킨 정자를 생산한 그 남자일까?

이런 일들은 우리의 개인적 기원에 차이를 빚을 수도 있었을 것이며, 그 일들이 어떤 식으로 그렇게 됐는지 정확하게 이해하는 것이 이 새로운 혁명에서 가장 흥미로운 결실이 될 것이다.

물론 대부분의 사람은 장기적 관계라는 형태로 살아가는 남자와 여자의 주기적 성관계를 통해서 수태되었다. 이 점은 현재로서는 사실이며, 적어도 지난 300~400만 년 동안은 그래왔다. 그러한 임신은 대수롭지 않은 이야기로 들릴지도 모르겠다. 그러나 주기적 성관계에도 놀라운 이야기가 담겨 있으며, 나는 이 책이 그 점에 대한 좋은 예증이 되기를 희망한다. 주기적 성관계의 산물로 태어나지 않은, 다섯여 명 중 한 명의 수태 과정 뒤에는 그보다 더 재미난 이야기가 숨어 있다. 많은 예가 이 책에 묘사되어 있다. 1995년에 마크 벨리스 박사와 나는 『인간의 정자경쟁: 성교, 자위행위 및 부정Human Sperm Competition: Copulation, Masturbation and Infidelity』을 출판했다. 채프먼 앤 홀 출판사에서 출판한 그 책에 우리는 정자전쟁의 위협이 사람의 성적 특성에 미치는 영향에 대한 생물학계의 최근 연구 결과를 수록했는데, 그 상당 부분이 우리 자신의 연구 결과이기도 했다. 우리는 인간의 성의 거의 모든 측면이, 익숙하고 흔한 종류의 것까지 포함해서, 정자전쟁의 발생 혹은 적어도 그 발생 가능성에서 기인한다고 주장했다. 이 책의 개념과 주장에 대한 과학적 정의를 읽고 싶다면 『인간의 정자경쟁』을 권한다. 그 책은 필요에 따라 전문 용어, 데이터, 그래프, 표식 등을 잔뜩 실어놓았기 때문에 대부분의 사람들의 경험과는 거리가 있을 수밖에 없었다. 그럼에도 그 안에는 대부분의 사람들의 경험 속에 존재하는 모든 성적 행위에 대한 해석과 설명이 담겨 있다—종종 비이성적이며 납득하기 어려운 것으로 받아들여지는 행위들까지도. 그 연구는 세속적이고 낯 뜨겁고 쾌락적이며, 위험하고 범죄적이고 부도덕하며 이국적인 형태 등의 모든 성적 행위가 근본적인 법칙을 따르고 있음을 보여준다.

이들 법칙을 설명하고 그 행위에 현실감을 부여하기 위해서 나는 일련의 허구적 장면들로 이 책을 엮었다. 모든 장면은 어떤 유형—남성 간, 여성 간 또는 대부분의 경우 남녀 간—의 성적 갈등과 결부되어 있다. 많은 장면은 또한 내가 이 책에서 모든 성적 행위의 근본 요소라고 주장한 정자 전쟁의 한두 측면과 결부되어 있다. 각 장면에는 바로 앞에서 목격한 행동에 대한 진화생물학적 관점의 해석을 달아놓았다.

 허구적인 장면들은 근년 들어서 연구와 해석의 주된 대상이 되어온 성적 전략을 온몸으로 실행하는 사람들을 보여준다. 그 이야기들은 전 세계를 통틀어 수천 명이 참여한 광범위한 과학적 조사와 실험적 연구에서 나타난 인간 행동에 대한 근거를 도출하는 동안에 그럭저럭 만들어졌다. 그 목표는 결국 자신의 성적 행위로 특정한 이득과 손실을 경험하는 사람을 보여줌으로써 이어지는 근거와 해석을 간명하게 설명하는 것이었다. 나는 재미와 타당성을 겸비한 그럴듯한 허구와 그 근거를 반영하는 인물과 시나리오를 창조하는 데 많은 것을 걸어야 했다.

 이 이야기들을 서술하는 데는 연구와 실험 그 자체에 쓰인 만큼의 포괄적인 정보가 쓰이지는 않았다—일부 이야기가 언론 매체의 보도에 기원을 두고 있기는 하나 대부분은 나의 실제 생활과 친한 친구 및 가족의 생활에서 나온 것이다. 모든 장면은 실제 사건에서 영감을 받은 것이다. 그렇기는 하지만 나의 친구들은 그들이 누구인지 알아맞히느라고 시간을 낭비해서는 안 될 것이며, 독자들 또한 어느 이야기가 누구에게 들어맞는지 끼워 맞추느라고 시간을 낭비해서는 안 될 것이다. 인물은 다 짜깁기한 것이며, 모든 이야기는 각각 다른 이야기 여러 토막을 이어붙인 것이다. 게다가 여기에 묘사된 모든 등장인물은 어떤 인종도(그리고 어떤 국적도) 될 수 있으며, 모든 장면은 거의 아무 나라에나 해당될 수 있다.

 장면마다 모든 사건을 바로 그 자리에서 해석하지는 않았지만, 언급된 행동의 모든 요소는 당연히 이 책 어딘가에 해석되어 있다. 예를 들면 나는 두 장면을 자위행위에 할애했는데, 한 장면에서는 남성(장면 12)을 또 한 장면에서는 여성(장면 22)을 다루었다. 이 각각의 두 장면 다음에는 자위행위의 기능에 대한 설명이 이어진다. 다른 곳곳에 자위행위를 하고 있거나 이미 끝낸 인물이 나오는데, 그곳에서는 그 행위에 대해서 직접적으로 해석하지 않았다. 그러나 앞의 두 장면에서 자위행위의 기능을 설명했기 때문에 이들 장면의 자위행위 관련 부분은 명확하게 이해할 수 있을 것이다.

 나는 해석을 서술할 때 나의 타고난 경향인 학술적 스타일로 빠져들지 않기 위해서 애를 썼다. 지나친 수치의 사용은 피하려고 했으며 설명이 복잡한 곳에서는 학술적 정확도를 희생하게 될지언정 간단하고 재미있는 모양새를 갖추고자 했다. 또한 엄밀하게 말하자면 필요했을 상황에서도 '아마도'와 '가능하게' 따위의 어휘 사용을 피하려고 했다. 이 책의 학술적 엄격성 결핍에 짜증이 나는, 과학적 기초를 갖춘 독자에게는 마크 벨리스와 함께 쓴 논문의 정보와 설명을 찾아볼 것을 추천한다.

 나의 동료 학자 모두가 나의 해석과, 나아가서는 남녀 간에, 정자와 여성의 신체 간에, 정자와 난자 간에, 혹은 정자들 간에 벌어지는 일에 관한 상세한 묘사에 동의하지는 않을 것이다. 자신의 분야에서 일가를 이룬 사람들 가운데는 이 책 전체의 장면뿐만 아니라 그 해석까지도 허구라고 생각하는 이들이 있을 것이다. 그래도 좋다. 요점은, 이야기는 이야기이되 최근 이루어진 연구의 순수한 학술적 해석을 바탕으로 한 이야기를 쓰고자 했다는 것이다. 이 자기만족적인 동기는 차치하고라도, 내가 최우선적으로 고려한 사항은 이야기가 일관적이면서 흥미로워야 한다는 것이었다. 나는 다른 사람들의 견해에 관해서는 손도 대지 않았다. 그렇게 했다면 이 책은 혼란스럽고 과도하게 길며 심지어 지겨울 수도 있었을 것이다. 다른 사람들의 해석에 대해서는 『인간의 정자경쟁』에서 엄청난 분량을 할애하여 설명하고 평가해놓았는데, 마크 벨리스와 나는 거기에 이 책에서 전개된 이야기가 현재로서는 가장 타당하다고 판단할 수 있는 근거를 정확하게 밝혀놓았다. 그 책이 있었기에 내가 할 수 있는 한 간단하고 흥미로운 이야기를 여기에서 마음껏 구사할 수 있었다.

　이 책을 저술하면서 맞닥뜨린 문제들 가운데 하나는 내가 해석하고자 하는 행동의 대다수가 상황 전개상 적나라한 묘사를 필요로 한다는 점이었다. 많은 장면과 묘사가 선정적일 수도 있다. 불필요하게 노골적이 되지 않도록 애를 썼으나, 독자를 아찔하게 만들거나 자극할 수도 있는 장면이나 세부 묘사가 있었다면, 그에 이어진 설명이 적절한 변명이 될 수 있으리라고 믿는다.

　문제는 또 있다. 내가 묘사하고 해석한 행위들이 많은 이에게 잘해야 부도덕하고 심하면 죄악으로까지 받아들여질 수 있다는 것이다. 내 생각에는 내가 어떠한 도덕적 입장도 편들지 않는다는 점이 가장 중요하다. 진화생물학자로서 나의 목표는 인간의 행위를 편견이나 비난 없이 해석하는 것이다. 위험한 점은 많은 사람들이 어떠한 형태의 행위에 대한 비난의 결여를 그 행위를 용납하거나 부추긴다는 뜻으로 해석할 수 있다는 것이다. 그러나 장면 33에서 강간과 관련하여 서술할 때 설명했듯이, 반사회적 행위를 다룰 때 첫 단계는 (무엇보다 그와 같은 일들이 우리의 주변에서 때때로 일어나고 있다는 사실을) 이해하는 것이다 — 그리고 나의 모든 해석 작업의 목표는 바로 이 점 이상도 이하도 아니다.

　나의 학문적 동료 마크 벨리스와의 공동 작업 없이는 이 책을 결코 쓸 수 없었을 것이다. 나는 그에게 큰 신세를 입었다. 우리는 1987년부터 1994년까지 인간의 성의 모든 측면에 대해서 토론하고 조사하고 논쟁했다. 우리는 모든 점에 동의하지는 않았으나 마침내 감탄스러울 정도로 서로의 견해에 설득되었다 — 이 책의 과학적 바탕이 된 학술적인 책을 서술하는 데 협력할 정도로 효율적인 설득 과정이었다. 마크는 내가 이 책에 서술한 모든 견해에 동의하지는 않겠지만, 그가 에이즈와 기타 성병의 유행병학에 관한 중요한 작업을 시작하기 위해서 맨체스터대학을 떠난 뒤에 발견한 것을 제외하면 여기에 서술된 대부분의 견해는 나의 것이자 곧 그의 것이기도 하다. 그러나 서술 방식만큼은 그의 책임이 아니다. 그는 또한 나의 허구적인 이야기를 향한 비난에서도 전적으로 자유롭다.

나는 또한 포스 에스테이트사와 특히 이 책을 출판하기까지 엄청난 용기를 불어넣어준 마이클 메이슨과 크리스토퍼 포터에게 감사한다—주제에 관해서뿐만 아니라 팔릴 책을 저술할 수 있을 것이라는 자신감을 불어넣어준 것에 대해서도. 학술 서적밖에 써본 일이 없었던 나로서는 그들이 도와주겠다고 하기 전까지는 이와 같은 책을 쓸 수 있으리라는 생각조차 품지 못했었다. 종국의 결과가 이들의 처음 자신감과 맞아떨어졌기를 바란다.

무엇보다 큰 고마움은 전 과정 모든 단계에 걸쳐서 나를 격려하고 도와준 아내 엘리자베스 오람에게 돌려야 할 것이다. 아내는 엄청난 육체적 불편을 감수하고 나의 작업을 도와주었다—이 책의 잉태, 임신, 출산과 우리 둘째 아이의 잉태, 임신, 출산이 동시에 이루어진 것이다. 이 책은 우리 아기가 잉태된 날로부터 석 달 하루 만인 1994년 10월 어느 토요일 아침 식탁에서 잉태되었다. 아내가 그 자리에서 바로 격려해주지 않았다면 나는 이 계획을 감히 시작할 엄두도 내지 못했을 것이다.

리즈는 뱃속의 아기와 책이 자라는 동안 훌륭한 작문 및 편집 기술을 발휘하여, 내가 시대감각에 둔한 풋내기임을 드러낼 뻔했던 숱한 실수를 막아주었다. 첫째로, 아내는 성적인 장면을 묘사할 때에 현재 완성된 수준보다 훨씬 더 생생하게 하고자 했던 나의 충동을 제어해주었다. 최종의 결과가 흥미롭고도 가감 없이 나왔다면, 그러면서도 음미할 만한 것이라면, 그것은 대부분 아내의 통제와 충고 덕분이다. 둘째로, 아내는 해석의 서술 과정에서 내가 별스럽게 학자연하거나 설교조로 나가지 못하도록 할 수 있는 데까지 막아주었다. 이 책에 그래도 포르노그래피의 요소나 거만함이 들어 있다면, 잘못은 아내의 충고에 있는 것이 아니라 그처럼 힘겨운 산고 끝에 얻어낸 어휘를 차마 포기하지 못한 나의 우유부단함과 고집 탓이다.

마지막으로, 아내가 아기를 낳기 전에 원고를 끝내기 위한 경주가 막바지에 이르렀을 때 아내는 내가 속도 때문에 책의 질을 희생시키지 않도록 모든 방도를 취해주었다. 원고를 마무리할 시간을 주기 위해서 아내는 아버지 노릇과 가장의 책임을 크게 덜어주었다. 그러면서도 단 한 번도 내게 미안한 마음이 들도록 만들지 않았다. 그뿐인가. 아내는 내가 장면과 설명문을 써놓고 고심할 때면 밤낮을 가리지 않고 몇 번이고 되풀이해서 읽어주었다. 아내는 무거운 중압감에 시달리면서도, 내가 이런저런 엉성한 단락을 놓고 간단히 "이거면 되겠지" 하고 마무리 지으려고 할 때마다 편집인으로서 자신의 기준을 낮추는 것을 단 한 번도 용납하지 않았다.

아내의 마지막 노력은 초인간의 그것이었다! 내가 원고를 우리 아기의 출산 예정일까지 완성하지 못하게 되자 안간힘을 써서 출산을 열흘 뒤로 미룬 것이다. 아내가 내게 허락한 그 시간 덕분에 나는 우리의 첫딸 아멜리아가 태어나기 바로 전에 포스 에스테이트 회사로 원고를 넘길 수 있었다.

차례

개정판 서문	5
초판 서문	11

1장 세대 쟁탈전
장면 1 작은외할아버지가 누구라고요?	23

2장 주기적 성생활
장면 2 일반 봉사	28
장면 3 축축한 시트	38
장면 4 채워 넣기	48
장면 5 임신	55

3장 정자전쟁
장면 6 절호의 기회	59
장면 7 정자전쟁	72

4장 손익계산
장면 8 아이가 아빠를 닮았군요	78
장면 9 실수	84
장면 10 부정 세탁하기	92
장면 11 상대 점검	99

5장 은밀한 예감
장면 12 이중생활	110
장면 13 수가 늘어도 몫은 제각각	117
장면 14 몽정	125

6장 성공적인 실패
장면 15 집으로 향한 그날	129
장면 16 전부 다 스트레스 탓	135
장면 17 잊을 게 따로 있지	149

7장 유전자를 찾아서

장면 18 고르는 재미   157
장면 19 공정거래   173
장면 20 맛깔스런 전시   182
장면 21 방탕한 선택?   192

8장 클라이맥스의 힘

장면 22 단추 위의 손가락   213
장면 23 비밀   222
장면 24 또 하나의 성공적인 실패   227
장면 25 실수 바로잡기   234
장면 26 모두 합쳐서   244

9장 더듬는 법부터

장면 27 연습만이 길이다   259
장면 28 엎치락뒤치락   268
장면 29 속임수   288

10장 둘 중 하나

장면 30 두 분야에서 모두 최고를   299
장면 31 여자의 절정   317
장면 32 오늘 밤만 벌써 열 번   329
장면 33 약탈자   340
장면 34 병사여, 병사여   352
장면 35 남자는 다 똑같아   362
장면 36 열광적인 혼란   371

11장 최종 점수

장면 37 최후의 성공   389

옮기고 나서   401

1장
세대 쟁탈전

장면 1
작은외할아버지가 누구라고요?

주름 지고 빛바랜 사진 속의 얼굴들이 표정 없이 여자를 바라보고 있다. 이들의 표정은 백 년이란 시간을 가로지르고 있다. 여자는 이 사진을 무척 좋아했고 때로는 이 사진을 보기 위해서 할머니 댁에 가기도 했다. 오래전에 이 세상을 떠난 이 사진 속의 세 얼굴은 어떤 골동품 사진기에 찍혔던 유년기의 순간에 그대로 고정되어 있다. 이들은 나란히 서 있는데, 제일 키가 크고 제일 나이 많은 아이가 왼쪽, 제일 작고 제일 어려 보이는 아이가 오른쪽에 서 있다. 양쪽 가에 서 있는 두 소년은 각각 열 살과 두 살 정도로 보이고 가운데에 서 있는 귀여운 소녀는 다섯 살쯤 된 듯하다.

젊은 여자는 이 얼굴들을 들여다볼 때마다 다른 곳에서는 느껴보지 못한 과거로부터의 연속성을 감지한다. 이 사진은 그녀의 증조모와 두 형제를 보여준다. 그러나 대단한 상상력을 동원하지 않더라도 사진 속에서 그녀를 바라보고 있는 것은 증조모가 아니라 그녀 자신이라고 해도 될 듯하다. 어린 시절의 닮은 모습은 신비로울 정도다. 할머니는 이것을 '일가의 얼굴'이라고 불렀는데 실로 집안의 많은 사람들이 같은 체격과 눈을 가지고 있었다.

여자는 사진을 좀 더 들여다보다가 할머니에게 집안 이야기를 "딱 한 번만 더 해주세요" 하고 졸랐다. 할머니는 얘기를 시작하기에 앞서 사진첩의 맨 앞을 펼치더니 커다란 종이 한 장을 꺼냈다. 이 가계도는 할머니의 자랑이자 기쁨이었으며, 할머니는 많은 손자들에게 사진과 이 그림을 곁들여 보여주는 것을 좋아했다.

여자는 이참에 할머니의 말씀을 다 외우고 말겠다는 각오로 아주 집중해서 들었다. 그녀는 사진 속의 한 소년이 자식을 볼 만큼 오래 살지 못했다는 것을 알고 있다. 그렇지만 그녀의 증조모는 살아남았을 뿐만 아니라 당시 가족이 겪었던 가난에서도 벗어났다. 증조모는 귀여운 아기였고 아름다운 여성으로 자라나 온 마을 총각들의 선망의 대상이 되었다. 마을 한 저택에서 하녀로 일하던 어느 날 증조모는 주인네 아들의 아기를 가지게 되었다. 그 아기가 지금 이야기를 해주고 있는, 여자의 할머니다.

증조모는 주인네 가족에게 자신들과 상관없다고 부인당하고는 버려진 것이 아니라 오히려 가족으로서 환영받았다. 마을 사람들의 수군거림이 없었던 것은 아니지만 모든 일이 일사천리로 진행되었기 때문에 아기가 사생아가 될 뻔했는지 어쩐지는 아무도 확신할 수 없었다. 이 부부는 여생을 그런 대로 평안하게 살았고 네 자녀를 더 얻었다. 모두 아들이었으며 그 세대로는 드물게 모두가 살아남았다.

여자의 할머니는 그러고 나서 사진 속의 제일 나이 많은 소년, 곧 할머니의 외삼촌을 짚었다. 그는 자신의 누이만큼 운이 좋지 못했다. 가난한 집에서 태어나 평생 가난에서 벗어나지 못했으며 평생 힘들게 일했다. 누이와 같이 그에게도 다섯 자녀가 있었다. 셋은 아기 때 죽었고, 살아남은 아들은 18세 때 전쟁에 나가서 죽었다. 나머지 생존자인 딸은 불임이었고 남편이 죽은 지 몇 년 뒤인 50대에 죽었다. 사진 속에서 가장 어린 소년은 총명한 눈에 미소를 띠고 있는데 사진 촬영을 한 지 2년 뒤에 홍역으로 죽었다.

여자는 할머니와 함께 가족의 가계도를 곰곰이 들여다보았다. 그것은 피라미드 모양이다. 맨 위로 사진 속 세 아이의 이름이, 맨 아래는 여자 자신의 세대 50명 정도가 늘어서 있다. 여자는 이전까지는 알아채지 못했던 한 가지 사실에 주목했다. 이 가계도의 50여 개의 가지 모두가 사진 속의 귀여운 소녀인 여자의 증조모에게로 거슬러 올라간다는 사실과 나머지 두 소년에게는 딸린 가지가 없다는 사실을.

여자는 가계도를 좀 더 자세히 보기 위해서 몸을 수그렸다. 이 두 소년처럼 살아남은 후손이 없어 가지가 중간에서 끊긴 사람이 또 있는가를 찾았다. 가장 분명한 사람은 할머니의 형제 가운데 한 명으로, 이름은 기억하지 못하지만 코가 아주 이상하게 생기기로 유명했던 작은외할아버지다. 그녀는 중간에서 끊긴 가지를 두 개 더 찾아냈다. 허리가 아파 더 굽히고 있을 수 없어지자 여자는 가계도와 사진을 뒤로 하고 일어섰다. 그러자 뱃속의 아기가 발길질을 했다. 여자는 움츠렸다가 웃으며 배를 어루만졌다. 적어도 자신의 가지는 중간에서 끊기지 않을 것이었다.

우리 개개인의 특성은 우리가 어떻게 발전하고 기능할 것인지를 알려주는 화학적 명령 체계인 유전자에 좌우된다. 이 지시는 정자와 난자로 묶여 가계家系를 타고 전달되어서 우리의 유전자적 부모를 통해 우리에게 도달한다. 우리는 이 유전자를 통해서 '일가의 얼굴' 이상의 것을 상속받는다. 우리는 생리와 심리, 성적 행위를 포함하는 행동 방식 또한 많은 부분 물려받는다.

이 책의 임무는 우리가 왜 성적으로 현재와 같이 행동하는가를 밝혀내는 것이다. 접근 방법은 간단하다. 어떤 성적 전략(성적 행동 유형)을 가진 사람들이 다른 전략을 가진 사람들보다 종족보존에 성공하는 이유를 캐는 것이다. 성공의 척도는 후손의 수가 될 것이다. 이 숫자가 미래 세대를 형성하기 때문이다.

가족과 인구는 가장 큰 성공을 거두었던 선조의 후손이 지배한다. 가족과 인구의 특성 역시 이 사람들에게 지배당한다. 방금 우리가 본 상황에서도 젊은 여자의 세대가 물려받은 것은 그녀의 증조모의 얼굴이지 이름 모를 작은외할아버지의 코가 아니었다. 그녀 세대의 성적 특성 또한 이 왕조의 설립자인 증조부모로부터 물려받은 것이다. 저 이름 모를 작은외할아버지의 성적 특성을 직접 물려받은 이는 아무도 없을 것이다. 그의 성적 전략이 무엇이었던 간에 그것은 성공적이지 못했고, 따라서 그는 그 전략을 물려줄 후손을 남기지 못했다.

과거 세대에서 자녀와 손자를 많이 갖기를 원했는지 혹은 어쩌다 그렇게 되었는지는 우리 세대와 상관이 없다. 우리 세대의 특성을 형성하는 유일한 요인은 과거에 누가 자녀를 (그리고 얼마나 많이) 가졌으며 누가 갖지 못했느냐다. 장면 1의 증조모와 증조부는 재미나 좀 보자고 했던 일이 후손의 출산으로 이어졌을 때 무엇보다 당황했을 사람들이다. 그러나 일이 그렇게 되지 않았던들 이 젊은 여자와 그 세대의 50여 일가는 존재하지 않았을 것이다. 요컨대 각 세대는 자신의 유전자를 다음 세대에게 전달하기 위한 쟁탈전을 벌인다. 세대마다 사진 속의 귀여운 여자 아이와 같은 승자가 있으며, 그녀의 남동생들이나 작은외할아버지와 같은 패자가 있게 마련이다. 우리는 모두 성적 전략이 들어맞았던 승리자의 후손들이다.

세대 쟁탈전은 끝나지 않았다. 이 쟁탈전은 한 세대의 어떤 이들이 다른 이들보다 많은 후손을 갖는 한 계속된다. 그것은 그 어느 때보다 우리 자신의 세대에 더욱 활발하고 잔인하다. 미래 세대의 특성 역시 우리 세대 가운데 후손을 몇 남기지 못하거나 아예 남기지 못하는 자가 아니라 다수의 후손을 남기는 자들의 유전자가 규정짓게 될 것이다.

우리가 알고 있거나 아니거나, 우리가 원하거나 아니거나, 또 우리가 개의하거나 개의치 않거나 간에 우리는 모두 이 종족보존의 세대 쟁탈전에서 승리를 추구하도록 만들어져 있다. 우리의 성공적인 선조들은 유전자의 지시 사항 속에 우리에게 반드시 경쟁해야 한다는 사실뿐만 아니라 어떻게 할 것인지까지 한 꾸러미로 묶어서 임무로 부여해놓았다. 우리들 가운데 일부는 불가피하게 다른 이들보다 더 성공적인 선조를 두었을 것이며, 따라서 우리 세대의 누군가는 더 우월한 전략을 구사할 수 있는 특성을 물려받았을 것이다. 우리 세대가 최종 점수를 매길 때가 되면 누군가는 어떤 다른 이보다 좋은 성적을 거둘 것이다. 자, 이제 이 세대 쟁탈전에서 왜 어떤 사람들이 다른 사람들보다 더 성공적인 결과를 얻는지 그 원인 탐사를 시작한다.

2장
주기적 성생활

장면 2
일반 봉사

늦은 토요일 밤, 20대 후반의 남자와 여자가 잠잘 준비를 마쳤다. 둘은 온 방을 뒤적이며 괜히 사소한 것에 신경을 쓰고 하다가 알몸이 되었다. 둘에게 이것은 일상이며 성적 의미 따위는 없다. 이들은 더 이상 상대방의 나체 그 자체에 흥분되지 않는다. 이들은 오히려 상대의 몸을 거의 의식하지도 못한다. 토요일 밤이므로 그들은 잠들기 전에 관계를 가지리란 것을 알고 있다. 둘은 별 생각 없이 정해진 행위를 바라고 있긴 했으나, 움직이다가 이따금씩 몸이 스칠 때조차도 전희 동작의 기미 같은 것은 보이지 않았다.

따져보면 성관계를 가진 것이 지난 토요일이었으니 벌써 1주일이 그냥 지나간 셈이다. 둘이 처음 만난 4년 전에는, 적어도 하루에 한 번은 관계를 가졌다(둘 중 어느 쪽도 열렬해지지 않는 여자의 생리 기간을 제외하고). 초기라면 이들은 자신들이 1주일에 단 한 번 성교를 하게 되리라는 가능성에 코웃음을 쳤을 것이다. 이제 이들은 대개는 주 2회의 관계를 갖고 있지만, 갈수록 주 1회가 일상사가 되고 있다. 두 달 전까지는 피임도 하지 않았다.

그렇다고 이들에게 느닷없는 자녀 계획이 생긴 것도 아니었다. 이들은 서른 살 넘은 친구들이 열정적으로 소개하는 심야 임신 캠페인조차 고려해본 적이 없었다. 이들은 오히려 운명에 맡기자는 쪽이었다(아직까지는 '무임신'의 운명이었다). 이 둘은 임신할지도 모른다는 생각에 얼마간 성적 흥분을 느꼈고 얼마 동안은 성교 횟수가 주 3~4회로 올라가기도 했다. 그렇지만 이번 주는 달랐다. 둘은 두어 차례 밤에 따로 외출했고, 둘 간에 뭔가 설명하기 어려운 냉랭함이 감돌아 관계를 갖기가 어색할 지경이었다. 이날 토요일 아침, 예정되어 있던 여자네 언니 집 방문차 차를 타고 갈 때까지 둘 사이에 예의 다정함은 완전히 회복되지 않았다. 침실에 든 지금 시각까지도 주중의 냉랭한 기운이 느껴졌다. 여자의 몸에 더듬더듬 접촉을 시작하는 데에도 남자는 얼마간 망설였다. 그렇지만 일단 시작되자 둘은 신속하게 평소의 과정으로 들어갈 수 있었다.

남자는 여자의 얼굴에 부드럽게 키스하고 가슴을 어루만지는 것으로 시작했다. 그들은 깊은 키스를 나누었다. 남자는 여자의 다리부터 무릎까지 어루만졌다. 얼마 뒤 남자는 아래로 내려가 여자의 젖꼭지를 빨았다. 그러는 내내 여자는 남자의 등과 엉덩이를 엉성하게 만지고 있었다. 자주 있는 일이지만, 오늘 밤 여자는 집중할 수 없었고, 생각이 계속해서 이날 아침 언니네 집에서 나누었던 대화로 돌아갔다. 그러다가 남자가 손을 자신의 다리 사이에 놓고 음모를 움직여 음순을 열고 내부가 윤활되었는지 확인하기 위해서 손가락을 삽입하자 화들짝 정신이 돌아왔다. 남자는 여자가 준비가 되었다고 생각했다. 여자는 자신이 준비되지 않았다는 것을 알고 매끄럽지 못한 삽입이 시작될 거라는 짐작에 몸이 움츠러들었다. 여자는 손을 움직여 남자의 음경을 찾아 살짝 쥐었다. 그가 얼마나 준비가 되었는지 보기 위해서이기도 하고 그의 움직임을 좀 늦추자는 생각도 있었다. 여자의 계획은 금세 효과를 발휘했다. 남자는 감각을 음미하기 위해 잠시 멈추었고 여자의 성기가 전하는 냉담한 신호에 호응했다. 남자는 여자의 클리토리스가 보내는 신호를 1cm 차이로 놓쳤지만 성기 내부가 아까보다 더 젖었음을 손가락으로 알았다(아니, 짐작했다). 남자는 손을 움직여 몸을 정식 자세로 바꾸었다. 여자는 남자의 성기에 손을 대고 있다가 때가 되자 제자리로 인도했다. 여자는 남자가 너무 강하고 급하게 삽입하는 것을 막기 위해서 손을 둘 사이에 몇 초간 놔두었다(여자는 아직도 충분히 젖어 있지 않았다). 그리고 나서는 남자가 하는 대로 내버려두는 수밖에 다른 방도가 없었다. 남자가 부드럽게 삽입하면서 여자의 내부를 충분히 윤활시켜 완전히 삽입할 수 있기까지는 그래도 시간이 더 걸렸다.

여자는 부드럽게 될 때까지 남자와 자신의 성기, 삽입 과정에 생각을 집중했다. 그러나 여자가 부드러워져 남자가 정식으로 삽입을 시작하자 생각이 다시 언니에게로 돌아갔다. 남자가 불편한 동작을 취할 때만 잠깐씩 생각이 현재로 돌아왔다. 여자는 생각이 딴 데 가 있긴 했어도 수년간의 단련 덕에 남자의 삽입 동작에 적절히 시간을 맞추어 신음소리를 낼 수 있었다. 그러다 여자는 갑자기 수요일 밤 여자 친구들과 어울려 나갔을 때 자신에게 추근거리던 남자를 떠올렸다. 이제 여자의 생각 속에서 자기 위에 있는 것은 그 남자다. 심장 고동이 빨라지고 숨이 가빠지면서 신음도 커졌다. 그러나 여자의 환상이 제 모양을 갖추고 심지어 절정에 달할 것 같은 느낌이 든 순간, 여자는 상대의 동작이 유독 거북하게 느껴졌다. 환상은 달아났다. 그 순간은 달아났고, 여자는 곧 남자가 사정하고 있다는 것을 느꼈다. 여자는 남자가 수축될 때마다 소리를 냈고, 그의 성기가 자신의 내부에서 줄어드는 동안 가만히 있었다. 남자의 무게가 버거워져 여자는 가볍게 기침을 했다. 남자는 흐느적거리는 음경을 빼내고 여자의 몸을 움직여 예의 성교 뒤 포옹 자세를 취했다. 둘 모두는 상대를 위해서 더 애쓰지 않았다는 생각에 미안한 마음이 들었고 기분이 무거워졌다. 그러나 이들은 금세 모든 것이 다 좋았다고 거짓 위안을 나누고서 잠에 빠져들었다.

~

대부분의 사람들이 맺는 가장 일상적인 성관계는 집에서 자신의 배우자와 함께하는 것이다. 이러한 성관계는 이들 관계 내에 습관으로 자리 잡는다. 그러나 이는 습관이라고 해도 남녀가 추구하는 종족보존의 성공에 매우 중요한 구실을 한다.

이 장은 장면 2에서 장면 5까지로 이루어지는데, 각 장면마다 장기적인 남녀 관계에서 빚어지는 성관계의 여러 측면을 다룰 것이다. 이 책에서 다루는 대부분의 장면은 각기 다른 상황에 다른 성격을 띠지만, 이 앞부분(장면 2~ 7)에서 우리는 이 커플과 함께하면서 여자가 임신할 때까지 이들의 주기적 성관계를 추적할 것이고 그녀의 임신 뒤에 숨은 이야기의 전모를 밝혀낼 것이다.

나는 앞부분의 장면들을 분석하면서 인간의 성생활에 관한 몇 가지 기초 사항을 설명할 것이다. 대부분은 이미 잘 알려져 있는 것이나, 그 가운데 몇 가지는 분명 놀라운 발견이 될 것이다. 일부 묘사는 꽤 상세한데 차후에 남녀의 자위행위와 여성의 오르가슴과 같이 인간의 성생활 중에서도 한결 더 흥미로운 측면을 설명할 때 그것이 도움이 될 것이다.

수년간 성관계를 지속해본 사람이라면 방금 목격한 장면에서 익숙한 요소를 찾았을 것이다. 사실 너무 익숙한 나머지 두 남녀 간의 미묘한 점을 놓치고 지나갈 위험도 있다. 여기에서 우리는 4년에 걸쳐 대략 500회의 성관계를 가졌을 커플을 만났다. 그러나 이중 어느 경우도 임신으로 이어지지는 않았다. 물론 이들은 피임을 해왔지만, 그래도 어쩌다가는 부주의해서 여자가 임신을 할 수도 있었는데 그렇게 되지 않았다. 그러다 이들은 피임도 그만두었지만 여자는 여전히 임신하지 않았다.

이들이 500회에 걸쳐 이 특정 행위를 반복한 것이 자녀를 갖기 위해서가 아니었음은 명백하다. 또 이 부부만 유별난 것도 아니다. 보통 남녀는 칼라하리 사막에 거주하든 침실이 몇 개 딸린 호화 빌라에 살든 평생에 걸쳐 약 2,000~3,000회의 성관계를 갖는다. 그러나 대부분의 사람들은 굳이 현대적인 피임법을 사용하지 않더라도 자녀 수가 일곱을 넘어가지 않는다. 정확한 수치가 중요한 것은 아니지만, 매 자녀 출산당 약 500회의 관계를 갖는 셈이다. 세부적 계산이 어떻게 되었거나 결론은 피할 수 없다. 자손 증식의 관점에서 본다면 사람이 주기적 성관계를 갖는 것은 기본적으로 자녀를 얻기 위해서가 아니다.

이 점은 사람만 유별난 것이 아니다. 자손 수당 성교 횟수를 놓고 다른 유인원과 비교해보면 도리어 사람은 평균에 속한다. 항상 교미를 하고 있는 듯한 피그미침팬지에 비하면 우리는 미미하다. 유인원을 제외하고 보면, 새끼 한 마리를 낳는 데 3,000회의 교미를 하는 사자 역시 우리를 가뿐히 능가한다. 일부 조류는 새끼 한 마리를 낳기까지 짝짓기하는 횟수가 열 손가락 안에 들 정도지만, 어떤 조류는 사람과 거의 같아서 수백 회의 짝짓기를 하고 나서 새끼 한 마리를 낳는다. 우리는, 그리고 이 동물들은, 그렇게 생산적이지도 않은 짝짓기를 왜 그렇게 자주 하는 것일까? 주기적 성생활은 남자와 여자가 종족보존을 추구하는 데 어떻게 도움이 되는 것일까?

대개 가장 먼저 튀어나오는 대답은 우리가 (그리고 추정컨대 다른 동물들까지 포함해서) 성관계를 즐기기 때문에, 곧 성관계가 쾌락을 가져다주기 때문에 성관계를 한다는 것이다. 그러나 이것이 정말 사실일까? 장면 1의 부부를 다시 보자. 물론 이들은 처음 만났던 몇 주간은 매일 성관계를 가졌으며, 삽입 행위와 접촉, 심지어는 서로가 알몸이라는 사실만으로도 흥분되곤 했다. 물론 또한 둘 중 한 명은, 혹은 둘 모두가 초반의 흥분기부터 성관계를 통해서 종종 진정한 쾌감을 누려왔을 것이다. 그러나 최근 들면서 이 커플이 그러한 쾌감을 느끼는 빈도가 떨어졌다. 우리는 앞의 상황에서 둘 중 어느 누구도 성관계를 간절히 바라지 않았다는 사실을 목격했다. 만약 이들이 정직했다면, 둘 다 사실 그들이 표현한 만큼의 쾌감은 얻지 못했다.

여자가 쾌감을 얻지 못한 것은 분명하다. 행위 내내 불편했고 약간은 통증도 있었으며 얻은 것이라곤 거의 없었다. 여자는 배우자와 성교의 전 과정을 함께한 이번 토요일보다 지난 수요일 한 남자와 단지 장난만 쳤을 때 더 큰 흥분을 경험했다. 남자 쪽에서 보면, 그는 전 단계 내내 지루했고 매끄럽지 못한 질에 삽입해야 하는 것이 짜증스러웠으며, 그가 삽입 행위를 하는 동안 여자가 달아오르기를 기다리는 것이 지루하고도 또 짜증스러웠다. 그는 사정하기 전 몇 초간 잠시 쾌감을 느꼈지만 미안함을 수반한 무거운 기분에 빠져듦과 거의 동시에 멋쩍어져버렸다. 이들은 이 결합으로 즐거움을 거의 얻지 못했을 뿐만 아니라, 행위를 시작하기도 전에 이미 그럴 것을 알고 있었다.

그렇다면 이 부부는 왜 이번 토요일 밤에 성관계를 가졌으며, 왜 주마다 달마다 심지어는 앞으로 수년간 더 이 행위를 계속할 것인가?

가장 일반적인 의미에서 보자면 주기적 성생활에 대한 설명은 중언부언이 될 것이다. 남자와 여자의 몸은 두뇌에서 적절한 이유를 찾거나 말거나에 상관없이 상대와의 성관계를 주기적으로 원하도록 유전적으로 설정되어 있다. 왜인가? 주기적 성생활은 남자와 여자가 가질 수 있는 자녀, 손자, 증손자 등의 수와 질에 실제로 상당한 차이를 가져올 수 있기 때문이다. 이는 약 500회 성교 중 단 한 번만이 임신으로 이어진다고 해도 마찬가지다. 더구나 이는 의식적인 두뇌 작용이 없어도 그렇고, 오히려 의식의 작용이 없는 경우에 더욱 그렇다.

그렇다면 남녀 관계에서 의식의 작용이 필요치 않은 상태의 주기적 성관계가 가져다주는 큰 이점은 무엇인가? 답은 남자와 여자에게 각각 다르게 나오며, 이는 이 책을 관철하고 있는 주제에 관한 첫 예증이 될 것이다. 즉 한 사람에게 최상인 것이 상대에게는 그렇지 못한 경우가 종종 있다. 남자의 몸이 원하는 일은 상대의 몸속에 많은 정자를 존속시키는 것이다. 여자의 몸이 원하는 일은 의식적으로건 무의식적으로건, 남자가 언제 자신에게 사정하는 것이 좋은지를 헷갈리게 만드는 것이다.

침팬지와 비비 등의 유인원 암컷은 항문과 음부 주위에 커다랗고 환한 붉은색의 두꺼운 돌출 부위를 형성함으로써 수태 절정기를 광고한다. 비비와 침팬지 수컷은 이 신호에 흥분하며, 암컷이 아름다움의 절정에 도달한 이 시기에 교미에 더욱 열을 올린다! 수컷은 암컷의 번식력이 가장 높은 이 며칠간 치열하게 경쟁하며, 이들은 자기의 암컷이 다른 수컷과 교미하는 것을 막기 위해서 있는 힘을 다한다. 때로는 암컷을 더 잘 감시하기 위해서 새끼 양육 따위의 다른 일을 방치하기도 한다.

이와는 대조적으로 사람처럼 일부일처 관계로 살아가는 영장류(예를 들어 긴팔원숭이)는 수태기를 숨기려 든다. 왜인가? 글쎄, 아마도 수컷이 암컷의 수태기가 언제인지 모르면 암컷을 그렇게 강력하게 방어할 수 없을 것이다. 수컷이 무작정 식사와 수면을 포기할 수는 없다. 그러니 암컷은 번식기를 숨겨서 수태 시기와 상대에 대한 통제권을 행사하려 한다. 암컷은 무엇보다 자신이 원하거나 필요로 할 때에 부정을 쉽게 행할 수 있는 것이다. 이는 사람이나 긴팔원숭이에게나 똑같이 적용된다.

남자에게 수태기를 숨기는 이 능력의 고상함과 효과는 숨이 막힐 정도이다. 한편으로 여자는 타이밍이 완전히 정확할 때에만 임신이 되는, 상대적으로 유리한 환경을 조성한다. 다른 한편 여자의 몸은 남자가 정확한 타이밍을 알아차릴 만한 어떠한 정보도 주지 않는다. 이 교란 작전의 상세한 내막은 대단하다.

첫째, 일반적 규칙으로, 여자의 몸은 자신의 몸속에 주입된 정자의 번식력을 5일 이상 허락하지 않는다. 둘째, 정자가 수태 절정기를 맞기 위해서는 여자의 몸속에 약 이틀간 머물러야 한다. 셋째, 여자는 월경주기당 단 한 개의 난자를 생산하는데, 이 난자는 생산된 배란일 당일 내로 죽는다. 이 모든 것은 결국 남자가 어떻게 해서든 여자를 임신시키려고 하면, 여자가 배란하기 닷새 전부터 배란 후 12시간 이내에 적어도 1회의 사정을 해야 한다는 뜻이 된다. 최고의 확률을 얻기 위해서는—그나마 이것도 아주 높지는 않지만(약 3분의 1의 확률이다)—여자가 배란하기 약 이틀 전에 사정해야 한다. 이 최적기 전후로 1일 정도면 벌써 그 확률은 급격히 떨어진다.

남자가 해야 할 일은 상대의 월경이 언제 시작되는지 메모해놓고 12일을 기다렸다가 사정하는 것이 전부인 것처럼 보인다. 그렇게 하면 남자의 정자는 이틀 뒤, 월경주기 14일째인 여자의 수태 절정기에 도달할 것이다. 사람들은 일반적으로 여자의 수태 절정기를 이런 식으로 추정한다. 그렇지만 여자의 몸은 이처럼 간단한 계산 따위는 쉽사리 앞질러버린다. 다시 말해서 월경주기는 정상일 때가 드물며, 여자가 딱 14일째 배란하는 것은 아주 가끔씩 있는 일이다. 여자의 전략은 다양하며, 따라서 예측 불가능하다.

한 주기의 시작에서 다음 주기의 시작까지 전 월경주기의 길이는 약 14일부터 40일까지 다양하다. 이 길이의 변화 정도는 여자마다 다를 뿐 아니라, 한 여자에게도 주기마다 차이가 난다. 게다가 여자의 주기 가운데 가장 변화가 잦은 부분은 남자에게 가장 유용한 부분이다. 말하자면 월경 시작일부터 배란일까지의 날수가 그렇다. 이 주기는 예측 가능한 14일과는 거리가 멀어서 정상적이고 건강한 여자라면 이 주기의 길이가 4일일 때도 있고 28일일 때도 있다. 지난 월경 기간의 시작일 하나만 계산한다면 남자든 여자든 수태력이 가장 높은 시기를 예측할 수 없다.

물론 상대를 교란시키려면 배란일을 변화시키거나 두꺼운 항문과 붉은 음순을 발진시키지 않음으로써 수태 절정기를 숨기는 것 이상의 노력이 필요하다. 이러한 속성이 없었더라도, 여자가 수태기에만 성교에 흥미를 보였다면 이 게임에서 물러서야 했을 것이다. 여자는 무의식적으로 기분과 행동을 변화시키는 섬세한 연막으로 이 위기를 피해 간다. 첫째, 여자의 몸은 수태기이건 아니건 월경주기 그 어느 때라도 상대와의 성관계를 허락할 준비가 되어 있다. 둘째, 여자의 몸은 전 주기 동안 성관계에 대해서 하면 하고 말면 말지 식의 변덕스런 관심을 보이면서 진의를 드러내지 않는다. 만약 수태 절정기 하루나 이틀 동안 만성적 관심을 내비쳤다고 해도 진짜 수태기는 곳곳에 점철된 냉담한 기간의 함정 속에 교묘하게 숨어 있다. 마지막으로, 가장 정교한 속성은 여자 스스로도 헷갈린다는 점이다.

여자 스스로 언제 가장 임신 가능성이 높은지를 자연스럽게 의식하지 못하는 것은 결코 우연이 아니다. 여자의 의식이 몸의 수태력과 분리되어 있다는 점은 다른 요소만큼이나 중요한 여자의 몸의 전략 중 일부이다.

이처럼 강력하고 효과적인 여자의 전략을 뚫고 남자가 사정 최적 시기를 예측하는 것은 불가능한 일이다. 그 결과 남자가 취할 수 있는 유일한 무의식적 전략은 상대의 몸속에 자신의 정자를 존속시키는 것이다. 그리하여 주기적 성관계는 여자에게뿐 아니라 남자에게도 유리하게 작용한다. 만약 남자가 정기적으로 2~3일마다 상대에게 사정한다면 여자의 몸속에 번식력 있는 정자를 항시 보존할 수 있다. 이러한 경우에 남자가 여자의 난자를 수정시킬 확률은 매달 약 3분의 1이다. 그러나 사정을 한 번만 빠뜨려도 위험할 수 있으며, 장면 2에서는 그렇게 되었다. 장면 2의 남자는 여자의 난자를 수정시키는 데 실패했다.

남자가 이번 토요일에 여자에게 사정한 것은 지난번 사정한 뒤로 1주일이 경과한 시점이었으며, 그의 정자는 수요일에 수정력을 잃었다. 여자는 목요일이 배란기였으며, 몇 개의 정자가 금요일까지 여자의 몸속에 살아 있었다고 하더라도 여자의 난자가 살아 있을 때는 이 정자들이 이미 수정력을 잃은 상태였다. 여자는 이날 임신하지 않았으며, 2주 뒤면 다음 월경이 시작될 것이다. 여자는 그 주 토요일이면 피를 흘리기 시작할 가능성이 높다. 우리는 이 점을 어느 정도 확신을 가지고 예측할 수 있다. 배란일로부터 다음 월경주기 시작일까지의 날수는 월경주기 시작일에서 배란일까지의 날수와는 달리 대체로 14일로 예측해볼 수 있으며 약 13일에서 16일 사이를 벗어나지 않는다.

여자가 피를 흘리기 시작할 때면 이번 달 두 사람의 협력 작업이 임신으로 이어지는 데 실패했음이 확인될 것이다. 다른 해석도 있다. 말하자면 이번 달에는 여자의 몸이 실제로 적어도 남편과의 임신만큼은 피하도록 작동되었을 수 있다는 것이다.

우리는 앞서 여자가 전 주기에 걸쳐서 변화무쌍하게 성관계를 시도하거나 허락함으로써 남자를 혼동시킨다는 것을 알아냈다. 그러나 이것이 전부는 아니다. 주기적 성교의 빈도마저도 주기 내에서 약간의 변화가 있다.

첫째, 남자나 여자 모두가 여자가 월경하는 동안에는 성관계를 덜 원한다. 어떤 문화권에서는 심지어 월경 동안의 성행위를 금기로 정해놓고 있다. 다른 유인원들도 이와 마찬가지로 월경 동안에는 교미 빈도가 감소하는 것을 볼 수 있다. 이 점은 외부로 피를 방출하지 않는 명주원숭이 같은 경우에도 동일하다. 월경 동안 이와 같이 성행위에 대한 흥미가 감소하는 것은 놀랄 일이 못 된다. 월경 동안 삽입 성교를 했을 시, 남녀 모두 병균에 감염될 확률이 약간 증가하기 때문이다.

둘째로, 이 점은 약간 뜻밖일 수도 있는데, 여자는 수태기인 배란 전 약 2주보다 비수태기인 배란 후 2주 동안에 주기적 성관계를 가질 확률이 더 높다. 이 차이를 수치로 추적할 수도 있겠지만 차이를 찾기에는 남녀 모두에게서 차이가 너무 근소하다. 남자와 여자가 임신을 하지 말자고 의식적으로 결정한다고 해서 행동상 이러한 미미한 변화가 생기는 것은 아니다. 이 같은 미미한 행동상의 변화는 피임약 같은 신뢰할 만한 피임법을 사용하는 여자에게서도 나타난다. 다른 유인원류도 마찬가지다. 여자가 월경 주기 내의 단계에 따라서 상대와의 성관계를 원하는 정도가 약간씩 달라지는 것은 호르몬 작용이지 두뇌 작용이 아니다.

성관계의 시기와 빈도를 교묘히 조절하는 것은 여자가 자신의 난자에 상대방이 수정할 확률을 조절하는 여러 가지 방법 가운데 하나다. 또 다른 방법은 정자의 일부 또는 전부를 제거하는 것이다. 대부분의 사람은 성교 뒤 시트 위의 젖은 얼룩을 보고 여자의 파워와 정교함에 감탄한 적이 없을 것이다. 그러나 다음 장면을 읽고 나면 시트의 축축한 부위가 결코 전과 같지 않게 느껴졌으면 하는 것이 나의 바람이다.

장면 3
축축한 시트

    여자는 행위 뒤에 깊은 잠에 빠져 있다가 자신의 엉덩이를 간질이는 익숙한 느낌에 몸을 뒤척였다. 여자는 눈을 뜨고 머리맡에 있는 시계의 깜빡거리는 빨간 숫자판을 보았다. 남자가 사정한 지 거의 45분이 지났다. 지금 막 여자는 질에서 축축한 액체가 나오려는 것을 느꼈다. 여자는 비몽사몽간에 일어나 화장실로 가서 티슈로 닦아낼 건지, 아니면 그저 질에서 이 익숙한 액이 그대로 흘러서 엉덩이를 타고 떨어져 침대 시트를 적시도록 내버려둘 건지를 결정하려고 했다.
    반쯤 정신이 깬 상태에서 여자는 7년 전 대학 1학기 때를 회상했다. 고교 시절 마지막 여름방학이 시작될 무렵 그녀는 자신보다 두 살 많은 남자 대학생 한 명을 만났다. 그들은 만나는 동안 성관계를 가졌으며, 그뒤로도 기회가 생길 때마다 관계를 가졌다. 처음에는 남자 쪽에서 콘돔을 사용했으나, 결국에는 여자가 피임약 복용에 동의했다. 여름이 끝나고 둘은 각자의 학교로 돌아갔으며, 몇 달간 주말마다 번갈아 서로의 작은 아파트를 방문하면서 관계를 지속했다. 그런 주말이면 일요일 오후를 성교로 보내곤 했다. 그들은 변함없이 최후의 순간까지 침대에 머물고자 했다. 그러다가는 허둥지둥 옷을 걸쳐 입고 역으로 질주해서 막차에 겨우 올라타곤 했다. 남자를 만나고 돌아올 때면 여자는 편안히 자리 잡고 앉자마자 성교의 열매가 어김없이 속옷에 스며드는 것을 느꼈다. 그러고 나면 귀가 길 나머지 시간을 다리 사이의 축축한 느낌과 함께 보내게 될 것이었다.
    7년이 흐른 지금 여자는 침대에 누운 채 뒤척이며 잠을 깨고 있다. 여자는 겨우 침대를 빠져나와 불안정한 자세로 화장실 불을 켰고, 변기에 앉아 소변을 보았다. 여자는 일어서서 물을 내리면서 변기 속을 들여다보았다. 물속에는 네 개의 둥근 공 모양 물질이 떠 있었다. 여자는 졸립다는 생각에 잠을 청하면서 아직까지 임신하지 않은 까닭이 어쩌면 정자를 몸속에 남겨두지 않았기 때문인지도 모르겠다고 생각했다. 그렇지만 생각은 금세 사라져버렸고 누운 지 1분도 되지 않아서 다시 잠들었다. 오늘 밤에는 적어도 시트가 고슬고슬한 원래 상태를 유지했다.

~

성에 관한 여러 속성 가운데, 성교 뒤 얼마의 시간이 지났을 때 질에서 흘러나오는 '분비물flowback'만큼 오해와 모함을 받는 것도 드물 것이다. 그것은 대부분의 사람들에게는 성가시고, 어떤 사람들에게는 임신에 대한 걱정거리이자 위협이 되기까지 한다.

분비물은 남녀 합작의 산물이다. 주요 성분은 남자에게서 배출된 정액이고 그 대부분은 질에서 빠져나온다. 이것에 여자의 자궁경부에서 나온 다량의 점액이 결합된다. 여기에는 음경의 삽입 행위 때문에 떨어져 나온 질 내부의 세포도 들어 있다. 그러나 분비물 가운데 가장 많은 세포는 정자로서 대략 수백만 마리다. 인간의 관점에서 이 분비물은 부정적이고 수동적인 것 이상으로 보기 어렵다. 얼핏 생각하면 시트 위의 축축한 얼룩 혹은 가랑이 사이로 흘러내리는 액체 따위로 박혀 있는 인상을 능동적이고 활력적인 활동으로 전환시키기는 불가능할 듯하다. 그러나 이것이 바로 내가 하려는 일이다. 나는 여기에서 이 분비물이 여자가 번식 전략의 승리를 위해서 휘두르는 주요 무기임을 밝히고자 한다.

근래 몇 년 동안 내가 가장 즐겨 본 사진은 얼룩말의 가족사진으로 수말과 암말, 어린 새끼를 찍은 것이다. 수말이 암말에게 사정하고 나서 앞발을 암말 등에 얹은 채 뒷발로 서 있다. 새끼는 다른 쪽을 보고 있는데, 엄마 말의 질에서 쏟아지는 엄청난 양의 분비물에 당황한 듯이 보인다. 얼룩말 암컷은 수컷이 사정한 지 몇 분 안에 주입된 정액 대부분을 그대로 방출한다. 여자는 얼룩말만큼 노골적이지는 않다. 여자의 다리 사이로 흘러내리는 것은 얼룩말의 강력한 반응과 비교하기가 어려워 보인다. 그러나 나는 연구 작업의 일환으로 보통 사람들보다 이 방출 행위에 대해서 관심을 더 기울여야 했는데, 사실상 이 점에서 여자가 열등감을 느껴야 할 필요가 없음을 단언할 수 있다.

장면 3의 여자는 용변 뒤 변기에서 흰색 구형球刑 물질을 보았다. 당신이 여자라면, 상대가 사정하고 난 뒤 약 30분에서 45분이 경과한 뒤에 소변을 보면서 거울을 사용해서 분비물이 나오는 것을 관찰해보라. 변기에서는 할 수 없으니 대신 빈 욕조를 이용하면 된다. 쪼그리고 앉는다. 음모와 음순을 갈라서 오줌이 앞으로 뻗어 나올 수 있도록 한다. 때를 잘 포착해야 한다. 분비물이 모이는 것을 느낄 수 있을 때까지 기다려서 오줌을 눈다. 이것을 옆에서 관찰하면 오줌 줄기가 요도 밖으로 쏟아져 내리는 것을 볼 수 있을 것이다. 그 사이 근육이 수축되면서 1cm 정도 아래쪽으로 분비물이 질에서 인상적인 힘으로 쏟아져 나올 것이다. (만약 당신이 남자라면 당신의 상대에게 방출을 관찰해도 되는지 허락을 청해보라.) 당신이 여자이든 남자이든 이 분비물이 방금 남자에게서 받은 사정액의 일부를 **방출한** 것이라는 데 의심을 가질 수는 없을 것이다.

이것을 할 수 있는 건 여자와 얼룩말만이 아니다. 원숭이, 토끼, 쥐, 제비 그리고 여타 포유류와 조류의 암컷 역시 분비물을 방출한다.

여자는 어째서 이런 행위를 하는가? 사람에게 어떤 일이 일어나는지 설명하기 전에 해야 할 일이 두 가지 있다. 첫째, 여자의 생식기관 구조를 조금 상세히 묘사해야 하며, 둘째, 사정 뒤 중요한 순간인 반 시간 뒤에 이루어지는 이 방출 행위가 어떤 일인지를 묘사해야 한다. 이 설명에는 시간이 좀 걸릴 것이다.

당신이 의사이고, 이제 막 당신 앞의 침상에 누워 있는 여성 환자의 내부 진찰을 시작하려는 참이라고 가정해보자. 여자는 누워 있다. 우선 방해가 되는 음모 일체를 두 갈래 짓고, 질로 통하는 입구를 볼 수 있도록 음순을 분리한다. 바로 안쪽에 있는 방은 문간방 격이다. 시력이 좋고 음순을 잘만 분리해놓았다면 문간방 맨 윗부분으로 통하는 구멍, 즉 요도를 볼 수 있을 것이다.

다음으로 두 손가락을 음순 사이로 미끄러뜨려 질에 넣고 되는 데까지 부드럽게 밀어 넣는다. 첫째, 당신의 손가락에 질 전체가 닿아 있다는 점에 주목하라. 질 내부에 아무것도 들어 있지 않을 경우, 질은 터널이 아니라 두 개의 벽이 붙어 있는 갈라진 틈이기 때문이다. 또한 질은 터널이 아닐뿐더러, 고속도로는 더더욱 아니다. 질이 자궁경부를 통해 곧바로 자궁으로 이어지는 관일 것이라는 일반적 이미지는 꽤나 잘못된 것이다. 눈이 없는 성기가 자궁경부를 일직선으로 통과해서 자궁으로 정액을 쏟아 넣을 것이라는 상상 역시 꽤나 잘못된 것이다. 이런 상상은 둘 다 틀리다. 질은 사실 막다른 골목이다. 물론 자궁으로 통하는 출구는 있다. 그러나 이는 일직선 도로가 아니기 때문에 이것을 찾으려면 우회전을 해야 한다.

손가락을 빼지 않은 채로 손등이 아래를 향하고 손바닥이 위를 향하도록 뒤집는다. 배 모양의 자궁은 질 맨 끄트머리 상부에 균형 있게 놓여 있는데, 아마도 당신의 손가락 끝에서 약간 떨어진 정도일 것이다. 이 배의 끝 좁은 부분이 자궁경부이며, 질의 지붕을 관통해서 2cm 가량 돌출해 있다. 당신의 손가락 길이가 충분하다면—대부분은 그렇지 못하다—그 끝으로 질의 지붕 부위를 꿰뚫는 자궁경부를 느낄 수 있을 것이다. 자궁경부에는 이곳을 관통하는 좁은 경로가 있는데 이것이 질을 자궁 내부로 연결시켜주며, 정자가 안으로 들어가기 위해서도 이곳을 통과해야 한다. 하지만 일단 이 통로의 협소함과 이곳으로 들어가는 정자만을 집중해서 관찰해보자.

자궁경부를 관통하는 경로는 비어 있지 않다. 이곳은 점액으로 가득하며, 만약 손가락을 오랫동안 빼지 않고 있으면 자궁경부의 점액이 손가락으로 흘러나올 것이다. 이 물질이 여성 분비물의 주요한 구성물이며, 곧 이 책에서 주역을 담당한다. 인간의 성적 특성을 제대로 이해하기 위해서는 여자가 분비하는 점액의 장점과 여자가 이것으로 행하는 일들을 충분히 인식할 필요가 있다. 여자는 자궁경부의 점액을 복합적으로 활용한다.

한편으로 이것은 호시탐탐 자궁경부와 자궁에 침입하려 드는 박테리아나 기타 병균체와 싸우는 최후의 방어 수단이다. 또 한편으로 이것은 정자를 안으로 들여보내고 생리혈을 바깥으로 내보내는 데 쓰인다. 다시 말하면 왕복 필터의 기능을 한다.

사람들은 대부분 이 점액을 지저분한 무정형 물질쯤으로 생각한다. 사람이 주로 접하는 점액이 코에서 나오는 콧물이기 때문일 것이다. 자궁경부 점액이 콧물처럼 보이거나 느껴질지도 모르겠으나 이는 사실과는 아주 다르다. 이것은 청결한 구조를 지닌 대단한 물질이며 여성의 건강, 안전, 성적 능력에 절대적으로 중요하다. 이 점액은 섬유질을 함유하고 있으며, 자궁경부의 경로에 들어차 있다. 이 경로의 대부분은 아주 협소해서 어떤 것은 정자 두 마리가 나란히 들어갈 만한 너비밖에 되지 않지만, 그럼에도 정자가 질에서 자궁경부의 내부와 그 너머로 이동하는 도로의 구실을 한다.

자궁경부 점액은 질에서 가장 먼 쪽의 자궁경부 상단부 샘을 통해서 지속적으로 분비된다. 분비된 뒤에는 빙하와 같은 형태로 서서히 자궁경부 아래로 흘러 질로 들어간다. 이 자궁경부 빙하수의 분출 속도는 정자의 헤엄 속도보다는 느리지만, 병균체의 침입 속도보다는 빠르다. 박테리아와 여타 침입자가 체내에 자리를 잡기 전에 자궁경부에서 쫓겨나 질로 돌려보내진다. 그러다 질에서 분비하는 질액의 산성에 의해 박멸된다. 생리 동안에는 생리혈이 이 분비물에 그대로 보태진다. 이렇게 분비물이 두 배가 되면 병균체의 침입이 더욱 어려워지는데 이 점은 생리 기간에 한결 연약해진 자궁 내부 조직에 특히 중요하다.

자궁경부 점액은 정자가 거의 필요 없는 시점에 여자가 성교를 수락하는 작전에 특히나 유용하다. 우리는 앞서 여자가 월경주기 중 비수태기 단계에서도 성관계를 갖는 이유—남자를 혼동시키기 위해서—를 살펴보았다(장면 2). 폐경기가 지난 여자 역시 남자를 헷갈리게 만들기 위해서 성관계를 갖는데, 마지막 월경 뒤 수년간 성적으로 왕성한 활동력을 유지하는 경우도 종종 있다. 배우자에게 출산력이 종료되었음을 확실히 알려주지 않음으로써 더 젊고 더 출산력 있는 여자에게 자신의 지위를 빼앗기지 않을 수 있는 것이다. 사실 폐경기가 지난 것이 확실해도 적어도 57세까지 임신하는 경우가 있다. 70세에 임신한 경우도 보고된 바 있다(장면 34 참조). 심지어는 임신한 여성도 성관계를 갖는다. 역시 남자를 혼동시키는 작전이지만, 이와 관련되는 몇 가지 직접적인 이유는 장면 17에 이어서 설명하기로 한다.

여자는 정자를 통과시키는 것과 병균체를 막는 것의 이점 사이에서 항상 균형을 잡아야 한다. 정자가 살기에 좋은 환경이 병균이 살기에도 좋은 환경이리란 것은 뻔한 이치다. 임신 중에는 성교로 주입된 정자가 전혀 쓸모가 없으므로 사정액 전부를 방출시킨다. 말하자면 질병에 대한 방어력을 최대화하기 위해서 자궁경부의 필터가 정자를 살려두지 않는 것이다. 그러나 성적으로 활동적인 여성이 임신하지 않은 동안에는 정자가 사용될 수도 있는데, 그럴 때는 정자를 통과시키기 위해서 질병 방어력을 다소 희생시켜야 한다. 여자의 일생과 월경주기에 걸쳐 정자의 통과를 허용함으로써 얻는 이점에 편차가 있는 것과 마찬가지로 자궁경부 필터의 강도 역시 변화한다.

임신하지 않은 여성은 일생 중 준수태기(매 월경 기간과 폐경기 이후 등) 동안 정자를 가장 적게 사용한다. 그렇지만 이 기간 중에도 정자의 통과를 허용함으로써 여자는 약간의 이득을 얻는다. 준수태기에 받아들인 정자가 다음 수태기 초반에 들어오는 정자에 영향을 미치기 때문이다(장면 7에서 살펴볼 것임). 그러나 준수태기 동안 정자를 보유하는 것은 큰 이득이 없기 때문에 자궁경부 필터는 감염 방어력을 높이기 위해 정자에게 더욱 적대적이다. 배란기가 되면 자궁경부를 통해 정자를 더 많이 허용함으로써 얻는 이점이 자연스럽게 증가하므로 여자는 이 시기에 상황을 가능한 한 정자에게 유리하게 만든다. 여자는 자궁경부 점액의 성질을 변화시킴으로써 수태기와 준수태기에 각각 정자의 통과를 조장하거나 혹은 헤살 놓는다.

여성의 잦고 긴 비수태기 단계에는 정자가 자궁경부 점액을 관통하기가 어려워진다. 비좁은 점액 경로mucus channels가 수적으로 적은 데다, 설사 정자가 점액을 뚫고 들어간다고 하더라도 이를 통과할 수 있는 수는 얼마 되지 않는다. 통과할 수 있는 정자들조차 헤엄 속도가 떨어진다. 이 단계 동안 점액의 방출 속도는 느리지만 질병과 싸울 만큼은 된다. 짧은 수태기 동안의 점액의 변화는 이와 대조적이다. 수분이 많고 끈끈해지며 경로가 확대된다. 정자와 박테리아의 침입에 동시에 유리해지는 것이다.

여성의 수태기에 정자의 침입으로 야기되는 한 가지 중대한 문제는 모든 경로가 앞서 설명한 방패 구실을 제대로 수행하지 못한다는 점이다. 이 문제를 제거하기 위해서, 그리고 감염 위험과 맞서 싸우기 위해서 여자는 점액 방출량을 증가시킨다. 여자는 이런 식으로 세포, 박테리아 및 여타의 재앙을 씻어 내보낸다. 여자의 신체는 이 들큼한 냄새를 풍기는 축축한 분비물이 내의에 출현하는 것을 더 자주 느끼게 된다.

자궁경부 점액의 변화는 분명히 이로운 현상이지만 문제 역시 발생시킨다. 이 변화는 여성이 자신과 배우자에게 수태기를 숨기려는 시도에 위협이 되기도 한다(장면 2). 여성의 신체는 이 위협에 대처하기 위해서 정자가 자궁경부를 통과하는 데 필요한 양 이상으로 점액의 분비를 갑작스레 증가시키고 확산시킨다. 이러한 점액의 변화는 배란기 1주일 이상 전에 나타나며 그뒤로도 2~3일간 지속된다. 따라서 자궁경부 점액이 여성의 수태기에 관해서 얼마간의 실마리를 준다고는 하나 여성의 전략 모두를 무너뜨리기에는 너무 예측이 어렵다.

따라서 자궁경부 점액은 자체의 권한에 의해서 움직이는 정확한 정자 여과기이다. 또한 여성의 월경주기가 어느 단계이건 상관없이 여성은 경로를 차단함으로써 점액의 필터 효용을 향상시킨다. 여성이 경로를 많이 차단할수록 필터가 강력해진다. 그렇다면 여성은 점액 경로를 차단하기 위해서 무엇을 사용하는가? 첫째는 혈액, 세포조직, 생리의 잔재물이다. 둘째는 백혈구이며(장면 4), 셋째는 정자다(장면 7). 이러한 차단 효과는 수일간 지속되다가 자궁경부 점액의 빙하물이 가차 없이 질로 방출될 때 결국 끝이 난다. 여성이 자궁경부 필터의 기능을 강화시키는 능력이 남성을 능가하는 가장 강력한 무기라는 점은 뒤(장면 22~26)에서 보게 될 것이다.

점액의 임무는 질에 도착한 것으로 끝나지 않는다. 점액은 질 벽으로 흘러내려 질 벽을 얇은 막으로 덮어씌운다. 일부는 여성의 음순에 축축하게 남아 있다. 그렇지만 점막의 다량은 질 벽에 남아 있다가, 당장 며칠간은 일어나지 않더라도 다음 성교에 대비한다. 그러다가 여자가 성교 전희로 달아오르게 되면 질 벽에 '땀'처럼 흐른다. 땀 그 자체는 미끄럽지 않다. 그렇지만 자궁경부의 묵은 점액막과 섞이게 되면 매우 효과적인 윤활유가 된다. 질은 이렇게 해서 삽입과 성교에 몰입할 준비를 갖춘다.

이제 남성의 성기가 처음 질에 삽입될 때 분비물이 나오는 사건을 이해하기 위한 모든 정보가 입수되었다. 그러나 몇 가지 도움을 위해서, 우리는 내부 진찰에 대한 여태까지의 이미지를 전환할 필요가 있다. 지금부터 설명하려는 것은 남자와 여자가 성교를 하기 전에 남자의 성기 아랫부분에 섬유질 관찰용 내시경을 묶어 관찰한 것이다. 이때 성기에 매단 눈에 무슨 일이 벌어졌는지가 다 포착되었다. 이 설명에 보탬이 되기 위해서 당신이 이 실험에 자원했다고 가정해보자. 당신은 임무를 띠고 파견되어 성관계를 진행 중이며, 당신의 발기된 성기(남자일 경우), 혹은 당신의 상대 (여자일 경우)의 성기 끝 부분에 카메라를 달고 있다. 이제 당신 앞의 대형 TV 화면을 통해 어떤 일이 벌어지고 있는지 보자.

성기가 처음 질에 삽입되자 질 벽이 벌어진다. 성기가 완전히 삽입되면 거기서 약간 앞부분에 질의 막다른 끝이 놓여 있다. 약간 앞쪽에 질의 지붕 부위에 삐죽 나와 있는 것이 자궁경부다. 이 순간 보조개 모양으로 열려 있는 중앙부는 촉각이 잘려 나간 해변말미잘 모양을 하고 있다. 그러나 이 형태는 삽입 행위가 진행되면서 바뀐다.

이 화면을 삽입이 시작될 때 관찰한다면, 성기가 뒤로 빠질 때마다 질 벽이 그뒤로 닫히는 것을 볼 수 있을 것이다. 성기가 밀고 들어올 때에는 벽이 열린다. 성기가 완전히 삽입될 때마다 질 벽의 말단과 돌출된 자궁 부위를 볼 수 있을 것이다. 삽입이 계속되면서 완전히 삽입되었을 때의 그림도 바뀐다. 질의 말단은 점차 공기가 차고 점액으로 습윤되면서 방의 모양을 갖춘다. 이보다 더 극적인 장면은 자궁경부가 뻗어 나오면서 점점 더 아래로 처지는 장면이다. 모양은 갈수록 해변말미잘 모양과 멀어지고 더욱 붉고 넓어지면서 코끼리 코 모양으로 바뀌어간다. 성기가 완전히 삽입된 상태에서 마침내 눈앞에 보이는 것은 자궁경부 본체의 앞쪽 벽이다. 이 벽의 열린 부위는 아래쪽 질의 바닥을 가리키고 있는데, 실제로 보이는 것은 아니다. 삽입이 절정에 이르면서 자궁경부의 열린 부위는 질의 바닥에 얹혀 있는 모양이 되기도 한다. 성기가 사정할 때에는 분출된 점액이 자궁경부의 앞쪽 벽을 치고 질 바닥으로 떨어져 내려와 방의 바닥 쪽에 웅덩이를 형성한다. 자궁경부는 아래로 처지고 정액고精液庫seminal pool〔남녀가 성교할 때 정액이 여성 체내에 투입되면 수태 지역으로 향하기 전에 잠시 머물러 있는데, 그때 정액이 저수지처럼 저장된 형태를 하고 있기 때문에 pool이라고 한다. 체류 위치는 50쪽의 정액 저류소 설명 부분 참조〕에 빠져서 물구덩이에 빠진 코끼리 코의 모양새가 된다.

사정이 끝나고 1분여가 지나면 성기가 수축하기 시작한다. 이와 함께 질 벽이 뒤로 닫히면서 정액을 내부에 보관한다. 성기가 수축함에 따라서 카메라의 기능은 끝이 나고 TV 화면이 어두워진다. 하지만 지금에 와서 이것은 별로 중요하지 않다―중요한 사건이 일어나는데, 이것은 눈에 보이는 것이라기보다는 화학적이고 미시적인 것이다.

TV 화면에서 보았겠지만, 성기가 질 끝 부위까지 수축되기 전에 한 가지 변화가 일어나는데, 정액고가 응고되면서 수분이 줄어들고 젤리 형태로 변하는 것이다. 다음으로 정자가 정액고에서 빠져나가기 시작한다. 목적지는 자궁경부 점액과 정액 사이에 형성된 접촉면을 통과해야만 진입할 수 있는 자궁경부 경로이다. 자궁경부가 커다란 정액고에 빠져 있는 진짜 코끼리 코라고 상상해보자. 코는 점액으로 질펀하다. 그렇지만 이 점액은 용해되지 않으며, 또 정자와 접촉되어도 섞이지 않는다. 그 대신 뭔가 한결 짜임새 있는 것이 자리 잡는다.

자궁경부 몸통의 입구에 형성된 점액과 정액의 접촉면은 납작하지 않다. 정액의 '전위부대'는 자궁경부 점액 속의 큰 규모의 경로로 진입하여 증대된다. 이들은 점액 내부의 상층부로 뻗어 짧은 거리를 관통해서 고무장갑의 손가락처럼 자궁경부 몸통으로 들어간다. 정자는 정액을 남겨둔 채 미친 듯이 이 전위부대 손가락들 속으로 헤엄쳐 들어와서, 이곳으로부터 점액의 협소한 경로로 흘러 들어간다. 이 정자들은 뒤에서 추적하기로 하고, 여기에서는 여성의 분비물에 집중하자.

자궁경부의 몸통은 정액고에 몇 분간 잠겨 있다가 질의 지붕 부위 쪽으로 수축하기 시작하는데, 이를 비유하자면 코끼리 코에서 해변말미잘 모양으로 환원하는 것이다. 이때 정액고와의 접촉이 끊기고, 따라서 정자가 빠져나가지 못하도록 위쪽의 통로를 차단한다. 자궁경부가 퇴각하면 정액고에 남아 있는 정자들은 방출되고, 곧이어 요절을 선고받는다. 방출된 지 15분가량 지나면 정액고는 녹기 시작해서 다시 습윤해진다. 곧이어 의식할 수 없는 미세한 근육의 잔물결이 정액, 점액, 정자, 기타 질에서 나온 세포의 묵은 복합 물질을 마사지하기 시작한다. 이 복합 물질은 마침내 문간방에 응집한다. 이는 평균적으로 사정 약 30분 뒤에 일어나지만 짧게는 10분에서 길게는 두 시간에 걸쳐서 일어나기도 한다. 이러한 작용 전에는 여자가 일어서거나 걸어 다니고, 심지어 소변을 본다고 해도 분비물이 나오지 않는다. 그렇지만 일단 분비물이 문간방에 모였다 하면, 어떠한 동작을 취하거나 심지어는 가벼운 기침이나 재채기를 해도 이 못마땅한 물질을 제거하게 될 것이다. 약 두 시간이 경과한 뒤에는 여자가 계속 잠을 자고 있더라도 분비물 자체에 물기가 넘쳐서 어떻게든 방출되어 시트를 적실 것이다.

이 분비물에는 평균적으로 주입된 정자의 절반 정도—이보다 많을 때도 있고 적을 때도 있다—가 담겨 있다. 양의 많고 적음은 얼마간 자궁경부 필터 기능이 얼마나 철저한지에 달려 있다. 필터의 기능이 너무나 철저해서 사정액 거의 대부분을 그대로 방출하는 경우도 제법 된다(10분의 1 정도). 이보다는 덜하지만 필터가 너무 약해서 거의 대부분을 그대로 보존하는 경우도 있다. 무엇보다 중요한 것은 여자가 보존하는 정자의 양은 단번에 결정되지 않는다는 점이다. 대부분은 여자의 신체의 통제하에 있으며, 자궁경부 필터의 기능이 전부는 아니다. 여자의 신체는 성관계를 가질 때마다 정자를 얼마나 남겨두고 얼마나 버려야 할지를 결정한다. 얼마나, 또 왜 그런가 하는 것은 뒤에서 볼 것이다. 동시에 부부나 여타 남녀 쌍의 일생에서 여성의 능력이 얼마나 중요한지가 곧 밝혀질 것이다. 하지만 아직은 아니다.

장면 4
채워 넣기

그다음 두 주 동안 이 부부는 성적으로 꽤 활력에 넘쳤다. 여자의 수태기의 냉정함도 사라졌다. 지난 1년보다 더 왕성한 성관계를 기대하고 또 즐기는 시기였다. 토요일 밤에 화해를 하고 난 뒤로 그들은 일요일에 두 번의 관계를, 한 번은 아침에 깨서 바로, 또 한 번은 오후 세 시경에 맺었다. 반 시간 뒤에 한 번 더 시도하기까지 했다. 남자는 강렬하게 발기했지만, 10분간의 간헐적 삽입과 자극에도 불구하고 결국 사정이 되지 않으리라는 현실을 받아들여야 했다. 이들은 그러고 나서 며칠을 건너뛰었다. 수요일 밤에는 여자가 자신의 여자 친구들과 외출했고, 목요일에는 남자가 자신의 '남자 친구들과' 외출했다. 이 이틀 밤 동안 부부가 각각 번갈아 가며 술에 취해서 잠자리에 기어 들어왔을 때 상대는 잠들어 있었고, 아니면 그런 척했다. 그렇지만 금요일 밤에는 성교를 했고, 토요일과 일요일에도 했다. 그다음 주에도 여자가 토요일 오전 월경을 시작할 때까지 비슷한 양상이었다. 그러고는 다음 토요일까지 성교를 삼갔는데, 그날 여자의 월경은 끝나 있었다.

주기적 성행위를 철저하게 일정한 간격으로 진행하는 부부는 별로 없다. 우리는 이 부부의 생활을 4주간 추적했는데, 이들은 삽입 성교를 10회 했고, 여자는 남자의 사정을 9회 경험했다. 그러나 삽입 간격은 짧았을 때는 (사정은 없었지만) 30분이나 일곱 시간(사정한 경우)일 때도 있었고, 길게는 7일까지 갔다.

이 책에서 남자는 저열한 싸움을 할 수밖에 없다. 우리의 이야기는 여자의 신체는 거의 모든 순간 재빠르게 허를 찔러대고 있는데 남자는 얼마 안 되는 밑천으로나마 앙버틸 수밖에 없는 상황에 관한 것이다. 그러나 그냥 보기에는 별 볼일 없는 이 장면에서 우리는 남자가 상당히 인상적인 일을 하고 있음을 관찰하게 될 것이다. 사정을 하는 순간의 남자가 그다지 주도면밀하게 보이지는 않을지도 모르겠지만 정작은 매우 주목할 만한 일이 벌어지고 있다. 주기적 성관계를 통해서 사정할 때마다 남자는 아내에게 '채워 넣기'에 필요한 이상으로는 주입하지 않는다. 이러한 자제가 남자의 종족보존 전략의 성공에 어떤 도움을 주는가? 남자가 하고자 하는 바를 이해하기 위해서는 지난번에 여자의 자궁경부 경로를 타고 헤엄쳐 들어가던 정자를 좀 더 따라가야 한다.

이 정자 중 소수 전위는 자궁경부를 통과해 곧바로 자궁으로 헤엄쳐 들어간다. 여자가 임신했을 때를 제외하면 자궁은 서양배 모양일 뿐 아니라 크기도 거의 서양배 한 개만 하다. 질과 마찬가지로 두 벽이 가까이 붙어 있기 때문에 안쪽에는 공간이 거의 없다. 정자는 일단 자궁으로 들어가면 자궁벽에 근접해서 헤엄치며 자궁의 도움으로 가장 넓은 부위인 맨 위쪽에 다다른다. 요컨대 자궁벽을 따라 흐르는 근육의 잔물결에 실려 서프보드를 타는 것이다. 자궁의 양쪽 상부(서양배 모양의 자궁을 황소 얼굴로 치면 뿔 달린 위치가 된다)는 좁은 관인 나팔관(난관)으로 이어지는 통로다. 나팔관은 두 개지만, 여성의 월경주기 어느 시기를 보더라도 둘 중 한쪽에만 난자를 보유하고 있다. 정자는 자궁을 빠져나오면 나팔관을 타고 짧은 거리를 헤엄쳐서 휴게소에 도달한다. 이곳에서 헤엄을 멈추고 정착해서 다음 단계를 기다린다.

자궁경부 점액으로 돌아가보면, 다른 정자의 무리가 좀 더 비스듬한 경로를 타고 헤엄쳐서 자궁경부 벽에 있는 작은 정액 저류소精液貯留所cervical crypts(남녀가 성교할 때 정액이 여성 체내의 수태 지역으로 진입하기 전에 저수지 형태(정액고)로 대기하게 되는데, 이 정액고가 체류하는 곳으로 질 상단의 자궁경부 벽 내에 자리한다)로 흘러 들어간다. 이 정자들 역시 일단 이 저류소 안으로 들어가면 헤엄을 멈추고 정착해서 에너지를 저장한다. 그러다 4~5일에 걸쳐 서서히 깨어나서 자궁경부로 재진입한다. 그러고는 이들 역시 점액 통과 여행을 마치고 서프보드를 타고 자궁을 거쳐서 나팔관의 휴게소로 향한다.

마지막 정자 무리는 그냥 자궁경부 점액 속에 머문다. 이곳에 죽치고 앉아서는 점액 경로를 어지럽힌다. 이들은 결국 죽거나 죽임을 당한다. 이 치명적 공격자는 사정 후 몇 분 안에 자궁벽으로부터 고삐 풀려 나온 약탈 무리, 즉 백혈구 집단이다. 정자 무리가 자궁경부 점막을 뚫고 전진할 때 이 살인 세포들이 살아 있는 정자와 죽은 정자를 전부 집어삼키고 소화시킨다. 백혈구 세포의 수가 최대치일 때는 정자의 수와 맞먹지만, 이 무리는 마무리 소탕 작전을 완결할 소수만 남겨놓고는 사정 24시간 이내로 없어진다. 백혈구 세포는 떼를 지어 다니지만 정자를 쫓아 정액 저류소로 따라 들어가지는 않는다.

보통 사정액에는 약 3억 마리의 정자가 들어 있다. 물론 여자가 1억 5,000만 마리 정도를 분비물로 방출할 것이다. 수백 마리만이 나팔관으로 직행하고 약 100만 마리가 먼저 정액 저류소로 들어가 정액고를 형성해서 앞으로 닷새에 걸친 나팔관행 여정을 완수하기 위해서 남아 있다. 매 사정 때마다 통틀어 약 2만 마리의 정자가 나팔관을 통과한다. 분비물로 방출되지 않은 정자 가운데 나머지는 자궁경부 점액을 어지러뜨리고 나서 백혈구 세포에 소탕되거나 빙하와 같이 느리게 흘러 내려오는 자궁경부 점액의 물결(장면 3)에 의해서 질로 되돌려보내진다.

정액고로 들어가는 것이 고작 100만 마리인데 3억 마리나 사정하는 것은 지나친 낭비로 보일지도 모른다. 그러나 보이는 것이 전부는 아니다. 채워 넣기의 요점은 정액고의 크기가 남자가 주입하는 정자의 수에 의해서 결정된다는 점이다. 남자가 2억 마리만 주입한다면, 정액고에 남은 것은 4억 마리를 사정했을 때의 절반밖에 되지 않을 것이다.

매 사정 때마다 남자와 여자는 약 닷새에 걸쳐서 각 나팔관을 관통하는 새로운 정자의 안정된 통로를 만든다. 이 통행은 사정 뒤 대략 하루에서 이틀이면 정점에 달하며, 그뒤로는 정액 저류소 안의 정액고가 서서히 수축되면서 함께 쇠퇴할 것이다. 여기서 채워 넣기가 등장한다. 남자가 자궁경부의 정액 저류소 내 정액고를 계속 채워둘 수 있다면, 새로운 정자가 나팔관 내부의 다른 지역으로 갈 수 있는 통로를 지속적으로 보장받을 수 있을 것이다. 만약 남자가 필요량 이상의 정자를 투입한다면 낭비가 될 것이다. 정액고는 흘러넘칠 것이며 그보다 많은 정자가 자궁경부 점액 속에 그냥 방치되어 있다가 여자의 백혈구 세포의 먹이가 되어버릴 것이다. 또 너무 많은 정자가 머리 부분(장면 7)에 독성 물질의 홍수를 이끌고 나팔관에 진입해서 그곳에 있는 난자를 죽일 위험도 있다. 이와 반대로 남자가 정액고를 충분히 채우지 못한다면 나팔관에 진입하는 정자가 너무 적거나 저류소가 일찌감치 말라버릴 수 있다. 남자의 임무는 상대의 저류소를 채워 넣기에 필요한 수에 맞추어 정자 수를 조절하는 것이다. 남자는 이를 놀라울 정도로 꼼꼼히 해낸다.

여기서 말하는 조절 행위는 대략 아래와 같다. 남자가 상대에게 사정한 지 1주일 이상이 경과하면 여자 체내의 저류소는 빌 것이며, 그때 남자는 정자를 가득 실어서, 말하자면 정자 4억 마리를 사정할 것이다. 이중에서 아마도 100만여 마리만이 저류소를 채울 것이다. 만약 간격이 사흘밖에 안 된다면 남자는 약 2억 마리를 사정할 것이고, 몇 분 간격이라면 하나도 사정하지 않을 것이다. 반 시간만 지나도 앞 장면의 남자처럼 사정하는 데 곤란을 느낄 것이다. 남자의 신체가 사실상 쓸데없는 짓이라고 말하는 것이다. 상대의 저류소는 가득 차 있으며 주입된 정자는 모두 그냥 버려진다.

우리의 부부는 우리가 지켜본 4주간 10회 성교를 했다. 그 시간 동안 약 30억 마리의 정자가 이쪽 사람에게서 저쪽 사람에게로 흘러 들어갔을 것이다. 남자의 아내 채워 넣기 능력이 얼마나 치밀한가 하면 만약 이들의 성교 횟수가 두 배였거나 혹은 그 절반이었다 해도 여자가 받았을 전체 정자 수에는 거의 차이가 없었을 것이다.

그러니 남자의 신체는 자신의 상대를 채워 넣기에 필요한 수의 정자만 주입한다. 어떻게 그렇게 되는가? 이에 답하기 위해서는 남자의 생식 구조와 사정 역학에 대해서 잘 이해해야 할 것이다.

당신이 의사이고, 눈앞에는 진찰을 기다리는 나체의 남자가 앉아 있다고 상상해보자. 남자의 성기가 당신의 눈높이에 있다. 배꼽, 음모, 약간 비뚜름하게 아래로 처진 음경, 고환을 담고 있는 앞쪽의 음낭을 주시하라. 오른손에 흐물흐물한 음경을 올려놓고, 그가 포피를 지닌 사람이라면 포피가 뒤로 밀려 있는지 확실히 해두라. 음경 끝 부분의 부풀어 오른 듯한 원형 덩어리는 귀두라고 하며, 당신의 정면에 있는 세로로 갈라져 있는 것은 요도 입구다. 남자는 이를 통해서 소변도 보고 사정도 한다. 남자의 요도를 머릿속에 그려보라. 이는 음경에서 시작되어 갈라진 틈에서 직선으로 올라가 방광까지 뻗어 있다. 눈을 음모의 윗부분에 고정시키고 안쪽의 요도와 방광이 만나는 지점을 눈으로 본다고 상상해보자. 이 바로 아래 지점에서 요도가 좌우 두 개의 관〔정관〕과 만난다. 이 관은 그대로 고환으로 뻗어 내려가 있으며, 사실상 각각의 관에 정자가 일렬로 담겨 있다. 이 관들이 요도와 만나는 곳은 호두만한 조직 덩어리에 둘러싸여 있다. 이것이 전립선으로 다량의 정액을 생산한다.

  그러면 이 두 줄의 정자는 어디서 오는가? 바로 당신 앞에 서 있는 남자만 보더라도, 활동 중심지는 그의 고환이다. 안쪽에서 세포가 복제되고 자라나서 정자로 성숙한다. 정자가 성숙하고 사정에 적합하게 될 즈음이면 벌써 고환에 정자가 일렬로 서 있는 상태다. 이들은 정관에 들어 있지만 아직은 고환의 내부 아니면 표면에 자리하고 있다. 정관은 위치에 따라서 다른 특성을 지닌다. 고환 안에 있는 것은 정소상체精巢上體〔부고환이라고도 한다〕라고 부르며, 고환에서 요도까지의 부분은 수정관이라고 부른다. 수정관은 다소 직선 형태를 띠지만 정소상체는 희한하게 지그재그에다 둘둘 말려 있다.

  요컨대 정자가 정소상체에 들어 있을 때는 사정되기 위해서 단지 줄을 서 있을 뿐이다. 남자가 정자의 일부를 사정할 때마다 나머지는 자리를 내면서 앞으로 나아간다. 각 줄의 앞부분이 사정으로 없어지면서 새로 성숙한 정자가 고환 안에서 줄 뒤로 선다. 정자가 발육해서 고환 깊숙한 데로부터 여행을 시작하여 이 줄에 합세하기까지는 거의 두 달이 걸린다. 그러면 각 정자는 정소상체에서 줄을 선 채로 두 주를 더 보내고 수정관으로 나아가 닷새 정도를 보낸다. 간혹 가다 젊은 정자가 나이 먹은 정자를 제치고 뒷줄에서 앞으로 건너뛰는 경우도 있기는 하지만 여기에서는 논외의 문제다.

이제 우리의 의학 모델이 두 줄의 정자 대열을 가지고 시작해서 성교를 하게 될 때 무슨 일이 벌어지는가 보자. 그가 당신의 정면에 서 있는 동안 요도에는 정자가 없었지만, 두 개의 정관에는 통틀어 많게는 약 10억 마리까지 담겨 있었다. 음경이 발기되어도 아무 일도 벌어지지 않으며, 심지어 삽입 행위 초기 단계까지도 그렇다. 그렇지만 그러다가 결국 정자가 각각의 정관에서 밀려 나와서 요도로 들어갈 것이다. 보통은 소변이 방광에서 흘러나오는 것을 막는 둥근 괄약근이 정자가 방광으로 역류해 들어가는 것을 막는다. 이제 남자의 요도는 장전되어 발사 준비가 끝났다.

장전되는 동안 남자는 음경 바닥 부분에서 쾌감을 동반한 팽창감을 느낄 것이다. 그는 사정이 임박한 것도 알 것이다. 다만 얼마나 임박했는지는 제한적으로 그의 의식적 통제에 달려 있다. 그러다가 드디어 사정하게 되면 정액이 전립선에서 요도로 흘러 들어간다. 그러고 나면 근육이 수축되고, 정액과 정자의 혼합물은 요도 부위로부터 쏟아져 나와 여자의 몸으로 투입된다.

이제 남자의 신체가 사정할 정자의 수를 어떻게 통제하는지 이해가 되었을 것이다. 장전용 근육이 몇 개나, 그리고 얼마나 강력히 움직이느냐에 따라 남자의 신체는 원하는 정자 수만큼을 정관에서 요도로 내보낼 수 있다. 남자의 신체는 장전이 된 뒤에도 생각을 바꿀 수 있다. 장전된 정자의 사정량을 분출 행위 횟수—보통은 3~8회 사이—를 달리해가며 조절한다. 사정 뒤에도 요도에 남아 있던 정자와 정액은 다음 소변을 볼 때 모두 배설된다.

물론 자신의 상대에게 마지막으로 사정한 기록을 추적하는 남자의 두뇌 작용과 생식 근육 조직 간에는 어디엔가 연결 고리가 있어야 할 것이다. 그 연결 고리가 있다면 남자의 신체가 상대를 어떻게 그렇게 딱 맞추어 채워 넣는지를 이해하는 것이 어렵지 않을 것이다. 물론 남자가 정자 수를 의식적으로 통제할 것이라고 생각하는 사람은 없다. 삽입 행위 중간과 요도에 장전을 하는 시점에 남자가 스스로에게 의식적으로 '이것이 1억짜리 상황인가 아니면 4억짜리 상황인가?' 묻지는 않는다. 그의 잠재의식과 신체가 대신해준다. 장전과 사정의 순간이 도래하면 남자의 여러 신체 부위가 때맞추어 대응한다. 이렇게 해서 남자의 의식은 삽입 행위와 여자에게 한껏 집중할 수 있다.

장면 5
임신

금요일 밤, 여자의 지난번 월경주기—임신하지 않고 새 달이 시작되었음을 알리는 신호—가 시작된 지 21일이 흘렀다. 이 부부는 한동안 그들의 생식력을 의심했다. 그렇지만 친구들의 경험이며, 피임 없는 성관계를 1년 꽉 차게 해야만 의학적 진단 요건이 성립된다는 사실 따위에 고무되어 둘 다 잠자코 있었다. 그렇게 안심하고서 이들 부부는 지난달을 뒤로 하고 새로이 시작하기로 했다. 이제 막 성교를 끝내고 성교 뒤 수면에 빠져든 상태다. 오늘 밤 여자는 화장실에 가지 않을 것이며 분비물이 침대보를 적실 것이다.

지난 2주간 이들의 성생활은 피임을 포기한 이래로 정착된 주기를 거의 그대로 따르고 있었다. 토요일과 일요일의 성교와, 이번 주의 경우처럼 때로는 금요일의 성교도 주기화했다. 그렇지만 이번 주는 약간 달랐다. 수요일 밤, 여자는 친구들과의 모임에서 돌아와 침대에 들자마자 남편이 깰 때까지 몸을 자극했고, 발기될 때까지 그의 신체를 희롱했다. 그러고 나서 여자는 남자 위에 앉아 그의 성기를 손으로 움직여서 질에 삽입시켰다. 여자가 매우 젖어 있었기 때문에 남자는 쉽게 미끄러져 들어갔고, 여자는 그 순간부터 모든 일을 맡아서 했다. 남자가 서서히 스스로 즐기기 시작했다. 이들은 여자가 위로 올라간 체위를 많이 해보지 않았고 두어 차례 남자가 미끄러져 나오기도 했다. 여자가 힘을 꽤 들여야 했지만, 남자는 어쨌거나 사정을 할 수는 있었다. 오늘 밤 이들은 같은 체위를 시도했지만, 이번에는 어떤 이유에선지 되지 않았다. 결국에는 위치를 바꿔 평상시의 체위로 돌아가야 했다.

여자가 잠에 빠져 있는 동안, 그녀의 몸속에서는 일생을 완전히 뒤바꿔놓을 일이 벌어지고 있었다. 여자는 그날 저녁 일찍 배란이 되었고, 난자가 왼쪽 나팔관 내 임신이 발생할 지점에 막 도착했다. 난자가 수태 지역에 도착함과 동시에 세 마리의 수정력 있는 정자가 도착했다. 이들은 난자 외피의 층을 파고들기 시작했다. 셋 중 두 마리는 난자의 방어막에서 서로 같은 지점을 관통하려고 부딪쳐대는 몇 초 사이에 밀려났다. 수정 상(賞)은 방해받지 않고 깔끔하게 경주한 세 번째 정자에게로 돌아갔다. 다른 정자가 바로 몇 초 뒤에 도착했을 때는 난자가 이미 장벽을 쳐놓아서 뚫고 들어갈 방도가 없었다. 난자는 일등으로 뚫고 들어온 정자에 의해서 수정되었다. 여자는 피임을 그만둔 지 석 달 만에 임신했다.

20일의 시간이 흐르면 여자는 늦어지는 월경일 때문에 임신 진단을 받으러 갈 것이다. 250일 뒤에는 출산을 할 것이다. 그렇지만 아버지가 누구인지는 결코 밝혀지지 않을 것이다. 그 금요일 밤 여자의 나팔관에서 대기 중이던 정자는 알고 보면 두 남자에게서 온 것이기 때문이다.

～

종족보존을 향한 여정에는 남자와 여자가 번식의 성공을 추구하는 데 매우 중요한 마지막 단계가 하나 버티고 있다.

우리는 앞의 장면에서 정자의 고환 내 초기 활동에서부터 여자의 질로 발사되어 들어가는 순간까지의 이동 경로를 따라가보았다. 우리는 이들이 정액고를 탈출하여 좁은 자궁경부 점액 경로를 타고 이동해서 마침내 나팔관의 휴게소로 향하여 가는 것을 관찰했다. 우리는 여기에서 이 여행의 최종 단계를 남겨두고 그들을 떠났다.

정자 무리는 길게는 하루를 나팔관에서 쉬기도 하며, 한 번 쉴 때마다 수천 마리가 휴식 대기 중일 것이다. 이들은 한 마리씩 깨어나 나팔관을 타고 더 멀리 헤엄쳐 간다. 첫째 목적지는, 난자가 있을 경우에 수정이 이루어질 수 있는 지역이다. 그러나 대개는 난자가 부재중이며, 그러면 정자는 그냥 통과해서 죽게 된다.

정자는 수태 지역에 접근하면서 행동을 바꾼다. 꼬리를 더 정력적으로 쳐대고, 도착을 하면 종종 원형 또는 8자형으로 미친 듯이 헤엄친다. 간혹 수태 지역에는 흔히 만나기 어려운 난자를 찾아다니는 정자가 한두 마리에서 천 마리까지 보유되어 있다. 얼마 뒤에 이들은 한 마리씩 이 지역을 떠난다. 이들이 떠나면서 그 자리는 다른 지역에서 새로 도착한 정자로 채워진다. 수태 지역을 떠난 정자는 나팔관의 남은 거리를 헤엄쳐서 최종 목적지로 들어간다―이 과정은 나팔관의 끝이 벌어지기 때문에 수월한데, 이 벌어지는 부분은 손가락 같은 돌기에 둘러싸여 있다.

이제 난자를 살펴보자.

양쪽 나팔관 끝 부분에서 약간 떨어진 곳에 마치 블랙홀 주위의 비교적 거대한 행성처럼 매달려 있는 것이 난소이다. 나팔관 내부의 미세한 돌기는 난자가 난소로부터 빠져나올 때 체액의 물결을 만들어내며, 이는 나팔관의 블랙홀을 향해서 서서히 흘러간다. 손가락 같은 돌기는 펼친 손처럼 기다리고 있다가 난자를 관으로 흘려 넣는다. 여기에서 난자의 5일간의 자궁행 여정이 시작된다.

정자가 수태에 성공하기 위해서는 수태 지역에서 난자와 마주치는 것만으로는 안 된다. 난자가 세 겹의 방벽[과립세포]―난자가 배출되기 전에 정자에 의해서 무너져야 하는 요새―에 둘러싸여 도착하기 때문이다. 방벽의 바깥 벽은 난자가 난소에서 데리고 나온 무정형 세포들로 이루어진 두꺼운 퇴적층이다. 이 퇴적층의 안쪽은 또 한 겹의 두껍고 부드러운 벽으로, 난자 자체의 외점막을 형성한다. 마지막으로 이 벽의 안쪽은 가장 연약한 장벽으로 난세포막이라는 좁은 공간이다.

정자는 머리를 이용해서 세포 퇴적층을 뚫고 들어간다. 여기서 성공하면 안쪽 벽에 도달해서 점막에 효소가 담긴 머리를 꽂는다. 이 효소의 부착이 개시가 되는 셈인데, 정자는 안으로 뚫고 들어가기 위하여 다시 한번 머리를 이용한다. 이번에는 머리 끝 부분에 노출되어 있는 뾰족한 침을 사용한다. 격렬하게 움직이는 꼬리가 정자가 앞으로 밀고 나가는 데 필요한 힘을 제공한다. 끝으로, 이 정자가 첫 번째로 벽을 뚫고 들어가서 아래에 놓인 공간을 가로질러 난세포막과 접촉하게 되면 난자의 따뜻한 포옹에 집어삼켜진다. 한 마리의 정자를 포옹하고 나면 난자는 표면으로 화학 신호를 보내고, 몇 초 안에 다른 정자는 관통이 불가능해진다. 인간의 정자에게는 2등상이 없다.

성공한 정자는 난자 내의 난세포막을 흘려 내보내고 가지고 있던 DNA의 유전자 심장부를 방출한다. 이것은 난자 내의 이와 유사한 심장부와 합체되기 위해 여행을 계속한다. 정자와 난자에서 비롯된 DNA 합성체는 아버지와 어머니의 유전자가 동비율로 배합된 것이다. 어머니와 아버지의 성격이 미묘하게 결합된, 한 생명이 잉태된 것이다.

우리는 이 장면에서 아이의 어머니가 누구인지 확신할 수 있다. 아이가 아홉 달을 보낼 곳은 결국 어머니 뱃속이다. 그러나 누가 아버지인가? 앞에서 보았듯이 여자는 배란하기 전 결정적인 며칠 동안 두 남자—남편과 애인—의 정자를 수집했다. 무슨 일이 벌어졌는지 보기 위해서, 또 아버지가 누구인지 알아내기 위해서는 먼저 열흘 앞으로 돌아가야 한다. 이제 정자전쟁을 목격하게 될 참이다.

3장
정자전쟁

장면 6

절호의 기회

여자는 수요일 밤, 여자 친구 여덟 명과 정례 모임차 외출했다. 이 외출 모임은 수년간 지속되어왔다. 구성원은 열 명이 넘지만 항상 전원이 모이지는 않는다. 모임은 주로 술과 수다, 식사로 이루어지며 가끔은 클럽 같은 곳으로 몰려가기도 한다. 간혹 남자 한둘이 끼어들어 모임 중 누군가를 추켜세우다가 따로 데리고 나가기도 한다. 이 친구들은 저마다 다른 남자와 대화를 하게 되거나 그러다가 같이 나가게 될 것을 기대하기도 한다. 이들 대부분은 가정에 기다리는 배우자가 있음에도 불구하고 이러한 그룹 차원의 자매애적 공범을 은근히 즐긴다.

오늘 저녁은 그녀 차례였다. 우연찮게도 이날 저녁, 바에서 그녀에게 다가온 남자는 고등학교 시절 마지막 여름방학 때 만나서 대학 첫 학기까지 몇 달간 주말 데이트를 했던 사람이었다. 둘은 한눈에 서로를 알아보았고, 꽤나 험악했던 둘의 마지막 만남 이후로 겪은 일들을 이야기하느라 실로 온 저녁을 다 보냈다. 여자는 남자가 나라 저 반대쪽에 직장을 갖고 있는데 업무상 이곳에 1주일간 방문 중이며 근처 호텔에 묵고 있다는 것을 알게 되었다. 이제 거의 서른이 되었지만 아직 같이 사는 사람은 없고, 여자 친구가 한둘 있다는 것도 알았다.

그는 여전히 남성적 매력이 넘치고 사생활이 복잡하며, 그래서 안심하지 못할 남자였다. 여자는 그와 사귀는 동안 여자 친구로서 자부심도 있었으나 결국 이 남자의 다양하고 숱한 부정을 알고서 관계를 끝내버렸다. 여자는 그때처럼 불안정한 시절에는 안심하고 믿을 수 있는 사람을 원했던 것이다. 그렇지만 지금 이렇게 예기치 못하게 그를 만나고 보니 묵혀두었던 온갖 감정이 되살아났다. 여느 때와 마찬가지로 저녁이 끝나갈 즈음 여자는 다시 친구들한테로 돌아왔다.

다음날 점심시간에 남자가 여자의 직장으로 찾아와서 여자를 가까운 스낵바로 데려갔다. 점심을 먹으면서 둘은 저녁 식사 약속을 정했다. 마침 목요일이고 남편이 친구들과 외출하는 날이므로 여자는 남편에게 말할 이유가 없다고 판단했다. 여자가 생각하는 한 이 저녁은 절대로 순수할 것이고, 그러니 어쨌거나 언급할 가치가 없었다. 그렇다고는 하지만 여자는 이 과거의 남자 친구를 마을 중심가에서 떨어져 있는, 사람들 눈에 띄지 않을 듯한 식당으로 데려갔다.

저녁 내내 남자는 둘이 끝에 가서는 자신의 호텔 침대로 가게 될 것을 기대하는 눈치였다. 남자는 매우 세심했고 또 들떠 있었으며 틈만 나면 여자와 접촉할 핑계를 찾곤 했다. 그렇지만 여자는 결코 외도를 진지하게 생각해보지 않았다. 여자는 여전히 그가 매력적으로 느껴졌고 그의 접촉에 흥분되었으나 섹스에 대한 그의 기대감이 성가시다 못해 불쾌할 지경이었다. 그 결과 여자는 저녁 내내 남자와 냉정하게 거리를 두었다. 남자는 결국 뜻을 알아차리고 물러섰다. 여자의 집으로 태워다주는 길에는 그저 농담이나 주고받았다.

여자가 남자의 차에서 내리기 전 짧은 순간 그들은 다시는 못 만날 것처럼 이야기했다. 여자는 느닷없이 따스한 느낌과 향수, 거기에 미안함까지 덮쳐와 남자의 볼에 짧게 입을 맞추고는 스스로도 깜짝 놀랐다. 그리고 나서 다시 한번 입 맞추면서 더욱 놀랐다. 이번에는 입술 위였다. 여자는 이 순간 갑작스레 열정이 밀려오는 데 당황하여 황망히 차에서 내려서 남자에게 행복한 삶을 기원하고는 안으로 들어갔다.

남편은 한 시간 뒤에 집으로 돌아왔고, 여자는 침대에서 잠들어 있는 척했다. 남편이 술에 취해 잠에 빠져서 코를 골기 시작하자 여자의 생각과 꿈은 지난 저녁의 흥분 속으로 엉켜들었다. 여자는 몇 시인지 알 수 없었지만 자다가 오르가슴을 느낀 순간 잠깐 잠을 깼다.

여자는 직장에서 그 다음날 하루 종일 그 일이 얼마나 쉬웠는지 믿어지지 않았다. 다른 남자와, 순수하기는 했지만, 저녁을 보냈고 게다가 아무도 그 일을 알지 못했다. 옛 남자 친구, 둘의 저녁, 둘의 대화, 둘의 키스뿐만 아니라 그녀가 아직 10대였을 당시의 초기 성생활에 대한 추억이 근무 시간 내내 그녀의 마음을 어지럽히고 있었다. 여자는 이런 생각으로 거의 하루 종일 잠재적인 흥분 상태에 빠져 있었던 것이다. 여자의 바지는 사실상 하루 종일 젖어 있었고 한 번은 화장실에 가서 자위행위를 했다.

여자는 그 금요일 밤에는 남편과 성관계를 갖지 않았지만 토요일과 일요일 이틀 연속으로 관계를 가졌다. 토요일 밤에는 남편에게 삽입하기 전에 오르가슴을 느끼게 해달라고 요구하다시피 했다. 삽입 과정 그 자체로 절정에 오르는 것은 드문 일이었다. 여자는 그것을 기대하지 않았고, 어쩌다 오르가슴을 정말로 원할 때에도 삽입 전 단계에서 확실히 되도록 했다. 일요일 오전에 여자는 목욕하는 동안 자위행위를 했고 거실에 알몸으로 나와 남편을 흥분시켜서 마룻바닥에서 성관계를 가졌다. 주말 동안 오르가슴을 느낄 때마다, 심지어 전희 단계에서조차도, 여자의 생각 속에 있던 환상은 남편이 아니라(요 며칠간 한 번도 없었다!) 옛 남자 친구와의 회상 장면 혹은 실제 장면이었다.

주말 동안 여자는 성적 활동과 흥분의 폭발을 내밀히 즐겼다. 그렇지만 여자는 결코 부정한 성관계에 대한 환상을 즐기는 것 이상의 그 어떤 위험한 것도 생각하지 않았다. 그러나 월요일에 다시 출근했을 때 여자의 기분이 변하기 시작했다. 옛 남자 친구는 목요일이면 떠나고, 다시는 그를 못 만날지도 모른다. 이런 생각이 머릿속에 자리 잡았고 흥분이 서서히 긴장으로 바뀌었다. 어쩌면 딱 한

번 다시 만나야 할지도 모른다. 약속 잡는 건 쉬울 거야. 수요일 저녁 친구들과의 모임 대신 그와 함께 저녁을 보낼 수도 있지. 전화 한 통화면 끝인데, 핸드폰으로 전화해, 그리고 약속을 잡는 거지. 쉽잖아?

여자는 이런 생각에 흥분되기도 두려워지기도 했는데, 정도가 아주 강렬해서 월요일 하루 종일 이를 즐기는 것 말고는 한 일이 없었다. 화요일에 여자는 용기를 내어 전화했으나 남자가 받지 않았다. 또 한 번의 시도가 무위로 돌아가고 그 뒤로는 다시 걸지 않았다. 수요일 아침이 되자 그녀의 두렵고 죄스럽던 마음이 고요한 자신감으로 바뀌었다. 다시 만나는 게 어때서? 무엇보다 함께 보낸 지난 저녁은 충분히 순수했잖아—죄책감이나 긴장감을 느낄 필요가 없지. 그렇다고 또 누구한테 말할 필요도 없겠지.

여자의 세 번째 시도에 남자가 응답했다. 그는 반가워하면서도 놀란 듯했지만 서두르고 있었고, 약속을 의논할 시간이 없으니 그날 저녁 바로 호텔로 와서 자신을 찾는 것이 어떻겠냐고 제의했다. 여자는 동의하고 그날 하루를 격한 흥분 상태로 지냈다. 여자는 직장의 친구들에게 언니를 방문해야 하기 때문에 주중 모임에는 나갈 수 없을 거라고 이야기했다. 남편에게는 일곱 시에 집을 떠나면서 오늘은 클럽에 가고 싶으니 좀 늦을 거라고 말해두었다. 남편은 불평했지만 심하지는 않았다.

여자는 호텔에 도착했을 때 긴장하고 있었으며, 몇 분간은 매우 어색한 대화가 오갔다. 그렇지만 그들은 호텔 술집에서 첫 잔을 끝내기도 전에 벌써 학창 시절로 돌아간 듯했다. 지난 6년간 헤어진 적도 없는 듯했다. 오늘 밤 여자의 기분과 행동은 지난 목요일과는 사뭇 달랐다. 다음 잔이 끝났을 때 여자는 남자와 무릎을 스치고 있었고 대화가 무르익으면서 다리를 스치거나 팔꿈치를 스치기도 했다. 남자가 '추운데 밖으로 나갈 것 없이' 호텔 식당에서 식사하는 것이 어떠냐고 하자 여자는 흔쾌히 동의했다. 식사가 끝나고 남자는 그녀에게 보여줄 사진을 가지러 '잠깐만 방에 올라갔다 와야겠다'고 했다. 여자는 남자를 따라갔다. '이 호텔의 방이 어떻게 생겼는지 늘 궁금했다'면서.

남자는 사진을 보여주지 않았다. 문이 닫히는 순간 둘은 키스하면서 서로의 옷을 벗기기 시작했다. 여자가 숨 한번 돌려 쉬기도 전에 둘은 알몸으로 바닥에 누웠고 남자는 여자의 안으로 들어가 사정했다. 여자는 남자의 성급함에 주춤해지기는 했으나 그를 가라앉히려는 시도는 하지 않았다. 남자는 콘돔을 제안하지도 사정하기 전에 빼내지도 않았고, 여자 쪽에서도 뭘 요구해야겠다는 생각이 들지 않았다. 그녀의 질은 온종일 지속된 기대감으로 젖어 있었고 방으로 들어서면서는 흘러넘칠 정도였다. 삽입은 빠르고 쉬웠으며 사정 역시 신속했다.

끝나자 남자는 사과했다. 이렇게 서둘렀던 건 그녀에 대한 사랑이 멈춘 적이 없으며 언제나 그녀를 갈망해왔기 때문이라는 말과 함께. 그는 침대로 올라가서 다시 잘해주겠다고 약속했다. 그리고 그렇게 했다. 그는 그녀의 남편이 결코 그녀에게 보여준 적 없는 그녀의 여성에 대한 이해로 반 시간 동안 그녀의 몸을 어루만지고 희롱했다. 그녀가 절정에 달한 뒤 둘은 서로의 팔에 안겨 잠깐 잠에 빠졌다. 그러고 나서 둘은 다시 시작했다. 그의 삽입은 여전히 일렀지만 성급함은 가시고 없었다. 삽입 행위는 느리고 길었다. 그녀에게는 드문 일인데, 그녀는 삽입 도중 남자가 사정하기 바로 몇 초 전에 클라이맥스에 달했다.

둘은 다시 성교 뒤 포옹 자세로 잠들었지만 잠이 오래가지는 않았다. 여자는 그날 밤 처음으로 죄책감과 두려움에 휩싸이기 시작했다. 이미 늦은 시각이었다. 그녀는 두려움을 더 이상 견딜 수 없었다. 집으로 가야 했다. 남자는 남편한테 전화해서 집에 못 간다는 핑계를 대면 되지 않느냐면서 함께 밤을 보내자고 졸랐다. 그렇지만 여자한테는 이런 말이 들리지 않았다. 무조건 집으로 가야 했다. 여자는 화장실 간다는 핑계로 마침내 그의 침대에서 빠져나올 수 있었다. 그러고는 침대로 돌아가기를 거절하고 옷을 입기 시작했다. 대화가 억지스러워졌다. 여자는 심지어 남자가 성가시게 느껴지기까지 했고 작별은 어색한 행사로 변해버렸다. 택시를 타고 돌아오던 중 지난 시간에 대한 반응으로 여자의 속옷이 분출물에 흠뻑 젖었다. 그러나 여자는 알아차리지 못했다. 머릿속에는 집에 도착하면 어찌해야 하나 싶은 생각밖에 없었다.

여자는 남편을 깨우지 않기 위해서 조용히 옷을 벗고 완전히 씻은 뒤에 침대에 들었다. 그러고는 앉아서 남편을 자극해서 깨우려고 했다. 남편은 잠이 다 깨기도 전에 발기되었고 여자는 남편 위에 올라앉아 성기를 삽입하려고 했으며 얼마 뒤에 사정하게 만들 수 있었다. 남자는 희미하게나마 아내가 무척 젖어 있다고 생각했지만 그 이상은 생각하지 않았고, 대신 힘들이지 않고 삽입 행위를 즐기는 데 집중했다.

그 다음날 여자의 옛 애인은 집으로 떠나갔다. 둘은 그 뒤로 다시는 만나지 못했다. 그리고 다음날 여자는 배란하고 임신했다. 다음 3주 동안 여자는 남편과 거의 매일 성관계를 가졌다. 여자가 임신 사실을 발견할 즈음에는, 지난 외도의 밤은 먼 추억거리가 되어 있었다. 죄책감과 두려움은 말끔히 가시고 심지어는 그런 일이 일어난 적이 없다고 믿을 정도였다. 여자는 점차 뱃속의 아이가 정말로 남편의 아이라고 믿게 되었다. 무엇보다도 옛 애인과는 단 하룻밤뿐이었지만 남편과는 약 16회에 걸쳐 관계를 갖지 않았던가.

9개월 후 딸이 태어났다. 그로부터 2년 뒤 그녀와 남편은 아들을 보았고 그로부터 다시 3년 뒤에는 딸을 하나 더 낳았다. 큰딸은 자라면서 점점 더 엄마를 닮아갔다. 또 이 아이는 다른 두 남매에 비해서 눈에 띄게 매력과 활력이 넘쳤고, 인기 역시 높았다. 그렇다고 이 남매간의 차이가 다른 남매들에 비해서 크게 유별난 것도 아니었다.

여자의 남편은 이 수년 동안 아내가 첫 아이를 임신했을 때 몸속에 자신의 것뿐만 아니라 다른 남자의 정자도 함께 담고 있었으리라고는 단 한 번도 의심해보지 않았다. 물론 여자 자신도 과거의 그 미심쩍은 며칠간 무슨 일이 일어났는지 확실히 알 수 없었다. 두 사람 중 누구도 그녀의 난자 속으로 들어가 첫딸을 배태한 그 조그만 정자가 정말로 남편의 것이 아니라 옛 애인의 것이었다는 사실은 결코 알지 못했다.

이 짧은 장의 두 장면(6과 7)에서는 먼저 정자전쟁의 발흥을, 다음으로 그 과정을 다룬다. 사실 이중에서 한 장면—방금 우리가 목격한 장면—에서만 인물이 등장한다. 장면 7은 사실 장면이라고 할 수 없다. 이 책에서 진행 중인 정자전쟁을 묘사하는 데 장면과 해석을 결합시키는 것이 더 적절한 경우는 이 상황뿐이다.

우리는 방금 교과서적인 외도 상황을 목격했다. 여기에서 목격한 민첩한 행동들은 모두 여자의 첫딸 출산에 기여했다. 우리는 여자의 옛 애인이 불안정하고 남성적 매력이 넘친다는 점과, 그의 아이가 여자의 다른 자녀에 비해서 훨씬 눈에 띄는 개성을 보인다는 점에 주목해야 한다. 우리는 또한 여자의 오르가슴 횟수와 시간 간격—남자에 의한 것과 자신의 자극에 의한 것 모두—에도 주목해야 한다. 이들 요소의 중요성은 뒤에 가서 설명할 것이다. 여기에서는 외도 그 자체와 남편의 정자보다는 옛 애인의 정자가 임신을 성공시킬 수 있었던 요인에 집중할 것이다. 분명히 이 결과는 이 장면의 세 등장인물의 종족보존 성공에 큰 영향을 미쳤다.

우리는 앞서 여자가 전全 주기 가운데 배란기가 끝난 뒤 비수태기에 배우자와 주기적 성관계를 가질 확률이 약간 더 높다는 것을 살펴보았다(장면 2). 외도의 경우에는 이렇지 않다. 수태기에는 배우자가 아닌 다른 남자와 성교할 확률이 더 높다. 게다가 이 경우에는 남자에게 피임을 요구할 확률이 훨씬 낮다.

이러한 외도의 유형을 통계적으로 추적하기 위해서는 여성에게 외도를 도모하는 기분과 행동의 주기가 있어야 한다. 우리는 방금 목격한 장면에서뿐만 아니라 이 커플이 등장한 첫 장면에서도 이 사건의 기미가 싹트고 있었다는 것을 알 수 있다. 우리가 이들을 만난 첫 번째 달을 되짚어보자. 여자는 임신하지 않았다. 여자는 수태기에 남편에게 냉정했고, 우리는 여기에서 여자가 임신하지 않은 것은 이 부부의 실패가 아니라 여자의 신체 전략의 성공이었다고 추정했다. 이 시기에 여자가 접할 수 있는 유일한 남자는 남편이었고 그녀의 신체—의식적 두뇌 작용과는 무관하다—는 아직 남편이 첫아이를 보기에 적합한 때가 아니라고 결정했다. 이 결정을 관철하기 위해서 여자는 수태기에 남편에게 냉정한 태도를 유지했던 것이다.

이번 달에 옛 애인을 만날 기회가 생겼다는 것은 여자가 첫아이의 잠재적 아빠—실제로 여자의 신체가 더 환영한 상대—를 선택할 여지가 생겼다는 뜻이 된다. 여자에게는 두 번의 외도 기회가, 즉 처음에는 목요일에, 그리고 그 다음주 수요일에 외도 기회가 있었다. 여자는 한 번의 기회만 취했다. 목요일 저녁은 옛 애인이 적극적으로 굴었지만 그녀가 수태기가 아니었다. 여자의 신체는 이 남자와의 성교에 거의 흥미를 느끼지 못했다. 그날 저녁 남자는 노골적으로 성교를 원했지만 여자는 안전거리에서 냉정을 지켰다. 그렇지만 수요일에는 기분이 사뭇 달랐다. 여자가 월요일에 수태기에 들어서자 여자에게 옛 애인을 보고 싶은 마음이 떠오르기 시작한 것이다. 그러나 수요일이 될 때까지는 이를 위해서 무엇인가를 해야겠다는 동기가 절박하지 않았다. 그녀 자신을 포함해서 아무도 알지 못하는 일이었지만, 사정이 임신으로 이어질 확률이 가장 높은 날이 바로 이날이었다.

수요일 저녁이 되자 여자의 기분과 신체 언어는 이전 목요일과는 아주 달랐다. 유도 전략의 대부분은 여전히 남자 쪽에서 나왔어도, 여자는 흥미 없다는 것을 분명히 했던 앞 주와는 달리 이번에는 기꺼이 협조할 준비가 되어 있었다. 남자의 호텔 방에서 여자는 한술 더 떠서 그의 정자를 확실히 획득하기 위해서 더욱더 협조적이었다. 여자는 최소한의 전희만으로 삽입과 사정을 받아들였으며 피임 문제는 깡그리 무시했다. 나중에 가서 여자의 의식은 그것을 순간의 열정과 흥분에 압도된 행동이었다고 정의내릴 것이다. 하지만 사실은 다만 여자의 신체가 배란일 이틀 전에 이 남자의 정자를 받아놓기를 간절히 바란 것이었다. 여자의 신체가 **두 번째** 사정을 원했던 이유는 뒤(장면 25)에서 볼 텐데, 여자는 남자의 정자를 수집하자마자 그와 함께 있고 싶은 마음이 없어졌다. 그러고 나니 제일 중요한 일은 남편에게로 돌아가는 일이었다.

잠재의식적으로 여자의 애인에 대한 기분이 그렇게 느닷없이 바뀌어버린 데에는 주된 원인이 두 가지 있을 것이다. 스스로는 약간 다르게 설명하겠지만, 부분적으로 그 이유는 그녀의 의식에 있었을 것이다. 여자의 신체가 추구하는 전략의 기저가 되는 것은, 누가 아이의 아빠가 되든지 아이 양육에 가장 적합한 사람은 배우자라는 점이다. 이 전략에서는 이 점이 결정적이다. 따라서 어떠한 외도도 들켜서는 안 된다. 몸은 발각에 대한 두려움과 공포감을 발생시켰지만, 머릿속으로는 정교한 시간차와 둘러댈 이야기 따위를 배치해야 했다. 여기에서는 이 두 조건이 제대로 맞아떨어진 것 같다. 각종 통계는 이와 같은 1회성 외도가 발각되는 경우는 극히 드물며, 장기성 외도가 발각되는 확률도 50 대 50 정도밖에 되지 않음을 보여준다. 이 경우에는 우리가 본 것처럼 여자가 흔적을 덮는 데 성공했다.

신체의 전략 가운데 여자의 의식이 거의 파악하지 못하고 있는 듯한 단계가 더 있다. 여자는 집에 도착하자 남편과 성관계를 갖기 위해서 무척 공을 들였다. 여자는 의식 속에서 이것이 다 추적을 피하기 위한 것이라고 생각했을 것이다. 여자가 남편으로 하여금 자신에게 사정하게 할 수 있다면 뭔가 의미심장한 녹진한 침대보나 어떤 정자의 냄새도 남편의 의심을 불러일으키지 않을 것이다. 그렇지만 자신의 신체가 옛 애인의 정자를 수집하고 나자 돌변하여 남편의 정자를 수집하는 데에도 적극적이었다는 사실을 그녀의 의식은 깨닫지 못했다. 여자의 몸은 이미 저울질을 해보고 남편보다는 옛 애인의 유전자가 자기 아이의 아버지로서 더 우세하겠다고 판정했다. 여자의 몸이 모르는 한 가지는 어떻게 두 남자의 사정액이 서로 겨루느냐 하는 것이다. 여자가 옛 애인에 의해 임신하고 싶은 것은 오로지 그의 사정액이 경쟁력이 더 높고 수정력이 더 뛰어날 때뿐이다. 이것을 알아낼 방도는 한 사람의 사정액 위에 다른 사람의 사정액을 더해보는 것밖에 없다. 다시 말해서 여자의 몸은 두 남자 사이에 **정자전쟁**을 촉발시키기를 원했으며, 이렇게 할 기회는 이번밖에 없었을 것이다.

여자의 신체가 일단 두 명 혹은 그 이상의 남자에게서 정자를 얻으면 정자들 사이에서는 여자의 난자를 획득하려는 쟁탈전이 벌어진다. 그러나 여기에서 벌어지는 쟁탈전은 단순히 기회를 얻기 위한 게임도 아니고 그저 경주도 아니다. 이는 실로 전쟁―두 군대가 (혹은 그 이상이) 벌이는 전쟁―이다. 그리고 오늘날의 남녀의 성적 특성뿐 아니라 지금까지 존재해온 모든 동물의 성적 특성을 형성해온 것이 이 사정액 간의 전쟁 혹은 그 위협이다.

정자전쟁은 대부분의 사람들이 생각하는 것 이상으로 흔하며 또 중요하다. 영국의 최근 연구는 인구의 4%가 정자전쟁을 통해서 임신된다고 결론지었다. 다시 말해서 스물다섯 명 중 한 명이 어머니의 종족보존 활동의 궤적 안에서 벌어진 한 명 혹은 그 이상의 남자의 정자 간 전쟁에서 승리한 정자의 소유자가 자신의 유전자적 아버지라는 사실에 자신의 존재를 의탁하는 것이다. 이 수치가 아주 크게 여겨지지 않을는지 모르지만, 말하자면 1900년 이후에 태어난 모든 생명이 정자전쟁을 통해서 임신된 조상을 둔 셈이다. 이렇듯 우리 모두는 가까운 조상이 정자전쟁에서 승리할 만큼 우세한 정자를 사정했기에 오늘날의 우리가 되었다.

대부분의 경우 여성이 한 차례에 단 한 개의 난자를 생산하기 때문에 정자전쟁의 승자는 장면 6에서처럼 단 한 명이다. 그렇지만 때로는 한 차례에 두 개의 난자를 생산해서 쌍둥이를 출산하는 경우도 있다. 이러한 상황에서는 전쟁의 결과가 무승부로 달라질 수도 있다. 쌍둥이 한 쌍이 서로 다른 아버지를 둔 몇몇 특이한 사례에 관한 기록도 있는데, 전쟁의 두 적수가 서로 다른 인종이었을 때 가장 명백하다.

앞에서 목격한 임신의 순간으로 돌아가보자. 세 개의 정자가 난자에 동시 착지했다. 모두가 여자의 옛 애인 것이다. 다시 여자의 나팔관으로 돌아가서, 휴게소에서 나팔관으로 헤엄쳐 올라갈 순서를 조용히 기다리고 있는 정자 무리를 살펴보면 열 개 중 아홉 개 역시 옛 애인에게서 나온 것임을 발견하게 된다. 여자의 배우자는 준비 과정에서 할 수 있는 모든 것을 다 해놓았다고 하더라도 이미 이 정자전쟁 게임에서는 대패했다. 이제 주기적 성생활로 돌아간다.

지금까지 우리는 남자가 주기적 성관계에 흥미를 갖는 것은 여자의 나팔관으로 이어지는 가임정자可妊精子의 흐름을 꾸준히 유지하기 위해서라고 이해했다. 그렇지만 일상의 성관계는 배우자에게 필요량의 가임정자를 공급하는 것 이상의 일을 한다. 즉 정자전쟁에도 대비한다. 뿐만 아니라 이 대비의 수준은 전쟁이 일어날 확률에 따라 달라진다. 남자는 주기적 성관계에서 장전하고 사정할 정자의 양을 결정할 때 자기 아내가 다른 남자의 정자를 수집할 확률을 측정한다. 남자의 몸은 이 일을 아주 간단히 해낸다. 즉 마지막으로 성관계를 가진 뒤로 이 여자와 얼마나 같이 지냈는가를 따져보는 것이다. 만약 둘이 1주일 이상 관계를 갖지 않았다면 지난 8일 동안 이 여자와 지낸 시간이 얼마인가를 따지는 것이다.

이 전략은 엉성해 보이기는 하지만 효과가 있다. 남자가 자신의 배우자와 시간을 적게 보낼수록 배우자가 부정을 행할 확률은 높아진다. 만약 남자가 아내와 80% 이상의 시간을 함께 보냈다면 사실상 아내가 외도했을 확률은 없다. 그러나 남자가 10%의 시간만 함께 보냈다면 외도 확률은 10%를 넘긴다. 다시 설명해보면 남자의 몸에 관한 한, 남자가 아내와 마지막으로 성관계를 가진 후 함께 있는 시간이 적을수록 다시 사정할 때 아내의 몸에 다른 남자의 정자가 담겨 있을 확률이 높아진다는 것이다. 앞으로 벌어질지도 모르는 정자전쟁에서 승산을 높이기 위해서는 정자를 더 많이 배출해야 한다. 그리고 남자는 그렇게 한다.

남자가 사정할 정자 수는 앞에서 간단히 설명한 대로 상황에 따라서 크게 차이가 난다. 우리가 앞서 목격한 외도 장면에서 여자는 수요일 밤 집으로 돌아와서 남편과 성교했다. 배출할 정자 수를 결정하는 데 남자의 졸린 몸은 우선 마지막으로(지난 일요일) 관계를 가진 지 사흘 되었다는 정보를 입력했을 것이다. 이 정도의 틈을 메우는 데는 평균 3억 마리의 정자가 필요하다. 남자의 몸은 다음으로 그날 이후로 약 50%의 시간을 함께 보냈으니 외도 확률이 평균 정도라고 입력할 것이다. 따라서 약 3억 마리의 평균 보충량은 대체로 들어맞으며, 이 수가 이 남자의 몸에 장전된 뒤 사정되었어야 할 정자의 마릿수다. 이 부부가 그 사흘간 계속 함께 있었더라면 아내의 외도 확률이 거의 0이었을 것이고, 그렇다면 남자는 약 1억 마리의 정자만을 배출했을 것이다. 반면에 둘 중 한 사람이 월요일 이른 아침부터 수요일 밤 늦게까지 자리를 비우고 있었다면 아내의 외도 확률이 높아졌을 것이고 남자는 약 5억 마리의 정자를 주입했을 것이다.

여자의 연인 쪽을 보면 상황은 사뭇 다르다. 그가 이 여자에게 사정한 것은 지난 6년을 통틀어 처음이다. 게다가 지난 8일 동안에도 그가 여자와 함께 지낸 시간은 몇 시간밖에 안 된다. 그의 몸은 말할 것도 없이 정확하게 여자의 몸에 다른 남자의 정자가 들어 있을 확률이 매우 높다고 판단했고, 이에 따라서 6억 마리의 정자를 장전하고 사정했을 것이다. 그는 반 시간 뒤에 약 1억 마리를 더 주입했다. 이 '외도의 수요일'에 관한 한, 정자전쟁은 연인이 여자의 몸에 남편이 투입했던 양의 두 배가 되는 부대를 투입하는 것으로 시작되었다.

따라서 이 연인이 시작부터 배우자보다 두 배 우위를 점하고 있었다. 그렇지만 전쟁이 절정에 달하여 임신의 상패가 점지될 무렵 연인의 우위는 이미 아홉 배였다(여자의 나팔관의 휴게소에서 수태 지역으로 돌입하기 위해서 기다리고 있던 정자의 10분의 9가 연인 것이었다는 점을 상기하자). 정자전쟁 동안 이 연인의 승산이 한층 더 고조되기까지 어떤 일이 발생했는가? 이를 알아내기 위한 첫 단계는 사병들, 즉 정자를 직접 만나 평가하는 일이다.

남자가 사정하는 정자의 대부분은, 물론 일반인이 알고 있는 저 매끈 날렵하고 훌륭한 세포로서, 머리와 몸체, 길고 늘씬한 꼬리로 이루어져 있다. 머리는 주걱 모양으로 윤곽은 타원형이지만 납작하며 모자를 쓰고 있다. 이 모자는 중요한 액으로 차 있다. 머리 내부는 가임정자가 난자의 심장부에 전달하게 될 유전자인 DNA 꾸러미로 빽빽이 채워져 있다. 머리는 정자의 발전소 격인 짧고 딱딱한 몸뚱이에 막대 사탕 모양으로 얹혀 있고, 이 몸뚱이에서 저장된 에너지가 가동되어 꼬리의 헤엄 활동을 활성화시킨다. 이 매끈한 정자의 개체들은 여성의 점액을 통해서 힘 안 들이고 여행하는데, 느린 동작으로 꼬리 아래쪽으로부터 우아하게 물결치면서 전진한다.

이 이미지는 대부분의 사람들에게 익숙하겠지만, 이러한 정자는 정상적인 사정액 전체에서 절반을 약간 웃돌 뿐이다. 정자 부대는 사람들이 대체로 생각하는 것보다는 오히려 혼성체에 가깝다. 예를 들면 어떤 정자는 머리가 크고 또 어떤 것은 머리가 작다. 그런가 하면 DNA 꾸러미를 운반할 여유가 없을 만큼 작은, 핀처럼 뾰족한 머리를 가진 것도 있다. 머리가 둥글거나, 시가, 배, 아령 모양인 것도 있고, 모양이 일정치 않아서 묘사할 수 없는 것도 있으며, 어떤 것들은 진짜 괴물 군단으로 머리가 두세 개 혹은 아주 가끔 네 개까지 되는 것도 있다.

머리 형태만 차이가 나는 것이 아니다. 꼬리가 짧고 용수철처럼 비비 꼬인 정자도 있고, 꼬리가 두세 개 아주 가끔은 네 개까지 되는 것도 있다. 몸뚱이가 오른쪽으로 구부러진 꼽추 등 정자 부대가 있는가 하면 배낭을 짊어진 등산가 모양으로 몸뚱이에 세포 물질 포대를 짊어진 정자도 있다. 평균적으로 부대원의 약 60%만이 우리가 익히 아는 매끈한 날쌘돌이들이다. 그 나머지는 이처럼 돌연변이들의 집합이다. 그렇지만 정자전쟁에서는 이 모두가 중요한 역할을 수행한다.

'외도의 수요일'은 전체적으로 연인이 우위를 점할 가능성을 상승시킨, 연인의 부대의 활약 무대였고, 정자전쟁이 진행되면서 전황은 2 대 1에서

9 대 1이 되었다. 어떻게 이렇게 되었는지를 알기 위해서 우리는 현미경을 가지고 여성의 몸으로 들어가서 전투 기간 내내 어떤 일이 벌어졌는지 상세히 살펴보아야 한다. 우리는 여자와 그의 연인이 호텔 침실에 들어서면서 옷을 벗고 바닥에서 성교하는 장면에서 시작할 것이다.

장면 7
정자전쟁

여자와 그 애인이 바닥으로 쓰러져서 삽입을 시작하기 직전이다. 여자의 몸은 이미 정자를 보유하고 있다. 여자의 남편이 앞선 주말에 둘의 주기적 성교 동안 통틀어 6억 마리의 정자를 주입했다. 대부분은 다양한 분출물을 통해서 방출되었지만, 그렇다고 해도 얼마간은 아직 그녀의 몸속에 남아 있다. 그렇지만 이 정자들이 정자전쟁의 결과에 어떤 영향을 끼치는지는 이들이 어떤 위치에 있느냐에 달려 있다.

소량의 무익한 정자는 그녀의 자궁경부의 점액에 의해서 질의 맨 꼭대기로 옮겨지는데, 이 외도의 순간을 향한 예견 속에 하루 종일 자궁경부를 빠져나와서 질부로 흘러 내려왔다. 이와 함께 유출된 점액 방울 속에 남편의 정자 일부가 섞여 있다. 이 정자들이 자궁경부의 미래 전투지에서 멀리 떨어져 나오면서 부분적으로는 여자의 자궁경부 벽의 정액 저류소(장면 4의 해석 부분 참조)에서 나온 마지막 남은 소량의 정자가 더 높은 위치로 이동했다. 여기에 대체된 정자들은 질 속으로 떨어져 나온 정자를 지원하기 위해서 여자의 점액 경로로 들어간다. 그렇지만 대체되는 수보다 떨어져 나가는 수가 많기 때문에 남편의 자궁경부 방어력은 서서히 쇠퇴해간다.

여자의 자궁경부 점액에 기거하는 정자는 앞에서 설명한 매끈한 유형이 아니다. 이들은 느려터진 방패막이blockers-sperm로, 다른 정자가 여자의 자궁경부 벽의 정액 저류소와 자궁을 통과하는 것을 막는 역할을 한다. 꼬리가 말린 정자, 몸통이 굽은 정자, '배낭'을 짊어진 정자, 큰 머리 정자, 혹은 머리가 두세 개 또는 네 개 달린 정자 등은 자신이 기거하는 이 좁은 자궁 경로를 매우 효과적으로 막을 수 있다. 두 정자가 나란히 막는 것도 역시 효과적이다. 그렇지만 여자의 애인이 삽입 행위를 할 때, 이 급속하게 감소 중인 남편의 정자 부대가 막고 있던 점액 경로는 얼마 되지 않았다.

여자의 몸속에서 방어전을 펴고 있는 남편의 정자는 이 방패막이만이 아니다. 자궁의 빈 공간을 유랑하는 정자도 약간 있다. 하지만 이들 역시 수가 줄어들고 있다. 이 정자들은 낯익은 모양새를 하고 있다. 이들의 형태는 늘씬하고 날렵하지만 수정을 하기 위해서 그곳에 있는 것이 아니다. 이들은 정자잡이killer sperm로, 다른 남자의 정자를 찾아 파괴하려고 떠돌아다니고 있다. 이들은 다른 정자와 마주칠 때마다 상대의 머리 표면의 성분을 시험한다. 만약 그 물질이 자신의 머리와 같은 것이면 자기편임을 인지하고 추적을 계속하기 위해 이동한다. 지금까지 이 여자의 몸속에서 마주친 것은 자기편이었고, 따라서 이 정자잡이들의 목숨을 건 충성도 필요치 않았다. 이제 많은 정자의 움직임이 느려지기 시작했고 다수가 시간이 다해서 죽어가고 있다. 여자의 자궁 속에서 힘이 제일 약한 정자들은 사흘간 머물러 있던 것이고, 그보다 활동적인 정자들은 자궁경부 내 정액 저류소의 저수지에서 막 도착한 것이다.

정자잡이가 잠복하고 있는 영토는 자궁만이 아니다. 나팔관에도 얼마간 더 흩어져 있다. 좌측 난소 부근의 체강에서 홀로 헤엄쳐 다니는 것도 있다. 나팔관의 이 정자잡이들은 남편의 마지막 남은 가임정자인 난자잡이들egg-getters과 함께 다닌다. 정자잡이와 난자잡이는 아주 비슷하게 생겼다. 둘 다 모양은 매끈하고 날렵하지만 정자잡이의 머리가 평균 크기인 반면에 난자잡이의 머리는 약간 더 크다. 만약 여자가 지금 배란을 했다면 남편 쪽의 수정 확률이 그래도 높았을 것이다. 하지만 배란일이 아직 이틀이나 남아 있고, 전쟁은 이제 시작되려는 참이다.

여자의 애인은 삽입 행위를 몇 번 하지도 않고 여자의 질 안에 자신의 정액고를 비축했다. 여자의 자궁경부는 정액고에 잠겨서 그대로 머물러 있고 남자의 전위부대는 자궁경부 점액 경로로 물결쳐 들어가기 시작했다. 이 군대는 약 5억 마리의 정자잡이와 약 100만 마리의 난자잡이, 약 1억 마리의 방패막이로 이루어져 있다. 일부는 남편의 방패막이에 의해서 점액 경로에서 차단된다. 그렇지만 남편의 방패막이가 얼마 남아 있지 않은 탓에 자궁경부의 대부분이 무방비 상태다. 침입자들은 파도처럼 밀고 들어간다. 정자잡이의 지원을 받는 수백 개의 난자잡이는 자궁경부를 통해서 자궁으로 직행하고 곧장 나팔관의 휴게소로 향한다. 남은 난자잡이, 일부의 정자잡이, 제일 어린 층의 방패막이—통틀어 수백만 마리—는 자궁경부 속의 정액 저류소로 향한다. 이들은 밀고 들어가서 진을 치고 다음 단계를 기다린다. 남은 정자잡이들은 더 느린 속도로 자궁경부를 통해서 자궁으로 향하는데, 이보다 더 느린 방패막이를 뒤에 남겨둔다. 이 후발 주자들은 점액 경로 전체에 걸쳐서 정착하고, 장기전을 예고라도 하듯이 곧바로 꼬리를 말아 올린다.

애인의 전위 난자잡이 가운데 일부는 나팔관으로 가지 않는다. 앞에서 보았듯이 남편의 정자 중에서 아직까지 자궁 내 활동력을 지닌 정자잡이가 수는 얼마 안 되어도 아내의 애인의 정자가 물결처럼 쏟아져 들어오는 것을 막는 데 온 힘을 다할 것이다. 누구 편이 먼저든, 어느 한쪽의 정자잡이가 상대의 정자와 처음 맞닥뜨리는 순간 바로 전쟁 경보가 내려진다. 한 시간가량은 적진의 정자를 가급적 많이 찾아내기 위해서 쌍방의 정자 모두가 평상시보다 빠른 속도로 헤엄친다. 목표는 머리에 쓴 모자 속의 치명적인 혼합 물질로 상대방의 난자잡이와 정자잡이한테 독을 놓는 것이다. 이는 박치기 전투를 통하여 수행된다. 앞에서 설명한 대로 우선은 맞닥뜨리는 정자의 머리 끝 부분을 일일이 검사하는데, 자신의 표면 물질과의 유사점과 차이점을 점검한다. 그러다가 정자잡이가 적군의 정자를 발견하면 자신의 치명적인 머리 끝으로 상대의 허약한 옆구리를 찔러서 부식성 독을 바른다. 몇 차례 찌르고 난 뒤에는 상대 정자가 죽도록 내버려두고 계속 전진한다.

정자잡이 한 마리의 모자 속에는 적진의 정자 다수를 죽일 만한 독이 들어 있지만 그 이상의 에너지는 비축되어 있지 않기 때문에 이 화학 물질도 결국에는 다 떨어진다. 최후의 안간힘으로 상대 정자의 머리에 자신의 머리를 꽂고 마지막 남은 독성 물질을 바른다. 전쟁이 진행됨에 따라서 이처럼 상대와 머리를 맞대고 필사적 포옹을 한 채 이미 죽어 있거나 죽어가고 있는 정자의 쌍이 늘어난다.

이 초기의 박치기 소전투에서 남편의 정자잡이 한두 마리는 애인의 난자잡이와 정자잡이 일부의 머리에 독을 발라 죽인다. 그렇지만 이 초반의 승리에도 불구하고 이들은 어차피 수명이 얼마 남지 않았다. 이번에는 이들이 난자잡이를 수행하며 침입해오는 애인의 정자잡이 부대에게 발각된다. 쌍방의 정자잡이는 광적인 자폭 살상 작전을 통해서 상대의 군대를 궤멸시키려고 한다. 그렇지만 남편의 남은 정자는 수적으로 최소 1,000 대 1로 열세여서 머지않아 다 죽게 된다.

이제 전투 지구는 나팔관으로 이동된다. 애인의 난자잡이와 정자잡이 쪽은 얼마 희생되지 않은 채 남편 쪽의 남은 정자를 질서 정연하게 소탕한다. 여자와 그 애인이 다시 성교를 하는 한 시간 뒤가 될 즈음이면 1차 전투는 끝이 나고 여자의 몸속에 살아남은 남편의 정자는 한 마리도 없다. 이번 정자전쟁에서 두 번째 사정의 역할은 사실 보기보다 훨씬 복잡하다―하지만 너무 곁가지 설명이 될 것이다.

지금까지의 전쟁은 너무 일방적이어서 싹쓸이보다 더 심한 수준이었다. 본격적인 전쟁은 이제부터다. 이는 여자가 집으로 돌아와서 여세를 몰아 남편 위에 올라앉아 남편의 성기를 자신의 질에 삽입시켜서 사정하도록 자극하는 데부터 시작된다. 여자가 이렇게 함으로써 진짜 전쟁이 촉발되었다. 비록 여자의 남편이 지금 3억 마리의 새로운 정자 부대를 전장에 투입시켰으나 전세는 여전히 일방적이다.

새로 주입된 남편의 정자는 정액고를 떠나는 즉시 문제에 직면한다. 여자의 자궁 점액 경로는 애인의 정자뿐 아니라 여자 자신의 백혈구에 의해서 거의 막혀 있다. 엄청난 양의 애인의 정자와 그에 맞먹는 수의 백혈구가 완벽에 가깝게 임무를 수행하고 있고, 남편의 정자는 정액고를 떠나는 데 몇 시간 전의 애인의 정자보다 훨씬 애를 먹고 있다. 남편의 정자 대열은 정액고로 죽 이어지는 후위를 형성하며 이미 막힌 경로에 자리 잡고 있다. 따라서 남편의 부대 중에서 아주 소량만이 여자가 분비물을 방출하기 전에 근근히 정액고를 벗어난다.

정액고를 떠나서 뚫려 있는 경로를 찾은 정자들조차 아직 궁지를 벗어난 것은 아니다. 자궁으로 직행하는 이 소수 정예의 난자잡이와 정자잡이들은 애인의 정자 부대 무리로부터 호된 공격을 받게 된다. 한두 마리가 독에 쏘이지 않고 통과를 하긴 하지만 자궁을 떠날 즈음에는 어쩔 수 없이 더 큰 난관에 부딪치게 된다. 각 나팔관의 입구는 떨어지는 난자밖에 수월히 통과할 수 없을 만큼 비좁다. 게다가 두 나팔관 입구가 다 애인의 정자로 막혀 있고 정자잡이가 순찰 중이어서 남편의 정자는 밀고 들어가려는 순간 다수가 살상당한다. 탈출해서 나팔관의 휴게소에 안착한 몇 마리 되지 않는 정자도 전 지역을 순찰하는 애인의 정자잡이들에게 여전히 위협받고 있다.

여자의 자궁경부 아래쪽 영역에서는 남편의 정자가 다량으로 정액 저류소에 진입을 시도하고 있다. 그러나 정액 저류소의 입구에도 정자잡이의 순찰은 이어지고 있고, 여기도 아무튼 애인의 정자로 꽉 차 있다. 남편의 정자 가운데 일부가 몸을 날려서 빈 정액 저류소로 이어지는 경로로 진입하는 경우도 아주 드물게 있지만, 대다수는 점액에 발목이 묶여서 애인의 정자와 아내의 백혈구의 연합 세력에 희생되고 만다.

이 전쟁에서 수요일 대결은 애인에게 무척 우세하게 진행되었고 그뒤 이틀 동안에도 이 불균형을 극복할 만한 별다른 일은 벌어지지 않았다. 여자가 목요일과 금요일을 별일 없이 지냄에 따라 자궁경부 점액 속에서 두 남자의 방패막이 수가 서서히 감소한다. 일부는 점액을 타고 질로 흘러든다. 나머지는 후위 부대 백혈구에게 소탕된다. 방패막이 가운데 일부는 자궁경부 내 정액 저류소에서 온 정자로 교체되지만 이 지원군은 손실을 보강하지 못하고 방패막이 수는 계속 줄어든다. 자궁 속의 정자잡이는 앞선 전투의 상실로 처음에는 감소되다가 목요일에 정액 저류소 소속의 신참 지원군으로 사실상 수가 보강된다. 그리고 나면 정자잡이도 수적으로 감소하기 시작한다. 두 남자(하지만 주로 애인)의 난자잡이들의 꾸준한 흐름은 정액 저류소를 떠나서 나팔관의 휴게소를 향한다. 이들은 도중에 자궁 속에 있는 적군 정자잡이의 혹독한 공격을 받아야 하는데, 이 정자잡이들은 대부분이 애인 것이기 때문에 남편의 난자잡이는 거의 패배한다. 금요일 밤이면 배란이 몇 시간 남지 않았고, 나팔관 속의 남편의 난자잡이는 100 대 1로 불리한 상황에 처한다.

금요일 밤 여자와 남편이 성교했을 때에는 배란까지 1시간밖에 남지 않았다. 이제 방패막이의 수가 격감한 상태이므로 남편의 정자가 자궁경부로 가는 길은 훨씬 수월하다. 그의 정자 대다수는 현재 절반이 비어 있는 정액 저류소로 향하지만 전위 난자잡이와 정자잡이는 곧장 나팔관으로 향한다. 대다수는 애인의 순찰 정자잡이에 의해서 죽거나 방해를 당하지만 나팔관 내의 비율을 100 대 1에서 10 대 1로 축소시킬 만큼은 통과한다. 여자가 난소에서 한 개의 난자를 생산하고 인접 나팔관으로 화학적 신호를 보내는 것은 바로 이 시점이다. 이 신호로 휴게소에 대기 중인 수백 개의 정자가 활동을 개시하여 나팔관으로 물결쳐 올라가서 수태 지역을 겨냥한다. 이제부터는 경주, 아니 오히려 장애물 경기에 가깝다. 나팔관에 진을 치고 있는 것은 다수가 애인의 정자잡이이기 때문이다. 남편의 정자, 특히 막 사정되어 곧바로 도착한 것들은 분명 애인의 것보다 빠르다—나머지 조건이 모두 공평하다면 남편이 여기에서 수태의 상패를 얻을 가능성이 아직도 남아 있다.

그러나 나머지 조건은 모두 공평하지 않다. 남편의 난자잡이는 애인의 정자잡이와 한 마리씩 마주친다. 난자가 나팔관의 수태 지역에 도착하면서 첫 번째 정자가 도착하고, 이때 애인 대 남편 정자의 비율은 5 대 1로 좁혀져 있지만 이것으로는 충분치 않다. 먼저 도착하는 정자 세 마리 모두가 애인 것이고, 이중 한 마리가 상패를 거머쥐는 것이다. 한 시간 뒤에는 남편의 젊은 정자들이 이제 애인의 부대를 완전히 압도하고, 나팔관 내의 전세는 남편 쪽으로 기운다. 그러나 너무 늦었다. 애인이 승리했으니, 아홉 달이면 태어날 여자의 딸을 잉태시킨 것은 이 아이가 아버지라고 부를 사람이 아닌 것이다. 그러나 누가 그것을 알겠는가.

4장
손익계산

장면 8
아이가 아빠를 닮았군요

　남자는 의식을 되찾자마자 얼마간 쓰지 않던 왼쪽 팔을 뒤집었다. 아내는 팔을 뻗어 남편의 손 위에 자신의 손을 포갰다. 그리고 그 싸늘함에 우울해졌다. 남편과 눈이 마주치자 아내는 남편의 소리 없는 질문에 고개를 저어 대답했다.
　남자는 자신의 죽음이 멀지 않은 것을 알았다. 그러나 아직 죽어서는 안 된다. 그는 완수해야 할 마지막 임무가 있으며 이를 위해서 조금이라도 더 버텨야 했다. 약물 때문에 정신이 혼곤하고 통증이 극심한 와중에도 실패하고 곧 죽을지도 모른다는 공포가 그를 지배하고 있었다. 그의 아들이 지구 반대쪽으로부터 오고 있었다. 그는 아들을 단 한 번만이라도 더 보고 싶었다. 그의 마지막 순간을 그 이상 평화롭게 만들 수 있는 것은 없을 것이다.
　그는 눈을 지그시 감고 다시 한번 반의식 상태로 흘러 들어갔다. 지난 일들이 너무나도 생생하게 떠올라서 지금 바로 눈앞에서 벌어지는 듯했다. 평생을 같이 할 동반자를 만난 그 방으로 걸어 들어갔고, 그곳에서 처음으로 그녀를 만난다.

아들이 세상으로 처음 나올 때 터져 나왔던 피와 물이 보였다. 조산원이 아기를 들어 올려서 아들임을 확인해주고는 곧이어 아버지를 쏙 빼닮았다는 말을 덧붙였다. 아기가 강보에 싸인 채 아버지의 품에 안겼다. 아기의 쪼글쪼글한 작은 얼굴은 위를 향하고 있었고 아랫입술은 젖꼭지를 빨고 난 것 마냥 떨리고 있었다. 자신의 피붙이가 팔에 안겨 있다니, 그의 인생에서 가장 감개무량한 순간이었다.

남자는 다시 눈을 떴다. 아직도 곁에는 아내뿐이었다. 아들이 태어난 뒤로 아내는 더 이상 아이를 원치 않았지만 그 역시도 개의치 않았다. 자식을 하나만 갖는다는 것은 결국 이 아들의 안락한 생활과 발전, 교육에 인색할 필요가 없다는 뜻이었으니까. 그와 동시에 그들은 자신들의 가정이 적당히 부유해지는 데에도 한결 더 유리하다는 것을 알게 되었다. 이들 부부의 시간과 돈의 투자는 아들의 성공에 힘입어서 보상 이상의 의미로 되돌아왔다.

아들이 성장하는 동안 남자는 세 번에 걸쳐서 부정의 순간을 맞닥뜨렸다. 그러나 그 순간마다 가정이 파괴될지도 모른다는 두려움 때문에 결정적인 실수를 모면할 수 있었다. 그는 배우자를 잃었다면 슬펐을 테지만, 아들을 잃었다면 더욱 크나큰 상처를 입었을 것이다. 아들과 그는 언제나 가까웠다. 그들은 아들의 까다로운 사춘기 때도 그랬고 부자지간에 공유할 수 있는 모든 것을 함께했다. 그는 아들의 졸업식, 잇달아 전개된 눈부신 직업적인 성공을 보면서 느꼈던 자부심을 떠올렸다. 예쁜 아가씨들 사이에서 인기는 또 얼마나 대단했던가. 그러다가 자신에게 딸과도 같은 존재가 될 어엿한 미인을 만났다. 손자가 하나하나 늘어나면서 느꼈던 뿌듯함, 그리고 그는 다섯 손자의 할아버지가 되었다.

그는 이 모든 일들이 마치 실제로 일어나고 있는 것 같다고 느끼면서, 오랜 세월 동안 그의 거실에서 가장 좋은 자리에 놓여 있다가 지금은 병원 침대맡에 놓인 사진을 들어 올렸다. 어느 날 아들이 거절하기엔 너무 아까운 조건의 직업상 이주 제의를 받고 신속히 이민을 떠난 뒤로 이 사진은 아주 중대한 의미를 지녀왔다. 그가 즐겨 말해왔던 것처럼, 이 사진은 이 세계와 미래 세대에 대한 그의 공헌을 보여주고 있으며, 이 공헌은 어떠한 예술 작품보다도 오래 지속될 것이었다. 그의 아들과 손자들은 이미 그의 유전자를 물려받았다. 그들은 이제 머지않아 그의 재산의 상당 부분을 물려받게 될 것이다.

한 청년이 그의 방으로 들어오는 것을 보았다고 생각하고는 그의 심장이 크게 뛰었다. 틀림없이 아들이었다. 너무나 잘생기고 크게 성공했으며 또 유난히도 젊다. 그는 미소를 지었다. 그는 해냈다. 이 순간을 위하여 잘도 버터낸 것이다.

그의 아내는 그가 죽은 것을 알았다. 그의 손이 점점 더 차가워지는 것을 느꼈다. 이제 그는 떠난 것이다. 아내는 눈물이 다 말라버렸다고 생각했으나, 아직도 흘러내리고 있었다. 잠시 후 그녀는 간호원을 불렀으며, 얼마간의 묵상을 마치고 아들을 기다리기 위해서 방을 떠났다. 아들은 결국 두 시간 늦어서 도착했다. 소식을 전해 들은 아들은 이제 완전히 싸늘해진 그의 시신 곁에 지켜 섰다. 여자는 아버지가 의식이 남아 있던 마지막 순간에는 온통 그와 그의 가족에 관한 이야기 밖에 하지 않았다는 말로 아들을 위로하려고 들었다.

여자의 아들은 내놓고 훌쩍거리면서 그를 늦게 도착하게 만든 비행기의 연착과 지독한 교통체증에 대해서 불평을 늘어놓았다. 그러고는, 지나고 나면 후회할 터였지만, 어머니 쪽으로 돌아서더니 욕을 퍼부어댔다. 아들은 어머니의 부정을 저주했고, 어머니가 그에게 비밀을 떠넘긴 그날을 원망했다. 10년이란 긴 세월을 모르는 체하며 지내야 했고, 결국에는 그 짐을 견디지 못해서 이민을 떠나야만 했다. 그러나 무엇보다도 그는 자신이 스스로를 증오하게 된 것이 어머니의 탓이라고 저주했다. 고향으로 돌아오는 오랜 비행시간 동안 줄곧 하나의 생각만이 그의 머릿속을 지배했다. 뭘 어쩌자는 거지? 친아버지도 아닌 사람을 가지고.

∽

이 책에서 묘사한 장면들 속에서 우리는 부정을 통해서 종족보존에 성공을 거둔 사람들을 숱하게 만나게 된다. 그러나 이러한 행위는 그로 인해서 더 큰 손실을 초래하지 않고 이득을 챙길 수 있을 때에만 유리한 것이다.

이번 장은 간통을 행했을 경우 치르게 될지도 모르는 손실을 다룬다. 이는 장면 8에서 장면 11로 이어지며, 각각의 장면에서 부정이 초래하게 될 한 가지 혹은 그 이상의 손실과 위험성을 파헤친다. 어떤 위험성은 부정을 저지른 당사자가 겪는 것이며, 일부는 그의 배우자가 겪는 것이다. 이번 장 첫 장면에서는 속아서 다른 남자의 아이를 양육하게 된 남자의 종족보존상의 반향을 살펴본다.

신생아를 처음 받아 안은 사람들이 으레 듣는 첫인사는 아기와 당연히 아기 아버지일 것이라고 여겨지는 사람이 어쩜 그렇게 닮았느냐는 말이다. 이 말이 얼마나 자주 그리고 정확하게 들어맞는지는 밝혀지지 않았다. 장면 8에서 조산원의 말은 틀린 것이었지만 남자는 그래도 이 말에 안도감을 느꼈을 것이다. 그러나 그의 일생에서 드러난 결말을 보면 당시 안도하지 않았던 편이 나았을지도 모른다―자신의 상황을 만회할 수 있었을지도 모르는 일 아닌가.

그의 세대에 펼쳐진 유전자 물려주기의 잔인한 경쟁 속에서, 이 남자는 패자였다. 그에게는 자손이 없었고, 그의 왕조도 거기서 끝났다. 그는 일생에 걸친 대 잇기 게임에서 배우자와 그는 알지도 못했던 한 남자, 말하자면 자기 '아들'의 유전자적 친아버지인 남자에게 속수무책으로 당한 것이다. 이 둘은 그를 속여서 자기 아들도 아닌 아이를 양육해서 종족보존상의 노력을 기울이는 데 일생을 바치게 만들었다. 마치 뻔뻔스럽기 짝이 없는 뻐꾸기의 새끼를 자기 새끼로 속아서 키우는 작은 새처럼.

그가 이런 식으로 속아 넘어가지만 않았더라면 그의 한 자녀 전략은 이론상으로는 잘못이 없다. 최근의 연구는 나머지 조건이 모두 동일하다면 자녀를 한 명만 얻어서 부를 집중적으로 늘리고 그 자녀에 대한 투자를 늘리는 것이 자녀를 많이 갖는 것만큼 대 잇기에서 성공 가능성이 높다는 것을 밝히고 있다. 그렇게 하면 그 자녀가 살아남을 확률이 높아지고 더욱 건강하고 부유해질 수 있으며, 또 그래야만 이성을 얻는 데도 유리하기 때문이다. 이러한 자녀들이 결국에는 부모로부터 덜 투자를 받은 자녀에 비해서 더 많은 손자 혹은 증손자를 낳게 되는 것이다.

특히 투자 가치가 높은 것은 아들이다(장면 18). 부유하고 건강한 아들일수록 평생 배우자를 택하기에 앞서 씨를 뿌릴 기회도 많게 마련이며, 매력적이고 출산력 있고 정숙한 배우자를 만날 확률이 높고, 또 그 자신이 부정을 행할 기회도 더 많이 잡을 수 있다. 손자는 그만두고라도 이 능력 있는 아들들이 다른 여자들과 장기적인 관계를 형성하여 '위성' 손자를 얻게 해줄 가능성도 높다. 또 왕왕 다른 남자들을 속여서 자신의 자식을 그들의 자식인 양 양육하게 만들기도 한다.

대 잇기에서 가장 위대한 성공은 부와 신분과 자녀의 출산 간에 최상의 균형을 맞추는 것이다. 이 원리는 서구 산업사회뿐 아니라 아프리카 소몰이꾼 집단에도 어김없이 들어맞는다. 이는 또 다른 동물에게도 적용된다. 예를 들면 수컷 새는 더 나은 영역을 획득하는 일과 새끼를 먹이는 일 사이에 균형을 꾀하는 한편 짝 지을 기회를 물색한다. 이 균형은 물론 얻기 어렵다. 번식의 기회도 만들지 못한 채 자원을 축적하는 전략은 실패작이다. 자원을 축적하지 못하고 자식을 만드는 데만 시간을 쏟는 전략 역시 실패작이다. 자식이 영양실조로 죽거나 너무나 허약하여 병에 끌려 다니다보면 이성에게 환영받지 못하거나 불임이 될 수도 있는 것이다.

투자의 궁극적인 측면을 보면 한 자녀 전략은 성공작이 될 수도, 앞의 예처럼 실패작이 될 수도 있다. 게다가 실패라도 하게 되면 그야말로 가관 지경이다. 만약 아이가 사고나 질병으로 사망하거나 유전적 결함 혹은 병균 감염으로 불임이 되어버린다면 이 한 자녀 전략은 완전한 실패. 혹은 장면 8의 남자와 같은 상황이라도 한 자녀 전략은 역시 완전한 실패다.

그렇지만 장면 8의 여자에게는 이 전략이 훌륭하게 적중했다. 여자는 아들을 하나 낳았는데, 그는 살아남았고 중한 병치레도 없었다. 게다가 평균 가정 이상의 부를 누림으로써 매력적이고 출산력 있는 여성들 사이에서 한껏 인기를 누렸다(장면 18). 어머니가 아는 한 그의 아들은 그 여성들 사이에서 또 다른 자식을 두었을 수도 있다. 아들은 나아가서 그의 유전적 아버지가 취했던 그 방식 그대로 방금 전 세상을 뜬 아버지와 같은 남자를 속여 넘겼을지도 모른다. 이러한 잠재적 위성 자녀는 차치하고라도, 그녀의 아들은 장기적 배우자와의 사이에서 다섯 명의 자녀를 두었다. 이 여인이 한 명 이상의 자녀를 두었더라면 각각의 자녀에 대한 투자가 감소되어 손자 수가 줄었을지도 모르는 일이다. 그러나 현실에서 나타났듯이 그녀의 전략은 적중했다.

이 전략은 유전적 아버지에게도 멋지게 들어맞았다. 그는 이 여인을 통해서 종족보존의 혜택을 즐겼을 뿐만 아니라, 의심할 바 없이 그 자신의 장기적 배우자를 통해서도 종족보존의 성공을 누렸을 것이다. 이 남자의 성공은 유전자상으로 남의 자식을 자기 친아들처럼 열심히 키운 남자의 패배와 생물학적으로 잘 대비된다. 후자는 종족보존 생애 초반에 당한 배반을 만회할 기회가 수차례나 있었는데도 현실에서 불리하게 대응했다. 그는 배우자에게 자식을 더 낳자고 설득해서 마음을 돌려놓을 수도 있었는데 그러지 않았다. 심지어 자신의 배우자를 떠나서 다른 여성과 평생을 같이하면서 친자식을 볼 수 있었는데도 그렇게 하지 않았다. 한 자녀 갖기라는 전략이 그에게는 위험 정도가 아니라 아예 재앙이었다.

그가 키운 아이가 친아들이었더라면 자녀 양육이라는 도전에서 그의 성격과 대응 방식은 이로운 것이었을 터이다. 이 부부는 성공한 아들이 안겨 준 수확을 함께 누렸을 것이다. 그러나 그 아이가 친아들이 아니었던 까닭에 그의 유전자 특성은 생물학적으로 실패로 돌아가버렸다. 자연 선택의 철저한 잔인성 때문에 그의 유전자는 통째로 뿌리 뽑혀서 다음 세대로 전달되지 못했다.

장면 8의 죽어가던 남자의 경험은 결코 드문 것이 아니다. 혈액형 조사에서는 전 세계 어린이의 10%가 친아버지가 아닌 남자에게서 태어났음이 밝혀졌다. 이 역시 서구 산업사회에서 조사된 통계다(상세한 내용은 장면 18

에서 기술함). 여기에는 DNA 지문 식별 조사같이 현대적 기술을 이용한 광범위한 연구가 필요하다. 지금까지 이에 가장 근접한 연구는 아동 후원 기관(미혼모 혹은 이혼녀의 자녀의 아버지를 친부 확정 검사를 통해서 확인하고 확정된 친부로 하여금 친자에게 정기적으로 재정 지원을 하도록 관리하는 기관)들이 실시한 친부 확정 검사를 통해 이루어졌다. 이는 더 이상 같은 가족에 속하지 않는 '아버지들'이 전 배우자 혹은 동거인에 대한 경제적 부양을 회피하거나 지연시킬 속셈으로 요청하는 검사 방법이다. 아동 후원 기관이 국제적으로 발표한 바에 따르면, 약 15%의 아버지가 친부가 아니다.

이 비非 친부 수치는 태어난 어린이에 해당하는 비율이다. 태아 단계의 비친부 비율은 훨씬 높을 것이다. 장기적 배우자가 아닌 남자에게서 임신된 태아는 낙태될 가능성이 크기 때문이다. 여자는 남편이 자신이 친부가 아님을 이미 알아차렸거나 혹은 알아차릴 가능성이 높은 경우라면 거의 틀림없이 낙태를 실시한다. 낙태는 부정의 대가를 기피하려는 여자 쪽의 시도로 보면 되며, 장면 9와 장면 11에서 다룬다.

인간을 대상으로 하는 DNA 지문 식별 조사 연구는 인간의 모든 행위와 그 과정 등을 전적으로 포착하지는 못하지만 일부일처제를 확실하게 지키는 조류에 대해서는 광범위한 행동반경을 포괄했다. 결과는 대략 30%의 수컷이 다른 수컷의 새끼를 키우는 것으로 밝혀졌는데, 이는 인간 사회의 수준을 약간 웃도는 정도다. 따라서 수컷 새가 자기 새끼를 보고 닮았다는 안도감을 느껴도 될 평균 확률이 일반적으로 인간 남자에 못 미치는 것 같다.

장면 9
실수

여자는 모퉁이를 돌아서 가로등 아래 멈추어 서서 가방 안에 열쇠가 있는지 확인했다. 몇 분만 더 걸으면 집이다. 기분이 빠르게 가라앉고 있다. 추운 밤이었으나 가로등 아래 잠시 서 있었다. 귀가를 지연시킬 만한 것이라면 무엇이라도 좋았다.

여자는 걸어서 15분 거리의 여동생 집에서 안정을 찾고 조언을 구하며 저녁을 보냈다. 여동생은 단호했다.

"당장 애들 데리고 엄마한테 가." 여동생은 말했다. "엄마하고 지내. 일이 정리될 동안 언니를 받아주실 거야."

여자는 아직껏 불빛 아래 서서 광대뼈를 만지고 있다. 통증은 거의 사라지고 없었지만, 그녀는 순식간에 다시 멍들고 말 것을 잘 알았다. 여자는 심호흡을 하고 두 팔로 몸을 감싸 안고서 현관문까지 얼마 남지 않은 길을 걸었다. 여자는 남편이 이미 잠들었기를 바랐다. 그러나 통로에 들어서자 거실의 불빛이 아직 켜져 있는 것이 보였다.

남편은 그녀가 걸어 들어올 때 고개도 들지 않았다. 그의 시선은 텔레비전 화면에 굳게 고정되어 있었다. 손에는 맥주 깡통이 들려 있고 바닥에는 구겨진 여덟 개의 깡통에서 흘러나온 맥주가 질펀했다. 너무나 익숙한 분위기였다. 그녀는 조심해야 한다는 것을 알았다. 얼마간 분주히 움직이며 남편과 두 아이가 저녁 내내 어질러놓은 방을 정돈했다. 침묵을 더 이상 견디기 어려워진 여자가 아이들이 투정 부리지 않고 잠자리에 들었느냐는 질문으로 조심스레 말문을 뗐다. 남편은 아내를 돌아보지도 않고 대답을 내뱉었다. 그녀의 아이들은 탈 없이 잠자리에 들었으며, 자기한테는 자식이란 것이 없다는 얘기였다.

여자는 남편과 충돌하지 않는 편이 낫다는 것을 알고 있었다. 아이들은 둘 다 그의 아이들이었다. 그러나 그는 최근 아니라고 단정을 지었다. 그뒤로 그는 줄곧 틈만 나면 새로운 사실을 알아냈다고 하면서 아이들이고, 이웃이고, 아무 데나 떠벌리고 다녔다. 여자는 자기도 모르게 격한 한숨을 터뜨리고는 또 시작이냐면서 자러 가야겠다고 말했다.

"이리 와." 그가 명령했다.

그녀는 망설였다. 익숙해진 공포가 마음속에 일어났다.

"이리 오래도." 그는 여전히 여자를 쳐다보지 않은 채로 더욱 강압적인 어조로 되풀이했다.

여자는 이미 선택의 여지가 없음을 알고 있었다. 달아나면 남편의 화를 더 돋울 뿐이었다. 그녀는 남편의 면전에 다가섰다. 그는 아직 앉아 있었다.

"너 또 그놈하고 있었지." 그는 여자의 복부를 노려보며 감정 없이 말했다.

여자는 아무와도 같이 있지 않았고 여동생과 같이 있었을 뿐이라고 말했다. 결단코 아무도 없었다. 자기를 믿지 못하겠으면 전화해보라는 말도 덧붙였다. 그는 아내의 여동생한테 전화해볼 필요가 없다고 했다. 다 알고 있다는 것이다. 그녀는 남편이 술에 취했고 제정신이 아니라며 더 할 말이 없으니 잠이나 자러 가겠다고 말했다. 이제 그는 그녀가 집에 돌아온 뒤 처음으로 그녀의 얼굴을 쳐다보며 그 자리에서 꼼짝 말라고 말했다. 그녀는 자신을 공격하기에 앞서 남편의 눈에 어리는 독기를 보았다. 계속해서 누구랑 있었느냐고 추궁을 당하자 그녀는 공포에 사로잡혔다. 그는 그녀가 뒹굴다 온 것을 다 아니까 상대가 누구였는지만 대라고 했다. 이참에 그놈을 아주 죽여주겠다면서.

남편이 슬슬 일어서자 그녀는 제발 때리지 말라면서 물러났다. 그는 누구랑 뒹군 건지 알아야겠다고 더 큰소리로 외쳐댔다. 그녀는 울면서 아무도 없었다는 말만 되풀이했다. 그는 아내의 말은 무시하면서, 그게 어떤 놈이었거나 결코 공짜로 올라타는 일은 없을 거라고 소리 질렀다. 남편은 여자에게 옷을 벗고 시키는 대로 하라고 말했다. 여자가 제발 하지 말라고 호소했으나 소용없었다. 그는 여자를 때려눕히고 온몸에 주먹질을 해댔다. 온몸이 새 멍으로 뒤덮이면서 고통이 점점 심해져갔다. 그가 속옷을 찢으려고 구타를 멈췄을 때는 구원을 느낄 정도였다. 그러고 나서 그는 여자의 바지 지퍼를 내리고 그녀의 안으로 들어가 격하고 고통스럽게 밀어댔다.

그는 사정이 끝나기 무섭게 일어서서 만약 그놈이 누군지 찾아낸다면 그놈은 이미 죽은 놈이라고, 운이 좋다면 그녀는 살려둘지도 모른다고 말했다. 이제 그는 자러 갔고 그녀는 바닥에서 겨우 잠들었다.

그 다음날 여자는 자기와 아이들의 짐을 챙겨 집을 나와서 여동생의 충고대로 친정어머니 집으로 옮겼다. 여자는 몇 주간 남편의 폭력과 강간에 대해서 법적으로 대응할까도 고민해보았으나 그와는 더 이상 어떠한 관련도 맺지 않는 것이 최선이라고 결론 내렸다. 여자는 다시는 남편을 만나지 않았고 그도 결코 아이들과 접촉하려고 들지 않았다. 나중에 여자는 집을 나온 지 2주밖에 지나지 않아서 열아홉 살쯤 되는 여자 애가 남편의 집으로 이사했다는 소리를 들었다. 1년 뒤 그는 열아홉 살짜리 여자 애의 아버지에게 살해되었다.

여자는 둘 중 한쪽에서 바라지 않게 될 때까지 어머니와 함께 살았다. 마침내 여자는 처음으로 자신과 아이들을 받아들일 준비가 되어 있는 남자의 집으로 이사했다. 그는 전 배우자와의 관계가 삭막했던 탓에 아이가 없었다. 그는 처음에는 여자의 아이들에게 아빠 노릇을 잘했다. 그러나 여자가 자신의 딸을 낳자마자 태도가 바뀌었다. 그는 여자의 아들을 때리기 시작했고, 여자 모르게 큰딸을 성적으로 학대했다. 큰딸은 침울하고 반항적으로 변해갔다. 여자의 아들은 의붓아버지에게 야만적으로 두들겨 맞은 뒤 외할머니한테 가서 생활 능력이 생길 때까지 함께 살았다. 수년이 흐른 뒤 아들은 불임 진단을 받았는데, 의붓아버지에게 마지막으로 구타당한 뒤에 그렇게 된 것이었다. 큰딸은 10대 초반에 무작정 가출해서는 영영 연락이 끊겼다.

여자는 새 남편이 자기 아이들을 쫓아내버린 것을 결코 용서하지 않았으나 과거의 일을 되풀이하지 않고 그의 곁에 머물렀다. 여자의 아들과 큰딸이 떠나자 그들의 관계는 나아진 듯했다. 그들은 아이 하나를 더 낳았고, 그뒤로는 별 문제 없이 가정을 꾸려나갔다.

～

정절과 부정에 대해서는 찬반양론이 있다. 종족보존의 측면에서 보면 어느 쪽도 절대적으로 유리하다거나 불리하다고 할 수 없다. 실수를 하게 되면 불리해진다. 적절치 못한 상대를 고르는 것이 실수이고, 상황을 오판해서 정숙해야 할 때 부정을 저지르고 부정을 행하는 것이 나을 때 정절을 지키는 것 역시 실수다. 또 하나의 실수는 배우자의 부정을 막는 데 지나치거나 모자라는 것이다. 대 잇기 게임에서 최선은 정확하게 판단하고 제대로 대응하는 것이다.

남자는 배우자의 부정으로 큰 손실을 보게 된다. 첫째, 자칫 속아서 남의 자식 키우는 데 평생을 허비하게 되는 경우가 있다(장면 8). 둘째, 성병에 감염될 위험이 높다. 배우자가 위험에 노출되어 있기 때문이다. 셋째, 배우자가 새 남자가 낫다고 판단했을 때 버림받을 가능성이 있다. 이런 경우에 여자는 아이들을 데리고 가거나 그에게 남겨놓을 것이다. 어느 경우라도 그의 대 잇기 계획에는 차질이 생긴다.

여자가 아이들을 데려가면 아이들은 의붓아버지가 양육하게 될 텐데, 이는 대 잇기에 막대한 손실이 될 수 있다. 전 세계 문화권을 대상으로 한 연구에서는 어느 지역을 막론하고 친아버지보다 의붓아버지에게 학대당하거나 심지어 살해되는 확률이 높음을 밝히고 있다. 그의 전 배우자가 혼자 아이를 양육할 경우에도 손실은 있을 수 있다. 일부 사회에서는 홀어머니 혹은 홀아버지에게 양육되는 자녀가 단명할 확률이 높다. 전 배우자가 자녀를 **남편 혼자** 힘으로 키우도록 내버리고 가는 경우에도 위험 부담은 동일하다. 그가 새 사람을 만나더라도 그의 자식이 학대받거나 살해될 위험이 있는 것이다. 이 경우는 의붓어머니에 의해서다.

사람만 의붓자식에게 가혹한 종은 아니다. 수사자가 좋은 예다. 사자 떼는 두세 마리의 수사자, 많으면 여덟 마리까지 되는 암사자, 그리고 새끼들로 구성된다. 사바나를 돌아다녀보면 두세 마리의 독신 수사자 그룹을 만나게 되는데, 이들 그룹은 호시탐탐 기존 수컷의 자리를 노린다. 일단 성공하면 제일 먼저 하는 일이 기존 수컷이 남겨놓은 새끼 사자를 죽이는 것이다. 암컷은 상실감으로 발정기에 돌입하여 신입 사자들에게 일찌감치 씨앗 뿌릴 기회를 제공하게 된다.

한 마리의 수컷과 여러 마리의 암컷이 떼 지어 사는 원숭이에게서도 같은 습성이 발견된다. 무리의 대장이 쫓겨나면 신입 원숭이는 전 수컷의 새끼들을 죽인다. 더 많은 암수로 구성된 더 큰 무리의 원숭이들조차 유사한 습성을 보인다. 꼭 그런 것은 아니라고 해도 대체로 수컷은 자기 새끼일 리가 없는 어린것에게는 가혹하게 대한다. 그러나 때로는 정반대로 암컷의 새끼 돌보는 일을 돕기도 한다. 이 경우라도 이타적 행위라고는 보기 어렵다. 오히려 교미 기회를 얻고자 하는 술책이다. 일단 암컷이 자기의 새끼를 낳으면 수컷의 태도는 돌변하여 전 수컷의 새끼를 거칠게 다룬다. 장면 9에서 여자의 두 번째 배우자의 행위가 그 유사성을 잘 보여준다.

남자가 배우자의 부정을 저지하려고 할 때에는 다음 두 가지 방법을 쓴다. 이 방법들은 소유욕과 질투의 얼굴을 하고 있다. 장면 6에서 보았듯이 남자는 여자가 부정을 행할 기회를 얻지 못하도록 되도록 붙어 지낸다. 또 **한눈팔았다가는** 큰 변 당할 줄 알라고 위협하는 방법이 있다. 남자가 사용하는 두 가지 주된 위협은 첫째, 유기遺棄이고, 둘째, 배우자나 배우자의 상대, 아니면 둘 모두에게 폭력을 행사하는 것이다. 장면 9의 남자는 폭력을 사용했으며, 아주 과도할 정도였다. 그렇다고 이런 행위가 유별난 것은 아니다.

가정 내 폭력의 주요 동기는 부정과 의심이다. 학대와 배우자 살해로 보고된 사건의 절반 이상이 이 경우에 해당한다. 이에 관한 한 사람은 희귀종에 속한다. 여타 동물, 특히 조류에 관한 연구에 따르면 수컷이 암컷의 부정에 포악하게 대응한 경우는 드물었고, 있다면 상대 수컷에게 폭력을 쓰는 정도였다. 원숭이와 유인원은 사람과 다소 유사하다. 그렇다고 해도 이들이 부정한 배우자에게 행사하는 폭력은 사람의 그것에 미치지 못한다.

이러한 상황에서 왜 사람이 다른 동물에 비해서 더 폭력적인지는 분명하지 않다. 한 가지 가능성은 남녀의 신체 크기와 힘의 차이에서 찾아볼 수 있다. 대부분의 동물은 성별 간에 별 차이가 나지 않는다. 동물 세계에서는 암컷이 당한다고 해도 대개는 당한 만큼 갚아줄 능력이 된다. 그러나 인간 세계에서는 남자가 여자보다 힘이 엄청나게 강하며, 대부분 가정 내 폭력은 남자가 여자에게 행사한다. 반대의 경우가 있는가? 별로 없다. 이처럼 사람의 경우 남녀의 물리력 차이가 다른 동물에 비해서 큰 것이 남자들의 폭력 행사가 더 잦은 이유라고 할 수 있다.

적절히 계산된 폭력 혹은 그 위협은 배우자의 부정을 방지하는 데 중요한 역할을 한다. 그러나 시기를 잘못 택하거나 힘의 정도를 잘못 조절했다가는 오히려 종족보존 계획에 손실만 끼칠 수도 있다. 자신의 성적 상대에게 잘못된 폭력을 휘둘렀다가 다음의 세 가지의 불이익을 볼 수도 있기 때문이다. 첫째, 남자(혹은 여자)가 아이를 갖고 양육을 하는 데 배우자의 협력이 필요한 한 배우자의 지속적인 건강과 출산력은 필수적이다. 폭력과 그것이 배우자에게 미칠 피해는 어떤 것이 되었든 피해자뿐 아니라 가해자에게도 불리하게 돌아간다. 둘째, 그러한 힘의 보복으로 결국에 가서 더 큰 피해를 볼 사람이 바로 가해자 본인일 위험도 있다. 마지막으로, 부모, 형제, 연인 등 피해자의 상황에 신경을 쓰는 사람들이 역시 물리적 방어를 펼쳐서 장면 9의 폭력 남편과 같은 신세가 될 수 있다.

장면 9의 남자가 아내에게 행사한 폭력은 동물 세계에서는 찾아보기 어려운 수준이다. 그렇지만 아내의 부정 행각에 대한 의심 때문에 사정 충동을 일으키는 경우는 다른 동물들에게서도 어렵지 않게 찾을 수 있다. 예컨대 수컷 새는 자기 짝이 다른 수컷과 교미하는 것을 보면 그대로 그 수컷에게 날아가서 혼쭐을 낸다. 그러고는 곧바로 암컷에게 사정한다. 수컷 쥐와 수컷 원숭이의 반응도 이와 유사하다. 수컷 쥐와 원숭이는 암컷과 교미를 하고 나면 다음 교미까지 얼마간의 시간을 두는 것이 정상이다. 그러나 자기 짝이 다른 수컷과 짝 짓는 것을 보았을 때는 시간 간격에 상관없이 곧바로 사정한다. 단순히 평소보다 더 오래 떨어져 지내다가 만났을 때도 수컷은 암컷에게 사정할 것이다.

이처럼 신속한 재사정은 정자전쟁에서 승리하는 데 매우 중요한 전략이다(장면 21). 두 번째로 사정한 수컷이 너무 뜸을 들이면 첫 번째 수컷의 정자가 암컷의 난소를 차지할 수 있는 시간이 더 길어진다. 게다가 첫 번째 수컷의 군대가 자궁 경로를 차단하고 자궁경부의 정액 저류소를 채워서 며칠간 적의 침입을 통제함으로써 암컷의 영토에 최적의 조건으로 분포할 기회도 얻을 수 있다. 반면에 두 번째 수컷이 암컷에게 충분히 신속하게 사정할 수 있다면 그의 군단은 암컷 안에서 우위 다툼을 위한 시간을 버는 것이다. 쥐를 대상으로 한 연구에서 이 전쟁은 실제로 초 다툼임이 밝혀졌다. 두 번째 수컷이 더 늦게 사정할수록 첫 번째 수컷의 정자가 새끼를 치게 될 확률이 높다. 속도가 모든 것을 좌우한다.

쥐, 원숭이 그리고 사람이 다른 쌍들의 성교 장면에 성적으로 흥분하는 것은 바로 이런 까닭이다. 수컷[혹은 남성]은 발기하고 심지어는 정자가 요도에 장전되기도 한다. 사람이 포르노에 탐닉하는 것도, 성생활의 다른 대다수 측면과 함께, 이 정자전쟁에서 승리하기 위해서 형성된 습성의 하나다.

남자는 배우자의 부정이 가져올 손실을 피하기 위해서 호시탐탐 조짐을 살펴서 기회를 최소화하고, 또 헤어지겠다거나 보복할 것이라는 협박을 하기도 한다. 부정의 징조가 추적되면 그간의 경비 태세와 위협은 단계적으로 상승한다. 그렇지만 그러한 위협은 실제로 부정 행각이 드러났을 때에만 집행된다. 그럴 때조차 남자는 현 배우자와 함께 사는 것이 다른 사람과 사는 것보다 자신의 대 잇기에 유리하다고 판단하기도 하며, 그럴 때에는 위협이 약해진다.

장면 9에서 여자가 내린 결정은 남자와 여자 모두에게 손실이었다. 아들이 이 행동의 직접적 영향으로 불임 상태에 이르렀다. 딸은 후일 어떻게 되었는지 알려지지는 않았으나 같은 처지가 되었을 수도 있다.

그 아들과 딸이 자기 자식이 아니고 아내가 부정을 저질렀다는 이 폭력 남편의 주장이 사실이었다면 그의 극단적인 행동도 어쩌면 잘한 일이었을지 모른다. 젊은 여자와 새 출발을 하는 것이 전 배우자와 사는 것보다 나았을 수도 있다. 그러나 그는 틀렸고, 잘못 계산된 폭력 행사는 다음 두 가지 측면에서 자신에게 해를 입혔다. 첫째는 그가 **낳은** 자식을 잃었다는 것이고, 둘째는 그 자신이 일찍이 사망하여 다른 자식을 낳을 기회를 얻지 못했다는 것이다.

여자의 상황을 보면, 첫 배우자를 떠난 것이 아들딸에게는 나쁜 영향을 미쳤기 때문에 손실일 수도 있지만 그런대로 그녀 자신에게는 최선의 선택이었다. 전 남편과 더 살았더라면 아이를 더 낳을 수 없었을 것이다. 남편도 자기 자식이 아니라는 그릇된 믿음으로 아들딸을 학대했을 것이다. 그랬다면 그들의 장래는 의붓아버지와 사는 것보다 나을 것도 못할 것도 없었다. 여자는 첫 번째 가정에서 손자를 얻을 가능성이 거의 희박했다. 그렇지만 그녀는 제때에 폭력 남편을 떠남으로써 적어도 두 번째 가정을 꾸릴 수 있었고, 손자를 안을 기회도 얻었다.

장면 10
부정 세탁하기

얼마간 그들은 어색했다. 햇볕이 내리쬐는 건초지에서 소풍을 즐기는 동안 그들은 부정에의 유혹 속에서 성적 흥분에 휩싸여 있었다. 그러나 여자가 실전으로 가는 것을 막았고, 마침내 남자는 여자의 도움을 받아서 풀 위에 사정했다. 열정과 흥분이 가라앉은 지금 어색함도 찾아들었다. 여자는 앞으로 더 좋은 기회가 있을 거라고 약속했다. 그들은 금세 편안해졌다.

그들은 야외에 30분간 더 머물렀다. 남자는 태양 아래 길게 누웠고, 여자는 그늘에 앉아서 이따금씩 이야기를 했다. 그들은 마지못해 짐을 챙겨서 마을로 돌아갔다. 남자는 직장 주차장에다 여자를 내려주었고, 그들은 각자 배우자가 기다리는 집으로 향했다.

남자는 현관문에 들어서서 인사를 건네자마자 아내에게서 이상한 분위기를 느꼈다. 전화벨이 울렸고, 남자가 수화기를 들자 저쪽에서 끊어버렸다. 저녁 식사를 하는 동안 아내는 남자의 일과가 어땠는지 전혀 궁금해하지 않았다. 남자가 오늘 어디에서 일했으며 누구를 상대했는지 말했으나 아무 반응이 없었다. 아내는 저녁 내내 바삐 움직이며 남자와는 도통 함께 있으려고 하지 않았다. 몇 차례 말을 하긴 했지만 남자를 쳐다보지 않았다. 어떻게 지냈느냐고 묻자 아내는 어깨를 으쓱하면서 평소와 다를 바 없었다고 대답했다. 아이들을 학교에 데려갔다 데려왔고 장을 보았으며, 그것 말고는 내내 집에 있었다, 이른 오후에 일광욕하는 시간이 가장 좋았다 등등. 그러고는 묻지도 않았는데 침대보를 갈아줘야 했고 시트를 빨았다고 보고하는 것이었다. 그들은 밤이 깊어서 위층으로 올라갔고, 아내는 하루 종일 너무 더웠다면서 목욕이나 푹 해야겠다고 투덜거렸다.

아내가 목욕을 하는 동안 남자는 침대에 벌거벗고 누워서 여름밤의 후덥지근한 열기를 즐기고 있었다. 그는 낮의 여자, 그녀와의 소풍, 부정에 가까웠던 순간, 더 좋은 기회를 갖자는 그녀와의 약속을 생각했다. 그는 발기되고 있었다. 아내가 방 안으로 들어왔을 때 그는 확연히 준비가 되어 있었으나 아내는 그를 무시하고 부지런히 옷가지를 정리했다. 저녁 목욕 뒤에는 보통 나체로 돌아다니던 아내가 오늘 밤에는 목욕 가운을 걸치고 있었다. 게다가 옷을 벗고 침대에 들기 전에 불까지 낮추었다. 그러나 기우였다. 등의 흔적은 그녀 자신이 상상했던 것만큼 뚜렷하지는 않았던 것이다.

남자가 아내를 더듬기 시작하자 아내는 피로를 호소했다. 그러나 그는 하루에 두 번씩이나 거절당하지는 않으리라고 단단히 결심한 터였다. 아내는 얼마간 뻣뻣하게 굴면서 가슴에서 아래까지 훑어 내려가는 남편을 막았다. 남자의 움직임이 거웃에 미치자 아내는 오늘은 정말 하고 싶지 않다며 칭얼거렸다. 남자는 편히 그대로 있으라며 평소 제일 좋아하는 방식으로 애무해주겠다고 말했다. 아내는 오늘 밤에는 그것도 귀찮다는 것이다. 그러나 너무 늦었다. 목욕의 촉촉함이 채 가시지 않은 아내의 몸은 달콤했다. 허벅지도 그랬다. 아내는 갑자기 활기를 띠고 방향을 바꾸더니 그의 얼굴에 입 맞추기 시작했다. 전희는 거의 생략한 채 아내는 그의 성기를 잡고 체위를 취하도록 했다. 그는 너무 이른 것이 아닌가 생각했지만 아내의 내부는 놀라울 만큼 젖어 있었다. 행위는 길었다. 아내는 절정을 느끼지 않았으나 그는 느꼈다.

마을의 다른 한편에서는 남자와 건초지에 함께 있었던 정부 격 여자가 역시 배우자와 갈등을 겪고 있었다. 아이들이 잠자리에 들자 이 부부는 잠옷 가운만 걸치고 긴 소파에 앉아서 잠자리 전의 휴식을 취하고 있었다. 부부는 다리 위에 고양이를 한 마리씩 얹어놓고 있었다. 남자는 저녁 내내 신경이 곤두서 있었다. 여자는 왜인지 알고 있었다. 남자는 아내가 하루 종일 딴 남자와 출장을 다녀온 것을 못마땅해하고 있었다. 저녁을 먹은 뒤로 남자는 계속해서 아내의 일과를 물으려고 했으나 아이들과 저녁 일과 때문에 원하는 대화로 진입하지 못하고 있었다. 이제 남자는 조용해졌으니 좀 알아볼 때라고 생각했다.

그는 그 남자와 어땠냐고 물으면서 잘 모르는 사람과 함께 있어야 한다면 참 지겨웠을 거란 말을 덧붙였다. 여자는 그럭저럭 괜찮았다면서 내려가는 길에는 주로 업무에 관한 이야기만 나누었으며, 올라오는 길에는 내리 잠만 잤다고 대답했다. 그는 기차를 타고 갔어야 하는 게 아니냐면서 자동차에 둘만 타고 간 것이 영 맘에 안 든다고 말했다. 여자는 어깨를 으쓱하면서 어쩔 수 없었다고 말했다. 그 남자가 운전하기를 원했고, 어쨌든 그가 상사니까. 그러고 나서 생각이 난 듯 여자는 차로 갔다 온 게 다행이었다고 말했다. 유리창을 열 수 있었으니까. 날씨가 무더웠던 데다가 남자한테서 하루 종일 냄새가 났다는 것이다.

여자는 거짓말로 기선을 잡자 확실히 밀어붙이기 위해서 잠깐 숨을 돌렸다. 여자는 점심 식사 동안 상사가 정말 성가시게 굴었다며 투덜거렸다. 상사가 자신이 좋아하거나 믿는 것들에 대해서 동의하는 것 같지 않았다는 것이다. 여자는 이따금씩 그에 대한 짜증을 숨기느라고 무척 곤욕스러웠다고 했다. 남편은 아내의 거짓말에 얼마간 마음을 놓았다.

여자에게 갑자기 활로를 뚫을 생각이 떠올랐다. 여자는 무릎 위의 고양이를 살짝 밀어놓고 남편 쪽으로 몸을 돌려서 한 손은 남편의 허벅다리 위에 다른 한 손은 무릎 위 고양이에 얹었다. 여자는 되는 대로 이야기를 꾸며나갔다. 여자는 출장에서 돌아오는 길에 차에서 졸다가 꾼 꿈에 대해서 이야기했다. 말하는 동안 여자는 남편 무릎 위의 고양이를 건드리다가 잘못해서 손등으로 남편의 잠옷 가운데 성기를 스쳤다. 여자는 무릎 위의 이 고양이가 꿈속에서 어떻게 자기에게 다가왔는지를 생생하게 설명했다. 또한 고양이의 단단했지만 부드러웠던 혀에 대해서 상세하게 얘기했다. 정말로 흥분했으며, 그러나 자신이 흥분한 것을 옆에서 운전하던 상사가 눈치 챘을까봐 당황스러웠다는 것이다. 이제 남편의 관심을 완전히 장악한 여자는 그때부터 고양이 생각이 머리를 떠나지 않더라고 말했다. 받아본 지 너무 오래되었다는 불평과 함께 여자는 지금 당장 해달라고 요구했다.

여자는 받고 싶은 것을 얻었다. 그녀는 절정에 달하지는 않았으나 그런 체했다. 그러고는 애무가 끝남과 더불어 남편을 받아들였다.

∽

물론 사람만 구강성교에 탐닉하는 것은 아니다. 쥐와 개에서 코끼리와 원숭이에 이르기까지 수컷은 전희를 하는 동안 암컷의 음부를 코로 비비고 냄새를 맡고 핥는다. 원숭이 역시 암컷의 성기를 만지며 때로는 손가락을 음부에 삽입하고 손가락을 빼낸 뒤에 냄새를 맡고 핥는다. 이때 수컷이 하는 일은 정보 수집이다. 이들은 다음 세 가지 의문에 답을 얻으려는 것이다. 건강한가? 생식력이 있는가? 최근에 다른 수컷과 교미했는가? 남자가 하는 일도 이와 똑같다. 여기에서 획득한 정보는 남자의 대 잇기 전략에 큰 도움을 준다.

여자의 분비물에서 좋지 못한 냄새와 맛이 나면 남자는 삽입 욕구까지 같이 잃어버린다. 냄새는 질병을 뜻하기도 한다. 이러한 정보는 남자가 새 여자와 성생활을 계획할 때 가장 유효하다. 병이란 자고로 생겼다 나았다 하는 것이므로 장기적 배우자라도 분비물을 수시로 점검할 필요가 있다.

많은 포유류의 경우에 암컷의 분비물 냄새는 확실히 배란기에 보통 때와 다른데 이때 수컷이 더 좋아한다. 그렇지만 여자나 자신의 배란기를 숨기는 다른 몇몇 포유류 암컷은 주기에 따른 분비물 냄새의 변화가 덜 드러난다. 미국에서 한 무리의 여성들이 월경주기 동안 탐폰을 삽입하는 실험에 자원했다. 사용한 탐폰은 튜브에 보관했다. 이것은 냄새는 맡을 수 있으나 보이지는 않게 제작된 것이었다. 사용된 탐폰은 조사단의 평가사에게 전달되었다. 각 탐폰의 냄새 범위는 '매우 불쾌한' 정도에서 '매우 상쾌한' 정도로 분류되었다. 냄새의 쾌불쾌는 월경주기의 단계에 따라서 변화했는데 가장 불쾌한 것은 월경 당시의 것이었다. 평균적으로 이 냄새는 지속적이지는 않으나 배란기에 약간 상쾌한 것으로 나타났다. 따라서 남자가 여자의 음부 냄새를 맡으면 적어도 월경을 하고 있는지 정도는 알아낼 수 있다.

여자의 분비물이 건강 및 생식력 테스트를 통과했다면, 다음으로 남자가 원하는 정보는 여자가 최근에 다른 남자와 관계를 가졌는가 하는 점이다. 남자의 몸은 이 정보를 이용해서 난자를 얻으려면 얼마만큼의 정자가 필요한지 알아낸다. 앞에서 보았듯이 일반적인 적용은 지난주 또는 지난 성관계 뒤로 여자와 함께 지낸 시간에 기초한다(장면 6). 여자와 함께 보낸 시간이 적을수록 여자가 다른 남자의 정자를 품고 있을 **확률**, 즉 그 자신이 더 많은 정자를 생산할 확률이 높아진다. 이 방법은 소용은 있으나 그저 일반적인 것이다. 만약 남자의 몸이 다른 남자의 정자가 여자의 몸에 현존하는지 알아낼 수 있다면, 자신이 생산해야 하는 정자의 수를 조정하는 데도 훨씬 정확을 기할 수 있을 것이다.

장면 10에서, 남자는 그날 어느 시점에 자신에게 명백히 부정을 저지른 아내가 맞이하는 집으로 돌아왔다. 아내가 흔적을 감추기 위해서 한 일은 고작 정부가 남긴 냄새를 없애기 위해서 침대보를 갈고 세탁한 정도였다.

그러나 무엇보다 중요한 것은 그녀가 오랜 시간 목욕을 해서 자신의 음모, 허벅다리, 음순에 남아 있는 정부의 흔적을 제거한 것이다. 이 아내는 육체의 충동에 이끌려서 외도를 했지만, 실은 얻어맞기도 버려지기도 원치 않는 자신의 의식에 복종하고 있었다.

그녀가 정부의 정자를 몇 시간 전에 배출했어도, 정자의 흔적은 어떻게든 질에 남아 있으며 때로는 하루 이상을 간다. 그녀는 처음에는 남편과의 성적 접촉을 철저히 피하려고 했다. 그녀의 몸은 정부를 좋아했으며 그의 정자에게 승리를 안겨주고 싶어했다. 그렇지만 이와 동시에, 남편의 부양도 잃고 싶지 않았다. 남편이 구강성교를 시작했을 때, 당연히 그녀의 간통 사실이 발각될 확률도 높아졌다. 그러자 그녀는 작전을 바꾸었다. 그녀가 처음에는 기피하다가 갑자기 서둘러 열을 올린 것은 순전히 남편의 구강성교를 막기 위해서였다.

마을 다른 한편에서, 또 한 여자는 출장을 끝내고 집에 돌아왔다. 남편은 못 미더워하고 있다. 그렇지만 여자는 유리한 고지에 있었다. 여자의 몸 안에는 그날 그녀가 얼마나 아슬아슬하게 부정을 비껴갔는가 하는 증거가 전혀 남아 있지 않았다. 따라서 여자는 남편을 안심시키고 나아가 헷갈리게 만들 수 있는 위치에 있었다. 여자는 (같이 있던 남자를 욕함으로써) 말로 부정의 기미를 잘라버렸을 뿐 아니라 자기의 음부의 냄새를 맡고 애무하게 만듦으로써 결백을 증명한 것이다. 밤이 끝나갈 무렵 남편은 몸과 마음 모두 안도할 수밖에.

우리가 방금 목격한 두 구강성교 장면은 부부간에 행해지는 일상적인 성생활에서 안도와 속임수가 어떻게 상호 작용하는지를 묘사하고 있다. 남자는 구강성교를 통해서 아내의 부정을 낚아챌 수는 없지만, 그다음으로 무엇을 해야 하는지를 결정할 중요한 정보를 얻는다. 단기적으로 보면 이 정보는 남자가 정자전쟁에 대비할 수 있도록 도와준다. 조금 더 길게 보면 이 정보는 배우자를 지키거나, 또는 새로운 상대를 찾고자 할 때 남자가 어느 정도로 집중해야 하는가를 알려준다. 장기적으로 보면 이 정보는 배우자를 버릴 것인지 어떨지 판단하는 데 도움을 주며, 배우자가 임신했을 때 그 아이가 다른 남자에게서 생긴 것이 아닌지 판단하게 해준다. 이와 동시에 여자는 구강성교를 전략적으로 막거나 역으로 촉구함으로써 남편을 안심시킬 수도, 실제 벌어졌던 상황을 은폐할 수도 있다.

물론 사람들은 자신이 앞의 원인들 때문에 구강성교에 열중한다고는 생각하지 않는다. 남자는 자기가 여자의 성기를 입으로 애무하는 것은 여자를 자극하여 성교를 윤활하게 하기 위한 것이라고 생각한다. 간통의 경우를 제외하면 대개 여자는 자신이 성적으로 자극되기 위해서 구강성교를 원하는 것이라고 생각한다. 이러한 남녀의 생각은 물론 현실 생활에 바탕을 두고 있는 것이지만 그것이 이 행위의 궁극적 기능은 아니다. 이러한 생각은 의식적인 겉치레일 뿐이다. 여타의 성 습관과 마찬가지로, 사람이 의식적으로 추구하는 것은 피상적인 자극이지만 몸이 실제로 원하는 것은 목표하는 바를 확고하게 성취하는 것이다.

왜 성기를 애무하는 것이 발을 밟는 것보다 여자를 더 흥분시키는가? 근본적인 원인은 없다. 그럼에도 아무튼 하나는 자극적이고 다른 하나는 그렇지 않다. 성생활의 진화를 보면 솔직한 성적 표현이 그렇지 않은 것보다 더욱 자극적인 것으로 받아들여져왔다. 그렇지 않았더라면 남녀는 부적절한 신호로 서로에게 대응하고 있었을 것이다.

남자들은 조상 대대로 자신들이 사정을 해야 하는 장소, 즉 여자의 질 내부와 주위에 내포된 다양한 징후를 찾아내왔다. 그 이유는 바로 앞에서 설명했다. 사정하기 전에 이러한 정보를 획득하지 못한다면 다음 네 가지 손실을 감수해야 한다. 병균에 감염될 가능성, 불임 여성에게 사정하게 될 가능성, 정자전쟁에서 패배할 가능성, 배우자의 부정을 간과해버릴 가능성이 그것이다. 남자들에게 가해지는 이러한 압박이 여자의 관점에서는 명쾌하게, 남자가 자신의 음부에 코를 대고 비벼대면 성적으로 자극받은 것이라는 뜻으로 통한다. 여기에서 여자가 자극을 받지 못했다면 여자는 그냥 떠나버렸을 것이다. 자극을 받았다면 자신의 질을 부드럽게 만드는 등 본격적인 성교에 대비했을 것이다. 이러한 사전 준비는 성교 과정이 더 효과적으로 이루어지는 데 도움이 되며, 성교에 의한 상해도 줄어들게 한다. 따라서 남자의 구강성교에 적극적으로 반응한 여자는 대체로 그렇지 않은 여자에 비해서 자손을 남기는 데에도 더욱 성공했을 것이다.

같은 원리가 남자에게도 적용된다. 선조 대에서 여자가 남자를 그냥 떠나버리지 않고 구강성교를 허락했다면, 이는 그 남자의 정자를 받을 준비가 되었다는 뜻이다. 이 행위에 자극받아서 발기한 남자는 그렇지 못했던 남자보다 성교에 돌입할 가능성이 더 높았을 것이다. 따라서 여자에게 구강성교를 함으로써 성적 자극을 불러일으키는 남자는 대체로 그렇지 않은 남자에 비해서 많은 자손을 남길 것이다.

이러한 반응은 인류가 있기 오래전부터 형성되었다. 남자는 인류가 처음 진화했을 때 이미 우리의 유인원 선조로부터 여자의 성기를 코로 비비고 냄새를 맡고 입과 손가락으로 애무하는 습성을 물려받았다. 남자와 여자 모두 이러한 행위에 자극되는 성향도 함께 물려받았다.

장면 11
상대 점검

침대맡 아날로그시계의 붉은 숫자가 11:59에서 12:00로 바뀌었다. 남자의 정부가 성교 후 잠에 빠져 있을 동안 남자는 시간 가는 것을 지켜보고 있었다. 남자는 싫어도 별 수 없이 정부의 따뜻한 침대를 빠져나와서 차가운 공기 속으로 들어가야 했다. 정말로 가야 할 시간이다.

남자는 정부의 등에 살짝 입 맞추면서 정부를 깨우려고 했다. 그들의 관계는 반년 전 어느 여름날, 어두운 숲에서 시작되었다. 그들은 순식간에 서로의 옷을 벗겨 나체가 되었고 여자는 남자가 사정하도록 도왔다. 두 달 뒤 여자는 원룸 아파트를 얻었고, 그때 그들은 정식으로 관계를 했다. 그들은 같은 건물에서 일했지만 낮에 만나는 일은 드물었고 남들한테 들키지 않기 위해서 극도로 조심했다. 남자는 1주일에 2회 혹은 3회 여자의 아파트를 방문했다. 그들은 언제나 곧장 침대로 향했다. 시간은 오래 걸리지 않았다. 둘이 같이 있는 시간이 한 시간을 넘기는 일은 드물었다. 시간은 짧았지만 그들은 한 번 만났을 때 두 차례씩 성교한 적도 많았다. 남자가 여자에게 사정하는 횟수는 1주일에 5회 정도였고, 아내에게는 주 1~2회 정도였다. 정부는 남자보다 열 살 연하였으나, 남자는 지난 6개월간의 관계를 통해서 성적으로 아내와 10년을 살면서 얻은 것보다 훨씬 많은 것을 배웠다.

남자는 아내에 대한 배려로 가짜 업무 일과를 짰다. 그는 들통 날 일이 없도록 치밀하게 짠 이 일과표에 맞추어 움직이면서 때로는 출근길에 때로는 퇴근길에 정부한테 달려가곤 했다. 그렇지만 오늘 밤은 좀 달랐다. 이 얼어붙는 1월 말의 밤, 정부는 생일을 맞이했고 그래서 평소 때보다 좀 더 있다가 가라고 졸랐다. 안 그러면 나가서 친구들하고 어울리겠다면서. 결국 남자는 자기도 감탄할 만큼 그럴싸한 이야기를 만들어냈다. 그는 아내에게 전화해서, 외국에서 온 장기 방문자가 자기가 체스를 좋아한다는 걸 알아가지고 자기랑 한판 두자며, 덤으로 자기네 민속 음식까지 만들어주겠다는 제안을 했다고 말했다. 그는 아내에게 체스란 오래 걸리는 게임이고, 아마도 3판 2승제로 겨룰 것이므로 저녁 내내 두게 될 것이고, 어쩌면 자정이 다 되어서야 집에 들어갈 것이라는 말도 잊지 않았다.

그 저녁은 일생의 추억으로 간직할 만한 멋진 시간이었다. 그는 정부를 위해서 요리를 했고, 일곱 시경 침대에 들어 와인을 마시고 음악을 들으면서 열정이 지배하는 대로 서로의 몸을 완롱했다. 회를 거듭할수록 힘은 들었지만 그들은 네 차례에 걸쳐서 성교를 했다. 마지막 시도에서 남자는 사정하는 척만 했지만 여자는 그날 저녁 두 번째로 오르가슴을 느꼈다. 이제 잔치는 끝나고 남자에게 남은 것은 음주 운전을 하다가 걸리면 어떡하나 하는 염려와 무슨 일인지 궁금해하고 있을 아내에게 둘러댈 일에 대한 죄책감과 불안감뿐이었다.

남자는 자기가 왜 그렇게 들킬까 걱정하는지 도무지 알 수 없었다. 아이들을 잃게 된다면 좀 다른 문제지만, 아내가 자기를 떠나면 어쩌나 하는 걱정은 결코 아니었다. 사실 그가 더 걱정하는 것은 정부를 잃으면 어쩌나 하는 문제였다. 어쩌면 아내가 평소에 하던, 다른 여자한테 돈을 쓰게 하느니 자기가 한 푼도 남기지 않고 다 써버리겠다는 협박 때문인지도 모른다. 아니, 어쩌면 아내가 심심하면 던지는 '농담' 때문인지도 모르겠다. 아내는 그에게 외도했다가는 잘라버리겠다고 겁을 주곤 했다. 진심이 아닌 것은 알지만, 아내가 가위나 칼을 들이대기라도 하면 과연 자기가 안전하다고 느낄 수 있을 것인가. 이유가 무엇이 되었든 남자는 걱정이 되어서 죽을 지경이었다.

정부는 마침내 얼핏 잠에서 깼다. 처음에는 상냥하게 가지 말라고 말하더니 좀 지나서는 성을 냈다. 그러더니 아주 못마땅한 얼굴로, 남자는 가야 한다고 말했다. 남자는 썰렁한 공기를 느끼며 옷을 입고, 정부에게 키스하고는 정부의 기분을 조금이라도 누그러뜨리기 위해서 머뭇거렸지만 소용은 없었다. 남자는 차를 세워둔 곳으로 걸었다. 그는 언제나 차를 두 골목 떨어져서 세워두었다. 운전하는 동안 몇 분간 위험하다고 생각했던 순간도 있었지만 경찰에 잡히지 않았다. 정부를 떠난 지 30분 뒤인 새벽 한 시, 그는 집에 도착했고 아내가 기다리고 있었다.

현관문 닫기가 무섭게 아내는 도대체 어떻게 된 거냐고 거의 발악하듯이 물었다. 남자는 뒤로 물러서며 늦어서 미안하다고 사과했다. 게임이 생각했던 것보다 오래 걸렸다고. 그는 자세히 얘기할수록 그럴듯할 것이라는 생각에, 그렇지만 결국은 그가 이겼다고 덧붙였다. 아내는 가만있다가, 그럼 저녁 내내 같이 체스를 두었다던 그 외국인 친구가 두어 시간 전에 전화를 해서는 당신하고 통화를 부탁한 것은 도대체 어찌된 일이냐고 물었다. 그는 입을 연 채 굳어버렸다. 그는 공포에 질려 있었다. 자기의 불운을 믿을 수 없었다. 자기 연구소에서 함께 일하면서 지난 2년 동안 전화라곤 단 한 번도 한 일이 없던 그 작자가 하필이면 오늘 밤을

4장 손익계산 101

골라서 그 오랜 침묵을 깨뜨리려고 한 것인가 말이다.

남자는 정신이 달아나면서 얼굴이 붉어지고 겨드랑이에 땀이 나면서 저려왔다. 순간 남자는 하마터면 아내에게 모든 사실을 털어놓을 뻔했다. 그러다 곧 오늘이 자기 조교의 생일이었다고 둘러댔다. 오늘 밤 남자들끼리 먹고 술 마시고 스트립 바에도 가고 당구도 치자며 초대를 받았다. 당신이 내가 밤에 그리고 돌아다니는 것을 얼마나 싫어하며 음주 운전할까봐 얼마나 걱정하는지 잘 알기에 말하지 않는 것이 좋겠다고 생각했다고 말이다.

아내는 그 말이 사실인지 확인하기 위해서 그의 눈을 응시했다. 그러고는 전화 있는 데로 건너갔다. 잠시 뒤 손에 전화를 들고 온 아내는 그 조교의 전화번호를 대라고 요구했다. 그는 모른다고 말했다. 어쨌거나 나머지 사람들은 또 다른 클럽으로 갔기 때문에 아직 집에 들어가지 않았을 것이라고도 했다. 아내가 걱정할 것을 알고서 자기만 먼저 일어났다면서. 아내는 남자를 다시 노려보았다. 남자는 당황스런 마음을 웃음으로 감추려고 했다. 바보 같은 노릇이었다고 남자는 말했다. 거짓말해서 정말 미안하다, 그렇지만 단지 당신 걱정을 덜어주려는 것뿐이었다라고 말했다. 다시는 이런 일이 없을 것이며 다음번에는 꼭 미리 말하겠다고도 맹세했다. 그리고 많이 취했고 피곤한데 자지 않겠느냐고 물었다.

아내는 그에게로 바짝 다가서서 그의 눈을 노려보았다. 아내는 그가 거짓말을 하고 있다며, 거짓말하는 거 다 안다고 말했다. 어째서 그에게서 술과 담배 냄새가 나지 않느냐는 것이다. 아내는 잠시 멈추었다가, 외도라고 을러댔다. 남자가 부인했지만 아내는 닥치라고 소리치면서 누구냐고 물었다. 그는 결백하다고 끝까지 우기면서 자기를 믿지 못하는 건 잘못이라고 말했다.

아내는 생각하느라고 잠깐 침묵했다. 그러고는 남자더러 바지를 벗으라고 말했다. 남자는 저항했다. 아내도 굽히지 않았다. 그는 이건 바보 같은 짓이라고 말했다. 아내는 성이 나서 그의 바지 지퍼를 내리려고 했다. 그는 아내를 밀어내면서 멈추라고, 자기가 하겠다고 말했다. 남자는 바지와 속옷을 내리면서 제발 아무 냄새도 없기를, 아무것도 보이지 않기를 속으로 빌었다. 그러나 있었다. 아내는 남자에게 욕을 하고 얼굴을 때렸다. 당장 자기와 아이들, 그리고 이 집을 떠나라면서 꼴도 보기 싫다고 말했다. 그가 머뭇거리자 아내가 그를 밀어냈다. 남자는 바지와 속옷이 발목에 걸린 채로 문 쪽으로 밀려났다.

그는 처음에는 저항하지 않았지만 문 앞에서 버텼다. 결국에는 아내가 오늘 밤은 봐줄 테니 소파에서 자고 내일 아침에 나가라고 말했다. 남자는 불편하기도 하고 앞날이 걱정되기도 해서 잠을 이루기 어려웠다. 그러나 무엇보다도 겁이 났다. 그는 아내가 이 방에 들어와서 칼이나 다른 무기를 들이대고 복수하겠다고 하면 어쩌나 하는 생각에서 밤새도록 헤어나지 못했다.

그는 아침이 되자 아내가 아래층으로 내려오기 전에 서둘러 집을 나섰다가 낮에 돌아왔다. 아이들은 학교에 있었고 그들은 오랫동안 다투었다. 그의 아내는 절대로 다시 그를 믿지 못하겠으며 믿지도 못하는 사람과 살 수는 없다고 말했다. 그는 그런 일은 딱 한 번뿐이었다고 계속 항변했다. 상대 여자는 수년 전 이민을 간 옛날 여자 친구인데, 바로 지난주에 갑자기 연락이 와서는 며칠간 귀국했다가 옛 친구들도 찾아보고 그도 한번 만나보았으면 좋겠다고 했는데, 무슨 기대 같은 것은 전혀 없었다고 말했다. 그러다가 취해버린 것이고, 그 여자가 그를 자기 호텔로 초대했는데 그러다 그냥 일이 생겨버렸다고.

그는 정말로 미안해했다. 자기가 막았어야 하는 일인데, 그렇지만 그 여자도 이젠 가고 없으니 다시는 이런 일이 없을 것이고, 잘 생각해보았는데, 그녀와 아이들을 잃을 것이라는 생각이 들자 자신이 정말로 원하는 것은 아내와 가정, 이 가족이라는 사실을 깨닫게 되었다고 말했다. 당신이 원한다면 떠나겠지만, 내가 떠나고 나면 집세를 내고 또 이 집을 지키기에는 힘이 부칠 것이고, 내가 떠나기를 원한다면 당신과 아이들은 이 집을 팔고 작은 집을 구해야 할 것이라고도 했다. 아이들에게 별거의 고통을 겪게 할 가치가 정말 있는지, 이 모든 것이 앞으로는 결단코 일어나지 않을, 딱 하룻밤 나약했던 의지의 대가인지 모르겠다고 하면서 말이다.

아내는 마침내 그와 함께 사는 것에 동의했다. 그러나 그에게 잠은 침실 바닥에서 자야 한다고 말했다. 아내는 앞으로 자신과 성관계를 맺는 것은 상상도 하지 말 것이며, 그녀 자신이 외도하지 않으리라는 것도 기대하지 말 것을 다짐시켰다. 다른 남자가 생기는 대로 아이들과 함께 떠날 것이라는 말도 덧붙였다.

남자는 며칠 지나지 않아서 침대를 사용해도 된다는 허락을 받았고 6주 뒤에는 성관계를 가졌다. 그는 무슨 일이 있었는지 정부에게 알리지 않았고, 그들의 관계는 6개월간 흔들림 없이 지속되었다. 그러고 나서 그의 정부가 자기 또래의 남자를 만났을 때 둘은 관계를 청산했다. 그는 아내와 5년을 더 함께 살았는데, 그동안 그는 아내 몰래 세 여자와 외도를 했다. 그중에서 그보다 열한 살 연하였던 또 다른 정부가 그와 관계하는 동안 임신을 했다. 그녀와 동거하던 남자는 자기 아이일 리가 없다면서 두 달 뒤에 그녀를 떠났다. 그 아이는 유산되었다. 얼마 안 지나서 남자는 이 연하의 정부와 살기 위해서 아내를 떠날까도 고려했으나, 그가 망설이는 동안 여자 쪽에서 그를 원하지 않는다면서 떠나버렸다.

우습게도 네 번이나 외도를 한 것은 그였으나 정작 그들의 15년 관계를 끝내게 만든 것은 그의 부정이 아니라 아내의 부정이었다. 아내는 전에 다짐했던 대로 다른 남자를 만나자마자 아이들을 데리고 그를 떠났다. 그녀는 모르고 있었으나 정확한 타이밍이었다. 마지막 외도에서 남자는 임질에 걸렸고, 그의 아내는 정확하게 시간을 맞추어서 감염을 피한 것이다.

이것이 그의 인생이 나락으로 떨어지기 시작하는 출발점이었다. 치료를 받고 감염은 회복되었으나 의사는 그에게 불임이 될지도 모른다고 경고했다. 이는 현실이 되었다. 그는 전 아내에게 재산 분할을 해주기 위해서 집을 팔아야 했다. 두 아이의 양육비에다 어리석게도 두 차례에 걸쳐 노름을 해서 얻은 빚으로 그는 무일푼이 되다시피 했다. 연하의 여자들과 어울리던 시절은 이제 막 내리고 그는 열 살 연상의 여자와 살게 되었다. 이 여자의 자녀들은 모두 외국에 살고 있었다. 그뒤로 그의 생활은 조금씩 나아졌다.

남자의 친자식들은 처음에는 어머니와 의붓아버지와 의좋게 살았다. 그러다가 어머니가 의붓아버지의 아이를 낳은 뒤로 가족 간의 관계에 갈등이 생기기 시작했다. 결국 그의 아이들은 아버지에게로 돌아와서 아버지의 새 여자와 함께 살았다. 의붓어머니가 다행히 좋은 사람이어서 그들이 집을 떠날 때까지 몇 년간 그들을 친자식처럼 대해주었다.

~

여자가 남편의 부정을 방지하거나, 그러지 못했다면 부정 사실이라도 찾아내는 것이 왜 그렇게 중요한가? 이것이 실패하면 여성의 종족보존 전략에 어떠한 차질이 생기는가?

여자는 남편의 부정으로 인해 큰 손해를 보게 된다. 그리고 전부는 아니지만 이 위험 부담의 많은 부분은 남자도 짊어져야 한다. 첫째로, 여자가 남편의 재산, 시간, 정력, 기타의 자원을 다른 여자와 나누어야 할 위험이다. 둘째로, 남편이 부양비를 줄이는 동시에 결국은 다른 여자한테로 가버릴 위험이 있다. 부부 중 어느 쪽에서 자녀를 키우든 간에 그들의 자녀는 장면 9에서 언급한 편부모 또는 의붓부모 문제에 직면할 위험이 있다. 셋째로는 성병에 접촉될 위험성이 있다. 남편이 성병에 노출되어 있기 때문이다. 그렇지만 한 가지, 아내와는 상관없는 위험이 있다. 남자와는 달리 여자가 남편 애인의 아이를 속아서 키울 위험 부담은 없다. 이 모든 점을 고려해 보면, 부정은 남자 쪽보다는 여자 쪽에 약간 덜한 위협이라는 뜻이 된다.

이 결론은 사람에게뿐 아니라 일부일처형인 조류, 원숭이, 유인원에게도 해당된다. 이들 종의 암수 모두가 자기 짝의 부정을 막으려고 하지만 수컷이 암컷보다 소유욕이 훨씬 강하다는 결과가 나온다. 수컷이 훨씬 더 포악하고 훨씬 더 너그럽지 못하다. 암컷도 다른 암컷을 쫓아내려고 할 수 있을 것이다. 자기 짝과 다른 암컷 사이에 끼어들려고 할 수도 있다. 짝과 지내는 시간이 너무 짧거나 도움을 얼마 받지 못하면 자기의 새끼를 버리는 경우도 발생한다. 그렇지만 짝의 외도를 막지 못했을 때 발생하는 신체적 제약이 수컷보다 덜하기 때문에, 즉 다른 암컷의 새끼를 속아서 키우게 될 일은 없기 때문에 수컷이 외도를 하더라도 암컷이 새끼를 버릴 확률은 더 낮다. 사람의 경우도 마찬가지다.

여자는 남편이 외도했을 경우에 때로 육체적 상해를 입히거나 죽이기도 한다. 때로는 남편의 애인을 다치게 하거나 죽이는 경우도 있고, 남편을 떠나든지 아니면 남편을 쫓아내기도 하고, 또 자녀를 남편더러 키우라고 버리는 경우도 있다. 그렇지만 여자가 이렇게 할 확률은 여전히 남자가 그럴 확률보다 낮으며, 발각된 남편의 경솔함을 용서해줄 확률이 더 높다. 그럼에도 불구하고 보복의 위협은 항상 존재하며, 그래서 대부분의 남자는 자신의 부정을 숨기려고 한다.

이처럼 들켰을 때 치러야 할 대가가 더 작기 때문에 수컷 동물의 부정은 분명 암컷만큼 정교하지 못하다. 암컷의 치밀한 외도 사례 가운데 내가 제일 좋아하는 것은 바위종다리라는 작은 조류에 관한 것이다. 전형적 일부일처형인 이들 암수는 처음에는 소량의 모이를 쪼면서 나란히 뜰에 노닐고 있었다. 수풀에 이르자 수컷은 저쪽으로 돌아갔고 암컷은 그 반대쪽으로 갔다. 수풀에 자기 모습이 가리자마자 암컷은 근처의 빽빽한 초목 속으로 날아들었다. 그곳에서 암컷은 잠복해 있는 다른 수컷과 교미를 하고 곧바로 수풀 뒤의 본래 위치로 돌아가는 것이었다. 몇 초 뒤에 수컷과 암컷은 총총거리며 수풀을 지나서 서로가 보이는 자리로 돌아왔다. 암컷은 있는 정성을 다해서 모이를 쪼면서 마치 아무 일도 없었던 듯이 굴었다.

이와 유사하면서 세계적으로 널리 알려진 것으로, 높은 나뭇가지 위에서 수컷이 내려다보는 가운데 암컷 원숭이가 먹이를 찾아서 두리번거리고 있는 장면이 있다. 암컷 쪽으로 다른 수컷이 다가오고 있다. 이 수컷은 암컷의 짝이 자신의 발기를 눈치 채지 못하게 하면서 무심한 척 앉아서 자기 일을 보고 있다. 이놈은 남편 원숭이가 딴 데를 볼 때마다 암컷의 어깨를 친다. 순간 암컷이 일어서서 기회를 제공하고 수컷은 사정한다. 이들의 교미는 너무 신속해서 수컷이 이들 방향으로 시선을 되돌렸을 때 둘은 이미 태연하기 짝이 없는 표정으로 먼저 하던 일을 계속하고 있다.

초목으로 날아 들어간 암컷 바위종다리는 그곳에 숨어 기다리던 수컷만큼 치밀하지 못할지도 모른다. 자기 짝이 한눈팔 때까지 순진함을 가장하고 있던 암컷 원숭이는 발기를 숨기고 있다가 광속으로 사정한 수컷만큼 정교하지 못한 것인지도 모른다. 또 남편이 상점에 간 동안 유리창 청소부와 성교한 여자는 직장 파티 동안 벽장에서 자기 비서와 성교를 나눈 남자만큼은 정교하지 못한 것일지도 모른다. 그러나 모든 사안을 고려해보면, 정교함과 상상력에 관한 한 종에 상관없이 암컷[혹은 여성]이 약간 우세하다는 것을 알 수 있다. 사람의 경우, 수천수만 사례를 검토해보면 평균적으로 남자가 여자보다 부정을 들킬 확률이 더 크다.

장면 11에서 여자는 남자의 부정을 확인하기 위해서 남자의 성기를 그저 대충 살폈을 뿐이다. 남자가 조금만 주의를 기울여서 집으로 돌아가기 전에 씻었더라면 추적에서 달아날 수 있었을 것이다. 이 남자가 조금만 더 그럴듯한 이야기를 꾸며냈더라도 혐의를 벗을 수 있었을 것이다. 그러나 남자는 이중 어느 것도 하지 않았고, 그로 인한 대가를 치러야 했다. 남자의 부정이 발각된 순간부터 그의 아내는 남편이 자기를 떠나기를 기다리느니 적절한 시기가 오면 자신이 먼저 남편을 떠나리라고 결심했다.

이 남자의 외도가 발각되지 않았더라면 그의 종족보존 전략은 더 성공적이었을 것이다. 다시 말해서 적어도 아내에게서 세 번째 아이를 볼 수도 있었을 것이다. 그러나 그는 그렇게 하지 못했다. 게다가 이 남자는 외도를 통해서 혹은 두 번째 배우자를 통해서 아이를 얻음으로써 이 손실을 메우는 것도 하지 못했다. 그는 다른 남자의 아내를 통해서 아이를 얻을 뻔했지만 결국에는 실패했다. 그는 외도로 임신 가능한 여성을 한 명 더 유혹할 뻔도 했지만 성공하려던 그 순간 바로 실패했다. 이밖에 그가 아이를 얻을 뻔했던 다른 기회는 그가 임질에 걸리면서 좌절되었다(적어도 전 세계 불임의 절반은 성병 때문이다). 이 남자가 수정력을 유지했더라도 그의 나이와 제한된 상황으로 인해 수태기 여성을 유혹하기는 힘들었을 것이다. 그 대신 그의 주요 종족보존 전략은 나이가 더 많은, 아마도 폐경기가 지났을 여자와의 부부 관계로 좁혀졌고, 그의 자녀들은 그녀의 도움을 얻어서 그들의 잠재적인 종족보존 능력을 충분히 발휘할 수 있는 상태로 집을 떠났다. 결국 그는 이들에게서 손자를 얻었을 것이다. 그의 외도가 발각되지 않았더라면 더 많은 손자를 얻을 수도 있었겠지만, 적어도 몇은 얻었다.

여자가 남편의 외도를 알아차리지 못했었더라면 그녀의 종족보존 전략은 최악이 되었을 것이다. 물론 남편에게서 자식을 더 얻었을 수도 있다. 그러나 여자는 남편과 함께했던 시간 내내 자신도 모르는 사이에 남편의 갑작스런 유기遺棄와 줄어드는 부양비 위험에 직면하고 있었다. 상황이 그대로 이어졌더라면, 여자는 결국 임질에 걸려서 미래의 임신 능력에 위협을 받았을 수도 있었다. 그러나 그 대신 여자는 상황을 일찌감치 파악하여 남편에게서 5년 동안 부양을 받을 수 있었고, 적절한 순간에 다른 남자를 만나서 두 번째 가정을 이룰 수 있었다.

부정은, 뒤에서 보게 되겠지만, 남자와 여자 모두에게 이득을 안겨줄 만한 잠재력을 지니고 있다. 그렇지만 적어도 앞의 네 장면은 배우자에게 들키지 않더라도 대가를 치를 수밖에 없음을 보여준다. 그러나 무엇보다도 자신의 외도로 고생하는 것보다는 배우자의 외도로 고생하는 경우가 더 많다—특히 외도를 제대로 찾아내지 못했을 때는 더더욱.

외도로 이득을 보는 경우도 있지만 그렇지 못한 경우도 있다. 앞에서 확인한 것처럼 세대마다 종족보존의 성공은 외도를 행하는 것이 이득이 될 것인지 아닐 것인지를 의식적으로나 잠재의식적으로 정확히 판단한 자들의 몫이 된다. 그렇다면 부정이 이득이 될 것이라고 판단했을 때 본인은 외도를 하면서도 배우자의 외도를 막거나, 또는 적어도 외도 사실을 추적해낸 사람들이 승리자가 될 것이다. 종족보존 전략의 패자는 상황 판단에서 오류를 범하여 자신의 외도를 숨기지 못하거나 배우자의 외도를 막거나 추적하는 데 실패한 사람들이 될 것이다.

　이처럼 이해관계가 엇갈리기 때문에 남성과 여성 및 장기간의 부부 관계를 유지하는 모든 동물, 모든 종들의 전략은 거의 동일하다—결국 이들은 모두가 배우자의 외도를 막으려고 하면서도 정작 자신은 은밀하게 외도를 즐기려고 한다.

5장
은밀한 예감

장면 12
이중생활

또 하루의 일과를 끝내고 남자는 5층에서 막 집으로 가려는 참이었다. 엘리베이터 안으로 들어서자 새 낙서 하나가 눈에 들어왔다. 그는 웃었다. 자기 부서장은 믿음직스럽지 못하다는 뜻을 담은 색깔 있는 비속어였는데, 그 이유는 자위행위에 시간을 너무 많이 쓰기 때문이라는 얘기였다.

엘리베이터는 3층에서 멈추었고 젊은 여자가 들어섰다. 전에 한 번밖에 본 적이 없는 여자지만 곧바로 남자의 상상 속 주인공이 되었다. 여자는 신참이었는데, 낙서의 표적이 된 남자의 개인 비서였다. 그는 문이 닫히는 순간 여자의 얼굴을 보았다. 여자는 곧바로 낙서를 보았다. 둘은 서로를 보며 웃었고 여자가 얼굴을 붉혔지만 둘 다 말은 없었다. 엘리베이터가 1층에 닿자 둘은 걸어 나와 여자는 오른쪽으로 남자는 왼쪽으로, 각자 주차장으로 가서 집으로 향했다.

30분 뒤, 남자는 집 차고에 도착했다. 집에 들어서자 남자는 아내에게 키스하고 아이들이 근래에 그린 그림을 칭찬한 뒤 위층으로 올라가 샤워하기 위해서 옷을 벗었다. 그는 이미 욕실 문을 잠근 뒤 성기를 붙잡고 발기를 부추기고 있었다. 사각 유리문을 닫고 샤워기를 틀었을 때 그의 성기는 준비가 완료되어 있었다. 그는 손을 위아래로 움직이면서 마음속에 성적인 장면을 상상했다. 최근 몇 달간 한 열 번쯤 되니까 이웃집 여자의 옷을 벗기는 상상은 효력을 잃고 있었다. 남자는 다시 한번 그 여자의 옷을 벗기려고 했지만 여전히 실패하기만 했다. 그러자 남자는 아까 엘리베이터 안에서 만났던 그 젊은 여자를 기억해냈다. 좋아, 그렇지, 엘리베이터가 층 사이에서 고장 났지. 그리고……. 그렇지만 이젠 '그리고'가 필요 없었다. 이 상상으로 그는 사정하고, 정액을 수채 구멍 속으로 흘려보내고서는 마치 아무 일도 없었다는 듯 샤워를 계속했다. 이 전 과정에 약 2분이 소요되었다.

물론 자기 자신과의 성생활이 항상 주기적인 것은 아니었다. 특히 그가 어렸을 때는 예기치 않게 절정기가 되곤 했다. 새 여자 친구와의 작별 키스, 혹은 파티에서 만난 어떤 여자하고의 격렬하지만 미완성인 애무만으로도 사정하러 화장실로 달려가곤 했다. 지금까지도 영화나 TV의 에로틱한 장면을 보면서 동일한 효과를 볼 때가 있다. 그러한 절정기를 예외로 하고도 자기 자신과의 성생활은 부부간의 주기적 성생활만큼 일상적이었다. 보통은, 오늘 밤이 바로 그 경우인데, 별로 성적이지도 않았고 성교나 성적 쾌감이라기보다는 소변이나 대변과 비슷했다. 긴박함도 흥분도 별로 없고 만족감도 거의 없는 그저 해방감일 뿐이었다.

～

대부분의 남성은 이 장면에 공감을 느낄 수 있을 것이다. 남자의 3분의 2가 첫 번째 사정을 스스로에 의한 자극으로 맞이할 것이다. 98% 이상이 일생 중 언젠가는 자위행위를 할 것이다. 게다가 실질적으로 이들 모두가 20세가 되기 전에 그렇게 할 것이다. 그렇지만 이 같은 보편성에도 불구하고 정자를 흘려보내는 자신의 습관을 종족보존 전략의 성공을 위한 중요한 무기로 여기는 사람은 거의 없다. 그러나 실은 바로 그렇다. 장면 12는 이 장의 세 가지 에피소드 중 첫 번째인데, 각각의 장면에서 (자위행위 또는 '몽정'을 통해서) 정자를 흘려보내는 습성의 한두 측면을 살펴볼 것이다.

남자의 자위행위 빈도는 나이 및 다른 경로를 통한 사정 빈도에 좌우된다. 평균적으로 (성교, 자위행위, 몽정을 통틀어서) 남자의 총 사정 빈도는 그가 생산하는 정자의 수량을 근접하게 반영한다. 이는 남자마다 다르며 고환의 크기에 따라서 달라진다. 또 나이별로도 차이가 난다. 사춘기가 막 지나서부터 약 40세에 이르기까지 보통 남자가 하루에 생산하는 정자 수는 약 3억 마리로, 1주일에 3~4회 사정한다. 이 수치는 50세가 되면 1일 정자 생산량 1억 7,500만 마리에 주 2회 사정으로, 75세가 되면 1일 2,000만 마리에 1개월 1회 이하의 사정으로 떨어진다. 만약 30세 미만의 남자가 1주일에 3회 혹은 그 이상 성교를 하게 되면 그는 자위행위를 거의 하지 않는다. 만약 이 남자가 1주일에 한 번밖에 성교를 하지 못한다면 그는 대체로 자위행위를 두 번 정도 할 것이다.

자위행위로 정자를 흘려보내는 포유류는 사람뿐만이 아니다. 개는 물론 이 습성으로 악명이 높다. 개의 습관 중 하나는 사람의 무릎 주변을 앞발로 다정하게 부둥켜안고 자기의 성기를 이 당황한 사람의 다리에 대고 아래위로 문질러대는 것이다. 자기 자극 방식이 다르기는 하지만 들쥐, 생쥐, 다람쥐, 고슴도치, 돼지, 사슴, 고래, 코끼리, 원숭이 등의 광범위한 종들도 정자를 흘려보내는 것으로 알려져 있다. 이 종들의 수컷 역시 남자와 마찬가지로 암컷과의 주기적 교배 사이사이에 자위행위를 한다.

아마도 자위행위는 그다지 정련된 활동으로 보이지 않겠지만, 사실은 그렇지 않다. 이는 활동력 있는, 혹은 전도유망한 남자가 다음번의 사정을 있음직한 상황에 맞게 준비하는 수단이다. 앞으로 벌어질 상황이 어떠할지 예측하여 자위행위를 함으로써 앞으로의 여성에게 사정할 정자의 나이와 수를 조정한다. 이뿐만 아니라 정자 가운데 방패막이, 정자잡이, 난자잡이의 구성 또한 조절할 수 있다.

남자의 몸은 자위행위와 성교를 구별할 줄 안다. 각각의 사정 물질은 동일하지 않다. 성교 동안 방출되는 정자 수를 결정하는 데는 많은 요인이 작용하는데, 예를 들면 위험 수위가 인지될 경우, 상대를 채우고 전쟁에서 승리하는 데 얼마만큼의 정자가 필요할 것인가 하는 것 등이 그렇다. 그러나 남자의 나이를 제외하면, 자위행위 동안 방출되는 정자 수에 영향을 미치는 단 하나의 요인은 지난번 사정 이후로 얼마만큼의 시간이 흘렀는가 하는 것뿐이다. 남자가 자위행위를 할 때에는, 지난번 사정을 한 이래로 시간당 약 500만 마리의 정자를 내보낸다. 이는 방패막이, 정자잡이, 난자잡이로서의 유효 기간을 초과한 정자의 수치로 보인다.

정자는 나이를 먹으면서 역할이 바뀐다. 정자는 젊었을 때는 대부분 정자잡이였다가 나이가 들면 방패막이가 된다. 정자잡이는 동력과 움직임으로 충만해야 하고 치명적 물질로 채워진 모자를 가져야만 한다(장면 7). 그렇지만 방패막이는 나이가 들어도 된다. 달리 설명하자면 늙은 정자가 맡을 수 있는 유일한 역할은 방패막이다. 자궁경부 경로를 차단하기 위해서는 정액고를 빠져나가서 자궁경부 내부로 약간 헤엄쳐 들어갈 힘만 있으면 된다. 그러고는 꼬리를 돌돌 말고서 가만히 있으면 된다. 원하면 죽을 수도 있다. 경로는 여전히 차단되어 있을 것이다.

난자잡이 역시 나이에 따라서 변화한다. 난자잡이가 난자를 관통하기 전에 중요한 화학 변화가 난자잡이의 표면에서 이루어져야 하는데, 이 변화는 난자잡이가 나팔관의 수태 지역에 접근할 때까지 발생하지 않는다. 그 결과 난자잡이의 일생은 두 단계 활동 국면으로 나뉜다. 1차는 수정 전의 에너지 분출기로 나팔관의 휴게소로 물결쳐 들어가는 시기이다. 그러고는 짧은 수정기 동안 2차 에너지 분출기를 맞이하는데, 난자잡이는 이때 수태 지역에 도착하여 꿰뚫고 들어간다. 그러고 나서 죽는다.

사정을 기다리고 있는 두 줄의 정자(장면 4)는 균질한, 특징 없는 혼합물이 아니다. 남자의 요도에 가깝게 앞줄에 서 있는 정자가 불가피하게 가장 늙은 것들이다. 고환 깊숙이 뒷줄에 위치한 정자가 가장 젊다. 요도에 장전되면서 연령대가 약간 섞이는 수는 있다. 그렇다고 해도 남자가 정액고를 여자의 질 상부에 옮겨놓을 때 가장 늙은 정자가 먼저 방출되어 정액고 맨 아래로 간다. 젊은 정자는 더 늦은 분출 때 도착해서 위쪽으로 간다.

활동이 더 왕성한 젊은 정자가 맨 먼저 자궁경부 점액으로 들어갈 것이다. 늙은 정자는 정액고를 더 늦게 떠난다. 아주 늙은 정자는 정액고를 아예 떠나지 못하고 여자의 방출물과 함께 분출되어 사라진다. 정액고의 위쪽에 자리한 젊은 정자는 자궁경부의 코끼리 코로 들어가기 위해서 늙은 정자 그룹을 뚫고 헤엄쳐 내려가야 한다. 많은 것이 자궁경부가 정액고에 얼마나 깊이 담기느냐에 달려 있다. 정액고에는 늙은 정자가 너무 많아서 이 젊은 패거리가 자궁경부로 달아나려는 것에 방해가 된다.

성교 사이사이에 자위행위를 한다는 것은 보통 남자가 자위행위를 하지 않았을 때보다 더 적은 정자를 여자에게 사정한다는 뜻이 된다. 그렇지만 그가 사정하는 정자는 더 젊고 역동적이며, 남아 있는 늙은 정자에게 방해를 덜 받는다. 그 결과 가능한 한 많은 정자가 정액고를 빠져나가서 여성의 내부에 머무를 수 있게 된다. 게다가 빠져나가는 정자는 더 젊고 활동력도 뛰어나므로 대체로 한결 더 효과적인 부대다.

마찬가지로 남자는 아내의 자궁경부 점액을 채우는 데 필요한 만큼의 방패막이로 늙은 정자를 주입해야 한다. 가장 최근에 행해진 성교로부터 3일간, 남자의 기관 속에서 늙어가는 정자는 아내의 점액 속 방패막이 정자의 손실을 절묘하리만치 정확하게 추적한다. 연속적으로 성교하는 시간 간격이 30분에서 3일 사이일 때 남자는 여자의 점액 내 방패막이를 채울 정량의 정자를 주입할 수 있다. 그렇지만 이 간격이 3~4일을 초과하면 남자의 정자 대열에는 방패막이가 넘쳐버린다. 자궁경부 점액에 만들 수 있는 경로의 수는 한정돼 있고, 남자에게 이를 막을 수 있는 늙은 정자가 이미 충분하다면 그 이상의 방패막이는 과잉이 되어버리기 때문이다. 아니 과잉보다도 더 안 좋은데, 그 까닭은 이들이 정액고를 빠져나와 자궁경부로 향하는 젊은 정자를 훼방 놓을 것이기 때문이다. 따라서 어떤 시점을 넘어서면 남자에게 최상의 정책은 늙은 정자의 대열을 여자가 분비물과 함께 내보내도록 남겨두느니 자가 사정으로 스스로 내보내는 것이다. 이것이 자위행위의 기능 중 한 가지다.

성교의 간격이 4일을 초과하면, 이상적인 사정 물질은 자위행위에 의해서 다음 성교 이틀 전에 만들어진다. 남자는 이로써 두 열의 정자를 얻는데, 각 열은 앞줄의 늙은 방패막이 정자 2,000만 마리와 뒷줄의 젊은 방패막이와 정자잡이 정자 1~5억 마리로 이루어져 있다. 이 젊은 정자들 사이로 난자잡이가 흩어져 있는데, 그 구성이 한 마리 난자잡이당 아흔아홉 마리 자살특공대형 정자(정자잡이)다. 이즈음 난자잡이의 10% 정도는 전성기를 맞게 되고 머잖아 나팔관을 향해 출발한다. 그 나머지는 사정 후 5일에 걸쳐서 각각 다른 시기에 전성기를 맞게 된다.

이러한 상황으로 인해서 남자는 정자전쟁의 발발 위험에 따라 그의 정자 부대를 조정하는 데 최대한의 유연성을 누릴 수 있다. 만약 남자가 최근의 성교 후에 아내를 가까이서 감시할 수 있다면 충분한 방패막이와 소량의 정자잡이 및 난자잡이를 준비하면 된다. 그리하여 그는 소량의 정자잡이와 난자잡이가 뒷줄에 늘어서고 앞줄에는 모든 방패막이가 늘어선 정자 부대를 아내에게 사정한다. 그러나 남자가 아내와 함께 지낸 시간이 얼마 되지 않아서 정자전쟁의 가능성이 높아지면 남자는 더 많은 정자잡이와 난자잡이를 필요로 한다. 그래서 그는 각 열마다 더 많은 수를 투여하는데, 방패막이의 수에는 변동이 없지만, 젊은 정자인 정자잡이와 난자잡이 수는 늘어난다.

사정 대기 중인 이틀 묵은 정자 대열을 얻기 위해서 남자는 다음 성교를 예감해야 한다. 여기에는 두뇌의 잠재의식 작용이 분명 중요한 구실을 한다. 자위행위를 해야겠다는 충동은 자위행위와 성교 간의 이러한 간격을 유지하려는 두뇌와 신체에 의해 조절된다. 장면 12의 남자는 매주 토요일마다 성관계를 가지리라는 예상에 따라 화요일과 목요일에 자위행위를 가장 많이 한다. 가끔은 수요일에만 자위행위를 할 수도 있다. 결과적으로 그는 아내에게 사흘을 초과하거나 이틀 미만이 된 사정 물질을 투입하는 경우가 거의 없다. 이는 매 성교 시 그가 투입하는 부대는 이상적이란 뜻이 된다. 물론 꼭 부대 규모여야 하는 것은 아니다. 다시 말해서 전쟁이 일어날 틈이 없다면 그에게 꼭 필요한 것은 다양한 나이대의 난자잡이 몇 백만 마리다. 그러나 만에 하나 아내가 부정을 행할, 혹은 행했을 경우를 대비해서 적당한 규모의 방패막이와 정자잡이를 주입한다.

 남자가 주기적인 자위행위를 할 때 마주치게 되는 종족보존상의 주된 문제는 주기적 성교에 예기치 못한 요소가 끼어든다는 점이다. 앞에서 보았듯이 이러한 예측 불가능성은 대개 주기적 성교의 기능에 대한 남녀 간의 갈등에서 비롯되며, 성교에 대한 기대감이 현실에서 충족되지 않았을 때 문제가 발생한다(기대치 못했던 아내의 자발적인 유혹도 문젯거리가 되긴 하지만).

 예를 들면 장면 12의 남자는 일정하게 자위행위를 해온 덕에 매주 토요일 밤마다 이상적인 사정 물질─방패막이, 정자잡이, 난자잡이의 균형 잡힌 혼합물─을 주입할 수 있었다. 그러나 어느 토요일 밤 둘이 다투고 술에 곯아떨어져버렸다거나, 아니면 무수한 상황 중에서 둘의 성교를 가로막을 어떤 일이 생겼다고 가정해보자. 일요일이면 남자의 고환에 고여 있는 물질은 이제 머지않아 전성기를 지나 보낼 참이다. 그의 몸은 이제 다음 성교를 할 것인지 아니면 자위행위를 할 것인지 선택의 기로에 서 있다. 다음 기회를 기다린다면 남자는 한창때를 놓쳐서 노령 방패막이가 너무 많고 나이 든 정자잡이와 난자잡이가 많은 사정 물질을 주입하게 될 것이다. 반면에 그가 자위행위를 해버렸는데 예기치 못하게 한 시간쯤 뒤에 아내와 성교를 하게 된다면, 그의 사정 물질에는 방패막이가 부족할 것이다. 그러므로 그 어느 것도 이상적이지 못하고, 만약 정말로 정자전쟁이라도 일어난다면 그의 처지가 불리하게 될 수도 있다.

이 문제는 남자에게는 위기지만 여자에게는 기회다. 여자가 남편이 차선의 부대를 주입하도록 유도하는 방법은 둘의 성교 주기를 불쑥 바꾸는 것이다. 그리고 나서 아내가 며칠 안에 외도라도 하게 되면 아내의 애인의 부대가 우위를 점할 것이다(장면 6과 26).

장면 13
수가 늘어도 몫은 제각각

그날 저녁 비행은 세 시간이 걸렸다. 자정이 막 지나고 도착한 터라 이 네 명의 직장 동료—두 남자와 두 여자—는 공항에서 택시를 잡아타고 곧바로 호텔로 향했다. 방은 모두 같은 층에 잡았다. 각자 문을 잠그지 않았기에 남자는 다른 세 동료에게 취침 인사를 하고는 자기 방에 들어왔다. 이들 모두는 다음날 아침 일찍 출발해야 했다.

남자는 일단 짐을 풀고 옷을 벗고는 샤워를 했다. 방이 아주 더웠다. 잠들자니 너무 안정이 되지 않아서 그는 담배 한 대를 붙이고 알몸으로 침대에 누워서 천장을 올려다보았다. 한 손으로는 노련하게 담배를 놀리면서 나머지 한 손으로는 혼미한 상태로 성기를 쥐고 요지경 속 같은 생각에 잠겨들기 시작했다. 아이들 모습이 불현듯 스쳐가더니 곧이어 아내 모습이 떠올랐다. 그는 그들이 마지막으로 가졌던 이틀 전 성교를 기억하고는 그때 아내가 정말로 오르가슴을 느꼈을까 골똘히 생각했다. 아니면 그녀는 그런 척만 한 걸까? 아내의 연기는 그에게 이번 여행에 챙겨 들고 갈 추억으로 선사된 건지도 모르겠다. 만약 그렇다면 둘의 성행위가 다른 것에 밀려난 것은 참으로 유감이었다. 그가 여행을 떠나오기 직전인 바로 그 다음날 밤에 그는 아내가 장모와 통화하는 동안 욕조에 잠겨 자위행위를 했으니까.

남자의 생각은 동료들과 앞으로 이틀간의 그의 전략으로 돌아왔다. 그로서는 그 이상 운이 좋기도 어려웠다. 조직에서 가장 매력적인 여성 두 명이 이번 출장에 함께했고, 그에게는 이들과의 관계를 위해서 공들일 시간이 이틀 주어진 것이다. 이번 출장 계획이 발표된 뒤로 그는 이 두 여성을 한꺼번에 침대에 끌어들이겠다는 생각에 신바람 난 적이 한두 번이 아니었다. 그는 이들이 알몸으로 그의 몸에 칭칭 꼬여 서로 자기에게 먼저 들어와달라고 구걸하는 상상을 했다.

상상의 나래가 펼쳐지면서 그의 손 안에서 성기가 커져가고 있었고, 머릿속으로는 사정하고 싶은 건지도 모른다고 속삭였다. 그는 침대에서 얼마간 상상과 성기가 커지는 느낌을 즐겼다. 그러다가 때가 되자 욕조로 가서는 끝마무리를 했다. 얼마 뒤, 그는 잠 속으로 빠져들면서 남은 이틀 밤이 자신의 상상과 얼마나 부합될 것인지를 가늠해보았다.

다음날 저녁, 그는 자신의 호텔 방으로 돌아와 집으로 전화했다. 10분간 통화를 하고 아이들에게는 아버지의 애정을, 아내에게는 키스를 보내고 수화기를 놓았다. 그는 만사가 순조롭다는 데 안심하고서 5층 창문으로 다가가 도시의 밤하늘을 둘러보았다. 오늘 실적은 결코 나쁜 편이 아니었다. 오늘 업무는 끝났다. 이제 그가 해야 할 일이라고는 동료 셋과의 저녁을 고대하는 것뿐이었다. 음식과 술이 있겠고, 운이 좋으면 섹스도 있음직했다.

그날 저녁은 시작은 좋았으나 엉망으로 끝났다. 레스토랑으로 가는 택시 안에서 그는 자신의 침대로 가장 끌어들이고 싶은 여자 옆에 앉아서 그녀의 동작을 유리하게 해석했다. 그렇지만 일행이 바에 들어가서 앉자마자 그 여자가 상사를 더 좋아한다는 것이 훤히 드러났다. 밤이 깊어가면서 그는 그 둘이 육체적으로 점점 더 가까워지는 것을 지켜보는 것 말고는 달리 할 일이 없었다. 그는 몇 차례 둘 사이에 끼어들려고도 해보았지만 여자가 대놓고 그를 무시했다. 그나마 그 상황에서 자신을 구원할 방도는 차선의 여자에게 주의를 돌리는 길밖에 없었다. 그러나 그 여자는 몇 잔을 마시고는 피곤하고 상태가 좋지 않다며 불평하기 시작했다. 그는 그 밤이 아직 끝난 것이 아니기를 바라면서 여자에게 호텔로 데려다주겠다고 했지만, 그 밤은 거기에서 끝이 났다. 호텔에서 여자는 핑계를 대더니 자기 방으로 직행했다. 그는 호텔 술집에 잠깐 있다가 자기 방으로 갔다.

그날 밤 그에게 남은 것은 환상뿐이었다. 그 밤이 끝나가면서 그는 잠들기 전에 자위행위를 했다. 한 1주일 정도 되는 기간 동안 거의 날마다 자위행위를 하다니, 마치 10대로 돌아간 듯싶었다. 그는 겨우 얕은 잠을 잤다. 새벽 두 시에 상사와 여자가 돌아오는 소리가 들렸는데, 그의 귀에는 둘이 상사의 방으로 가는 것이 분명했다. 다섯 시에는 여자가 떠나는 소리가 나는 것 같았다.

그 다음날 밤은 사뭇 달랐다. 상사는 전날 밤에 정복했던 여자를 무시하고 즉각 나머지 여자를 향한 서곡을 시작했다. 여자는 주저 없이 다정하게 대응했다. 그는 이 변화된 상황을 이용해보려고 했으나 버려진 그 여자는 얼마간 온통 침울할 뿐이었다. 그러더니 여자가 갑자기 스위치라도 켠 것처럼 그의 접근에 반응하기 시작했다. 그는 결국 그녀의 반응이 순수한 관심이라기보다는 상사를 질투하게 만들려는 것 이상이 아니었다는 것을 알게 되었지만, 이 기회를 잘 탔다. 그녀는 크게 취했고, 일행 네 명이 호텔로 돌아온 네 시경에는 그대로 곯아떨어지거나 토할 것 같았다. 그가 이 여자와 섹스를 시도해야 할지 어쩔지 망설이고 있는데 여자가 그를 대신해서 결정을 내렸다.

여자는 상사와 다른 여자가 이 상황을 볼 수 있을 때까지 기다렸다가 남자의 팔을 쥐고는 그를 그녀의 방으로 확 잡아끌었다. 여자는 방 안으로 들어가자 침대 위로 쓰러져서 다른 두 일행에 대해 욕설을 퍼부었다. 이 장광설은 남자가 그녀의 옷을 벗기고 삽입할 때까지도 그칠 줄을 몰랐다. 그가 지난 사흘간 세 번 자위행위를 한 데다가 꽤 취해 있었기 때문에 성교는 길었다. 그는 사정 욕구를 느끼기까지 꽤나 긴 시간 삽입 행위를 했다. 그가 자신에게 삽입을 했는지조차 잘 모르는 듯한 여자의 태도 때문에 행위에 집중하느라 애를 먹었다. 여자는 그와 성교하는 내내 단 한순간도 말을 그치지 않았다.

그가 사정하고 난 뒤, 여자는 이윽고 열변을 끝냈고, 술기운으로 곯아떨어졌다. 두 시간 뒤에 그는 여자의 취한 몸에 다시 한번 성교를 시도했다. 그러나 여자가 잠에서 깼고, 성가시다는 듯한 목소리와 태도로 그에게 그만하고 나가라고 말했다. 여자는 자고 싶어했으나 먼저 토해야 했다. 결국 그는 포기하고 침대에서 내려와서 자기 방으로 돌아갔다. 때마침 그는 두 번째 여자가 상사의 방문을 닫고 앞을 단단히 여며 쥔 옷 뒤쪽으로 맨 엉덩이를 드러낸 채 복도를 가로질러 가는 것을 보았다.

넷 모두가 아침 식사를 걸렀고, 공항행 택시를 탈 때까지 서로 마주치지 않았다. 어색한 정중함이 흘렀고 간밤의 일에 대해서는 아무 말도 없었다. 공항에서 남자는 아이들에게 줄 장난감과 아내에게 줄 향수를 샀다. 간밤에 침대를 함께했던 여자는 탈이 나서 비행기를 타고 가는 내내 화장실만 들락거렸다.

집에 돌아온 그날 저녁, 남자는 아내에게 상사가 같이 간 여자 둘 모두와 관계를 가진 것 같다고 얘기했다. 아내의 질문에 답하면서 그는 둘 중 누구한테도 끌리지 않았다고 말했다. 그날 밤 늦게, 보통 목요일에는 하지 않는 편이었는데, 그는 아내와 성교했고, 그뒤 며칠 만에 가정과 직장의 모든 일이 정상으로 돌아왔다.

두 달 뒤에, 출장 때 두 남자 모두와 관계를 가진 여자는 임신 사실을 발표했다. 그때 여자의 구토나 피임약 실수에 대한 얘기들이 있었지만, 그는 너무 세부적으로는 묻지 않았다. 출장 후로 6개월 뒤, 그는 여자와 남편을 파티에서 만났다. 앞으로 태어날 그들의 아기에 대한 이야기 속에 묻어나는 두 부부의 확신을 들으면서 그는 그 여자와 성관계를 갖거나 했었나 하는 의구심마저 들기 시작했다.

～

남자의 종족보존 전략에서 자위행위의 역할은 주기적 성관계(장면 12)에만 국한되지는 않는다. 오히려 부정과 정자전쟁 대비 전략에서 여러모로 더욱 강력한 무기가 된다.

장면 12에서 다루었듯이, 대부분의 남자에게 자신과의 성생활은 배우자와의 성생활만큼이나 주기적이다. 주기적 성생활이 성적 활동의 주된 초점이므로, 남자의 신체가 가장 적절하게 조절되는 것은 당연히 주기적 성생활을 통해서다. 그러나 외도는 배우자와의 성생활에 비주기적 요소를 첨가시키며, 따라서 그 자신과의 성생활에도 마찬가지다.

남자에게 자신의 배우자 말고 다른 여자에게 사정할 기회가 생기면 그것은 문제가 된다. 그의 정관에 대기 중인 사정 물질은 그의 배우자에게 필요한 양을 채우도록 조절되어 있으며, 따라서 방패막이가 상대적으로 풍부하다. 그렇지만 그가 외도할 때 필요한 것은—종족보존 전략에 성공하고자 한다면—정자잡이와 난자잡이가 풍부한 사정 물질이다. 그가 사정하려는 여자가, 특히나 그녀에게 규칙적인 상대가 있다면, 다른 남자의 정자를 보유하고 있을 확률은 평균 이상이다. 그녀는 이미 자궁경부에 방패막이 정자를 지니고 있을 것이다. 이들은 그녀가 얼마나 최근에 성교를 했느냐에 따라서 채워져야 할 수도 아닐 수도 있다. 그러나 방패막이는 애인의 주 관심사가 아니다. 그에게 필요한 것은 다량으로 자궁경부를 밀고 들어가 전투에서 승리할 수 있는 젊고 활동적인 정자다. 방패막이는 잘해야 장식물이고, 최악의 경우에는 방해물이 될 수도 있다. 장면 13의 남자를 보면, 두뇌가 일단 외도를 예감하기 시작하면 신체가 자위행위 횟수를 늘려서 젊고 정자잡이가 풍부한 사정 물질을 정관에서 생산하고 유지함으로써 실제 행동을 기다린다. 부정에 가장 이상적인 사정 물질은 사정을 약 24시간 이상 기다리지 않은 정자들이다.

또 하나의 이상적인 경우는 규칙적인 상대가 없는 남자가 24시간 된 혹은 그보다 어린 정자로 구성된 사정 물질을 보유하는 것이다(모든 남자는 사춘기 동안 이러한 단계를 거치며, 많은 경우에 '공백기' 동안 추가로 이 단계를 거친다). 이 상황에서도 역시 남자에게는 만반의 태세를 갖춘 젊은 정자 대열이 필요하다. 성교와 정자전쟁의 기회가 근처에 도사리고 있을 수 있기 때문이다. 남자가 성적 기회를 찾을 때에는 나팔관으로 직행할 준비가 되어 있는 젊고 활기찬 정자잡이와 난자잡이로 장전된 사정 물질이 필요하다. 잦은 자위행위는 이러한 사정 물질을 유지시킨다—이런 이유 때문에 독신남이 시기적절한 긴박함을 경험하는 것이다.

자위행위의 기능만큼이나 흥미로운 것은 그것이 은밀하게 이루어진다는 사실과 사회적으로 인정되지 않는다는 사실이다. 인간 사회에서 이는 대개 사적으로 행해진다. 또한 대개 편견의 표적이기도 하다. 장면 12에서 엘리베이터에 낙서를 한 사람은 전 세계 도처에 그의 닮은꼴들을 두고 있다. 사람들은 어느 사회, 어느 문화권에서든 대개 남자의 자위행위를 구체적으로 짚어 비난하는 용어를 써가며 비방한다. 이러한 사회적 불용不容의 정도는 많은 문화권과 종교권에서 실질적으로 이 행동을 범죄시할 만큼 강력하다. 이를 범죄시하지 않기로 한 사회에도 남자들에게 겁을 주어서 남자들 스스로 억제하게끔 만드는 속담이나 속설('자위행위하면 눈이 먼다'는 이야기 따위)이 잔존하기도 한다. 역설적인 것은 이 낙서를 한 사람과 전 세계의 그의 닮은꼴들 역시 물론 스스로 자위행위를 하리라는 점이다. 그러면 자위행위는 왜 이렇게 비밀과 편견, 그리고 위선에 둘러싸여 있는 것일까?

남자가 자신의 배우자에게 외도를 숨기기 위해서는 무엇보다도 그의 행동에서 어떠한 변화가 눈에 띄어서는 안 된다. 어떠한 변화라도 그에게 새로운 상황이 생겼음을 암시할 것이다. 예를 들면 남자는 자신의 일상적인 성생활의 주기를 바꾸어서는 안 된다. 설사 아내가 그 사실을 알고 있다고 하더라도, 남편의 자위행위 주기 변화를 알아채서는 안 된다. 앞서 본 것처럼, 갑작스런 자위행위 횟수의 증가는 그가 외도를 예감하고 있다는 뜻이 될 수 있다. 갑작스런 감소는 그가 이미 부정을 저질러서 성교를 통해 빈번하게 사정을 하므로 자위행위로는 아무 득도 볼 수 없다는 점을 의미할 수도 있다.

남자가 자위행위 사실을 항상 비밀로 지켜왔다고 치면, 남자에게는 두 가지 선택이 있다. 첫째는 그의 일상 주기를 유지하는 것이다. 그러나 그렇게 한다면 남자는 애인에게 비효율적인 정자 부대를 투입하는 것이다. 둘째는 자위행위를 계속 비밀에 부쳐, 주기 내의 어떤 변화도 눈치 채지 못하게 하는 것이다. 이렇게 하면 물론 아내가 어쩌다가 낌새를 눈치 챘다 하더라도 남자의 종족보존 전략에는 아무 위협이 되지 못한다. 사실 특히나 이를 통해서 아내를 안심시키거나 속일 수 있다면, 의도적으로 낌새를 눈치 채게 하는 것 그 자체가 전략이 되기도 한다. 남자는 아내가 자신의 자위행위 주기를 모두 다 간파해버리지 않도록 유의할 필요가 있다.

분명 이 비밀스러움은 남자에게 배우자가 있거나, 상대를 놓고 경쟁할 경우에 가장 중요하게 작용한다. 이때는 배우자뿐 아니라 다른 남자들에게도 자위행위 주기를 숨겨야 한다. 한 남자가 자신의 친구에게 주기를 알도록 허락한 상황을 상상해보자. 그런데 그 친구의 배우자와의 외도를 예감한 가운데 이 남자의 몸에서는 자위행위 횟수를 늘리라고 촉구하고 있다! 이러한 상황이 빚어질 경우를 대비해서 우선은 자신의 자위행위 주기를 모든 이에게 숨기는 편이 훨씬 낫다. 비밀 준수가 덜 필요한 곳은 상대가 없는 사춘기 남자들 집단 내에서뿐이다. 모든 사춘기 소년은 서로가 성관계를 가질 기회를 물색 중임을 알고 있다. 잦은 자위행위는, 설사 다른 짝 없는 아이들에게 다 알려진다고 해도 거의 누설되지 않는다.

따라서 자위행위와 관련된 비밀스러움은 종족보존 전략 기능의 맥락으로 볼 때 충분히 이해된다. 편견과 위선도 마찬가지이다. 자위행위의 목표가 정자전쟁에서 다른 남성보다 우위를 얻는 것이므로, 자기는 자위행위를 하되 주위의 다른 남성들은 하지 못하게 하는 것이 가장 유리한 상황이 될 것이다. 그렇게만 할 수 있다면 **그 남자는** 그의 경쟁자들이 얻지 못하는 우위를 점할 것이다. 자기 자신은 자위행위를 하면서도 남들이 자위행위 하는 것을 비난하며 심지어는 그들을 희생시키는 이 전 세계적인 경향은 자위행위 그 자체만큼이나 전략적이다.

장면 13에는 지금 설명해야 할 요소가 한 가지 더 있다. 알코올이다. 이것은 많은 인구의 성생활에 중요한 요인이고, 또 그래왔다(아마도 수천 년 동안 그래왔을 것이다). 이는 또 성행위를 하는 데 아주 효과적인 것으로 기록되어 있다. 남녀는 술을 많이 마실수록 성교를 더 원하고, 아니면 적어도 덜 저항한다. 그렇지만 취한 정도가 일정 수준을 넘어서면 남자와 여자 모두 기능이 어려워진다. 남자는 발기가 더 어렵고—'발기불능' 장애—여자는 질, 또 대부분의 경우 음순의 감도가 떨어진다. 이 부수적인 효과는 결과적으로 남자의 성교를 불가능하게 만들지만, 여자의 경우는 아니다. 따라서 남자는 술을 많이 마실수록 성교를 더 원하지만 할 수 있는 힘은 더 떨어진다. 대조적으로 여자는 술을 많이 마실수록 성교를 더 원하고 또 얻을 수 있다. 다만 한 가지 고려해야 할 점은 일정 수준을 넘어서면 성교를 충분히 즐기지 못할 수도 있다는 점이다.

알코올은 이 책에서 설명한 전략 가운데 어느 것도 무효로 만들지는 않는다. 모든 행동 양태는 모두 그대로다. 예를 들면 여자는 여전히 월경주기 동안 다양하게 성적 관심을 보인다. 알코올의 영향 아래서도 여자는 여전히 수태기 동안 외도할 확률이 높으며, 여전히 비수태기 동안 남편과 성교할 확률이 높다. 유일한 차이는 알코올이 들어갈 때 수태기 및 비수태기와 무관하게 성교 확률이 높아진다는 점이다.

장면 13에서 누가 실질적으로 여자를 임신시켰는지는 알 길이 없다. 여자는 배란할 때에 아마도 세 남자—남편, 상사, 그리고 주인공 남자—의 정자를 모두 보유하고 있었을 것이다. 여자의 남편이 속아서 다른 남자의 아이의 '아버지' 노릇을 할 가능성은 3분의 2 정도다. 이 점을 설명하기 위해서, 이 일이 진짜로 일어났고, 진짜 아버지는 이 장면의 주인공 남자였다고 가정해보자. 이 남자는 부정을 통한 종족보존 전략(남자 쪽)의 최우위를 획득했고, 자녀의 수를 늘림으로써 번식을 추구할 것이다. 그러나 부담이 늘지는 않을 것이다. 자신의 아내에게 버려졌을 경우 치러야 할 비용이 없다. 더군다나 다른 남자가 자신이 실제 아버지가 아님에도 불구하고 자신이 아버지라고 믿도록 감쪽같이 속였으니 우리의 주인공은 이 아이를 부양하도록 요구받을 일도 없을 것이다. 간단히 말하면 그는 부정을 통한 종족보존의 이점을 누리지만, 대가를 치르기 위해서 고통 받을 일은 없다.
 만약 이 남자가 아내와의 자녀에다 부정으로 인한 유전적 자녀를 하나 더 보탠다면, 그 소득은 자신의 은밀한 준비 덕분이었을 것이다. 그의 성공은 세 차례의 자위행위와 그 덕분에 준비된 젊고 충성스런 정자전쟁 군대에 힘입은 것이었다.

장면 14
몽정

 아내가 침대에서 몸을 돌리자 남자는 뒤척였다. 아내의 손이 남자의 발기된 성기를 살짝 스쳤다. 남자의 악몽은 방해를 받았지만 아주 잠깐이었다. 샤워실 유리문은 길로 이어져 있었고 그는 실수로 바깥으로 나갔다. 이른 새벽이라 아직 어두웠고, 그가 나체로 샤워실로 돌아가는 길을 찾아 헤매고 다니는 것을 본 사람은 몇 되지 않았다. 그러나 두세 명이 그에게 손가락질하면서 지나갔다. 남자는 그들이 웃는 것을 들었지만 얼굴은 보이지 않았다. 그들은 거세시키겠다고 소리 지르면서 그를 쫓았다. 그는 달리고 또 달렸다. 그는 자신의 발기된 성기가 가라앉아 더 빨리 뛸 수 있기를 빌면서 숨을 거세게 몰아쉬었다.
 갑자기 그는 사무실에 있었고, 상사에게서 원하면 옷을 벗고 있어도 좋지만 발기는 가라앉혀야겠다는 말을 들었다. 익명의 얼굴 없는 여인이 손에 모자를 들고 방으로 들어왔다.
 "이걸로 그걸 가리세요." 여자는 이렇게 말하고는 그렇게 해주려고 손을 뻗었다. 그러나 여자는 모자를 떨어뜨리고, 대신 그의 성기를 움켜쥐더니 고통스럽도록 세게 비틀었다.
 "이걸 낭비해선 안 되지요, 안 그래요?" 여자는 이렇게 말하더니 순식간에 알몸이 되었다.

방은 안개로 가득 찼다. 그가 볼 수 있는 건 여자의 허리부터 무릎까지뿐이었다. 여자의 검은 음모가 그의 환상 터널을 채웠고, 여자가 그를 자신 위로 끌어당기면서 누웠고, 여자는 질이 되었다. 그러나 남자는 여자의 안으로 들어갈 수 없었다. 그가 성기를 밀어 넣는 곳마다 장애가 있었다. 여자의 입구가 어디지…… 어디더라? 공포가 자리 잡았다. 남자는 삽입하기 전에 사정하려고 했다. 그리고 그렇게 했다.

여자는 순식간에 사라졌다. 공포도 사라졌다. 그러나 남자는 배 위로 정액이 흐르고 옆구리와 시트까지 적신 것을 느낄 때까지 완전히 깨지 않았다. 그는 속으로 신음하면서 이불로 몸의 정액을 닦아냈다.

이것이 이 남자의 그해 첫 번째 몽정이었다. 그는 빠르게 차가워지는 젖은 시트를 피해 몸을 돌렸다. 그는 짧은 순간, 젖은 시트를 아침에 엄마에게 어떻게 숨겨야 하는지 걱정하는 사춘기 소년으로 돌아갔다. 10대 초반에는 심지어 사정이 두려워 잠드는 것조차 걱정하던 때도 있었다. 집에서만도 심각한데, 어쩌다가 친구 집에서 밤을 지내게라도 되면 자국을 남길까 두려워서 잠을 이루지 못할 지경이었다. 마침내 그는, 집을 떠나 있을 때, 잠들기 전에 자위행위를 하면 몽정을 좀처럼 하지 않는다는 사실을 발견했다.

그로부터 몽정에 대한 공포는 실로 그의 생활에서 사라졌다. 30대 초반에 든 지금, 몽정은 드문 행사가 되었다. 지난번 몽정은 1년 전 그가 감기로 미열이 있을 때였다. 그때 아내는 시트의 흔적을 발견하고는 반응이 좋지 않았다. 자신의 성적 매력에 대한 모독이라면서, 또 어떻게 아픈데도 섹스를 하고 싶을 수가 있느냐는 것이었다. 그는 아내가 이번에도 똑같이 반응할 것인지 궁금했다. 그러나 사춘기 때와는 다르게 들키면 어쩌나 하는 두려움 때문에 잠 못 들지는 않았다. 그는 1분도 안 되어 다시 잠에 빠졌다.

∽

남자 다섯 명 가운데 한 명에게 첫 번째 사정은 예기치 못하게 나타난다. 가장 흔한 경우가 몽정인데, 불운한 소년 일부는 이를 공공장소에서 맞이한다. 이는 보통 잠재의식의 자극(영화 관람, 나무 타기 등)이나 극도의 스트레스(수업 중에 학생들 앞에서 책 읽기 등)에서 기인한다. 그렇지만 처음 몇 번을 겪고 나면 대부분의 갑작스런 사정은 혼자 있을 때, 혹은 밤에 잠들어 있을 때, 즉 몽정으로 겪는다. 일생 중 일정한 시기에 남자의 80% 이상이 이 몽정을 경험한다. 그렇다면 이것이 종족보존 전략에 무슨 도움이 되는가?

몽정은 일생 중 어느 때라도 나타나지만, 대부분은 10대와 20대 초반에 나타나며, 성교와 자위행위를 일정한 기간 동안 억제했을 때 더 흔하게 나타난다. 그러나 몽정이 다른 배출구를 직접적으로 대체할 만큼 자주 나타나는 것은 10대 때뿐이다. 사춘기의 신체는 1주일에 적어도 3회 사정을 하도록 되어 있는데, 만약 자위행위(또는 운이 좋았을 경우에는 성교)로 사정을 해주지 않으면, 몽정이 보험처럼 작용한다.

사춘기 동안 몽정은 자위행위만큼이나 정확하게 사정을 조절한다. 이 시기가 지나면, 몽정은 주 3회 시스템의 일부로 치기에는 너무 드물게 나타난다. 20대 중반으로 향해 갈 즈음이면, 수일간 심지어 몇 주간 성교나 자위행위로 사정을 해주지 않더라도 몽정이 잘 나타나지 않는다. 그렇다고 해도 사실은 렘REM(Rapid Eye Movement)수면(가장 깊은 경우) 때나 꿈꾸는 동안 발기가 되기도 하지만 신체가 사정을 억제한다.

사춘기가 지나서 몽정이 일어나는 경우는 대부분이 출로를 찾고 있던 정자가 손상을 입었을 때다. 예컨대 감기나 다른 질병으로 인한 고열이 이 대기 중인 정자를 죽이거나 손상시킬 수 있다. 신체는 그러한 상황에서도 자위행위 욕구를 조성한다. 그러나 낮 동안 은밀한 기회를 포착하지 못하면, 남자의 몸은 이 빈사 상태의 세입자 정자 대열을 꿈을 통해서 강제로 제거시킨다.

느닷없이 사정을 하는 종은 인간만이 아니다. 들쥐와 고양이를 비롯한 대부분의 포유류가 때때로 수면 중—특히 사춘기—에 사정을 한다. 사람의 경우 주 3회 시스템의 보조격인 몽정이 드문 행사로 바뀌는 시기는 대부분 배우자와 함께 잠을 자면서부터다.

앞(장면 13)에서 설명했듯이, 남자가 정자를 유출하는 시기와 빈도는 관찰자에게 남자의 최근의 성적 활동과 그에 대한 기대감을 명백하게 보여준다. 은밀함은 남자의 전략에서 중요하며, 배우자와 살게 되면서 남자의 신체가 성적 배출구로서의 몽정을 기피하게 되는 것은 이처럼 은밀함을 필요로 하기 때문일 것이다. 몽정은 시트 위에 흔적을 남기기 때문에 자위행위만큼 배우자에게 숨기기가 쉽지 않다. 남자가 사정의 시기와 장소를 통제하는 데는 자위행위가 훨씬 용이하므로, 몽정은 상대가 없는 젊은 남자에게나 걸맞은 자위행위 보조 수단이다.

6장
성공적인 실패

장면 15
집으로 향한 그날

병사는 자전거가 가파른 언덕을 맘껏 굴러 내려갈 수 있도록 페달에서 발을 뗄 때였다. 그는 짧은 휴식을 즐겼다. 뜨거운 유월 저녁, 자전거로 병영을 떠난 지가 두 시간이 넘었다. 이제 해가 그의 등 뒤에서 뉘엿뉘엿 지평선을 넘어가고 있는데 집에 도착하려면 아직 반 시간은 더 가야 했다. 자전거에는 등이 없지만 그것이 문제가 되기 전에 도착할 수 있을 것이다. 기어를 높이자 들판과 관목 숲이 그를 지나갔다. 병사는 자신의 운을 믿기 어려웠다. 좋은 쪽과 나쁜 쪽 모두를. 나쁜 쪽은, 전시란 이유로 병영 막사를 집에서 훨씬 먼 곳으로 옮긴 것이다. 좋은 쪽은, 기대하지 않았던 24시간 휴가를 받은 것이다. 그에게는 자전거가 있고, 기운과 정력이 있고, 또 확실한 동기가 있었다. 자전거로 세 시간? 문제가 안 되지.

병사의 아내는 그가 집으로 오는 것을 모르고 있었다. 아내는 이제 막 어두워지려는 이 시간에 뒷문이 열린 것을 보고 순간 흠칫 놀랐다. 열한 살과 아홉 살 먹은 두 딸은 위층에 잠들어 있었다. 아이들 말고는 집에 아내밖에 없었다. 침입자가 누군지 알고서 여자는 기쁘기도 했고 조바심도 났다. 그간 남편의 방문이 뜸했으므로 여자는 그리움 때문에 기뻤다. 며칠간 성적으로 욕구불만 상태였기 때문에도 기뻤다. 그러나 남편이 한 시간만 일찍 도착했더라면 집 안에 다른 남자가 있는 것을 발견했을 테니, 조바심이 난 것이다.

남편이 장기간 집을 비운 동안 정말로 정조를 지켰다는 아내의 주장은 지금까지는 받아들여졌다―결국에는. 큰딸이 그의 아이가 아니었고 그가 이 사실을 알고 있었기에 이렇게 주장하더라도 아내의 위치는 위태로울 수밖에 없었다. 큰딸은 어느 봄날 농탕질의 산물이었다. 그녀는 스물두 살 먹은 농촌 처녀 시절에 같이 일하던 남자가 자신에게 강제로 성교하는 것을 그대로 내버려두었다. 자신의 인생을 파괴하다시피 한 12년 전의 그날을 그녀는 결코 잊지 못했다. 그 남자의 눈이 지금까지도 꿈속에서, 그리고 딸의 얼굴을 통해서 자신을 노려보는 듯했다.

임신한 사실이 밝혀지고는 일자리와 어머니의 사랑, 그리고 자유를 잃었다. 처음 집에서 쫓겨나서는 임신 사실이 겉으로 드러날 때까지 몇 달간을 할머니 댁에서 살아야 했고, 다음에는 도덕주의자에다 폭군 같은 산파 집에 감금당했다. 바로 그때 방으로 저벅저벅 걸어 들어와서는 자신과 딸을 함께 데리고 가서 부양할 것을 제안했던 이 병사에게 평생 다 갚지 못할 은혜를 입은 것은 두말할 여지가 없었다. 그리고 이 남자는 부모의 반대와, 한마을에 살면서 같이 일하는 사람들의 편견을 혼자서 다 무릅써야 했다. 그들이 만난 지 4년이 지나, 새해맞이 축하 분위기의 결과로 여자는 그의 친딸을 낳아주었다. 그러나 그는 아들을 너무도 절실히 원했다. 전쟁이 터지지 않았더라면 둘은 아이를 하나 더 낳았을지도 모른다. 그러나 전쟁이 났고, 자식은 더 생기지 않았다.

그는 동지애가 넘치는 군대 생활을 즐겼지만 아내가 집에서 무슨 일을 하고 있을지 늘 염려했다. 여자는 이를 알고 있었기에, 남편이 집에 돌아왔을 때 다른 남자와 있는 것을 발견했더라면 도대체 무슨 일이 벌어졌을까 하는 생각에 더더욱 몸서리를 쳤다. 사실 이 남자와의 관계는 지금까지는 완전히 순수했다. 그러나 오늘 밤 처음으로 남자의 욕망이 순수함에서 멀어졌고, 여자 자신도 유혹을 느꼈던 터였다. 만약 그때 두 딸이 눈치 없이 보호자 노릇을 하며 깨어 있는 대신 적절한 때에 잠을 자러 가기라도 했더라면 무슨 일이 벌어졌을는지 누가 알겠는가?

그녀는 환영의 포옹과 키스를 마친 뒤, 남편더러 때마침 조금 남아 있는 고기로 무슨 음식이라도 준비할 동안 자전거 타느라 젖은 땀을 씻으라고 말했다. 그는 둘이 잠자리에 들어 한참 기운이 오를 때까지, 오는 길에 콘돔을 사거나 빌릴 수가 없었다는 사실을 털어놓지 않았다. 여자는 지금으로서는 아기만큼은 절대로 가질 수 없다면서 저항했다. 남자는 사정하기 전에 뺄 테니 괜찮을 거라고 말했다. 여자는 월경이 다가왔으니 아무튼 상관없을지도 모르겠다고 말했다.

남자는 사정하기 전에 빼지도 않았고, 다음날 아침 그리고 그날 오후 일찍이 다시 한번 관계를 가졌다. 남자는 한 시간 뒤, 이주 행사가 기다리고 있는 병영으로 가는 세 시간짜리 자전거 여행을 시작했다. 그가 자전거를 타는 동안, 그의 정자 하나가 아내의 난자로 들어가고 있었고, 다음번에 아내를 만났을 때 아내는 입덧을 하고 있었다. 몇 달 뒤, 지난 20년 이래 가장 뜨거웠던 삼월의 어느 날 병사의 아들이 태어났다.

50년이 흐른 뒤면, 여자는 일곱 손자를 거느리고 있을 것이며, 병사는 여섯—하나는 딸 쪽에서, 나머지 다섯은 그때 그 유월, 집으로 향했던 날 수태된 아들에게서—손자를 거느리고 있을 것이다.

~

이 장의 세 장면은 각각 다른 여자가 일련의 방식으로 실패하는 상황을 다룰 것이다. 그러나 실패에도 불구하고 사실은 이점을 누리게 된다. 실패가 마치 전략이기라도 했던 것처럼. 장면 15에서 만난 여인은 임신만큼은 절대로 할 수 없다고 분명히 믿고 있었다. 그렇지만 여자는 임신을 피하는 데 실패했을 뿐 아니라, 그녀의 신체 반응은 어느 정도 임신을 확실히 해두려는 것이었다. 여자의 신체가 매우 성공적인 실패—종족보존 전략의 진짜 보너스—를 거두었다는 사실은 50년 뒤에 명백히 드러났다.

여자가 임신을 원치 않았음에도 불구하고 무피임 상태의 성교를 허락한 의식상의 이유는 자신이 임신하지 않을 것이라고 생각했기 때문이다. 여자가 얼떨결에 그렇게 판단해버린 기저에는 아주 오랫동안 월경이 없었으니 다음 주기가 머지않아 시작될 것이라는 생각이 깔려 있었다. 그러나 장면 2에서 설명했고 여자 자신도 금세 발견했듯이, 여자의 월경주기는 결코 사람들이 생각하는 것처럼 그렇게 예측대로 따라주지 않는다.

월경주기에 관해서 믿을 만한 거의 유일한 요소는 여자가 배란을 한 뒤로부터 14일 만에 월경을 한다는 점이다(그러나 아래를 보라). 나머지는 아주 변화무쌍하다. 여자의 신체가 남자가 예측하지 못하도록 설계되어 있기 때문이다. 여자의 전략에 특히 중요한 것은 월경이 끝난 날부터 배란일까지 간격의 편차가 엄청나다는 점이다. 그렇지만 이 편차(곧이어 설명할 것이다)는 예측이 안 되는 여러 요소 가운데 하나일 뿐이다. 그보다 덜 알려져 있는 특징으로, 정상적 주기라고 해서 언제나 수태력이 있는 것은 아니라는 점을 들 수 있다. 다시 말해서 여자가 꼬박꼬박 주기를 거치더라도 실은 전혀 배란을 하지 않을 수도 있다. 건강하고 출산력 있는 여성의 수태기 곳곳에 비수태기가 섞여 있다.

월경주기 중 비수태기에는 적어도 세 가지 유형이 있으며 여성 대부분이 이 모두를 겪는다. 첫째 유형은 월경도 하지 않고 난자도 생산하지 않는 경우다. 둘째 유형은 월경은 정상적으로 하지만 난자를 생산하지 않는 경우다. 셋째 유형은 월경과 배란을 모두 하지만 배란에서 월경까지의 일관된 간격을 (14일에서 10일로) 단축시키는 경우다. 이 단축 시스템으로 수정된 난자가 착상되는 것을 막는다.

여성의 신체가 잠재의식적으로 단기간에 두 가지 일을 하려고 할 때 이러한 비수태 단계는 중요한 수단이 된다. 하나는 남자를 혼동시키는 것이고, 또 하나는 일생 동안 낳을 자녀의 수와 출산 간격을 조절하는 것이다. 이러한 비수태 단계가 몇 년 이상 오래 지속될 때 비로소 문제가 된다. 하지만 그럴 경우라도 여성이 타고난 잠재력을 발휘해서 자신의 가족계획을 실행하는 중일 수도 있다.

여성의 일생 동안 진행되는 수태 가능한 주기의 변화는 예측에 제법 들어맞는다. 초경 전에 배란할 경우는 있지만 유년기에는 확실히 배란을 하지 않는다. 초경 뒤에도 수태 가능한 주기는 얼마 되지 않는다. 정상적이고 건강한 여자가 20대가 되면 배란 횟수가 월경주기 절반에도 못 미친다. 전성기인 30대 전후에도 월경주기의 약 80%만이 수태기다. 30대가 넘어가면 비율이 기울기 시작하는데, 처음에는 느린 속도로 진행되다가 40대가 넘어가면 급격하게 떨어진다. 70세가 넘어서까지 출산을 하는 여성들에 대한 확인되지 않은 보고가 있기는 하지만, 50대에 들어서면 대개 배란을 멈춘다.

여성의 신체는 월경주기마다 월경 시작 뒤로 일련의 호르몬 변화를 겪는다. 이러한 변화를 통해서 여성의 신체는 난자를 생산하지만 배란되기 하루나 이틀 전쯤 활동이 정지된다. 난자를 생산할 것인가 아닌가는 앞으로 며칠간 혹은 몇 주간 겪을 일에 달려 있다. 이 정지 기간은 정자를 수집하는 기회인데, 남편으로부터만 수집할 수도 있고 아닐 수도 있다. 또한 한 사람에게서만 수집할 수도, 둘 이상의 남자에게서 수집할 수도 있다. 여자가 배란을 할 것인지의 여부는 부분적으로 정자를 제공하는 상대를 여자의 신체가 어떻게 느끼느냐에 달려 있다. 그렇지만 무엇보다도 배란 여부는 여자의 신체가 당시 상황에서 아이를 출산하는 것에 대해서 어떻게 느끼느냐에 달려 있다.

장면 15의 여자는 오랫동안 월경이 없었으므로 다음 주기가 곧 시작될 것이라고 생각했다. 오판이었다. 그녀의 신체는 일시 정지 중이었다. 앞으로 얼마간은 남편이 곁에 없으리라는 예상과 함께 그녀의 신체는 당시 다른 남자의 정자를 받아들일 것을 고려하고 있었다. 그러나 그녀의 신체는 남편의 정자가 들어오자 난자를 생산하는 반응을 보였다. 여자는 의식적으로는 임신하기에 나쁜 시기라고 생각했지만 몸이 더 잘 알고 있었다. 지난 임신이 8년 전이었음을 고려할 때, 셋째 아이를 낳고 양육할 능력이 머지않아 쇠퇴할 참이었고, 지금이 임신할 바로 그 시기였다. 특히나 때가 유월이었으니 말이다.

다람쥐, 양, 곰을 비롯한 많은 포유류는 1년 중 특정 시기에만 교미한다. 이런 방식으로 이들의 신체는 새끼를 낳고 키울, 최적의 기후와 최고의 먹이 조달 조건에 부합하는 적절한 때를 맞출 수 있다. 이와는 대조적으로, 보다 균등한 열대 환경에 서식하는 덩치 큰 원숭이와 유인원 대부분은 1년 중 어느 때라도 교미한다. 그럼에도 불구하고 수정과 출산은 계절별로 고르지 않고 어떤 달에 몰려 있는 편이다. 사람도 이와 똑같다.

영국과 캐나다 위도에서는 출산율이 다른 시기보다 초봄(2월과 3월)에 높다. 2차 소소절정기가 초가을(9월)에 있다. 중앙아메리카 위도에서는 1년 중 가장 서늘한 시기(12월과 1월)에 출산율이 가장 높다. 남반구에서도 출산 계절은 북반구와 같다. 그러나 물론 반년의 차이가 있다.

이처럼 계절별 출산 절정기로 9개월 전의 수태 절정기를 알 수 있듯이 배란 절정기도 알 수 있다. 장면 15가 영국에서 벌어졌다고 가정해보자. 이곳은 여성의 배란율이 1년 가운데 5월, 6월과 12월에 가장 높은 곳이다. 이 장면이 6월이 아니라 10월에 연출되었다면 결과는 아주 달랐을 것이다. 10월이었다면 여자의 신체가 일시 정지 상태였다고 하더라도 성교에 대한 반응이 배란이 아니었을 수도 있다. 그러나 때는 바야흐로 6월이었다. 게다가 여자의 나이는 34세였고, 지난 임신 후로부터 8년이 지났으며 몸에 정자를 받아들일 기회가 드물었다. 머릿속의 생각에도 불구하고 그녀의 몸은 그 여름날이 실로 임신하기에 아주 좋은 시기라고 판단했고, 그 판단은 옳았다.

50년이 흐른 뒤, 여자의 아들은 살아남았을 뿐 아니라 그녀에게 다섯 손자까지 안겨주었다. 그녀가 살았던 시대와 사회에서 평균적으로 얻을 수 있는 손자 수는 네 명이었다. 그 아들이 없었더라면 여자에게는 평균의 절반인 두 명의 손자밖에 없었을 것이다. 아들을 낳았기 때문에 여자는 모두 해서 평균의 두 배에 육박하는 일곱 명의 손자를 얻었다. 이리하여 여자는 다가올 세대에 자신의 후손을 존속시킬 수 있게 된 것이다.

물론 남자의 경우는 이들 부부 관계를 통해서 여자만큼 성공하지는 못했다. 그러나 그 역시 꽤 성공한 것이고, 그에게는 아들이 더한층 중요하다. 이 아들이 없었더라면 그는 손자를 한 명밖에 보지 못할 뻔했다. 그렇게 되었더라면 사고나 불임으로 한두 세대 안에 후손이 사라질 위험도 있었을 것이다(장면 1). 남자는 아들을 얻었기 때문에 평균 이상 가는 수의 손자를 보았다. 따라서 종족보존 전략의 관점에서 보면, 다른 남자의 딸을 양육하느라 대가를 치렀을지언정 그 여자를 취하기로 했던 남자의 판단은 탁월했다. 유월의 뙤약볕 아래 세 시간 동안 자전거를 타기로 했던 것 역시 탁월한 판단이었다.

장면 16
전부 다 스트레스 탓

손가락으로 서류를 만지작거리는 동안 여자의 뺨에는 눈물이 흘러내렸다. 우습게도 여자는 어제만 해도 더 이상 나빠질 것은 없다고 생각했었다.

7년 전, 이 남자와 처음 살기 시작했을 때에는 미래가 밝아 보였다. 그러나 아무튼 모든 것이 잘못되고 말았다. 어쩌면 첫 집을 사느라 재정적으로 너무 무리하지 말았어야 했는지도 모른다. 어쩌면 처음 몇 년간 휴가와 여흥에 그렇게 돈을 많이 쓰지 말았어야 했는지도 모른다. 어쩌면 빚을 지기 시작했을 그때 바로 위험신호를 포착하고 지출을 억제했어야 했는지도 모른다. 그러나 남편은 아무 문제없다고 우겼다. 승진과 채무 청산은 꼭 지척에 있는 듯했다. 그러나 지금, 여자는 이 최종 청구서를 보고서 결코 호전될 상황이 아니라는 것을 깨달았다. 여자는 흐느껴 울면서 자신의 인생은 마치 기나긴 스트레스와 불행의 연속과 같다고 생각했다.

시작은 10년 전이었다. 10대 후반에 그녀는 한 총명한 젊은이를 만났다. 그러나 둘의 관계는 위태로웠다. 남자는 그녀의 신체와 용모를 끊임없이 비난해댔고, 자연 조절법과 사정 전에 빼내는 것 말고는 어떠한 피임 방법도 거부했으며 또 그녀 쪽에서 사용하는 것도 허락지 않았다. 그녀는 임신과 살찌는 것에 대한 공포에 사로잡혀서 거식증에 걸리고 말았다. 절망으로 1년을 보낸 뒤 이 남자와 끝을 냈고, 거식증 문제도 상담을 받아 해결했다. 그녀는 마침내 항상 원해오던 직업에 어울리는 자격도 갖추게 되었다. 그로부터 2년 뒤에 현재 남편을 만났고, 둘은 거의 즉각적으로 동거를 시작했다.

그후로 4년 동안은 '한 달쯤' 더 지나서 가족을 늘린다고 해도 무방할 핑계를 어디서고 찾아낼 수 있었다. 무엇보다도 그들은 남편의 승진을 기다렸다—그러나 결코 실현되지 않았다. 이들은 결국 재정적으로 곤란하지만 더 이상 기다리지 않기로 결정을 내렸다. 부분적으로는, 가족이 생기면 관계가 예전처럼 돌아갈 수 있을지도 모른다는 그녀의 남모르는 기대감이 동기가 되었다. 빚이 누적되면서 둘의 관계도 악화되었기 때문이다. 짜증이 대놓고 적대감으로 발전하는 경우가 갈수록 빈번해졌다.

경악스럽게도 그녀는 임신이 되지 않았다. 몇 달이 흘러가자 그녀는 혹시 불임이 아닐까 걱정이 되기 시작했다. 나중에 밝혀졌지만, 다 쓸데없는 걱정이었다. 그러나 이들의 무피임 성생활은 거의 1년이나 지속되었고, 즐길 만한 여력이 없던 어느 휴일, 휴식을 취하다가 임신에 이르렀다. 그러고는 근 세 달 뒤에 남편이 실직을 했고, 1주일이 못 가서 유산되었다.

이 비극적인 순간으로부터 생활은 악화 일로를 치달았다. 집을 몰수당했고, 이 셋집에서 저 셋집으로 이사 다녀야만 했다. 그녀의 수입으로 꾸려나가야 했기 때문에 한 번 이사할 때마다 눈높이와 생활수준을 낮추어갔다. 지금 살고 있는 아파트는 비좁았다. 여름에는 그럭저럭 쾌적했지만 겨울만 되면 추운 데다 눅눅하고 퀴퀴한 냄새가 났다. 마침내 남편이 새 직장을 얻었다. 보수는 먼저만 못했지만 적어도 전망이 있었다. 그러나 그때까지도 빚이 있는 상태였으므로 재정적으로 회복될 때까지는 이 싸구려 아파트에 머무는 수밖에 다른 도리가 없었다.

경제적으로 최악의 상태가 지속되는 동안 이들은 거의 성관계를 갖지 않았고, 때로는 성교 없이 한 달이 통째로 지나기도 했다. 남편이 새 직장을 얻자 서로 간의 성적 관심도 회복되었다. 그러나 유산을 한 지도 2년이 되었건만 그녀는 아직까지 임신이 되지 않았다. 재정 상태가 서서히 회복되고는 있었지만 생활수준은 원래 지금쯤 누리리라고 기대했던 바와는 아직도 거리가 멀었다. 이들은 여전히 자주 다투었고, 때로는 폭력적이었으며, 건강을 해치는 한판 승부를 벌이는 경우도 더러 있었다.

여자는 갑자기 울음을 멈추었다. 그러고는 서류를 구겨 벽에다 던졌다. 결심이 섰다. 그녀는 남편 앞으로 쪽지 한 장을 갈겨쓰고는 집을 나섰다. 여자는 길 끝의 전화 부스에 들어가 손에 익은 번호를 눌렀다. 남자가 수화기를 들자, 그녀는 그가 한 달 내내 기다려온 메시지를 전했다. 그의 제안이 아직도 유효하다면 남편을 버리고 그에게로 이사할 준비가 되어 있다는 요지였다.

10분 뒤 여자는 그의 차를 타고 있었다. 거기서 다시 30분 뒤, 둘은 교외에 있는 남자의 집에 도착했다. 둘의 만남이 시작된 이래로 남자는 줄곧 여자더러 자기와 함께 살자고 설득해왔다. 그의 집이라고 무슨 특별한 데가 있는 것은 아니었지만, 그녀가 살고 있던 움막에 비하면 궁궐이었다. 전 부인에게 지불해야 할 몫이 남아 있었지만 빚은 없었고, 습하지 않고 따뜻하고 잘 정돈되어 있는 집에다가 그에게는 차가 있었다.

그녀는 낮에는 눈물에 젖어 지내다가 밤은 온통 섹스로 지새웠다. 다음날 아침, 그녀는 쓰던 물건을 가지러 아파트로 돌아갔다. 그녀의 새 남자가 같이 가주겠다고 했지만 그녀는 받아들이지 않고 대신 택시를 잡아탔다. 여자가 도착했을 때 전 남편은 침대에 누워 있었다. 그녀가 옷가지와 다른 물건을 챙기는 동안 말다툼과 비난이 온 방을 메웠다. 그러다 남편이 눈물과 함께 무너졌다. 그러고는 가지 말라고 빌면서 자신이 그녀를 얼마나 아끼는지 말했다.

여자의 반응은 아직까지 스스로도 믿어지지 않는 그런 것이었다. 남편이 훌쩍거리는 동안, 여자는 불현듯 한때 자신이 반했던 활기차고 야망에 넘치고 도도한 젊은 남자의 모습을 떠올렸다. 동정심이 밀어닥쳐서, 여자는 남편을 위로하고 진정시켰다. 그리고는 남편을 적극적으로 토닥거려 자신과 관계를 맺게 했다. 그렇지만 행위가 끝남과 거의 동시에 여자는 남편을 향해서 그래도 끝은 끝이라고 단언하고는 떠났다.

몇 주 동안 여자는 새로운 관계에 정착해갔다. 그들은 활기 넘치는 성생활을 즐겼다—여자가 아침마다 속이 거북해지기 전까지는. 여자가 새 남편에게 자신은 불임이라고 말을 해두었던 까닭에 임신 사실이 밝혀지고는 여자나 남자 둘 다 놀랐다. 주기 진단으로 태아의 나이를 알아낼 때까지 둘은 그것이 언제 생긴 일인지 전혀 감을 잡을 수 없었다. 그리고는 그들이 동거를 시작한 바로 첫째 주에 임신이 되었다는 계산이 나왔다.

여자의 전 남편은 그 둘이 평화롭게 살도록 내버려두지 않았고, 임신 기간 동안 시시때때로 그녀에게 과중한 스트레스를 가했다. 몇 번 유산될 위험이 있기도 했지만 이번에는 버텨냈다. 약간 미숙아였지만 작으면서도 건강한 딸아이를 출산했다. 그러자 전 남편이 강도를 한층 더 높여 그 아이가 자기 자식이라고 주장했다. 여자는 이러한 갈등에 휩싸이면서 심각한 산후우울증에 빠져 아기를 무시하고 심지어는 험하게 다루기까지 했다. 새 남편이 실직을 당한 와중에도 아기를 보살폈고, 그러지 않았더라면 아기는 죽었을지도 모른다. 여자는 새 남편에게 아기 양육을 전적으로 맡겨두고 직장으로 돌아갔다.

전 남편은 둘의 생활에서 얼마간 사라졌다. 여자는 우울증에서 빠져나왔고 새 남편도 직장을 다시 가져서 이제 아기를 양육할 여유가 생겼다. 그렇게 해서 여자의 생활이 근 수년 이래 처음으로 안정 단계로 접어들기 시작했을 때 전 남편이 다시 나타났다. 이번에는 좋은 직장과 더불어 육체, 정신, 경제의 모든 면에서 일신된 상태였다. 그는 아기가 자기 딸이라고 주장하며 아기에 대한 권리를 요구했다. 친부 확인 테스트 비용도 그가 댔다. 새 남편은 이것으로 결판이 나고 쟁론도 끝날 것이라는 확신으로 기꺼이 협조했다. 결국 그렇게 되었다. 그러나 그가 희망하던 방향이 아니었다. 그는 파멸이었다. 그가 그토록 예뻐했던 아기가 알아본즉슨 자신의 딸이 아니었다.

결과가 나온 지 몇 주 만에 여자는 전 남편과 새롭고 향상된 생활을 함께하기 위해서 딸을 데리고 돌아갔다. 그 이후로 여자의 운은 드팀없이 상승했고, 재결합 3년 만에 여자와 첫 번째 남편은 두 아이를 더 낳았다.

~

장면 15에서 우리는 의식 속에서는 절대로 임신해서는 안 될 시기라고 판단한 여성이 임신함으로써 종족보존 전략을 성공적으로 이끈 경우를 보았다. 이번 장면은 앞의 경우와는 정반대 상황이었다. 즉 의식 속에서 진정으로 임신을 원했을 때 임신을 하지 않음으로써 종족보존 전략을 성공적으로 이끈 경우다.

대부분의 사람들은 가족계획과 피임을 현대의 발명품으로 여긴다. 그러나 그렇지 않다. '계획적인' 피임조차도 새로운 것이 아니다. 다양한 문화권의 여성들은 수세기에 걸쳐서 식물의 잎이나 과일(악어의 대변까지도)을 질에 붙여 피임을 시도해왔다. 피임약과 같은 화학적 피임법도 사람의 발명품이 아니다. 예를 들면 침팬지 암컷은 적절한 시기에 피임 물질이 들어 있는 식물 잎을 씹는다. 사실 암컷의 신체는 인간으로 진화되기 전에 이미 수억만 년에 걸쳐서 가족계획과 피임을 해왔다. 여성의 이러한 자연스런 속성은 포유류 선조에게 상속받은 유산일 따름이다.

사람을 비롯한 모든 포유류 암컷에게, 열악한 환경과 번식 기피 사이에서 자연스런 중개자 구실을 하는 것은 스트레스다. 우리는 스트레스 반응을 대개 적대적으로 느낀다. 없애기 어렵고 일상생활의 효율적이고 정상적인 기능을 저해하는 병리학적 상태로 말이다. 그러나 다른 해석도 있다.

이 스트레스 반응이 친구―시기가 좋지 못할 때 신체에서 무엇인가 불리한 일을 하지 못하도록 막아주는 수단으로서―라는 것이다. 스트레스는 피임에 특히 강력한 수단이다. 그리고 여성에게 피임은 종족보존 전략을 추구함에 있어서 그 가치를 다 헤아릴 수 없는 고귀한 동맹이다. 어째서 그런가?

이 역설의 핵심은 여성이 종족보존 전략에 성공하기 위해서 굳이 가능한 한 많은 자녀를, 가능한 한 짧은 시기에 가질 필요는 없다는 것이다. 대부분의 영장류가 여성과 같이 자식을 한 번에 하나만 낳는다는 사실은 바로 한 명 이상의 자녀를 동시에 키우는 것이 얼마나 위험하고 어려운 일인지를 증명해준다. 쌍둥이가 번식력을 높이는 데 좋은 방법일 것 같기도 하나, 여기에는 둘 다 죽을 수도 있는 위험이 두 배 이상 도사리고 있다. 건강하고 생식력 높은 자녀 둘을 원한다면, 여자의 상태가 웬만큼 좋지 않고서는 쌍둥이를 임신해서 동시에 키우는 것보다 아이 둘을 몇 년 간격으로 임신하는 편이 훨씬 바람직하다.

여자는 영장류 선조로부터 근본적인 문제점 한 가지를 상속받았다. 장거리 보행 때 한 번에 한 명 이상의 자식을 데리고 다니기 어렵다는 점이다. 이 어려움은 두 다리로 직립 보행하는 경우에 특히 더 두드러지며, 인류의 진화 전 과정에 걸쳐서 여성을 괴롭혀왔다―현대 산업사회를 살아가는 여성에게도 크게 낯선 문제는 아니다. 물론 이러한 제한은 여성이 식량, 식수, 땔감 및 기타 자원 수급의 책임을 맡는 문화권에서 한결 더 치명적이었고, 또 아직까지도 그러하다. 자식이 한 명뿐일 때도 어렵기는 마찬가지이다. 상황이 이러하니 종족보존 전략의 가장 큰 성공은 먼저 아이가 걸을 수 있을 뿐만 아니라 어느 정도 잘 자랄 수 있을 때까지 다음 아이를 낳지 않는 사람의 몫이 된다.

자녀의 출산 간격이 여자의 종족보존 전략 성공의 여부를 결정하는 '가족계획'의 유일한 측면은 아니다. 아이들은 양호한 환경에서 태어났을 때 출산력 있는 성인으로 성장할 가능성이 더 크다. 충분한 공간과 몸에 좋고 영양가 있는 음식의 적절한 공급이 가장 중요하다. 그래야만 아이들이 질병에 노출될 위험이 적고, 병에 걸리더라도 이에 강력하게 저항할 수 있다. 현대사회에서 공간과 영양은 부가 좌우한다. 지금도 가난한 가정 출신의 어린이가 출산 전에 사망할 확률은 부유한 가정 출신 어린이가 그렇게 될 확률의 두 배에 이른다. 이러한 격차는 역사적으로나 진화사적으로나 돈이 아니라 곡물과 가축으로 부를 평가하던 시절, 아니면 아예 양식과 식수, 은신처 공급을 위한 최적지 진입의 권한만 있어도 그것이 곧 부를 의미하던 시절에 더욱 극심했다.

장면 8에서 '한 자녀' 가족의 이점과 위험성에 대해서 간단히 언급한 바 있지만 여기에는 일반적인 원칙이 있다. 다시 말해서 어떠한 상황에 처한 어떠한 여자에게라도 최대치의 손자를 안겨주게 될 가족의 규모가 있다. 이 규모보다 작은 가족을 구성한다면 손자 수도 자연히 더 적을 것이다. 마찬가지로 이 수보다 더 큰 가족을 가지려고 한다면 벅적대는 가족 속에서 자신을 다 바쳐야 할 것이고 자신의 밑천을 잘게 쪼개서 나누어 주어야 할 것이다. 이로 인한 질병과 불임은 다시 그녀가 결국 더 적은 수의 손자를 얻게 되리라는 것을 뜻한다. 모든 여자가 직면하는 문제는 첫째, 자신의 상황에 가장 적합한 가족 수를 판단하는 것이고, 그러고 나서는 자신의 자녀를 확실하게 그 수만큼 만드는 것이다. 여자가 얻게 될 손자 수에 영향을 미치는 또 하나의 요인은 출산 시기다. 인생이란 숱한 상황의 모자이크이다. 건강과 부, 환경은 시기마다 다르며, 여자가 어떤 시기에 자녀를 가지는 것이 다른 시기에 가지는 것보다 나을 수 있다. 자신의 임신을 적절한 시기에 맞추는 여자가 가장 많은 손자를 보게 될 것이다.

좋지 않은 시기에 임신이 되었을 때 고생하는 것은 자녀만이 아니다. 어머니 역시 고생이다. 때를 못 맞춘 임신으로 여자는 건강과 상황을 그르치게 되어 다시는 임신을 할 수 없게 될 수도 있다. 만약 장면 16의 여자가 자신의 결혼 생활 중 스트레스가 가장 심했던 시기에 임신했더라면 더 이상 돌이킬 수 없는 손실을 입었을 수도 있다(관계를 거의 유지하기 어려운 상황에서 부부가 아이를 바라는 것은 심지어 치명적일 수도 있다). 그처럼 강박적인 상황에서는 건강을 해칠 위험이 높아지며, 또한 그로 인해서 불임이 야기될 수 있다. 적대감 역시 높아져 신체적 학대, 나아가 살인 행위까지도 빚어진다. 이 장면의 여자는 여건이 나아질 때까지 첫아이를 미룸으로써 결국 세 아이에게 자신의 공간, 시간, 재산을 모두 나누어 줄 수 있었다. 여자는 결국 능력 있는 상대의 부양을 받아냈다. 만약 그녀가 더 일찍 출산을 시도했더라면 출산에 실패했을 뿐 아니라 앞으로 출산할 기회마저도 상실했을 것이다.

피임의 최상의 방법은 두말할 것 없이 성적인 금욕인데, 이 여자와 남편은 실로 스트레스가 가장 심하던 시기에 일정 기간을 성관계 없이 지냈다. 이는 그들이 의식적으로 임신을 피하기를 원했기 때문에 생긴 일이 아니다. 오히려 서로에 대한 흥미를 잃었기 때문에 생긴 일이다. 그들은 때로 적대감마저 느꼈다. 이들의 신체는 임신 확률을 감소시키기 위해서 자신들의 감정을 조종하고 있었다. 그러나 이들이 주기적 성생활을 장기간 정지한 적은 거의 없었다. 종족보존 전략 전체를 놓고 볼 때, 금욕 역시 일반적으로 불리한 것이기 때문이다. 이유는 아래와 같다.

장면 2에서 보았듯이, 주기적 성관계의 기본 기능은 임신이 아니다. 앞에서 설명했듯이 여자에게는 남자를 혼동시키기 위한 것이고, 남자에게는 아내의 몸속에 자신의 정자 부대를 존속시킴으로써 아내의 부정으로부터 자신을 보호하기 위한 것이다. 남녀 어느 쪽에서도 주기적 성관계를 너무 오래 중단할 수는 없기 때문에 남자와 여자 모두 상황이 불리할 때는 성관계를 유지하면서도 임신 확률을 절감시키기 위한 수단으로 금욕 이외의 수단을 가지고 있다.

특히 여자에게는 이러한 수단의 영역이 광범위하다. 이중에서 널리 알려진 것으로 수유기가 배란에 미치는 영향을 들 수 있다. 여자가 출산 이

후 몇 개월간 아기에게 모유를 먹이면 그 기간 동안에는 배란을 하지 않는다. 이 점은 월경이 재개되더라도 변동이 없다. 여자가 배란을 건너뛰는 것은 다음 아이를 낳기까지 간격을 두기 위한 주요 수단 가운데 하나다.

그렇지만 여자가 부적절한 시기에 출산을 피하는 수단의 대부분은 스트레스와 관련이 있다. 장면 16의 여자는 스트레스가 가장 심한 시기에 임신을 피했을 뿐 아니라 유산도 했고, 그러고 나서는 스트레스에 대한 반응으로 자신의 갓난아기의 생명을 위협하기도 했다.

스트레스 반응은 반응 그 자체로 많은 측면을 드러낸다. 앞의 장면에서 여자는 사춘기 동안 문제투성이의 관계에 처하자 거식증에 걸렸다. 16~18세 소녀의 1%가 이러한 경험을 한다. 이러한 준準기아 상태에서 비롯된 생리학적 스트레스는 피임으로 나타난다—배란 또는 종종 월경까지도 저지된다. 보통 그러한 상황은 일시적이다. 거식증 환자의 일부(5~10%)만이 이런 습성으로 죽음에 이르고, 이보다 약간 많은 경우(15~20%)가 평생을 거식증에 시달리지만 대다수(75%)는 정상적이고 건강하며 결국은 번식력을 갖춘 상태로 회복된다.

대개의 피임 반응은 거식증만큼 극단적이지는 않다. 그러나 여자가 스트레스를 많이 받을수록 배란 확률은 낮아진다(장면 15). 또 그럴수록 정자가 난자에 도달하도록 도울 확률이 낮아지며, 혹은 수정된 난자가 자궁에서 착상되지 못할 가능성이 높아진다. 마지막으로는 유산시키는 방법이 있는데, 특히 임신 초기 3개월간 그럴 위험이 높다.

이를 수치로 정리해보면, 수정된 난자 대부분이 자궁으로 도달할 때까지 생존하는 반면에 평균 40%가 착상에 실패하며, 그 나머지 가운데 약 60%가 임신된 지 12일이 지나기 전에 죽는다. 그러고 나서도 약 20%가 임신 3개월 이전에 유산된다. 이 모든 수치는 여자가 스트레스를 받을 경우에 더 높아지고 그렇지 않을 경우에 더 낮아진다. 예를 들면 배우자의 죽음이나 부정, 혹은 전쟁의 발발 등이 유산 확률을 높이는 인자로 알려져 있다. 초기 몇 개월간 태아에게 유전자적으로나 발육상 문제가 생겨도 유산될 수 있다.

여자가 임신을 피하는 방법이 많다는 사실이 언뜻 보면 이상하게 여겨질 수도 있다. 이 시스템 가운데 어느 한 가지가 특히 효과적이라면 분명히 그렇게 많은 방법이 필요하지는 않을 것이다. 그러나 이처럼 반응이 지나친 것은 여성의 생리 구조상 절대 잘못이 아니다. 상황은 유동적이며 때로는 아주 빠르게 변한다. 여자의 신체도 이와 동등하게 빨리 대응할 수 있어야 한다. 예를 들면 여자가 배란하던 시기에는 상황이 좋다가 난자가 자궁에 도착할 즈음이면 더 이상 그렇지 못할 수 있다. 그러니 여자는 배란이 되었더라도 착상 단계에서 차단할 것이다. 아니면 착상 시기까지는 상황이 좋다가 한 달 혹은 그뒤에 불리해질 수도 있다. 그래서 임신을 했다가 유산하는 것이다.

임신 초반을 통틀어 유리한 상황이 유지되었다고 하더라도 아기가 태어나기 전에 상황이 악화될 가능성은 충분히 있다. 임신 후반 3개월은 보통 여자의 심리 상태 변화와 연관이 있다. 우선 잘 알려진 '둥지 틀기nest-building' 시기가 있는데, 아기가 태어날 환경을 준비하기 위해서 아주 서두르는 시기다. 또한 신중하게 고려하는 시기가 있다. 주된 고려 대상은 자신의 남편, 가정 및 환경 일반이다. 이들 시기는 종종 걱정, 우울, 짜증의 시기로 대별되기도 한다. 마지막으로 장래 문제에 몰두하는 시기가 있다. 이 시기에 여자의 상황이 어느 한 가지라도 크게 악화되면 병적 우울증에 빠지게 되며 이후에 아기를 거부하거나 심지어 학대하는 사태까지도 빚어진다.

산후우울증 증상으로 인한 신생아의 유기, 학대, 심지어 살해 충동이 억제하기 어렵다는 점은 널리 인정되고 있다. 출산 직후에 이런 상태에 처한 여자가 자신의 행동에 책임을 지지 않는다는 점을 법 조항으로 인정하는 국가도 많은 것이 사실이다.

영아 살해는 인류사 전체에 걸쳐서 여성이 채택한 가족계획의 주요 형태의 하나로 자리 잡아왔으며, 현재까지도 그러하다. 경작보다는 수렵과 채집으로 생활하는 집단 내에서는 아이들의 약 7%가 어머니에 의해 살해된다. 세계보건기구WHO에 의하면 19세기 후반의 영국에서 가장 성행한 가족계획 형태는 영아 살해였다.

이러한 습성은 사람에게만 국한되지 않는다. 여타의 가족계획 형태와 마찬가지로 영아 살해 역시 우리의 포유류 선조에게서 상속받은 것이다. 토끼, 게르빌루스쥐, 햄스터, 또는 생쥐 등을 애완용으로 키워본 사람은 새끼를 낳은 직후에 어미들이 매우 예민해져서 새끼의 일부 혹은 전부를 죽이거나 심지어는 잡아먹는 경우가 발생하기도 한다는 사실을 알 것이다. 이러한 영아 살해는 병적인 것이 아니다. 이는 당시 상황에서는 새끼를 기를 수 없다는 어미의 잠재의식적 판단을 반영한다. 어미는 상황이 호전될 때까지 번식을 미루기로 결정한 것이다.

우리는 지금까지 가족계획을 여성의 관점으로 관찰했다. 그러나 남자 역시 같은 문제점의 많은 부분을 공유한다. 남자는 종족보존을 위한 노력 중 많은 부분을 자녀를 위한 환경을 마련하는 데 할애한다. 어려운 시기에는 아내 이상으로 자녀 양육을 피하고 싶어한다.

부부의 이해관계는 대부분은 일치한다. 여자의 신체는 상호 이익에 맞추어 가족계획을 한다. 그러나 부부간의 이해관계가 일치되지 않는 때도 있다. 그럴 때 남자는 자신만의 피임 체계를 필요로 한다. 이해관계의 가장 큰 충돌은 부부의 상황이 자녀를 가져도 될 정도는 되지만 그렇다고 아주 넉넉하지는 못한 그런 시기에 많이 벌어진다. 이 상황에서 만약 여자의 신체가 자신의 남편보다 우월하다고 판단되는 남자를 만난다면 새 남자와 아이를 갖고 싶은 쪽으로 끌릴 수 있다. 장면 18에서 자세히 설명하겠지만 그러한 상황에서는 새 남자의 아이를 가짐으로써 얻을 종족보존상의 이득이 여자와 본남편의 재산을 다소 희생시킬 만한 가치가 있을 수도 있다.

여자의 본남편은 아무 이득을 얻지 못하리란 것이 명백하지만.

그에게 이는 위험하고 교묘한 역전이다. 그는 방금 묘사된 상황의 발생을 어쨌거나 막아야 한다. 이와 동시에 자신이 아내를 임신시키는 것도 막아야 한다. 장면 16에서 여자의 본남편은 이 사실을 모른 채 여자가 자신을 떠나기 몇 주 전에 이러한 상황에 처했다. 이 상황에 처한 남자가 할 수 있는 유일한 선택은 주기적 성관계를 지속하여 아내가 자기 자신을 포함해서 어떤 남자에 의해서도 임신되는 것을 막는 것뿐이다. 남자는 이를 행할 수 있는 매우 정교한 구조를 갖추고 있다. 즉 자신의 정자와의 전쟁을 수행하는 것이다.

남자의 사정액에는 다수를 지니고 있으면 임신 확률을 대거 감소시키는 두 종류의 정자가 있다. 이 정자들은 실제로 자신의 난자잡이를 파괴하도록 설계되어 있는 듯하다. 그중 하나는 시가 모양의 머리를 하고 있어서 심지형 정자tapering sperm[끝으로 갈수록 점점 가늘어지는 모양의 정자]라고 부른다. 다른 하나는 서양배 모양의 머리를 하고 있어서 서양배형 정자pyriform sperm라고 부른다. 스트레스는 여자와 마찬가지로 남자에게도 피임 요소로 작용한다. 남자가 스트레스를 느낄 때에는 이른바 이들 가족계획형 정자family-planning sperm를 다량으로 생산한다.

남자가 아내에게 가족계획형 정자를 많이, 난자잡이는 적게 사정하면 임신 확률이 더욱 떨어진다. 그러나 아내가 부정을 행해서 정자전쟁이 발발하면 남편의 가족계획형 정자는 자신의 정규 정자잡이를 지원하여 다른 남자의 난자잡이를 물리치도록 한다. 게다가 남편의 노력에도 불구하고 다른 남자의 난자잡이가 통과를 한다고 해도, 적어도 그 아이가 남편의 아이일 가능성은 남아 있다. 만약 남자가 스트레스를 느낀다고 주기적 성관계마저 억제한다면 그럴 가능성은 절대로 없다.

장면 16에서 이 전략은 여자의 첫 남편에게 성공적으로 작용했다. 그는 자신의 아내가 다른 남자와 지내는 몇 주 동안 임신하는 것을 막을 수 있었다. 그러나 마침내 여자가 임신을 했을 때는 그녀가 주도한 이 정자전쟁에서 그가 승자로 남았다.

방금 보았듯이, 시기가 좋지 않을 때에는 남자와 여자의 신체 모두에서, 주로 스트레스에 의한 작용인데, 임신을 피하는 일련의 자연 피임법이 작동한다. 따라서 일반적으로 스트레스가 더 심한 사회에서 자녀의 수도 더 적을 것이라고 생각하는 사람도 있을 것이다. 그러나 그렇지 않다. 오히려 정반대다. 어째서 그런가?

이는 최상의 자녀 수를 결정하는 요인은 자녀를 낳을 최상의 시기를 결정하는 요인과는 다르다는 말로 설명할 수 있다. 동서고금을 막론하고, 여자의 일평생 출산 횟수는 자녀가 성인으로 살아남을 확률과 밀착되어 있다. 살아남을 전망이 형편없으면 여자는 많은 자녀를 출산한다. 그렇게 하지 않으면 성인으로 성장할 자녀가 거의 혹은 아예 없을 것이다. 여자는 최악의 시기만 빼놓고는 개선의 여지만 보이면 임신을 하려고 든다. 이와 반대로 생존할 전망이 높으면 앞에서 본 것처럼 자녀를 적게 낳아서 가급적 많은 시간과 재산을 이 아이들에게 아낌없이 쏟아 붓는다. 자녀가 살아남을 확률이 높으므로 여자의 공이 허사로 돌아갈 가능성은 거의 없다. 또한 나쁜 시기에는 임신을 피하며 상황이 진짜로 유리할 때에만 임신을 한다.

이 모든 상황에서 스트레스가 피임 구실을 한다. 그러나 환경에 따라서 여자들의 기대치도 다르며 스트레스를 받는 궁핍의 수위도 저마다 다르다. 서유럽이나 북미의 교외에 사는 여자가 스트레스를 받는 환경이 제3세계의 하수도관에 사는 여자에게는 스트레스가 아닐 수도 있다. 여자가 갖고자 하는 자녀 수를 결정하는 것은 생활수준에 대한 여자의 **기대치**다. 어떤 기대이거나 환경이 변하면서 그 기대치가 초과되기도 하고 미달되기도 하며, 스트레스를 받기도 하고 받지 않기도 한다. 그렇기 때문에 스트레스는 여자가 원하는 자녀 수를 채워가는 과정 중 그 각각의 아이를 낳을 때에만 영향을 미친다.

핵가족은 새로운 발명품이 아니다. 거의 전 인류사에 걸쳐서, 약 100만 년 전부터 1만 5,000년 전까지는 모든 사람이 수렵 채집인이었다. 남자는 짐승을 사냥하고 여자는 과일과 채소를 채집했다. 사회의 단위는 소규모로 흩어져 다니는 무리로 구성되었다. 이들은 단백질이 풍부하고 양호한 식생활을 누렸으며 사망 원인은 대부분 질병보다는 사고, 약탈, 집단 내 전투 따위였다. 수렵 채집인의 자녀들은 훌륭한 생존 여건을 누렸다. 여자는 앞에서 언급한 자연적이고 스트레스와 연관된 피임법만을 사용했지만 일생 동안 자녀를 서너 명밖에 출산하지 않았다. 이들 중 두세 명이 살아남았다.

대가족은 농경으로 생활양식에 변화가 생긴 약 1만 년 전까지는 출현하지 않았다. 가장 비옥한 지대에 규모가 크고 집약적인 사회가 건설되었으며 탄수화물이 풍부한 식생활을 유지했다. 질병과 영아 사망이 만연했다. 평균 자녀 수는 대략 일고여덟 명이었지만, 그 두 배 되는 수도 흔했다. 그렇다고 해도 전 가족이 전염성 질병으로 수일 만에 몰살되는 수도 있었다. 평균을 따져볼 때, 수렵 채집인과 마찬가지로 자녀의 두세 명만 살아남았다.

'현대화'의 도래와 함께 영아 사망률이 떨어지기 시작했고, 수십 년 뒤에는 출산율도 떨어졌다. 서유럽의 출산율 하락은 현대적 피임법의 확산 및 사용 때문이라기보다는 한 세기 앞서 진행되었던 자연 가족계획의 산물이다. 따라서 현대 산업사회에서 나타나는 단계별 가족 규모 축소는 피임 기술의 개선에 따른 것이 아니라 자녀의 생존 전망이 높아진 데 따른 여성의 잠재의식적 소가족 계획에 힘입은 바이다.

자연 가족계획에 대한 앞의 주장에 대해서, 많은 여성이 만약 여자의 신체가 가족계획에 그처럼 현명하다면 어째서 제일 원하지 않는 시기에 딱 맞추어 임신에 이르기도 하는지 의아해하며 냉소를 던질지도 모른다. 그렇지만 이는 두뇌의 의식과 신체의 잠재의식이 갈등을 벌일 수 있다는 또 다른 보기일 뿐이다.

우리가 반복적으로 지켜본 것처럼 여자의 신체는 상황을 두뇌와 다르게 해석한다. 우리는 이러한 갈등을 장면 15에서 목격했다. 여기에서 여자는 전쟁 중에 임신하는 것을 결코 원치 않는다고 생각했다. 그럼에도 불구하고 그녀의 신체는 사실상 임신을 하기 위해서 무던히도 애를 썼다. 그 경우에도 여자의 신체가 옳았던 것으로 판명되었으며, 그때 '실수로' 임신된 아들을 통해서 여자는 종족보존의 가장 큰 성공을 성취했다.

물론 신체가 언제나 옳다는 결론은 잘못일 것이다. 상황마다 완벽히 대응하도록 만들어진 신체는 없다. 매 세대별 종족보존 전략에서 어떤 사람이 다른 사람보다 큰 성공을 거둔다는 바로 그 사실이 어떤 신체가 다른 신체보다 더 실수를 많이 한다는 점을 지적해준다. 그래도 신체가 두뇌보다는 실수를 덜할 가능성이 상당히 높다. 그렇지만 최근 들어서는 피임 문제에 관한 두뇌의 영향력이 한결 높아졌다. 피임약이나 콘돔과 같은 현대적 피임법은 얼핏 보면 신체가 지녔던 임신 조절 능력을 두뇌로 넘겨주어 두뇌의 구실을 더욱 공고히 한 것처럼 보일 수도 있다. 그러나 앞에서 보았듯이, 이 조절권의 변화는 여자가 가질 자녀의 전체 수에는 영향을 미치지 않는다. 오히려 현대적 피임법은 여자가 언제 그리고 **누구와**—이 점은 다음 장면에서 볼 것이다—자녀를 가질 것인가를 조절하는 데 도움을 줌으로써 여자의 자연적 장치를 보조한다고 보아야 할 것이다.

장면 17
잊을 게 따로 있지

여자는 택시가 서고 남편이 앞문을 여는 소리를 들었다. 얼마 뒤 남편이 집 안에 들어와서 가방을 집어 드는 소리가 들렸다. 그녀는 숨죽인 채 남편이 방으로 들어와서 작별 인사를 하는지 기다렸다. 그러나 앞문이 닫혔고, 소리는 평상시보다 더 컸다. 남편은 뒤도 돌아보지 않고 곧바로 택시로 향했다. 남편은 4주 동안 떠나 있을 것인데, 좋지 않은 때 헤어져 있게 되었다.

이들은 지금까지 1년을 거의 똑같은 일을 가지고 싸웠다 풀렸다 해왔다. 남편은 아이를 하나 더—아들이면 더 좋겠다고—원했고, 여자는 아니었다. 여자는 작은딸이 학교에 들어간 이래로 줄곧 피임약을 중단하라는 압력에 시달려왔다. 이제 30대 초반에 들어선 여자는 자신의 직업으로 복귀하기를 원했다. 남편은 지난 몇 달간 직장에 대해서 심하게 환멸을 느껴왔고 최근에는 병까지 않았다. 환멸 때문에 건강과 활력을 빼앗긴 듯했고, 6주간 휴직했다가 복직한 지 한 달밖에 안 된다.

그 6주는 악몽이었다. 여자는 남편이 빨리 회복되기 위해서는 고요와 평화가 필요함을 알고 있었으나 자신도 별 수가 없었다. 아이들을 학교로 실어 나르고 집으로 실어 오고, 장 보고, 집안일을 하는 동안 발밑에 남편이 도사리고 있는 것이 거슬렸다. 남편은 거추장스럽지 않게 침실에 머무르기보다는 극구 1층에 앉아서 지내려고 했다. 그녀도 애는 썼지만 짜증을 숨길 수 없었고 말다툼도 잦았다. 이들은 새로 온 유리창 청소부에 대해서까지 다투었다. 그는 열대 탐험 자금 마련을 위해 여름 동안 돈을 버는 젊은 남자였다. 미남에다 자신감과 장난기 넘치는 이 젊은이가 한번은 여자가 정원에서 입고 있던 비키니를 언급했다. 여자의 남편이 이 소리를 엿듣고는 젊은 남자한테 지분거리고 있다고 타박했다.

남자가 복직하고도 둘의 관계는 개선되지 않았다. 여자는 그달 초에 이틀간 구토가 나오자 피임약이 듣지 않은 게 아닐까 너무 염려가 되어 남편더러 콘돔을 사용하라고 요구했다. 남편은 한 달이나 통통 부어 있었다. 그러더니 지난밤에는 무피임 성교를 원했다—4주간 떨어져 지내는 동안 잘 지내라는 표시로 해달라는 것이었다. 여자는 거부했고, 그러고는 서로 말을 안 했다. 이제 남편은 갔다. 악감정도 풀지 못한 채. 남편이 떠난 다음날 두 가지 일이 생겼다. 이번 달 피임약이 다 떨어진 것과 남편에게서 장거리 사과 전화를 받은 것이다. 둘은 전화상으로 할 수 있는 최선을 다해서 화해했다. 그러고는 며칠에 걸쳐서 상투적인 염려와 애정을 교환하며 정상적 관계로 돌아갔다.

일은 남편의 출장 간 지 딱 1주일 만에 벌어졌다. 약간 늦은 아침, 여자는 두 딸을 학교로 실어다 주고 장을 본 후 집으로 돌아온 참이었다. 막 샤워를 마치고 머리를 말리고 있는데 초인종이 울렸다. 목욕 가운을 걸치고 문으로 가서 보니 남편 직장의 바로 윗사람이었다. 그는 여자가 최근 남편의 소식을 들었는지—자신은 못 들었으므로—알아보려고 들른 것이었다. 전화를 했으나 받지를 않아서, 남편의 출장 일정에 긴급 변동이 있음을 알리기 위해 직접 오기로 한 것이다. 여자는 남편의 상사를 안으로 들였고 그의 방문 목적에 대해서 이야기 나눈 뒤에 정중히 커피를 권했다.

이들은 전에 사교 모임에서 몇 번 만난 적이 있다. 한번은 망년회 모임에서였는데, 서로의 배우자들을 거슬리게 할 정도로 농밀한 대화가 오갔다. 남자는 여자에게 그날 밤의 일을 상기시켰고 둘은 웃었다. 둘의 대화는 점차 둘이 각자의 배우자와 겪고 있는 문제점으로 옮겨 갔다. 여자는 부엌에서 커피 기계며 컵 준비에 바쁜 동안 무엇이 자신을 성적으로 흥분시키고 있는지 알지 못했다. 그녀가 아는 건 그가 자신의 느슨하게 묶인 목욕 가운에 시선을 고정시키고, 알몸을 힐끗 볼 수 있는 순간을 기다리고 있다는 것이 다였다. 여자는 흥분에 사로잡혀 부엌을 왔다 갔다 하면서 남자의 팔과 등을 스칠 핑계거리를 찾았다. 여자는 남자의 말에 과장되게 웃었고, 가운이 느슨해지면서 남자의 바지 아래가 팽창되고 있음을 모르는 척하며 남자 앞으로 몸을 꼬고 굽힐 구실을 만들어댔다.

마실 거리가 준비되자 둘은 거실로 들어갔다. 여자는 가슴을 거의 드러낸 채 남자의 맞은편에 앉았다. 서로를 거절하지 않을 신호를 물색하느라 대화는 줄어들었다. 여자는 마지막 움직임으로 다리를 의자 위에 올렸고, 몸을 가리기 위해서 능숙하게 가운을 다리 사이로 밀어 넣었다. 그리고 몇 분간, 가운을 천천히 미끄러뜨리면서 남자에게 자신의 몸을 보이는 동안 남자의 눈동자가 자신의 얼굴과 아래로 오르락내리락하는 것을 지켜보았다. 몇 분 뒤 둘은 바닥에서 관계를 했고 10분 뒤, 방금 일어난 일에 갑자기 당황한 남자가 자리를 떴다. 그녀의 몸이 차마 저항하기 어려웠다고 말하면서.

돌이켜 생각해보면 영화—아주 저속한 영화—속의 장면으로나 여겨질 듯한, 문제의 1주일이 시작되었다. 그 모든 일—그처럼 뻔한 수작—을 한 게 결코 자신일 리가 없었다. 그렇지만 그 순간에는 그저 그녀 내부 깊은 곳의 강력한 힘에 이끌린 듯했다. 그 주가 지나면서 여자는 수많은 공포—남편이 어떻게든지 자신이 한 일을 알아내리란 공포와 무슨 병에 걸리지 않았을까 하는 공포—의 순간을 맞이해야 했다. 이 부정이 있은 지 이틀 뒤, 여자는 새 피임약 포장을 뜯어야 할 시기를 놓쳤다는 것을 깨닫고, 임신했으면 어쩌나 하는 공포에도 시달렸다. 그러나 여자는 막 시작된 주의 대부분을 수년간 겪어보지 못한—앞으로도 절대 겪지 못할—고양된 성적 활동과 흥분으로 지냈다.

여자는 부정을 행한 지 겨우 한 시간 뒤에 자위행위를 했다. 다음날 아침 한 번 더 했다. 그날 오후 여자는 뒷마당에서 일광욕을 하는 동안 젊은 유리창 청소부가 집 앞에 도착하는 소리를 들었다. 여자는 집 안에 있다가 눈 깜짝할 새 위층 침실로 올라가 유리창을 뒤로 한 채 침실 거울을 마주하고 서 있었다. 여자는 젊은 남자의 얼굴이 유리창에 비친 걸 보고 천천히 비키니를 벗고 남자 쪽을 바라보았다. 그를 본 걸 놀란 척하면서 조심성 없이 손을 흔들었고, 그리고 나서는 방을 치우면서 몸을 많이 뻗고 구부려야 할 일만 의도적으로 골라서 분주히 움직였다. 남자가 임금을 받기 위해서 초인종을 눌렀을 때 여자는 알몸을 현관문 판유리 부분에 '숨긴 채' 문을 열었다. 여자는 자신의 알몸을 내려다보면서 덥다고 불평하고는 몸에 돈을 지니고 있지 않다며 웃었다. 돈을 갖고 올 동안 들어와 있으라고 청하면서 그만 좋다면 다른 것으로 지불할 수도 있다는 농담을 던졌다.

그날 오후 길가 쪽 유리창은 여자가 수년 이래 처음 겪어보는 절정을 느끼고 나서 아이들을 데리러 학교로 떠날 때까지 청소되지 않았다.

여자는 그 주에 자위행위를 더 하지는 않았지만 남편의 상사와 두 차례, 젊은 유리창 청소부와 한 차례 더 성관계를 가졌다. 그 주말에 여자는 두 딸과 지내면서 마치 갑자기 꿈에서 깨어난 듯했다. 주 중의 흥분은 사라졌고 자신이 한 일이 정말로 믿기지 않았다. 여자는 그다음 주 월요일에 두 명의 애인 모두에게, 재미

있었지만 실수였으며 더 이상 자신과 만날 수 없을 거라고 말했다. 나이 든 남자는 안심했고 젊은 남자는 실망했다.

2주 뒤 남편이 돌아왔을 때, 여자는 시간 맞춰 피임약 복용하는 것을 잊었지만 귀가 선물로 아무튼 무피임 성교를 갖겠다고 말했다. 그뒤 며칠간 이 부부는 여자의 월경주기 시작 일을 기다렸고, 여자는 남편더러 콘돔을 사용하라고 우겼다.

여자는 월경을 하지 않았다. 남편이 돌아온 지 3주 만에 임신 진단 테스트로 여자의 임신 사실을 확인했다. 여자의 남편은 또 딸이었지만 신이 났다. 그리고 그는 그의 상사와 유리창 청소부에 대해서도 전혀 알아채지 못했다.

~

대부분의 독자는 유리창 청소부를 유혹하는 것이 상투적 수작(후에 장면 17의 여자 주인공 스스로도 행한 수법)이라는 것을 알 것이다. 이 장면 혹은 이와 흡사한 장면이 그다지 상상력이 풍부하지 못한 '극적 장치'로 영화, 연극, 책 속에서 복제, 사용되어왔다. 관련된 남자는 유리창 청소부 아니면 전기공이거나 배관공이고, 건설공이거나 TV 수리공 아니면 (영국에서 가장 상투적인) 우유 배달부. 요약하면 그는 여자의 남편이 부재중일 때 집 안에 들어올 합법적 이유를 가진 아무 남자다.

실로 이 시나리오는 너무 흔해빠져서 주의를 기울이지 않으면 중요한 점을 간과할 위험도 있다. 다시 말해서 이 행위가 흔해빠지게 사용되는 것은 바로 너무나 **일상적이기** 때문이다. 이처럼, 이 행위는 정자전쟁을 촉발하는 데 중요한 역할을 한다—이런 정자전쟁을 통해서 잉태된 자녀의 친부 확인에서도. 이 장면의 여자가, 그리고 그녀와 같은 많은 여자가 왜 느닷없이 두 남자 방문객에게 자신을 던져야 했을까? 여자의 피임약 에피소드의 중대성은 무엇인가? 여자의 행위가 종족보존 전략과 관련해서 어떤 이점을 가져다주었을까?

이 장면이 시작될 때 여자는 더 이상 자녀를 원치 않는다고 강력히 믿었다. 임신을 피하기 위해서 피임약을 복용했고, 필요할 때는 두 배로 확실히 하기 위해서 남편에게 콘돔을 사용하도록 강요했다. 그러나 그녀의 일생 중 가장 성적으로 왕성했던 활동 주간 중에는 피임 예방책을 취할 것을 '잊어버렸다.' 이 건망증이 정말로 실수였을까, 아니면 잠재의식적 전략이었을까? 그리고 이것은 사실은 여자의 종족보존 성공률을 높이기 위해서 운명 지어진 또 다른 '실패'의 보기였을까? 이 여자의 신체가 진짜로 결정한 사항은 남편의 다른 아이는 원치 않는다는 점이었다. 그렇다면 여자의 두뇌는 그저 그들 부부가 임신을 피해야 하는 납득할 만한 이유를 찾으라고 강요받고 있었던 것이다. 그 이유가 아주 그럴듯해서, 심지어 자기 자신의 직업을 원한다고 스스로를 설득해내기까지 했다.

여자의 눈에는 지난 몇 년 동안 남편의 능력이 저하되어온 것으로 보였다. 남편은 여자가 첫 두 아이를 그의 유전자에 의탁했을 당시 보여주었던 잠재력에 부응하는 데 실패했다. 그는 건강마저 악화되어 건장함을 증명하지 못하고 있었다. 그녀가 아는 한 남편은 지적 능력이나 개성 면에서도 매력적이지 못했다. 여자의 신체는 사실상 자신의 셋째 아이가 남편보다 건장한 유전적 구성을 보여주는 사람에 의해서 잉태되어야 한다고 결정했다. 따라서 기회가 나타나자 그녀의 신체는 그 기회를 전적으로 이용하리라고 확약을 해둔 것이다.

여자는 배우자 이외의 사람과 성관계를 가질 때 피임을 덜 한다. 그리고 이는 부정을 둘러싼 환경으로 인해 피임이 더 어렵기 때문도 아니다. 장면 17의 여자가 처음 남편의 상사나 유리창 청소부와 성관계를 가졌을 때 콘돔을 사용하라고 요구하기가 어려웠을 듯도 하다. 그러나 일이 연달아 발생했을 때에는 여자와 두 남자는 좀 더 잘 대비할 수도 있었지만 그렇게 하지 않았다. 여자는 어떤 경우에도 이 남자들이나 콘돔에 의존하지 않았다. 여자가 적절한 때에 피임약만 복용했어도 임신은 피할 수 있었을 것이다. 그러나 여자는 잊어버렸다. 정말 사고였을까, 순전한 망각이었을까?

아니면 여자의 신체가 잠재의식적으로 잊어버리게끔 배후 조종해서 남편 아닌 다른 남자에 의해 임신하려고 했던 것일까?

갑작스런, 그러나 1주일간 지속된 여자의 성적 흥분의 고조는 수태기에 빚어진 호르몬의 외적 발현이었다. 우리는 앞(장면 6)에서 여자가 이 시기에 부정에 대해서 어떻게 더 관심을 갖는지 설명했다. 그 주가 끝나갈 무렵 여자의 성적 흥미가 갑자기 사라진 것은 수태기가 종료되었음과 이미 발생한 일로서, 임신이 시작되었음을 표시한다. 여자의 남편이 집으로 돌아와서 무피임 성교를 귀가 선물로 받았을 때 여자는 이미 임신 2주째였다.

여자는 대다수 다른 암컷 동물과 마찬가지로 월경주기 중의 수태기를 숨기며, 임신이 되고 나서도 성교를 한다. 이 점이 주위의 남성을 혼동시킬 수 있는 여자의 마지막 수단이다. 여자가 임신을 하자마자 성교에 대한 관심을 잃는다면 주변 남자들에게는 더할 수 없이 명백한 임신 신호가 될 것이다. 그렇게 되면 이 남자들 가운데 누가 유전자적 아버지가 되고 누가 안 될 것인지를 판단할 근거를 허용하는 셈이 된다. 임신 이후까지 성관계를 지속하는 것은 모든 잠재적 아버지를 확실하게 혼동시키는 궁극적 수단이 된다. 남편이 돌아왔을 때 우리의 주인공이 어째서 무피임 성교에 열성을 보였는지 잘 설명된다. 남편, 심지어 여자 자신에게도 남편이 셋째 아이의 아버지로 보일 수 있다. 사실은 아니었지만.

여자의 신체는 그처럼 짧은 기간에 이상적이면서도 들키지 않을 외도 기회가 주어지자 한 명 이상의 남자로부터 정자를 모으기 위해서 빈틈없는 행동을 취했다. 여자는 두 가지 이점을 얻었다. 첫째, 여자는 겉보기에는 적당한 유전자적 아버지(장면 18)이지만 실은 불임이 된 남자(전체 남성의 10%로, 대체로 성병 감염에 의한 결과이다—장면 11)한테서만 정자를 받을 불운의 확률을 반감시켰다. 그러나 둘째, 두 남자의 부대를 경쟁에 붙임으로써(장면 6과 21) 정자전쟁의 승자에 의해서 임신할 기회를 증가시켰다. 이 여자에게는 어쨌거나 자신의 남편을 떠나지 않고서도 남편이 제공하는 것보다 나은 유전자를 지닌 아이를 임신하기에 이번만큼 완벽한 기회가 다시 오기는 어려웠을 것이다. 우리는 두 경쟁자 가운데 누가 진짜 아버지였는지 알 수 없지만, 누가 되었든 간에 여자가 촉발시킨 정자전쟁에서 승리한 남자인 것만큼은 틀림없는 일이다.

여자가 짧은 기간 내에 두 남자와 성관계를 갖게 되면, 그 여자에게는 이를 통해서 임신될 아이의 아버지를 결정하는 데 영향을 미칠 세 가지 방법이 있다. 첫째, 월경주기 중 수태력이 더 높을 때 두 남자 중 한 명과 성관계를 맺을 수 있다(장면 6). 둘째, 두 남자 중 한 명의 정자를 더 많이 보유할 수 있다(장면 22~26). 셋째, 장면 17의 여자처럼 현대적 피임 기술을 운용할 수 있다.

여자가 한 명에게는 피임용 페서리〔자궁의 비정상 위치를 바로잡기 위한 고무제 기구로 임신 조절에도 쓰인다〕나 콘돔과 같은 장애물 피임법을 사용하고 다른 한 명에게는 사용하지 않는다면, 전자는 정자전쟁에 정자를 전혀 투입할 수 없게 된다. 아니면 이 장면의 여자처럼 피임약을 복용하다가 복용하지 않음으로써 누구의 정자가 난자에 접근할 가능성이 높을 것인지에 영향력을 행사할 수 있다. 우리의 주인공은 실로 확실하게 자신의 남편을 통해서 임신하지 않기 위해서 현대적 피임법을 제대로 사용했다. 그렇지만 나머지 두 남자는 동등한 기회를 얻었다. 이들이 해야 할 일은 정자전쟁에서 이기는 것뿐이었다.

장면 16에서 설명했듯이, 현대적 피임법은 여자가 일평생 가질 자녀의 수와는 크게 상관이 없다. 그러나 여자가 **언제**, **누구를 통해서** 임신할지 조절하는 능력을 제고시키는 데는 강력하고 효과적인 도구가 된다. 피임 기술이 이 방면에 의식적으로 사용되는 경우는 드물다. 그러나 여자의 충동에 맡겨졌을 때 피임 기술은 종족보존의 성공을 기약하는 강력한 새 무기가 된다.

7장
유전자를 찾아서

장면 18
고르는 재미

창문이 열려 있었지만 방은 덥고 눅눅했다. 알몸의 여자는 자기 옆에 누워 있는 젊은 남자를 깨우지 않기 위해서 조심스레 침대를 빠져나왔다. 여자는 옷을 입지 않고 아래층으로 내려가 프랑스풍 창을 열고 밝은 햇살을 맞이했다. 파티오〔에스파냐풍 안뜰〕의 타일이 발바닥에 뜨겁게 느껴졌다. 여자는 잠깐 멈추었다가 몇 발짝 뛰더니 커다란 풀로 다이빙했다. 여자가 수영장을 한 차례 왕복하는 동안 허벅다리와 음모에 남아 있던 성교의 잔여물이 기분 좋은 찬물에 씻겨 내려갔고, 내부의 분비물도 흘러 나갔다.

여자는 침대에 남겨두었던 젊은 남자가 파티오로 나타날 때까지 10여 분을 물속에 머물렀다. 여자는 남자가 검게 그을린 근육질의 나체로 뜨거운 타일 위를 가로질러 뛰어와 약간은 서투르게 물속으로 뛰어드는 것을 지켜보았다. 젊은이가 여자 쪽으로 거세게 헤엄쳐 와서는 겅중거리다가 그녀에게 입 맞추었다. 여자는 물속에 몇 분간 함께 있다가 남자더러 나가자고 했다. 남자는 이견 없이 여자 쪽으로 헤엄쳐 와서 물 밖으로 몸을 빼내고 집 안으로 들어가 샤워하고 옷을 입었다.

여자도 풀을 나왔다. 여자는 수영장 옆 라운지에 걸려 있는 수건으로 몸을 말리고는 잔디밭으로 내려가 발아래 밟히는 풀의 서늘함을 즐겼다. 여자가 알몸인 것이 보일 위험은 전혀 없었다. 정원은 무척 넓었고 막이용 나무와 담장도 높았으며 이웃집과의 거리도 아주 멀어서 여자의 사적 영역은 완벽하게 지켜졌다. 젊은이가 프랑스풍 창에 나타나서 작별 인사를 던졌을 때 여자는 파티오로 돌아가는 중이었다. 여자는 잔디밭 한가운데 서서 손을 흔들면서 자신이 그리스 석상이라도 된 듯 느껴졌다. 여자는 마흔 번째 생일을 바로 몇 달 앞두고 있는 세 아이의 어머니로, 그중 한 아이는 아리따운 몸매를 지닌 20대 중반의 아가씨다.

젊은 남자가 돌아서 떠나자 여자는 파티오로 돌아왔다. 지난 5년간 만난 사람 중 제일 나은 남자였다. 여자가 낸 광고는 간단했지만 효과가 있었다. "여름 동안 커다란 정원 보살필 시간제 정원사 모집. 여름방학을 맞은 학생에게 이상적인 일자리." 여자는 해마다 20여 명의 신청자를 면접했다. 선택의 기준은 학생의 외모, 지적 능력, 성숙도, 자신감, 성적 분위기였다. 여자는 자신이 선택한 젊은이 어느 누구라도 유혹하는 데 2주일 이상 걸려본 적이 없는 점을 자신의 탁월한 외모와 판단력의 증거로 여겼다. 그 결과 여자는 매년 여름 석 달 동안 1주일에 이틀씩 자신보다 거의 스무 살 정도 어린 젊은 남자와 성적 교제를 가져왔다. 거기다 자신의 잔디밭을 다듬고 정원의 잡초도 뽑아내게 했다.

올해는 두 남자를 고용했는데, 모두 의과대 학생이었고 둘 다 매력적이었다. 한 명은 화요일에, 다른 한 명은 금요일에 근무했다. 여자는 라운지에 편안히 누워 일광욕하면서 두 젊은이를 한꺼번에 침대에 거느리고 있는 상상에 즐거워하고 있었다. 그러나 일단은 미래의 일이었다. 여자는 태양 아래 잠들었다 깼다 하면서 자신에게 이처럼 훌륭한 인생을 가져다준 사건들을 되새겨보았다.

모든 것은 여자의 열네 번째 생일에 일어났다. 여자는 엄마와 청바지를 한 벌 사러 외출했다. 몹시 추운 겨울날이었는데 쇼핑하는 동안 눈이 내리기 시작했다. 시내는 날씨가 좋은 날에도 버스로 45분 걸리는 거리에 있었다. 이들이 버스 정거장에 도착했을 때는 눈 내리는 속도가 빨라졌다. 버스는 오지 않았다. 대신에 호화 대형 자가용을 탄 남자가 왔다.

생판 모르는 사람이 아니었다. 그는 도시의 아파트에 있지 않을 때는 그들 고향 마을의 진짜 저택에 살았다. 여자의 아버지가 이 남자의 수선공 겸 정원사로 일하면서 가옥과 정원을 돌보았다. 여자는 남자가 차 타고 다니는 것을 몇 년 동안 보았지만 실제로 만난 적은 없었다. 여자가 그에 대해서 아는 거라곤 대충 쉰 살쯤 되었고 아주 부자에다가 한 여자와 20년 정도 함께 살고 있지만 자식은 없는 듯하다는 것뿐이었다. 여자는 부모가 그의 외도와 다른 여자에게서 아이를 얻는 것에 관한 이야기를 나누는 것을 들은 적이 있다. 또 여자 문제에 관해서 이야기하는 것도 들었지만 별 흥미가 없었다.

여자는 집으로 돌아오는 차 속에서 남자의 다정함에 감명받았다. 여자는 당시 열네 살이었는데 발육이 좋았고 이미 매력적이었으며 성숙한 데다 자신감도 지니고 있었기 때문에 스무 살이라고 해도 믿을 정도였다. 차 속에서 내내 이야기를 한 쪽은 그녀 자신이었다. 여자는 이 남자와 같이 있는 것이 좋고 편안했으므로 1주일 뒤에 남자가 학교 버스 정거장을 지나다가 태워주겠다고 했을 때 전혀 주저하지 않았다. 그뒤로 남자는 아주 빈번히 차를 태워주었다. 학교 친구들이 그 일로 좀 놀리기도 했지만 여자는 개의치 않았다.

여름이 오고, 여자는 긴 방학 중에 순결을 잃었다. 애인은 여자와 그 또래들이 몇 달간 먼발치에서 숭배해온 17세의 소년이었다. 첫 경험의 충격을 겪은 이후 여자는 둘의 성교를 즐기기 시작했다. 여자는 이 젊은 우상과의 성적 모험을 아주 상세히 묘사하면서 친구들의 부러움을 한 몸에 샀다. 상상으로 지어낸 대목도 더러 있긴 했지만.

같은 해 가을, 여자는 아버지의 고용주와의 학교에서 집까지의 여행을 재개했다. 그녀는 남자의 아내가 암 말기 진단을 받으러 가기 전날 그의 차 안에 있었다. 그뒤로는 남자가 아내의 치료차 도시로 이사 갔기 때문에 몇 개월간 만나지 못했다. 나중에 안 일이지만 여자의 열다섯 번째 생일 다음날 남자의 아내가 죽었는데, 그는 그뒤로 몇 주가 지났을 때까지 나타나지 않았다. 그뒤로는 남자가 시내에 업무가 없을 때마다 여자를 데리러 학교로 오곤 했다. 곧이어 그들은 아예 그가 올 수 있는 날을 잡기 시작했고, 또 그녀 자신도 그를 기다렸다.

겨울이 되어 여자의 남자 친구가 운전면허를 취득하고 그야말로 다 버려진 차 한 대를 얻을 때까지 둘의 성적 활동은 줄어들었다. 그러고 나서 둘은 춥고 쿠션이 형편없는 차 뒷자리에서의 답답한 성관계에 적응해나갔다. 여자는 아버지의 고용주와 그의 호화로운 차 안에서 같은 행동을 하는 상상을 해나가기 시작했다. 침대에서 하는 것하고 똑같겠지. 여자는 이제 수영장 옆에서 햇빛을 받으며 자신의 인생을 뒤바꾼 그 동작을 또렷이 기억해냈다. 차를 타고 집으로 돌아오는 길이었다. 교통신호가 바뀌기를 기다리는 동안 여자는 손을 남자의 허벅다리에 놓고 남자 쪽으로 기대어 볼에 입을 맞추었다.

둘은 차 안에서 성관계를 가진 적이 없었다. 그러나 그 입맞춤으로부터 1주일 이내에 여자는 50대 남자와 17세 소년의 성적 차이를 처음으로 경험하면서 남자의 침대에 누워 있었다. 그 봄과 여름을 통틀어 여자는 남자 친구와 나이 많은 남자를 번갈아가다시피 하면서 1주일에 적어도 두 번의 성관계를 가졌다. 두 남자 모두 상대의 존재를 알지 못했다. 여자와 그녀의 어머니는 가을이 되기 전에 여자가 임신 3개월째라는 사실을 알았다.

여자는 자신의 부모와 아버지의 고용주 말고는 누구와도 이 사실을 의논하지 않았다. 여자는 부모에게 아이의 아버지는 방금 대학 진학을 위해 떠난 어린 남자 친구이며, 그의 부모도 이사 가서 이제 그곳에 살지 않는다고 이야기했다. 아버지의 고용주에게는 그가 아이 아버지라고 말했고, 또 그럴 수도 있는 일이었다. 그는 열다섯 살 먹은 소녀와 성관계를 가졌다는 걸로 비난받을 것을 두려워했다. 그렇지만 그는 소녀와 자신의 아이일 거라고 믿은 아기에 대해서도 순수한 애정을 느꼈다. 남자는 여자의 부모에게, 문제가 생긴 피고용인이라면 누구에게라도 똑같이 했을 거라면서 아기의 양육을 돕겠다고 제의했다. 여자의 부모는 이 부수입의 강력한 효력에 힘입어 여자가 학교를 마칠 때까지 이 아기를 돌보겠다고 자원했다.

여자는 엄마 노릇을 하느라고 주의가 산만하기는 했으나 시험을 훌륭히 치러냈고, 남자는 다시 지원을 제안했다. 이번에는 여자의 대학 교육 비용이었다. 여자는 2년이 약간 넘는 대학 재학 기간 중에 열 명가량의 성적 상대를 만났다. 여자는 그러면서도 학기당 두 번씩 시내 아파트로 후원자를 방문해서 주말 섹스와 상류 생활을 음미했다.

여자는 대학을 졸업하지 않았다. 3학년째에 수개월간의 호된 교정 작업이나 후원자로부터의 탐나는 제의냐의 선택의 기로에서 결국은 학교를 떠났다. 둘은 수개월 동안 많은 곳을 여행했고, 돌아온 뒤부터는 당시 여섯 살이 되었던 딸아이와 함께 살기 시작했다. 여자는 남자를 졸라 저택을 처분하고 지금 그녀가 살고 있는 이 근사한 집을 사들였다. 이들은 세계 도처를 여행하면서 자신들처럼 부유한 부류와 섞여 근 10년을 쾌적하고 호화롭게 살았다. 이들은 아이 둘을 더 낳았는데, 둘 다 아들이었다.

여자의 아이 셋은 모두 유모가 키웠고 기숙학교에 진학하여 집에서 보내는 시간이 아주 적었다. 큰아들은 의심의 여지없이 남편의 아이였으나, 작은아들의 아버지가 누구인지는 여자도 확실치 않았다. 남편일 수도 있으나, 여자가 1주일간 매일 적당한 때를 봐서 성관계를 가졌던 정치가일 수도 있었다. 게다가 한 달만 늦게 침대로 갔더라면 그녀의 전임자, 즉 남편의 전 아내의 암 치료를 담당했던 집안 친구 사이인 의사가 그 아버지일 수도 있는 노릇이었다.

여자의 남편은 작은아들이 여덟 번째 생일을 맞이할 때까지 살았다. 그는 예순다섯에 심장마비로 세상을 떠났다. 10년 전이었다. 여자는 이 집과, 여생을 매우 편안하게 살 수 있을 만큼의 재산을 상속받았다. 여자는 계속해서 자녀의 학비를 대면서 원할 때 여행하고, 이따금씩은 젊은 정원사 따위의 부수적인 사치에 빠져들기도 했다. 남편의 사망 이후로 여자에게는 자신과 여생을 함께하고 싶어하는 남자가 부족했던 적이 없었다. 많은 사람이 홀아비이거나 이혼남이었고, 대부분은 부유층이었다. 여자는 섹스 파트너 없이 지낸 적이 거의 없었고 때로는 여러 명을 동시에 만났다. 그렇지만 누군가와 여생을 함께하는 것만큼은 고집스레 거부했다. 그런 데다 여자는 갈수록 성공이나 상속에 대한 자기만족감에 젖어 있는 남자들보다는 정력과 야망으로 가득 찬 진취적인 젊은이들에게 끌렸다.

이제 스물다섯이 된 여자의 딸은 남편과 함께 외국에 살고 있는데, 막 첫아이 임신 소식을 알려왔다. 두 아들은 각각 열여덟과 열아홉 살로 모두 대학에서 의학을 공부하고 있다. 여자는 자녀 모두에 대한 자부심이 대단했는데, 특히 아들에 대해서 더욱 그랬다. 그녀가 이들에게 해준 것 때문이 아니라—사실 그녀가 해준 것은 별로 없었다—그들의 존재 자체, 또 그들 스스로 해낸 것에 대한 자부심이었다. 둘은 아주 딴판이었는데, 아마도 아버지가 다른 까닭일 것이다. 그러나 둘 다 미남에다 총명하고 조숙하고 자신감 넘치면서도 상냥하고 자상했다. 이 아이들이 숱한 아가씨의 가슴을 태우리란 데는 의심의 여지가 없었다.

아들들이 10대 중반이었을 때는 방학마다 친구들을 집에 데려와 얼마간 함께 지내곤 했다. 전 가족이 나체로 수영하는 모습을 보고 많은 어린 소년들이 충격을 받고 어쩔 줄 몰라 했다. 앞으로 두 주면 두 아들의 방학이 시작된다. 이번에는 해외여행을 떠나기 전에 한 주만 머물 것이다. 게다가 소년들이 아니라 여자 친구들을 데려올 것이다. 여자는 아이들이 이번 여름에도 자신과 나체로 수영을 할 것인가, 그렇게 하면 아이들의 여자 친구들도 동참할 것인가 하는 짓궂은 생각을 해보았다.

여자는 라운지에서 일어나 타월을 뒤로 끌면서 슬슬 파티오로 걸어 들어갔다. 저녁 약속을 위해서 샤워하고 옷을 차려 입어야 할 시간이었다. 여자는 집 안으로 들어가면서, 정원사의 딸치곤 제법 잘해냈다는 생각에 다시 한번 흐뭇했다.

~

이 장면의 여자는 쾌락주의의 잣대로 자신의 생애를 자축했다. 여자 자신의, 그리고 대부분의 사람들의 기준으로 볼 때, 그녀는 실로 '제법 잘해냈다.' 생물학적 기준으로 보아도 그녀는 제법 잘해냈다.

상대의 선택보다 종족보존 전략의 성공에 큰 영향을 미치는 요소는 별로 없다. 그러나 상대의 선택은 복잡하며, 여자에게는 더 그렇다. 여자에게는 여러 방식으로 타협을 해야 하는 경우가 종종 있다. 방금 목격한 장면은 두 가지의 문제―사람들, 특히 여자들이 배우자를 선택할 때 직면하는 문제와, 그러한 문제를 해결할 때 채택하는 방법―를 다루는 이 장의 총 네 장면 중의 하나에 해당한다.

여기서 주인공은 여자가 배우자를 선택할 때 보통 직면하는 종족보존 전략의 장애물을 성공적으로 제거했다. 첫째, 여자는 장기 배우자 선택을 통해 수월하고 성공적으로 자녀를 양육할 수 있는 환경을 이끌어냈다(아무튼 자녀에게 뭐든지 제공해줄 수 있는 위치에 있느냐 하는 관점으로 볼 때). 둘째, 여자는 가장 인기가 많은 남성 유전자의 일부를 자신과 가까운 곳에서 구해냈다. 그 결과 여자는 가장 순조로운 환경을 구가할 수 있는 외모와 능력을 지닌 자녀를 출산했다. 모험적인 전략이었지만 그녀에게는 타고난 능력이 있었다. 그녀는 자신의 과감하고 재빠르면서도 침착한 성격과 타고난 외모를 십분 활용해서 질병, 발각, 유기의 팽팽한 외줄 타기를 성공적으로 해냈다.

여자가 일생을 보낼 한 명 또는 여러 명의 남자를 선택할 때는 다음 두 가지 주요 사안을 고려해야 한다. 한편으로는 자녀를 양육하는 데 도움을 줄 사람이 필요하다. 또 한편으로는 여자 자신의 유전자와 결합해서 매력적이고 출산력 있고 성공적인 자녀를 낳을 수 있는 유전자가 필요하다. 환경이 좋고 도움이 클수록 각각의 자녀가 유전자적 잠재력을 최대한도로 펼칠 수 있는 것이다.

여자에게 곤란한 문제는 유전자를 제공할 남자를 선택할 폭이 장기적 배우자를 선택할 폭보다 훨씬 더 넓다는 점이다. 많은 남자에게 유전자를 제공하라고 설득할 수도 있을 것이다―결국 단 몇 분간의 성관계면 다 되는 일 아닌가. 그렇지만 장기적 배우자의 선택의 폭은 훨씬 제한적이다.

대부분의 사회에서 대개의 남자들은 일평생 한 명 이상의 여자와 그로부터 얻은 자녀를 부양할 시간과 에너지, 재산을 갖고 있지 못하다. 따라서 여자의 장기적 배우자 선택은 딸린 식구가 없거나, 언제든 현재의 아내를 버릴 준비가 되어 있는 남자, 아니면 일가족 이상을 부양할 만한 시간과 정력, 부를 지닌 남자에 국한될 수밖에 없다.

마찬가지로 곤란한 문제는 이처럼 얼마 되지 않는 남자 중에 누가 장기적 배우자로 가장 적합할지를 판별해야 한다는 점이다. 가장 신뢰할 만한 방법은 과거사를 보는 것인데, 그러나 안타깝게도 최고의 장기적 배우자감들은 모두 이미 다른 여자와 짝을 맺고 있다. 따라서 여자의 선택은 대부분 아직 장기적 배우자로 입증되지 않은 매인 데 없는 젊은 남자에 국한된다. 여자가 할 수 있는 일은 잠재성의 징후를 찾은 뒤, 자신의 판단이 정확했기를 기원하는 것밖에 없다.

세계의 많은 문화권에 대한 연구에서 여자가 장기적 배우자를 물색할 때 부, 지위, 안정성, 장기성을 지닌 또는 지닐 가능성이 있는 남자를 선호한다는 점이 지속적으로 밝혀지고 있다. 과거의 모든 문화권에서 이러한 조건의 최상위를 차지한 남자와 짝을 맺은 여자의 자녀가 생존력, 건강, 이에 기인한 다산성을 누릴 확률이 훨씬 높았다. 이 점은 오늘날의 산업화 사회에도 동일하게 적용된다.

좋고 싫은 선호도가 분명할지라도 대부분의 여자에게는 어느 정도의 타협이 필요하다. 이 남자는 부유하지만 가정적이지 않을 수 있고, 저 남자는 높은 지위를 지녔으나 안정감이 없을 수 있다. 또 어떤 남자는 가난하지만 안정되고 가정적일 수 있다. 물론 꼭 첫 번째 남편과 끝까지 살라는 법은 없다. 그렇지만 여자가 첫 번째 배우자를 떠나서 두 번째 배우자에게로 갈 경우에는 타협의 폭을 더 넓힐 수밖에 없음이 연구 결과에서 나타난다.

여자가 자신의 자녀를 양육할 남자를 선택할 때 남자의 외모는 부차적일 따름인 반면에 단기적인 성적 상대를 택할 때는 외모가 훨씬 중요해진다. 여자가 가장 이끌리는 외모는 맑은 눈, 건강한 피부와 머리카락, 단단한 둔부, 둔부와 거의 같은 둘레의 허리, 늘씬한 다리, 넓은 어깨, 재기발랄함과 지적 능력 등이다. 체형의 균형도 한 요소이다. 이 다양한 조건들 모두가 합리적으로 유전자적 건강성, 생식 능력, 경쟁력을 따질 때 신뢰할 만한 요소들이다. 마찬가지로 이는 자녀에게도 바람직한 유전자적 구성 요소를 내포한다.

여자가 단기적 상대와 장기적 배우자에게서 추구하는 요소가 각기 다르면서도 단기적 상대의 선택의 범위가 더 넓기 때문에, 여기서 재차 타협이 요구된다. 여자에게는 두 가지 주요 선택권이 있다. 최우선적으로 취할 수 있는 남자를 장기적 배우자로 택하고, 그러고 나서 최상의 유전자를 얻기 위해서 부정에 의존하는 것이다. 이는 성공 가능하다. 그러나 이미 앞(장면 8~11)에서 설명한 대로, 외도의 불리한 대가를 성공적으로 피했을 경우에만 성립된다. 또한 최고의 유전자 공급자나 최상의 배우자는 못 될지라도 적어도 최고의 협상을 꾀해볼 수 있는 남자를 선택하는 방법도 있다.

종족보존 전략의 많은 측면에서 발견된 대로 여자의 습성과 경험은 다른 동물들에게서도 나타난다. 이번 보기도 같은 경우로, 남자의 부양 능력과 유전자 사이에서 저울질을 해야 하는 것은 여자뿐만이 아니다. 이 문제에 관한 연구에서 가장 많이 알려진 것은 조류인 푸른박새[유럽에 널리 분포하는 박새 속屬의 작은 새로 밝은 코발트 빛의 꼬리를 지니고 있다]의 경우다. 이 종의 암컷은 방금 앞에서 묘사한 여자의 모든 습성을 지니고 있다. 최상의 영토를 차지하고 있고 유전자적으로 우수한 수컷과 짝 지은 운 좋은 암컷은 절대적으로 정숙을 지킨다. 유전자적으로 열등한 수컷과 짝 지은 이웃의 암컷들은 호시탐탐 이 우수한 수컷과의 외도를 노린다. 이들은 우월한 수컷의 영토에 숨어 들어가서 교미를 간구하고는, 깜빡 속아 넘어간 원래의 짝에게로 들키지 않게 돌아간다. 평균적으로 한 둥지 안의 새끼 중 약 3분의 1이 어미 새의 짝이 아닌 다른 수컷에게서 수태되었다. 속아 넘어간 수컷의 실제 범위는, 가장 인기 높은 수컷 0%에서부터 제일 형편없는 수컷 80%까지 분포되어 있다.

사람에게서도 이와 놀라우리만치 유사한 유형이 발견된다. 아버지라고 여겨지는 사람이 아닌 남자에게서 수태된 자녀가 평균적으로 약 10%에 달한다. 그렇지만 어떤 남자들은 이런 식으로 속아 넘어갈 확률이 더 높은데, 바로 가장 못사는, 재산 없고 지위 낮은 이들이다. 이에 해당하는 실질적인 수치는 스위스와 미국의 상류층 남자 1%에서, 영국과 미국의 중류층 남자 5~6%, 영국, 프랑스, 미국의 하류층 남자 10~30%까지로 분포되어 있다. 게다가 하류층 남자를 성적으로 속여 넘길 확률이 가장 높은 이들이 상류층에 속한 남자들이다. 인류학 연구에서도 이와 똑같은 유형을 보여주었다. 높은 부와 지위를 지닌 남자가 배우자를 더 일찍 얻고 자녀를 더 일찍 낳으며, 자신의 아내가 다른 남자에 의해서 임신되지 않게 하지만 바로 똑같은 일을 다른 남자에게 행한다. 따라서 어느 면을 보더라도 부와 지위를 지닌 남자가 낮은 수준에 있는 남자보다 종족보존의 성공을 거둘 가능성이 높다.

조류로 돌아가보자. 수컷이 불임이 아니고서는 '그의' 둥지 안에 있는 새끼 모두가 다른 수컷에게서 수태된 경우는 드물다. 이는 마치 암컷이 새끼를 키우기 위해서는 수컷의 부양이 필요하기 때문에 자신의 짝에게도 항상 어느 정도는 아비가 될 기회를 주는 것처럼 보인다. 사람의 경우도 마찬가지일지 모르겠다. 더군다나 어느 아이가 본배우자의 아이일 가능성이 가장 높은지 따져볼 때에는 분명한 유형이 확인된다. 장면 18의 여자의 경우처럼, 여자의 남편에게서 수태될 확률이 가장 높은 자녀는 둘째이며, 아닐 확률이 높은 자녀는 첫째이고 막내는 특히 더 그렇다. 첫째와 막내의 경우 약간씩 다른 이유에서 그렇기는 하지만.

여자가 장기적 배우자를 결정하여 정착하기 시작할 때 이미 임신을 하고 있는 경우가 종종 있다. 또 그 남편이 아이의 아버지가 아닌 경우도 종종 있다. 남자가 이 사실을 알고서도 앞(장면 9)에서 설명한 이유대로 어쨌건 여자와 그 아이를 받아들이는 경우(장면 15)가 때로 있다. 그러나 때로는 남자가 아무것도 모르고 있는 경우도 있다. 여자가 외도할 확률이 가장 낮을 때는 둘째 아이의 임신을 몇 주 혹은 몇 개월 앞둔 시기이다. 그렇지만 그뒤에 생긴 자녀가 외도의 산물일 확률은 더욱더 높다.

최상의 배우자 및 최고의 유전자 공급원을 판단하고, 최적의 조건으로 협상하는 것은 여자가 상대를 얻기 위해서 겪어야 할 문제의 한 측면일 뿐이다. 남자를 선택했으면 이젠 그 사람을 선택된 역할에 배치시켜야 한다. 이는 그 남자가 여자에게 충분히 끌려야만 가능한 일이다. 만약 여자가 자신이 처음 선택한 남자를 얻을 수 없다면 다시 한번 협상에 나서야 한다. 여자가 최종적으로 배치하는 남자는 자신이 원하는 남자와 자신에게 이끌린 남자들 사이의 타협점이 될 것이다. 장면 18의 여자는 성공했다. 나이가 자신보다 서른다섯 살이나 많은 부유하고 성공한 남자가 군중 속에서 그녀를 찍었으니까. 나아가서 여자는 부정을 들키지 않았고 또 다른 성공한 남자들의 유전자까지도 얻었다. 거기에다 이 남자들이 그녀와의 성관계가 위험을 감수할 만한 가치가 있다고 판단을 내림으로써 여자는 다시 한번 성공한 것이다. 요약하자면 이 여자는 남자들에게 배우자로서도 연인으로서도 매력적이었기 때문에 성공했다.

그러면 남자들이 이 여자에 대해서 그토록 매력적으로 느낀 점은 어떤 것이었는가? 남자가 배우자와 연인을 택할 때 사용하는 기준은 무엇이며, 여자가 사용하는 기준과는 어떻게 다른가?

기본적으로 남자가 여자를 선택할 때는 건강 상태, 출산력, 정숙함을 본다. 물론 의식적으로 그러는 것은 아니지만. 남자가 여자를 볼 때 곧바로 자녀 출산 및 양육 능력을 언급하지는 않는다. 그럼에도 불구하고 남자의 신체가 매력적으로 느끼도록 입력되어 있는 여자의 체형은 이 측면의 잠재력을 그대로 반영한다. 남자는 여자와는 달리 배우자나 연인에 상관없이 흡사한 기준을 적용한다―어느 경우에나 먼저 고려하는 점은 외모와 행동 방식이다. 중요한 외모는 체형인데, 특히 허리와 엉덩이의 비율이다. 남자는 말랐거나 뚱뚱하거나에 상관없이, 허리둘레가 엉덩이 둘레의 70%가 되는 여자를 선호한다. 이 취향은 역사적으로나 (동상, 그림, '여자가 나오는' 잡지 등으로 판단해볼 때) 인류 전 문화권을 통틀어 보아도 (바위에 그려진 그림과 작은 규모의 도기상陶器像 등으로 판단할 때) 놀랄 만치 일관적으로 나타난다. 어떤 문화는 깡마른 여자를 선호하고 어떤 문화는 뚱뚱한 여자를 선호한다. 그러나 어떤 문화권의 남자라도 허리가 둔부보다 훨씬 가는 여자를 선호한다. 이는 곧 이러한 체형이 양호한 호르몬 균형, 질병에 대한 강한 항력, 높은 출산력을 반영한다는 설명이 된다.

　남자는 전 세계 어느 지역을 막론하고 체형과 더불어 맑은 눈, 건강한 머릿결과 피부, 얼굴형, 특히 얼굴형의 균형감에 강한 반응을 보인다. 이러한 외모는 다시 한번 건강과 그에 기인한 출산력을 가늠하게 하는 척도가 된다. 대부분의 문화권의 남자는 가슴의 크기와 모양에도 반응을 보이지만 실제로 선호도는 다양하며, 여자의 가슴 형태와 자녀 수유 및 양육 능력 사이에는 아무런 연관이 없다. 마지막으로 남자가 강한 반응을 보이는 것은 출산의 잠재력을 상징할 수도 있는 온순함, 의존성 등의 성격적 특성이다. 이러한 특성들은 적어도 얼마 동안은 속이기 쉬운 편이지만 말이다.

　남녀 간 상대에 대한 선호도에는 한 가지 차이점이 더 있다. 여자는 장기적 배우자를 볼 때 자신보다 나이 많은 남자를 선호하는 경향이 있다. 그러한 남자가 더욱 자신의 능력을 많은 시간 충분히 증명해왔으며 여자가 가지게 될 자녀를 양육하는 데 필요한 재산을 축적해놓았을 가능성이 더 높은 것이다. 그렇지만 남자가 아주 부유하지 않은 한 일단 50세를 넘기면 출산력 있는 젊은 여성에게 매력적이기가 갈수록 어려워진다. 여자가 그런 남자에게서 자녀를 얻었을 경우에 남자가 자녀의 독립 이전에 사망할 확률이 높은 까닭이다.

반면에 남자는 출산력이 있을 정도로 나이가 들었으면서도 출산 가능성이 가장 높은 여자를 선호한다. 이렇게 되어야 자신의 투자로부터 더욱 많은 자녀를 얻을 수 있기 때문이다. 따라서 스무 살이건 일흔 살이건 상관없이 남자가 가장 선호하는 새 배우자의 나이대는 약 20세, 또는 그 이하이다. 이런 까닭에 아주 성공한 남자가 자신의 중년 배우자와 첫 가족을 떠나 새 가정을 꾸미고 두 번째 가족을 시작할 때는 훨씬 젊은 여자와 함께일 확률이 매우 높다.

나이는 들었지만 아직 출산력이 있는 여자 역시 젊은 남자와의 관계에서 이점을 누릴 수 있다. 남자가 육체적으로 절정기에 있을 때 육체적 우수성을 알아보기가 더 쉽기 때문이다. 그러나 이런 남자라면 여자에게 먼저 있던 자녀나 그들 관계에서 생겨날 자녀는 고사하고 나이 많은 여자 한 사람도 건사하지도 못할 처지에 있는 경우가 대부분이다. 따라서 나이 든 여자가 젊은 남자를 겨냥하는 경우는 안정된 장기간의 결혼 생활 가운데 일시적 외도를 원할 때가 대부분이며, 젊은 남자를 장기적 배우자로 선택하는 경우도 별로 없다.

장면 18의 여자는 자신의 재산 덕분에 제한에서 자유로울 수 있었다. 이 여자는 '정원사' 중 누구라도 얼마간 자신과 함께 살도록 초대할 수 있었으며, 아이를 더 낳을 수도 있었다―이들 모두가 유전자적 잠재성 면에서 매우 신중히 선택되었다. 그녀는 자기 자신의 건강이나 원래 있던 자녀와 장래 손자의 미래에 전혀 손상을 입히지 않고서도 의심할 바 없이 이들 젊은 남자 가운데 한 사람에게서 자녀를 하나 더 낳아 키울 수 있었을 것이다. 새로 생긴 자녀에게 돌아갈 몫을 줄여야 할 필요도 없었다. 우리가 이 장면을 떠날 즈음 여자는 이 과정을 따르고 있지는 않았지만, 여자에게는 아직도 그럴 시간이 남아 있다. 많은 부유층 여자가 그렇게 한다.

마지막으로, 여자가 출산기를 넘기거나 남자가 출산력이 있는 젊은 여자에게 더 이상 매력적이지 못하게 되면(장면 11) 상대를 선택하는 기준이 바뀐다. 장기적 배우자의 선택은 여전히 종족보존 전략에 영향을 미치지만, 앞으로 함께 출산하게 될 자녀를 통해서는 물론 아니다. 그 대신 이들이 전前 부부 관계에서 낳은 자녀의 생존과 출산의 효과를 통해서다(장면 11). 남녀 구분 없이 부, 지위 그리고 훌륭한 계부 또는 계조부 노릇을 할 잠재력이 배우자 선택에 가장 중요한 요소가 된다. 마찬가지로 대부분의 사람에게는 여전히 타협이 필요하다.

이제 남녀 간—나이를 불문하고—에 배우자를 선택하고 배치하는 것 이상으로 이해관계의 갈등을 일으키는 점은 없음을 확연히 알 수 있을 것이다. 모든 사람이 자신이 선호하는 범주에서 최상의 배우자를 물색하지만 자신의 선호도에 딱 들어맞는 사람과 짝 지어지지 않을 수도 있다. 경쟁은 치열하다. 모든 것이 타협이고 시간은 제한되어 있다. 만약 너무 쉽게 궁색한 조건을 받아들여버린다면 앞으로 있을 더 나은 조건을 놓칠 수도 있다. 그러나 최상의 조건을 찾아서 시간을 너무 소모하는 것 역시 불이익이 될 수 있다. 더 나쁜 조건에 낙찰을 보아야 할 수도 있고, 아니면 심지어는 아예 아무와도 맺어지지 못할 수도 있다. 최고의 상은 언제까지 탐색전을 지속할 것이며 (기회가 지금뿐이라면) 언제 자신이 얻을 수 있는 것에 만족해야 하는지를 정확히 판단하는 자에게 돌아갈 것이다.

여자가 상대 선택에 사용하는 기준에는 놀라운 결과가 기다린다. 특히 부와 지위를 지닌 남자에 대한 여자의 선호도와 충절도가 그렇다. 그러한 남자의 아들들은 그보다 낮은 생활수준의 아들들에 비해서 종족보존상의 큰 성공을 거둔다. 이들은 장기간의 부부 관계를 통해서만이 아니라, 자신의 아버지가 그랬듯이 다른 남자의 아내를 수태시킬 평균 이상의 기회를 누리기 때문이다. 나아가 그런 남자와 결혼한 여자는 딸을 낳았을 때보다 아들을 낳았을 때 더 큰 성공을 누리게 된다.

가장 많은 자녀를 얻은 것으로 기록된 한 남자(모로코의 전 황제)가 얻은 자녀 수는 888명이며, 여자의 경우는 69명(27회 이상의 임신)이다. 이보다 평범한 수준을 비교해보아도, 더 많은 자녀를 얻는 것은 여자보다 남자가 용이하다. 이유는 명백하다. 남자가 여러 여자에게서 자녀를 얻을 수 있는 데 반해, 여자는 모든 자녀를 (최근의 대리모 제도가 생기기까지는) 스스로 낳아야 한다. 그러므로 **성공적인 아들**이 성공적인 딸보다 더 많은 손자를 여자에게 안겨줄 수 있다. 아들의 최종적인 사회적 지위가 높을수록 성공 확률은 높아진다. 부와 지위를 획득할 유전자적 잠재력뿐 아니라 부와 지위 그 자체가 상속될 수 있으므로, 상류층 부부가 하류층 부부보다 많은 아들을 낳을 것이라고 생각할 수 있다—그리고 그렇게 된다. 전 세계 곳곳의 연구는 상류층 부부의 자녀 성비가 아들 쪽으로 치우쳐 있음을 보여준다(국내 명사록 명단에 오른 남녀의 자녀들을 예로 들어보자). 이 편중은 눈에 확연히 보이는 것이라기보다는 통계상—남아 115명 대 여아 100명 수준—으로 확인되는 바이나, 때로는 인상적으로 나타날 때도 있다. 예컨대 미국의 역대 대통령들은 90명의 아들과 61명의 딸을 낳았는데, 이는 남아 148명 대 여아 100명에 상응하는 수치다.

그러면 모든 여자가 아들을 더 많이 낳는 것이 낫지 않겠는가? 사실 어느 정도는 그렇다. 평균 비율은 남아 106명 대 여아 100명이다. 그러나 아들이 유년기에 사망할 확률이 더 높기 때문에, 생존한 자녀가 종족보존을 시작할 시기가 되면 성비는 대략 동등해진다. 그렇기는 하지만 평균 수준의 여자가 상류층 남편을 둔 여자보다 아들을 낳을 확률이 더 낮으며, 하류층의 남편을 둔 여자와 남편이 아예 없는 여자는 딸을 낳을 확률이 더 높다. 왜 그런가?

종족보존상 아들이 딸보다 훨씬 불안정한 요소이기 때문이다. 더 많은 자녀를 낳을 **잠재력**에도 불구하고 아들은 종족보존을 시작하기 전에 사망할 확률이 높으며, 따라서 시도를 하더라도 자녀를 전혀 낳지 못할 가능성 또한 높다. 아들이 종족보존 전략에 경쟁력을 갖추지 못하고 있다면 별 볼일 없는 선택이 되고 만다. 모든 여자가 단 두 명의 자녀만 출산하는 사회가 있다고 가정해보자. 모든 남자가 세 명의 여자에게 여섯 명의 자녀를 수태시킨다면, 앞으로 한 명도 수태시키지 못하는 남자가 두 명 생길 것이다. 딸이 더 안전한 선택이 되는 지점이 두 곳 있다. 첫째, 어머니에게 딸이 아들보다 더 많은 손자를 안겨주기는 상대적으로 어렵지만, 딸이 하나도 낳지 못하는 것 역시 상대적으로 더 어렵다. 둘째, 어머니는 자신의 딸이 낳은 손자 모두가 자신의 손자임을 확신할 수 있다. 아들 쪽의 손자에 대해서는 그만큼의 확신이 어렵다.

그러므로 아들이 생존할 수 있을 뿐 아니라 다른 남자들에 비해서 종족 보존 면에서 우위를 확보할 때에만 아들을 낳을 가치가 있다. 따라서 원론적으로 볼 때 장기적 배우자가 없는 여자와, 하류층 남자와 결혼한 여자가 딸을 더 많이 낳는다는 사실—또는 상류층 남자와 결혼한 여자가 아들을 더 많이 낳는다는 사실—에 놀라서는 안 된다. 이 두 극단의 중간에 위치한 대부분의 여자가 자녀의 성별에 아무 편향을 보이지 않는다는 사실에도 놀라서는 안 된다.

장면 18의 여자가 아직 학생이던 시절에 '사고'로 딸을 낳고 상류층의 부유한 남자와 결혼한 후 두 아들을 낳은 것은 아주 제대로 해낸 것이다. 다만 여자가 **어떻게** 이 편향을 조절했는지만큼은 알 수 없다. 상류층의 남자가 '남성' 정자를 생산하는 것은 아니다. 그렇다고 해서 그 남자들의 일시적 연인들이 그래야 하기 때문에 딸을 많이 낳는 것도 아니다. 상류층 남자가 아내에게는 '남성' 정자를 더 많이 사정하고 애인에게는 '여성' 정자를 더 많이 사정한다는 것도 말이 되지 않는다. 합당한 설명은 이 편향이 여자에 의해서 조절된다는 점 하나뿐이다. 정자가 나팔관의 수태 지역에 들어올 때 여자의 신체가 정자의 성별을 편향적으로 받아들이거나, 수정 이후의 착상 과정에서 태아의 성별을 선택하는 경우 중 하나가 될 것이다. 만약 태아가 어머니의 상황에서 '잘못된' 성별이라면, 자궁에서 착상을 허용하지 않을지도 모른다(장면 16).

대부분의 사람들에게 배우자 선택의 전 과정은 혼란과 함정의 지뢰밭이며, 특히나 처음으로 배우자를 구하는 청년기 후반의 남자와 여자에게는 더욱 그렇다. 우리의 여주인공은 이 지뢰밭을 잠재의식적인 고도의 정확성으로 헤쳐 나왔다. 그녀는 자신의 부모에게서 물려받은 탁월한 유전자에 힘입어 그렇게 할 수 있었다. 여자는 그 결과 세 자녀를 보았으며, 앞으로 더 낳을 수도 있겠지만, 셋 모두가 동류 집단 내에서 종족보존에 걸출한 남자 또는 남자들에 의해서 수태되었다. 그녀의 딸은 벌써 손자를 낳기 시작했으며, 두 아들에게는 자신의 가족을 이룰 수 있을 뿐 아니라 다른 여자들의 외도의 과녁이 될 만한 잠재력이 충만해 있다. 그녀는 자손의 번식과 번영의 모든 징표를 쥐고 있다. 다음 세대로 건너가면, 그녀의 유전자가 그녀에게 뒤처진 경쟁자들의 유전자보다 많은 인구를 점하고 있을 것이다. 그녀의 일생은 생물학적으로나 보나 쾌락주의적으로나 보나 모두 성공이었다.

장면 19
공정거래

토요일 밤, 두 쌍의 부부는 책상다리를 하고 바닥에 둥글게 앉아 있었다. 곁에 술을 잔뜩 마련해놓고 이들은 카드놀이를 시작했다. 이들은 저마다 속으로 긴장감과 성적인 흥분을 느끼고 있었다. 이들은 바로 다음 순간이 자신들의 생에서 성적으로 획기적인 전기가 되기를 갈망하고 있었다.

이들이 알고 지낸 지는 7년이 되었다. 이들은 서로의 배우자들에게 성적으로 끌려왔지만 부정을 행한 적은 없었다. 한 부부는 피임 없는 성생활을 5년간 지속해왔지만 자녀가 없었다. 또 한 부부는 두 아이가 있었다. 근년 들어 이 두 쌍의 부부 관계는 각기 다른 이유로 삐걱거려왔다.

아이 없는 부부는 부인하기 어려운 인생의 공허감을 느꼈는데, 그것은 그 많은 돈과 여행으로도 떨쳐지지 않았다. 이들이 처음 만났을 때는 서로에게 완벽한 듯했다. 남자는 키가 크고 근육질에다 야망과 위트가 넘쳤고 어디에서나 두드러지는 사람이었다. 여자는 활기에 넘쳤고 개방적이고 자유분방했으며 옷차림이 항상 자극적이었다. 남자는 가는 곳마다 여자들이 따랐고, 원하기만 한다면 매주 새 섹스 상대를 만들 수 있을 정도였다―그리고 사실 그렇게 했다……종종. 여자 역시 따르는 남자가 많았다. 커플로 공인되자 이들은 서로의 상대가 되었다는 점만으로도 숱한 영광을 누렸으며, 이전의 분방했던 생활을 정리하고 진지한 관계를 형성했다.

4년 뒤에는 1년간의 무피임 성생활 끝에 불임 검사를 받았으나 둘 중 어느 쪽에서도 명백한 불임 증후는 나타나지 않았다. 여자는 배란 중이었고 막힌 나팔관이 없었으며 정상인 듯했다. 남자는 꽤 많은 양의 정자를 생산했는데, 그 점을 제외하면 역시 정상으로 보였다.

처음에는 자신들의 문제에 역동적인 성생활로 대처해보려고 했지만 그다음 1년도 실패로 돌아가자 이 부부는 점차 주기적인 성생활에 대한 흥미를 잃었다. 이들은 속으로 두 사람의 실패가 서로 상대 쪽의 잘못 때문이길 바랐으며, 그런 생각으로 인해서 상대의 성적 특성을 비난하기에 이르렀다. 여자에게는 이제 남편의 크기와 힘이 쓸데없이 우악스럽기만 한 데다가 이기적인 것으로 보였다. 남자는 아내의 거리낌 없는 대화와 자극적인 의상 감각을 내면의 불감증을 은폐하기 위한 천박함일 뿐이라고 여겼다.

아이가 있는 부부는 아주 달랐다. 둘 다 나름대로 매력적인 사람들이었지만 친구 부부보다 훨씬 덜 외향적이었다. 아이 없는 부부와 견주어볼 때, 이들 부부에게 사교계의 영예 같은 것은 따르지 않았다. 남자는 작고 조용했으며 성실히 일하는, 믿음이 가는 사람이었다. 여자는 새침데기에다 정이 많고 모성애가 넘쳤다. 이들 부부는 두 아이의 경우 다 임신이 되기까지 8개월가량 노력을 들였으며, 부모라는 한 팀으로서 이들은 더할 나위 없었다. 이 부부는 남자가 일하는 시간을 제외하면 떨어져 있는 시간이 거의 없었다.

그러나 최근 들어 재정적 곤란이 가중되면서 이들 사이에도 마찰이 생겨났다. 이들의 상황은 회사 고용주 쪽에서 남자를 야망과 카리스마가 없다는 이유로 변두리 부서로 이동시키면서 더욱 악화되었다. 남편의 별 볼일 없는 직업에 갈수록 갑갑해진 여자가 상황을 개선시키지 못하는 남편의 무능함을 비난하는 경우가 늘었다. 남자 쪽에서는, 아내를 하루 종일 엄마 노릇밖에 하지 못하게 만들어놓고서 이제 와서 그녀의 새침함과 다소곳함을 미련하고 무미건조하다고 여겼다.

이들 두 부부는 시들어가는 성생활을 포르노로 돌이켜보려고 했다. 그러나 이 이미지의 충격도 몇 주 만에 무뎌져버렸다. 그리고 나서 네 명이 함께 영화를 보기 시작했을 때 흥분이 잠깐 다시 불붙는 듯했다. 하지만 이 흥분의 원천조차 마침내는 사그라지고 있었다—오늘 밤이 되기까지. 이들이 이제 시작하려는 '놀이'에 관한 생각은 상대 맞바꾸기를 보여준 영화에서 비롯되었다. 이들이 방금 시청한 비디오에서, 남자들이 자동차 열쇠를 방 한가운데 던졌다. 여자들이 열쇠를 집어 들고는 열쇠의 주인과 짝을 지었다. 그 방은 금세 발가벗고 성교하는 육체로 가득 찼다.

특유의 대담함으로 자기들도 맞바꾸기를 시도해야 하지 않겠느냐고 제안한 건 아이 없는 여자였다. 처음에는 모두가 농담으로 받아들였으나 술기운이 오르면서 이들은 그 가능성을 심각하게 고려하기 시작했다. 얼마 되지 않아 이들은 희망 사항이라기보다는 그 현실성에 관해서 이야기하고 있었다. 이들은 작전이 아니라 확률에 기초한 카드 게임을 궁리해냈는데, 승자가 옷을 한 겹씩 벗기로 하는 것이었다. 처음으로 옷을 다 벗은 남자가 처음으로 옷을 다 벗은 여자와 관계를 맺는 것으로 정해졌다.

두 남자 중 작은 남자가 연달아 게임에 이겨 알몸이 되었을 때 또 한 남자는 이제 겨우 시작하려는 참이었다. 그는 근육과는 거리가 멀었고 상대적으로 고환이 작았지만 음경은 평균보다 컸다. 뒤로 물러나 앉아서 두 여자가 조금씩 자신의 여성을 노출시키는 것을 지켜보면서 그는 자신의 발기에 자부심을 느꼈다. 이 게임은 실망스런 결과로 끝이 났다. 막판에 그다음으로 알몸이 된 것은 자신의 아내였던 것이다. 여자가 속옷을 벗었을 때 또 한 쌍의 부부는 여자의 거대한 삼각형 거웃과 빼어난 몸매에 넋을 잃고 있었다. 그 자리에서 게임의 법칙을 바꿔야 한다는 주장이 나왔다. 이 부부는 관계를 갖되 다른 부부가 다 보고 있는 자리에서 가져야 한다는 것이었다.

친구들보다는 덜 과시형인 이 '운 좋은' 부부는 자신들의 공연을 제대로 시작할 수 없었다. 웃음, 자의식, 금방 수그러든 발기 등으로 행사는 거의 끝나가고 있었다. 결국은 다 같이 누웠을 때 다른 부부가 그들에게 애무와 키스를 했고 이들의 부끄러움을 강렬한 성적 흥분으로 몰아갔다. 상대 부부에게 계속해서 애무를 받으면서 행했던 성교는 그들이 이제껏 느껴보지 못한 강렬한 경험이었다.

방금 본 것만으로도 거의 즉흥적인 사정이 이루어질 만큼 열기가 오른 아이 없는 남자는 카드 게임은 집어치우자고 주장했다. 자신의 아내가 아니라 이미 탈진해 있는 여자와 관계를 해야겠다는 것이었다. 누군가가 말을 떼기도 전에 그는 이미 여자에게 다가갔다. 이 여자는 이 순간을 앞으로 몇 년간 숱하게 기억하게 될 것이었다. 그녀가 그를 받아들일 때 받은 느낌, 남편보다도 더 큰 그의 음경이 부드럽게 안으로 들어올 때의 그 느낌과 더불어 항상 기억하게 될 감정은 죄책감도 흥분도 아니었다. 그것은 무한한 환영이었다. 잇달아 흥분도 느꼈지만 오래가지는 않았다. 남자가 너무 흥분해 있었기 때문에 순식간에 사정하고 말았다.

모두가 알몸이 된 지금, 처음에는 첫 번째 남자의 발기가 회복되도록 그냥 기다리느라, 그다음에는 도움을 주느라 반 시간에 걸친 술에 취한 조악한 막간극이 벌어졌다. 이 일이 일어나길 그 누구보다 간절히 기다려왔을 아이 없는 여자는 자기 차례가 오지 않을까봐 조바심을 태우고 있었다. 첫 번째 남자는 극도로 부담스러워했으나, 결국에는 다른 여자와 성교를 하게 되리라는 기대에다 두 여자가 동시에 성적 방탕을 부추긴다는 사실이 확실히 효과를 발휘했다. 첫 번째 남자는 아이가 없는 여자가 원하는 대로 여자가 무릎을 꿇고 의자에 엎드린 체위로 삽입했다. 자신의 아내가 다른 남자와 관계하는 것을 지켜보면서 아이 없는 남자는 다시 한번 흥분했다. 그는 친구가 채 빼내기도 전에 달려들었다.

이들의 실습은 다시는 되풀이되지 않았다. 한 달 뒤에 두 여자 모두가 임신 사실을 알았다. 두 부부 모두 아이 아버지는 이미 번식력을 증명한 바 있는 남자일 것이라고 추측했다. 그러나 상당히 어긋난 추측이었다. 두 아이 다 불임인 줄만 알았던 그 남자의 자식이었다.

두 부부의 관계는 그뒤로 5년간 유지되었다. 아이가 태어난 뒤로 얼마간은 두 부부 다 관계가 안정된 듯했다. 외향적인 부부는 무피임 성생활을 지속했지만 아이가 더 생기지 않았고 상호 비난이 심해졌다. 남자가 친구의 아내와 외도를 시작했다. 이번에는 비밀로 했다. 하지만 결국 이들은 부정을 고백했고, 두 부부 모두 별거에 들어갔다. 외도한 쌍은 여자의 세 자녀를 데리고 함께 살기 시작했.

외향적인 남자의 생은 경제적인 면에서 성공에서 성공으로 치달았기 때문에 그날 밤 수태된 두 아이뿐 아니라 의붓자식을 부양하는 데도 걸림돌이 없었다. 그는 이제 자신이 불임이라고 확신하고 있었다. 그러나 상승하는 부와 지위, 사그라질 줄 모르는 육체적 매력으로 인해서 다른 여자들에게 더욱 강력한 자석이 되어갔다. 그는 가끔 외도를 했다. 그의 새 아내는 그의 외도 사실을 알고 있었다—그러나 무슨 일이 생기더라도 여자 자신과 그녀의 세 아이는 경제적으로 안전하다는 것을 보장하는 조건으로 그의 행위를 눈감아주는 데 동의했다. 그로부터 몇 년에 걸친 방탕한 관계에서 그에게는 자신도 모르는 사이에 두 아이가 더 생겼다.

앞의 몇 장면에서 우리는 남녀가 자신의 부정을 할 수 있는 데까지 숨기려고 하는 것을 보았다. 숨기는 데 실패하면 고생이 따랐다. 그런데 여기에서 우리는 드러내놓고 부정을 행하는 네 사람을 만난다. 상대 바꾸기는 서구 사회에서 특별히 흔한 것은 아니지만 인간의 성생활이라는 풍성한 모자이크의 한 부분—게다가 정자전쟁을 촉발하는 부분—으로 인정할 만큼은 나타난다. 1970년대에 미국에서 이루어진 한 연구에서는 5%의 부부가 다른 부부와 공개적으로 상대 바꾸기를 한 적이 있다고 나타났지만, 그중 거의 80%가 한 번이나 두 번밖에 하지 않았다. 어떠한 환경이 그러한 행위로 하여금 실질적으로 한 사람의 종족보존 성공을 증진시키게 이끄는가?

한 사람이 일생 동안 배우자와 애인을 선택하는 기준이 단계별로 바뀐다는 것이 그 답이 될 수 있을 것이다. 물론 장면 19에서 처음 공개 외도가 모의되었을 때 네 주인공의 의식은 피상적인 점에 몰두해 있었다. 흥분과 공포가 같은 비율로 흥을 돋우었을 것이다—부정이 임박했다는 데 흥분도 했으나 그들의 신체와 그들이 행할 성적 사건에 대한 공포감이 어느 정도는 그 흥분을 가라앉혔을 것이다. 그러나 잠재의식을 보면, 그들의 신체는 한결 더 중요한 사안을 다루고 있었다. 그들이 계획한 행동이 앞으로 가져다줄 종족보존상의 이득은 종족보존상의 손실을 상회할 수 있는 것이었을까?

외향적인 부부는 쉽게 결정을 내렸다. 그들은 5년간의 무피임 성생활에서도 자녀를 얻지 못했다. 서로 상대 쪽이 불임일지도 모른다고 생각하고 있던 차에 번식력이 증명된 누군가와 성교할 황금 같은 기회가 생긴 것이다. 이 부부의 의식과 잠재의식 모두가 동일한 결론에 도달했을 것이다.

또 한 부부는 어렵사리 결정을 내렸지만 의식 속에서는 어느 쪽도 자신들의 신체의 논리를 읽어내지 못했을 것이다. 이 부부는 집과 재정 형편이 빠른 속도로 악화되고 있었다. 상황이 나아지지 않으면 두 자녀를 제대로 키우는 것조차 부담이 될 수도 있었다. 그러니 이들이 어떻게 아이를 또 낳을 수 있겠는가? 남편은 자신의 도움 없이도 아이를 키울 수 있을 사람을 만나야만 셋째 아이를 낳을 수 있었다. 친구의 아내가 바로 그런 가능성을 제공했다. 반면에 그의 아내는 현재의 남편인 그보다 나은 경제적 지원을 해줄 수 있는 사람만 있으면 셋째 아이를 능히 성공적으로 키울 수 있었을 것이다. 친구의 남편에게 잠재력이 있다는 것이 그녀의 신체의 판단이었다. 그는 부유했을 뿐만 아니라 결혼 생활이 눈에 띌 정도로 위태로웠다. 만약 그 자신의 아이일 것이라고 생각되는 아이를 낳는다면 그가 경제적 도움을 줄지도 모르는 일이었다. 아니면 현재 그의 아내인 친구로부터 아예 그를 빼앗을 수 있는 일이었다. 여자의 신체는 그 무엇보다도 이 남자를 통해서 임신함으로써 이득을 얻을 수 있었다. 즉 그는 여자들에게 매우 매력적일 뿐만 아니라 인생에서 고도의 지위를 성취해냈다. 유전자 면에서, 이 남자의 아이가 현재 남편에게서 얻을 아이보다 훨씬 더 성공적일 수 있었다.

물론 두 부부 모두가 부정에 따르는 손실을 볼 수 있었다—예컨대 질병의 위험 같은 것이다. 그러나 대개 부정 행각에서 벌어질 법한 대부분의 위험은 그 상황의 성질상 최소화되어 있었다. 모든 주인공들이 앞으로 벌어질 일을 알고 있었고 또 그에 동의한 상태였기 때문에 자신의 배우자를 속일 필요도 없었고, 따라서 발각될 위험도 없었다. 서로가 지켜보는 가운데 이루어지는 성교에 동의함으로써 모든 속임수의 가능성을 제거했다. 두 부부의 관계는 이미 불안정했고, 그날 밤의 사건 때문에 자신의 배우자에게 버림받을 위험이 그전보다 더 클 것 같지는 않았던 것이다.

그리하여 네 명 모두의 잠재의식 속에서 한판의 상대 바꾸기로 무엇인가 득을 볼 수 있을 것이라는 계산이 돌아가고 있었다. 그리고 판명되었듯이, 네 명 모두가 옳았다. 세 명의 경우는 이 점을 쉽게 이해할 수 있다. 아이 없는 여자는 임신했다. 그녀의 남편은 하룻밤에 두 아이를 수태시켰다. 또 한 여자는 처음에는 고생했지만 결국에는 첫 번째 남자를 그 아내로부터 빼앗아 그의 부를 누릴 수 있었고 세 자녀를 성공적으로 키울 수 있었다. 방탕의 그 밤이 없었더라면 그녀에게는 두 아이밖에 없었을 것이고 그마저 힘들여 키워야 했을 것이다. 나머지 남자의 경우 그가 내렸던 결정의 가치를 이해하기란 그렇게 쉽지 않다. 물론 그는 그날 밤에 두 아이를 더 얻었다고 **생각했다**. 그러나 아니었다. 게다가 그는 5년 동안 (자신의 아이라고 생각했지만 사실은 아니었던) 셋째 아이의 양육에 시달려야 했다. 그는 마침내 본인의 동의하에 자기 아내와 부정을 행한 남자 때문에 아내에게 버림받았다. 그 결과 그가 그토록 아끼던 자녀들과의 일상적 접촉마저 할 수 없게 되었다.

얼핏 보기에는 그의 이야기가 대단한 성공담처럼 느껴지지는 않을 것이다. 그러나 그날 밤 사건의 결과 진짜로 그의 자녀였던 두 아이는 더 수월하게 양육되었고 그 자신이 제공할 수 있었던 것보다 양호한 인생의 출발을 맞이했다. 그는 여전히 아이들을 가끔 만났고 그가 줄 수 있는 도움을 주었다. 두 아이에게는 때때로 그와 함께 보낼 수 있는 시간이 주어졌고, 그래서 자신들이 정말로 아버지에게 버림받은 것이라는 느낌도 결코 받지 않았을 것이다. 만약 그날 밤 사건에 동의하지 않았더라면 그는 자신의 두 아이를 키우느라 안간힘을 써야 했을 것이다. 그리고 앞의 장면 9, 장면 11, 장면 16에서 보았듯이, 그러한 안간힘이 때로는 비참한 결말을 안겨주기도 한다는 사실을 염두에 두면 좋을 것이다. 그는 언젠가는 그보다 더 못한 상황에서 자신의 아내에게 버림받았을지도 모른다. 특히나 그의 행복과 불행은 자신의 자녀 양육을 떠맡은 남자에 의해서 좌지우지될 운명이었다. 이 덜 외향적인 남자의 성공에서 핵심 요인은 실로 그의 친구가 좋은 계부로 판명되었다는 점이다. 물론 부분적으로는 그가 자신의 자녀가 새 환경에서 양육되는 방식을 가까이서 일일이 지켜보았기 때문이다. 그러나 이것이 가능했던 결정적인 이유는 그의 전 아내가 새 남편의 외도를 눈감아주었기 때문이다. 후자는 타고난 일부일처형은 아니었으나, 자신이 난봉질을 지속할 수 있는 한 그녀의 자녀 양육을 기꺼이 돕고자 했다. 말하자면 여자는 무슨 일이 생기더라도 자신과 세 자녀가 경제적으로 보호받는다는 보장과 그의 성적 자유를 거래한 것이다.

이들 네 명은 그날 밤의 성적 방탕으로 모두가 득을 보았다. 그러나 일이 다르게 돌아가서, 그전까지 아이가 없던 남자가 그 두 판의 정자전쟁에 승리하지 못했더라면 그는 크게 손해를 보았을 것이다. 그러나 사실 그가 패배할 확률은 거의 없었다. 그는 정자를 너무 많이 생산하는, 정자전쟁 전문가였다. 너무 적게 생산하는 그의 친구는 정자전쟁 전문가가 아니었다. 이 전문가가 일부일처 상황에 있었고, 그의 번식력이 정상보다 낮았을 때를 따져보자. 사정 때마다 그의 정자잡이와 난자잡이가 아내의 난자 주위에 엄청난 양으로 몰려들었다. 많은 정자가 한꺼번에 난자 안으로 들어갔고 난자를 둘러싼 정자 무리에서 밀도 높은 치명적인 성분의 물질이 흘러나왔다. 난자는 항상 죽었다. 그러나 그의 정자가 전투지에 보내졌을 때, 그는 말 그대로 천하무적이었다. 그의 거대한 부대가 왜소한 적수의 정자를 대량 살상했을 것이고, 그러면서 그들 스스로도 수가 줄어들자 하나의 난자를 찾는 데에 적절한 수의 정자를 보낼 수 있었던 것이다.

성적 환락의 그날 밤, 덜 외향적인 남자는 방패막이(장면 7)가 풍부한 가족계획형(장면 16)인 소규모 정자 부대를 투입했다. 그의 종족보존 전략은 과거에는 그의 아내를 다른 남자들로부터 방어하는 데 집중되어 있었다. 좋았던 시절에는 장기간의 주기적 성관계를 활용해서 길지만 계산된 간격으로 자녀를 출산할 수 있었다. 그는 두 차례 아내를 임신시키는 데 8개월간의 무피임 성교가 필요했다. 그렇다 해도 그가 사회생활과 경제적 면에서 더 성공적이었다면 아내와 자녀를 더 낳았을 수도 있었다. 그러나 그는 정자전쟁에서는 실패할 운명이었다.

이 두 유형의 남성에 대해서는 장면 35에서 설명할 것이다. 우리는 앞에서 여자가 왜 어떤 때에는 성교를 했을 때 바로 적시에 배란으로 대응하는지(장면 15), 남자는 다른 커플이 성교하는 장면에 왜 흥분과 발기의 반응을 보이는지(장면 9)를 설명했다. 이러한 성적 반응은 우리가 방금 목격한 장면의 결과를 판단하는 데 중요한 요인이 된다. 무엇보다 중요했던 것은 뻔뻔하고 공개적인 부정이 행해질 자리에서 그곳에 참석한 여자 중 한 사람이 평상시의 새침함과 내숭을 벗어버리기로 결정을 내린 일이었을 것이다. 두 여자의 무의식적 동기는 동일했다. 평생에 걸친 유전자 물색 작업에서 이들은 누군가 새로운 사람을 시도해봄직한 국면을 맞이했다. 현실은 그들의 시도가 공정거래였음을 증명해주었다.

장면 20
맛깔스런 전시

 그들의 출장은 공교롭게도 여름의 첫더위와 겹쳤다. 남자가 이번 출장을 도모했고, 이들은 며칠 동안 이번 일을 고대했다. 날씨는 진짜 보너스였다.
 여자는 틈을 보아서 어디로 누구와 가는지 남편에게 알렸다. 여자는 결코 남편의 의혹을 사고 싶지 않았다. 남편은 남편으로서나 두 아이의 아버지로서나 건실하고 믿음직했으며, 여자는 그를 잃고 싶지 않았다. 그러나 여자는 그런 동시에 일상 속의 자극을 필요로 했고, 그녀와 함께 차에 타고 있던 그 남자가 그러한 자극이 될 수도 있었다. 그는 모험심 있고, 또 매력적이었다. 여자는 그에게 약을 올리거나 같이 장난치는 일이 재미있었다—여자는 이 남자와의 언쟁조차 재미있었고, 또 종종 그렇게 했다.
 이와 대조적으로 남자는 아내에게 굳이 말할 필요를 느끼지 못했다. 이런 출장이나 누군가와 동행하는 일이 새삼스런 일은 아니었다. 사실 남자의 아내는 남자가 하는 일에 더 이상 신경 쓰는 것 같지 않았고, 며칠간 집을 떠나는 일을 오히려 환영하는 듯이 보였다. 남자는 속으로 아내가 외도를 하고 있다고 단정했다. 그렇다고 그게 크게 거슬린 것은 아니다—오히려 남자는 아내의 외도를 자기 자신도 외도해도 된다는 허가증으로 받아들여서 환영할 판이었다.
 남자는 목적지를 향해서 두 시간 동안 운전하면서 이제 막 싹트기 시작한 둘의 관계에 대해서 생각해보았다. 1년간 그냥 아는 사이로 지내면서 둘은 서로에 대해서 많이 알게 되었다. 예컨대 도저히 같이 살 수 없는 부류라는 사실을 알 정도는 되었다는 뜻이다. 그렇지만 아무튼 이 양립 불가성조차도 매력의 요소로 작용했다. 두 사람은 최근 들어 이야기하면서 육체적 접촉을 시작했다. 오늘 그랬던 것처럼 인사하면서 다정한 입맞춤을 주고받는 따위다. 남자는 둘 간에 말이 필요 없는 교감이 오갔다고 믿게 되었다. 이들은 언젠가 적당한 때가 오면 상대를 갈구하고 불을 당겨서 정사를 벌일 수도 있을 것이다. 그리고 남자는 운전하면서 오늘이 그 사건의 시발점으로 기록되기를 강렬히 희망했다.

이들은 정오에 업무를 완결 짓고, 모처럼 생긴 자유와 날씨를 즐기기로 하고는 피크닉을 위한 먹을거리도 사기로 했다. 차가 들과 숲을 지나 시골로 들어서자 여자가 남자에게 장난을 걸기 시작했다. 남자는 인적이 드문 곳을 찾고 있었다. 여자는 남자의 의중을 알아채지 못한 척하면서 계속해서 도로변이나 인가 근처의 들판을 가리켰다—소풍에 적당한 곳일 뿐, 다른 용도는 고려치 않고. 여자는 마침내 허기를 느끼고서 장난은 그만하면 충분하다고 판단했다. 남자가 자그마하고 한적한 들판을 가리키자 여자는 응낙했다. 막 벤 짚단이 강렬한 태양빛 아래 은녹색으로 빛나고 있었다. 남자는 완벽한 것 같다고 생각했다. 여자 생각에도 그런 것 같았다.

차에 있던 커다란 담요를 들판 한구석의 나무 밑에 펼쳐 절반은 여자의 요구대로 얼룩진 그늘에 깔고, 나머지 절반은 남자가 원하는 대로 햇빛 드는 곳에 걸쳐 깔았다. 여자는 헐렁한 면 원피스를 입고 있었고, 아침에 일어난 순간 소풍을 도모하게 되리란 것을 깨닫고 밀짚모자를 가져왔다. 남자의 일과는 양복과 넥타이로 시작되었으나, 사업상 회의가 끝나자마자 상의를 벗고 칼라의 단추를 풀어버렸다. 그랬다고 해도 뜨거운 열기 아래 앉아 있는 남자의 모습은 불편해 보였다. 여자는 남자가 나체로 일광욕하는 데 익숙하다는 것을 알고, 그가 옷을 벗게 만들 자신이 있다고 장담하면서 다시 약을 올리기 시작했다. 여자는 남자더러 숨기는 것이 있는 거라고 대놓고 우겼다.

여자가 약 올리는 것을 성적인 제안으로 해석하면서 남자는 흥분되기 시작했다. 그래도 남자는 구두와 양말을 벗으면서 스스로도 좀 바보 같은 짓이라고 느꼈고, 일어서서 셔츠를 벗고 바지와 팬티를 단번에 벗었을 땐 더한층 바보 같은 짓이라고 느꼈다. 남자는 이제 다음에는 뭘 해야 할지 궁리하면서 알몸으로 서 있었다. 여자는 남자의 나체에 대한 일체의 반응을 회피하면서 이제 훨씬 편안하겠다는 말만 한마디하고 피크닉 준비를 서둘렀다. 남자는 선 채로 여자에게도 옷을 벗어야 한다고 주장했다. 여자는 얼룩진 그늘에 있더라도 그을리게 될 거라며 단호히 고개를 저었다.

태도에서는 드러나지 않았지만 여자 역시 흥분하고 있었다. 여자의 질이 축축해지고 있었던 것이다. 여자는 남자와의 성관계를 원했지만 남편과의 안정된 생활을 잃을까봐 걱정이었다. 여자가 이 남자를 매력적으로 느낀 점은 여러 가지였다. 그는 인생의 성취자 가운데 한 명이 될 사람이었다. 여자는 이 남자가 자신에게 대드는 태도가 좋았고, 때로는 자신의 허를 찌르는 것까지도 좋았다. 그렇게 할 수 있는 남자는 남편까지 포함해서 그리 많지 않았다—요즘 들어 남편은 부쩍 구들장 신세다. 그러나 이 남자의 성격에는 어딘가 거슬리는 구석이 있었다.

서로 먹고 마시는 동안, 여자는 이따금씩 남자의 갈색 알몸과 이제 수축된 성기를 쳐다보았다. 여자는 가끔 그의 정력에 대해서 생각해보았다. 만에 하나 그들이 관계를 맺게 된다면, 그것은 남자가 절대로 들킬 염려가 없는 안전한 환경과, 여자의 입에서 안 된다는 말이 도저히 나올 수 없는 그런 상황뿐일 것이다. 서로 알고 지낸 지금까지 1년 동안 남자는 접근조차 하지 않았다. 이 남자가 성적인 면에서 보인 추진력과 끈기의 부족—여자가 알고 있는 한—은 그가 다른 모든 영역에서 발휘한 정력이나 날카로움과 놀라운 대조를 보였다. 어쩌면 그에게 성적으로 어떤 문제가 있는지도 모른다. 맞다, 그에겐 두 아이가 있으니 문제는 최근에야 발생했을지도 모른다. 지금까지 그가 여자에게 취한 행동은 모두가 어색하고 서툴렀다. 알고 보면 오늘 출장을 추진한 방식이 그나마 그의 성적인 의도를 제일 많이 드러낸 것이었다.

그렇다고 해도 그가 오늘 한 일에는 여자가 그러자고 답할 만한 여지가 전혀 없었다. 파리가 날고 태양이 이글거리는 여기, 이 나무 그루터기가 있는 들판은 아니다. 여자는 옷을 벗지 않을 것이며 여기에서 정사를 벌이지도 않을 것이다. 옷 위의 흙과 풀물이나 등에 긁힌 나무 그루터기 자국을 남편에게 뭐라고 해명할 것인가. 여자에게는 아무튼 자신을 즐길 다른 방법이 있었다. 둘은 거의 모든 방면에서 막상막하였지만, 한 가지에서만큼은 언제나 여자가 남자를 앞섰다. 여자는 슬쩍 성적인 냄새만 풍기면 되는 것이었다. 그러고 나서는 얼마간 남자를 꼭두각시처럼 조종할 수 있을 것이다. 이미 들판 한구석에서 그의 옷을 다 벗기기까지 하지 않았는가!

여자는 남자에게 알몸의 움직임을 보고 싶다는 구실을 대면서 저 끝 쪽 나무까지 천천히 가로질러 갔다가 뛰어 돌아오라고 했다. 남자는 옷을 들고 달아나지 않겠다는 여자의 다짐을 받고 나서야 이 요구를 받아들였다. 남자는 창피했고 바보 같다고 느꼈다. 그렇지만 동시에 흥분도 되었다. 남자가 걸어가자 여자는 남자의 몸을 자세히 보았다. 쓸 만한 엉덩이야, 여자는 생각했다. 언젠가는, 언젠가는……그러나 오늘은 아니다.

여자가 돌아오라고 손짓하지 않았더라도 남자는 아무튼 뛰어 돌아왔을 것이다. 남자가 목적지에 도착하자마자 좁은 도로를 타고 차가 다가오는 소리가 들려왔다. 그는 순간 멈칫했다. 남자는 그게 순찰차라는 것을 대번에 알았다. 남자는 자신의 직업과 관계들이 눈앞에서 사라지는 것이 보였다. 들판에서 발가벗고 딴 여자와 있는 걸 잡히다니. 남자는 갑작스런 공포로 여자를 향해서 뛰었다. 여자가 있는 데 도착해서 바지를 무릎까지 올릴 즈음, 여자는 발작적으로 웃어 재끼고 있었다. 차는 가던 방향으로 그대로 지나갔다.

긴장과 환희가 교차되는 그 순간, 둘은 무릎을 꿇고 앉아 마음을 가라앉히면서 서로의 허벅지에 손을 얹었다. 바로 이거야, 남자가 생각했다. 숨결이 정상으로 돌아오자 여자에게 기대 키스했다. 여자는 잠깐 반응을 보이는가 싶더니 남자의 절박함이 상승하는 것을 느끼자마자 그를 살며시 밀어냈다. 여자는 남자에게 그러고 싶지 않다면서 지금, 여기는 아니라고 말했다. 남자의 얼굴에 실망의 구름이 드리웠다. 여자는 남자가 안돼 보였고, 약간 미안한 마음이 들었다.

여자는 남자의 허벅지에 손을 올려놓으면서 더 나은 때와 장소가 있을 거라고 다짐했다. 이들은 언젠가 관계를 맺게 될 것이다. 아니, 언젠가는 그의 아이를 가지게 될 것이다. 여자는 반응을 보기 위해서 남자의 얼굴을 보았다. 여자는 다분히 감상적이 되었다.

남자는 완전히 뭐라고 말해야 할지, 어쩌해야 할지 몰라 여자를 자기 쪽으로 끌어당겨서 오래, 그리고 부드럽게 포옹하고는 다시 키스했다. 여자는 자신의 이번 반응은 더 괜찮았다고 생각했다. 둘이 키스하는 동안, 여자는 남자의 성기가 자신의 배 쪽으로 올라오는 것을 느꼈다. 남자의 키스가 더욱 격하고 깊어졌다. 남자가 자신의 원피스를 올리기 시작하자 여자는 빨리 행동해야 한다는 것을 알았지만, 몸을 빼려고 하자 남자가 가로막으면서 여자를 더욱 세게 끌어안았다. 여자는 순간, 이 남자가 자신을 강간하려는 것이 아닌가 생각했다.

남자가 자신을 놓아주자 여자는 웅크리면서 털썩 앉았다. 남자가 아직 무릎을 꿇은 채였기 때문에 여자의 얼굴은 아주 발기된 남자의 성기 높이에 있었다. 여자는 성기를 손으로 잡고 끝에 입을 맞추면서 마치 고양이를 어루만지듯 매만지며 나지막하게 속삭였다. 잠시 뒤 여자는 그것을 자신의 입에 넣고 천천히 앞뒤로 움직였다. 깨끗하고 밀랍 같은 맛이 났다. 한 20초쯤 뒤에 여자는 그것을 자신의 입에서 빼내고는 두 손으로 감싼 뒤 아주 천천히 위아래로 움직이기 시작했다. 그러고는 남자가 스스로 끝내는 것을 보고 싶다면서 손에서 놓았다.

이제 둘이 직접적인 성관계를 하지 않으리라는 확신이 들면서 남자는 별다른 고무의 필요성을 느끼지 않았다. 그는 곧 사정하지 않으면 돌아버릴 지경이었다. 여자는 남자의 움직임을 보면서 남자의 아래와 얼굴을 번갈아 쳐다보았다. 여자는 순간을 놓치지 않으려고 온통 몰두했다. 남자는 금세 절정에 달했다. 그러고는 새빨리 몸을 옆으로 돌렸다. 처음 두 번의 분출은 너무 빨라서 어디로 갔는지 보이지 않았다. 그뒤에 나온 세 차례의 분출은 속도가 좀 느려 둘 앞의 풀로 떨어지는 것이 보였다. 남자는 손으로 마지막 잔여분을 처리하고 나서 웅크리고 앉았다.

모든 것이 끝남과 거의 동시에 남자는 허탈해지면서 좀 속았다는 느낌이 들었다. 그는 허공이 아니라 여자의 안에서 절정을 느끼고 싶었다. 여자 쪽은 남자의 절박감이 해소되었다는 데 해방감을 느꼈다. 여자는 또 남자의 몸에 순수한 친밀감을 느꼈으며, 꼭두각시놀음하듯이 남자를 조종해서 춤추게 만든 자신의 방법을 얼마간 즐겼다는 것만큼은 시인해야 했다.

∽

구애의 수단으로 상대의 성기의 냄새를 맡고 핥거나 빠는 행위가 포유류 가운데 여자만의 전유물은 아니다. 원숭이와 유인원도 종종 그런 행위를 한다. 쥐, 개, 기타 많은 동물도 마찬가지다. 그러한 친근한 행위는 대개 성교로 이어지지만, 꼭 그런 것은 아니다. 남자(혹은 수컷)는 때로(이 장면에서처럼—이 커플은 장면 10과 26에도 나온다) 여자(혹은 암컷) 안에서가 아니라 허공에 사정하는 경우가 있다. 그것은 실수인가—남자 혹은 여자에게 입력된 프로그램에 뭔가 잘못이 있는 것인가? 아니면 남자가 성교하지 않고 여자가 있는 곳에서 사정하는 것이 둘의 종족보존의 성공에 기여할 가능성이라도 있는 것인가?

물론 대부분의 사람들은 아마도 이러한 행동이 그저 성적 흥분을 고취하여 남자를 만족시키기 위한 행위의 결과일 뿐이라고 주장할 것이다. 이미 설명한 대로(장면 10), 성적 흥분을 자아내는 행위는 어떠한 것이라도 대개 종족보존 전략에 영향을 미친다. 이 점은 다른 성적 흥분 행위와 마찬가지로 남자가 여자가 있는 데서 사정하는 행위에도 해당된다.

말하자면 남자는 건강이나 정절을 과시하기 위해서 구강성교를 원하거나 허락한다. 남자가 내놓고 사정하는 것은 건강과 정력의 전시 행위이다. 이러한 전시는 때때로 어떤 대가도 능가하는 효과를 가져온다. 한 보기로서, 이 장면의 남자는 잠재적 애인의 면전에서 사정함으로써 득을 보았다. 더군다나 (그는 소풍 때 정자를 아껴둠으로써) 그로부터 조금 뒤에 이루어진 아내와의 성교(장면 10)에서 그가 얻을 수 있는 것 이상을 얻었다.

남자가 사정한 정자는 방출이지 낭비가 아니었다. 다음번에 사정할 때는 그냥 자위행위한 이후와 똑같은 결과를 얻게 될 것이다(장면 12). 남자 스스로 자극하거나 여자에 의해서 자극받거나 남자가 방출하는 정자의 양은 동일하다. 삽입 성교를 했을 때에만 수에 차이가 난다. 물론 이 장면과 같이 남자가 성교를 하게 될지 아니면 공중에 사정하게 될지 마지막 순간까지 모르는 경우가 종종 있다. 두 상황에 각기 다른 양의 정자를 사정한다는 사실은 남자가 얼마나 빨리 사정량을 조절할 수 있는지를 보여준다(장면 4).

장면 20의 남자는 정자를 방출하고 나서 전에 지니고 있던 것보다 더 젊고 정자잡이가 더 많이 함유된 사정액을 보유하게 되었다. 만약에 여자가 생각을 고쳐먹고 나중에라도 남자의 삽입을 허용했더라면, 남자의 정자 부대의 질은 앞서 사정한 것보다 더 우수하면 우수했지 더 못하지는 않았을 것이다. 문제는 남자가 아내에게 돌아올 때 발생한다. 남자 안에 대기 중인 사정액은 이제 정부를 위한 것(장면 13)이지 아내와의 주기적 성교를 위한 것(장면 12)이 아니다—아니면 적어도 정절을 지킨 아내를 위한 것은 아니다. 그렇지만 요점은, 만약 남자의 아내가 정말로 정숙하다면 남자는 아내의 몸에 이따금씩 차선의 사정액을 주입할 수 있다는 것이다. 만약 남자의 아내가 정숙하지 않다면 그럴 수 없다.

남자의 몸은 다음 규칙을 준수하는 듯하다. "만약 내가 외도할 기회를 얻는다면, 내가 떠나 있는 동안 내 아내도 그럴 것이다." 이 장면의 남자의 경우, 이 가능성은 실제 현실로 나타났다—남자의 아내는 남편이 없는 동안 외도를 했다(장면 10). 따라서 남자가 같은 날 늦은 시각에 사정했을 때, 그에게는 그 상황에 필요한 사정 물질이 있었다. 이는 주기적 성교에나 어울리는 수징력 낮은 방어성 정자가 아닌, 정자전쟁에 즉각 돌입할 수 있는 호전적이고 수력 있는 젊은 정자였다. 그러므로 남자가 일단 외도 상황에 돌입하게 되면, 남자는 배우자와 정부 모두에 적합한 사정 물질을 보유하게 된다. 두 여자와 성교를 한다고 둘 모두에게 적절한 정액을 갖지 못하는 것이 아니다—각 여자와의 성교 빈도에 상관없이.

따라서 남자가 풀밭 위에 사정해서 손해 볼 것은 거의 없는 것이나 마찬가지다—물론 풀밭 위의 사정으로는 난자를 얻을 수 없다는 점은 제외해야겠지만. 남자는 동료를 임신시킬 기회를 놓쳤을지는 모른다. 그러나 그조차도 겉으로 보이는 만큼 손실이 난 것은 아니다. 만약 여자가 남자의 사정을 원치 않았다면, 어쨌건 여자가 수태기에 있지 않았을 확률이 높다. 장면 6에서 보았듯이, 여자가 연인과 성교하기를 원할 확률이 가장 높은 때는 수태기이므로, 자신의 정부에게 관계를 가질 때를 결정하게 한다고 해서 남자에게 종족보존 전략상 손해가 될 일은 거의 없다.

남자의 다음 전략은 미래의 보상을 희망하며 인내하는 것이었다. 이 전략이 맞아떨어지려면, 오늘 남자가 들판에서 한 행동이 앞날의 보상을 확보하는 계기가 되었어야 한다. 남자는 알지 못했지만, 피크닉을 준비하는 동안의 행동으로만 따져본다면 남자의 전망은 오리무중 상태였다.

여자의 몸은 이 남자와 함께 사는 것을 원치 않았고 그의 유전자만을 원했다. 여자의 몸이 이 새 남자에게서 본 것은, 여자가 다른 아이를 원할 경우 그 아이에 적합할 자질이었다. 여자는 그 자질이 외도 행위 속에 잠재된 대가를 능가할 때라야만 이 남자의 아이를 낳으려고 할 것이다. 이 두 가지 조건은 알맞은 균형을 유지했는데, 특히나 여자의 잠재적 연인이 당시까지 성적 능력의 근거를 전혀 내비치지 않은 점에서 더욱 그렇다. 여자의 신체의 관점으로 보면, 이날 오후는 남자의 가능성 테스트 격이었다—최종적 정보 수집 단계, 최종적 평형 상태였다. 잠재의식적으로 여자는 정자가 아니라 정보를 구하고 있었던 것이다.

첫째, 남자의 신체다. 여자는 남자의 나체를 본 적이 없었지만, 보고 나서는 자신이 기대했던 만큼 된다고 판단했다. 물론 그 역시 대부분의 남자처럼 그녀의 주된 관심사는 성기의 크기와 근육일 것이라고 추정했다. 그러나 여자가 그의 나체에서 가장 주목한 부분은 엉덩이였다. 남자의 건강과 호르몬 상태를 가장 잘 보여주는 것은 남자의 허리와 엉덩이 둘레의 비율이다. 허리둘레의 줄자가 엉덩이 둘레의 줄자와 거의 같은 길이(약 90% 정도)면 더할 나위 없다. 굳고 단단한 엉덩이는, 물론 완벽하게는 아니지만, 남자의 건강과 종족보존 능력을 훌륭하게 대변한다.

다음은 발기와 사정 능력이다. 여자의 신체는 갑작스런 차의 등장 이후에 남자가 그녀에게 키스하기 시작했을 때에야 남자가 발기불능이 아님을 알고서 안도했다.

마지막은 성적 건강도이다. 질병 상태를 점검하는 최상의 방법은 성기를 면밀히 검사하는 것이다. 여자는 성기를 자세히 살펴본 뒤 핥고 맛을 보았다. 발진과 헌 데가 없고 적당히 상쾌한 맛이 나는 것은 건강 상태가 양호하다는 신호인데, 여자의 몸은 이를 알고 있었다. 사정 역시 큰 역할을 했다. 냄새가 좋고 흰빛이 도는 액체성 사정 물질은 건강하다는 신호인 데 반해서, 색이 특히 밝은 황색이나 오렌지색으로 변질되었거나 좋지 못한 냄새가 나는 것은 감염 신호인 경우가 많다. 혈흔이 있는 경우도 마찬가지다.

여자는 그 몇 분 동안 남자에 관해서 다량의 정보를 수집했다. 만약에 여자가 그냥 성교를 했다면 이들 대부분은 밝혀지지 않았을 것이다. 남자는 이 모든 테스트를 통과했다.

여자가 남자의 성기를 맛봄으로써 이득을 보는 것은 잠재적 연인과 처음 대면할 때만이 아니다. 주기적 성생활 가운데 수시로 그렇게 하는 것도 득이 된다. 한때 건강했던 남편들도 질병에 감염되는 수가 있다. 여자가 성기의 상태를 눈으로 보고, 냄새를 맡거나 맛을 봄으로써 이러한 불쾌한 변화를 감지하여 큰 이익을 볼 수 있다. 여자는 구강성교를 통해 부정을 맛보거나 냄새를 맡을 수도 있다(남자가 그렇게 할 수 있듯이 말이다—장면 10). 남자의 성기 위의 정부의 자취는 몇 시간 동안 유지된다. 아내뿐 아니라 정부 역시 구강성교로 득을 볼 수 있다. 정부의 경우라면 연인의 성기에서 연인의 아내의 자취를 찾을 수 있다. 만약 여자가 상대 여자의 질을 맛볼 수 있다면, 다른 쪽 여자가 건강하다는 사실에 안도하거나, 아니면 아니라는 경고를 받을 수 있을 것이다.

남자에게 사정 행위를 전시하도록 함으로써 여자에게 득이 되는 경우는 이 외에도 많이 있다—잠재적 연인과의 첫 대면에서뿐만 아니라 주기적 성생활의 일부로서 수시로 점검하는 것도 해당됨을 다시 한번 밝혀둔다. 사정 물질을 눈으로 보고 냄새를 맡는 것과 더불어 맛을 보는 것으로도 질병 가능성을 점쳐볼 수 있다. 여자는 또한 남편이 예기치 못하게 사정을 하지 못하거나 적은 양을 사정하지는 않는지 더욱 면밀하게 검사해야 한다. 만약 주기적 성교를 한 지 며칠 지난 경우라면, 남편이 그저 자위행위를 했으리라는 설명도 물론 성립된다. 이 사실을 발견하는 것만으로도 유용하겠지만(장면 13), 더욱 중요한 것은 남편이 최근 외도를 했다는 설명도 가능하다는 것이다. 이 검사에 허용되는 시간은 짧은 편이지만, 그렇다고 남편의 거짓말을 어쩌다가 간파하지 못할 정도는 아니다. 예를 들면 정부에게 사정한 지 한 시간밖에 안 된 남자가 아내 앞에서 사정할 수 있는 경우는 극히 드물 것이다. 게다가 남자의 사정량은 외도 열두 시간 이내에는 정상으로 돌아오지 못한다.

남자는 이 검사의 불리함에도 불구하고, 이따금씩 자신의 아내에게 의도적으로 사정 행위를 보여줌으로써 일련의 이점을 얻을 수 있다. 양질의 사정액을 전시할 시점을 신중히 선택하는 것은 그가 양호한 건강 상태를 유지하고 있다는 것을 선전할 강력한 수단이 될 수 있다. 이렇게 해서 최근에 외도를 한 적이 있다면 아내를 안심시키거나 주의를 딴 방향으로 돌릴 수도 있다. 대부분의 여자가 평상시보다 적은 사정량을 눈치 채지 못한다는 점이 이 남성 전략이 성공하는 근거다. 이는 대부분의 남자가 자신의 사정액을 자주 보여주지 않기 때문에 더욱 주효하다. 또 남자가 사정액을 보여줄 때에는 남자 쪽에서 시기를 택한다. 때문에 대부분의 여자가 자기 남편의 정상적인 사정량의 미묘한 변화를 포착할 기회를 전혀 얻지 못하는 것이다. 따라서 여자들은 남편이 정상 상태를 벗어나는 것을 어떻게 알아보아야 하는지 터득할 기회를 얻지 못한다. 자신의 사정액을 너무 자주 보여주는 남자라면 필요한 경우에 질병이나 외도 사실을 숨기기도 더욱 어려울 것이다. 특히 외도를 하고 나서 너무 이르게 사정 행위를 전시하거나 자신의 성기를 아내의 입으로 가져가는 것은 피해야 한다. 역으로 여자 쪽에서는 수시로 적절한 순간을 택해서 구강성교나 질 외부에서의 사정 행위를 주도적으로 유도하는 것이 최고의 전략이 될 것이다. 여자가 그 순간을 느닷없이 조성하는 횟수가 많으면 많을수록 그만큼 얻을 수 있는 정보량도 늘어난다.

장면 21
방탕한 선택?

어린 여자는 비키니와 속이 훤히 들여다보이는 얇은 천만 걸치고 있었지만 여전히 더웠다. 그녀는 손으로 얼굴을 부쳤다. 차 뒤 칸에 그녀와 나란히 앉은 남자가 그 동작을 지켜보았다. 남자는 무언의 동의로 웃으며 고개를 끄덕이고는 그녀의 손동작을 흉내 냈다. 그녀는 그가 그녀의 언어를 좀 더 잘 이해했으면 좋겠다는 생각을 하면서 그에게 웃음을 보냈다.

그들 앞에 놓인 길이 맑고 푸른 하늘 아래 뱀처럼 구불구불 언덕을 둘러싸고 있었다. 왼쪽에는 바다가 오른쪽에는 산이 있었다. 그녀는 운전자와 앞 좌석에 앉은 남자 일행에게 자기가 뭘 하려는지 소리쳐 알리고는 일어서서 차 지붕 위로 머리와 어깨를 내밀었다. 뜨거운 날씨였지만 빠른 속도로 달리는 차의 바깥 공기가 그녀의 몸을 식혀주었다. 방금 첫 번째 굽잇길을 돌아 시야에서 사라졌지만, 얼마 떨어지지 않은 앞쪽에 비슷한 차가 이들 그룹의 나머지 세 명을 태우고 있었다. 그녀보다 몇 살 더 많은 유일한 또 한 명의 여자도 마찬가지로 서 있었다. 그녀는 여자의 주의를 끌어보려고 했지만 바람 소리가 그녀의 외침을 삼켜버렸다.

이들 두 대의 차는 얼마 지나지 않아 나뭇가지가 늘어진 갓길에 멈춰 섰다. 엔진의 소음이 멈추자 소란한 매미 울음소리가 들려왔다. 일곱 명의 일행은 가방, 파라솔, 깔개, 타월 따위를 한데 모아 들고 홀가분하고 느긋한 기분으로 나무가 늘어선 길을 따라 걸었다. 그중 여섯 명은 몇 주째 함께 가능한 한 적은 돈으로 대륙 곳곳을 갈 수 있는 데까지 여행하는 중이었다. 이 해안 지역에는 1주일 전에 도착했는데 낮에는 주로 인적이 드문 해변에서 지냈다. 밤에는 해변 술집에서 맘에 맞는 무리와 어울려 싸구려 술과 싸구려 약물에 취해 지냈다. 지금 동행하고 있는 젊은 이방인을 만난 것은 그들이 그렇게 시간을 보내고 있던 이틀 전날 밤이었다.

몇 분 걸어가자 바다와 모래사장이 내려다보이는 높은 벼랑 꼭대기에 도착했다. 이들은 경치를 둘러보며 편안하게 옆 사람과 서로 팔짱을 끼었다. 어린 여자는 한 팔은 또 한 여자의 허리에 또 한 팔은 이방인 남자의 허리에 둘렀다. 그녀는 갑자기 마음이 들떠서 먼저 여자에게, 그다음으로는 남자에게 키스하고는 다른 일행들에게 따라오라면서 앞으로 달려갔다. 벼랑 꼭대기를 벗어나자 지그재그로 길게 뻗은 어둡고 가파른 길이 나왔기 때문에 모두들 신나서 들떠 있는 그녀를 말려야만 했다. 이들은 운이 좋았다. 내부에 정보통이 있었다―젊은 이방인 남자가 그 지역 출신이었다. 그는 세계로 여행을 다니는 사람이었지만 여름만은 자신의 정든 해안에서 보냈다.

길은 아주 좁았다. 앞장서서 걷고 있던 어린 여자는 굽잇길을 돌 때 남자 넷이 따라붙어 자신과 부딪칠 뻔한 것을 눈치 채지 못했다. 남자들이 인사를 던졌으나 그녀는 벼랑에서 떨어지지 않으려고 너무 신경이 곤두서서 그들이 자기네 일행을 주시하고 있었다는 것을 깨닫지 못했다. 그들은 이제 그녀가 결코 추측할 수 없는 방향으로 그녀의 인생을 바꿔놓을 참이었다―설사 그녀가 알았다고 하더라도 개의치 않겠지만. 남자들이 자기를 에워싸고 있다는 것을 알고 우쭐해진

7장 유전자를 찾아서 193

여자는 그날 오후에 벌어질 일에 대한 기대감에 사로잡혀 아주 신이 났다.

여자가 해변에 맨 먼저 도착해서 샌들을 벗어 던지고 모래사장을 가로질러 물가로 달려갔고 일행도 곧이어 합류했다. 이들 무리는 얼마간 다리를 바닷물에 담갔다가 이곳 출신 친구를 따라서 움직였다. 이들은 일부러 바다 쪽으로 바위가 겅충 돌출해 있는, 인적 드문 해변을 향했다. 가까이 다가가자 바위 상단에 흰색 페인트로 '나체 일광욕'이라고 조잡하게 쓰인 간판이 보였다.

여섯 친구와 이들의 안내자는 자그마한 만灣으로 이어지는 튀어나온 첫 번째의 바위를 기어올랐다. 파라솔 그늘 아래 나체 여인 두 명이 편안하게 자리 잡고 누워 있었다. 근처에는 이들의 아이들이 비치볼을 가지고 놀고 있었다. 해변에서 약간 떨어진 거리에 관광객을 태운 작은 나룻배가 지나고 있었다. 해변 최상단에는 작은 동굴 입구 쪽으로 거의 눈에 띄지 않는 곳에 노인 한 사람이 있었다. 그는 밀짚모자 빼고는 아무것도 걸치지 않고서 접의자에 앉아 있었다. 한 손은 지팡이를 짚고 있었고 또 한 손은 의자 팔걸이 위에 놓여 있었다. 노인은 나체 여인들을 자세히 관찰하고 있었다.

이들 일행은 바위를 몇 개 더 기어올라 두 개의 만을 건너서 더욱 한적한 세 번째 만으로 들어갔다. 튀어나온 벼랑의 표면이 해변의 위쪽을 가리고 있었고, 바다를 바라보는 바위의 굽은 부위가 배를 타고 흘깃거리는 구경꾼들로부터 이들을 가려주었다. 일행은 타월과 가방을 바닥으로 던져놓고는 곧바로 얼마 되지 않는 옷가지마저 벗어던졌다. 이곳 토박이인 이방인 청년에게는 이러한 나체 행사가 전혀 새로울 것이 없었으며, 자신의 새 친구들을 나체 해변으로 인도하게 된 것을 몹시 기쁘게 생각했다. 나머지 일행 역시 나체에 대해서 이 청년과 같은 태도를 취했으며, 분명히 서로의 신체에 대해서 꽤 익숙한 것 같은 분위기였다. 청년이 모르고 있던 사실 한 가지는, 이 휴가가 시작된 이래로 두 여자가 자기들끼리뿐만 아니라 이들 네 명의 남자와 번갈아가며 성행위를 해왔다는 점이다.

이들은 옷을 벗자마자 바다로 뛰어들어 열을 식혔다. 어린 여자가 두 남자와 소란스럽게 장난을 치기 시작하더니 물을 튀기고 그들의 등 위에 올라타는가 하면 성기를 잡는 등 법석을 떨었다. 남자들은 그녀를 물속에 처박고는 깊은 바다로 힘차게 헤엄쳐 들어갔다. 그녀는 그들을 따라가다가 금방 방향을 틀어서 해변으로 헤엄쳐 돌아왔다.

한 명씩 물 밖으로 나왔다. 이들은 모두 햇빛 아래 알몸으로 누워서 포도주 한 병을 땄고 그날 오후의 첫 마리화나를 시작했다. 대화는 거의 없었고 다만 휴식과 약 기운이 조성해준 행복감만이 있었다. 어린 여자는 또 한 여자의 배에 머리를 얹고 누워 있었다. 둘은 이야기하고 마시고 피우면서, 이따금씩 손 가는 대로 서로의 몸을 쓰다듬고 만지며 장난을 쳤다.

두 여자는 이야기를 나누다 잠들었다 하면서 거의 한 시간을 보냈다. 얼마 뒤에 어린 여자가 뒤척이기 시작했다. 주위를 돌아보니 남자 몇 명도 잠들어 있었다. 그녀는 일어나 앉아서 기지개를 펴고는 팔꿈치로 다른 여자의 옆구리를 찌르면서 곁에 있는 이방인 젊은이를 가리켰다. 그는 잠결에 팔과 다리를 살짝 꿈틀거리고 있었다. 그녀는 친구의 귀에 대고 속삭였다. 둘은 기대감에 미소를 지었고, 그리고 나서는 팔과 무릎으로 남자의 곁으로 다가갔다.

어린 여자는 친구가 남자의 머리 옆에 무릎 꿇고 앉아 입술에 키스하는 것을 지켜보면서 기다렸다. 그는 여자가 자기 성기에 입 맞추자 들썩, 또 들썩했다. 남자는 몸을 뒤척였고, 두 여자가 그의 몸에 키스하고 애무하자 전신이 부드럽게 풀렸다—한 곳만 제외하고. 그리고 그곳은 점점 더 굳어졌다. 몇 분 뒤, 어린 여자는 남자 위에 걸터앉아 남자의 몸을 부드럽게 어루만지면서 음순으로 남자의 성기를 자극했다.

이때 나머지 네 남자도 깨어났다. 처음에는 무관심한 척했다. 이들은 여자들의 기괴한 행동에 어쩌다 한 번씩만 눈길을 던졌고, 이방인의 발전에 대해서 유머 섞인 평을 내리면서 흡연과 음주를 재개했다. 하지만 마침내는 속내 감정을 그 이상 숨길 수가 없었다.

그때까지 남자 위에 걸터앉아 있던 어린 여자는 마침내 삽입을 시작했다. 이 체위가 처음이 아니었던 그녀는, 마치 남자의 성기에 고정된 것처럼, 천천히 그러나 능숙하게 오르락내리락했다. 그녀가 그러는 동안 친구가 몸을 굽히고 남자의 젖꼭지를 빨면서 자신의 한쪽 가슴을 남자의 얼굴 앞에 내밀었다. 여자가 움직이자 엉덩이가 마치 뒤에 있는 남자에게 보라는 듯이 들려 올라갔다. 한 남자가 마리화나를 내던지고는 더는 못 참겠다고 선언했다. 그는 재빨리 여자 쪽으로 움직여 여자의 뒤로 들어갔다. 나머지 세 남자는 얼마간 지켜보다가 자신들의 순서를 기다리기 위해서 가까이 다가섰다.

두 여자는 자세 때문에 서로 얼굴을 마주했는데, 조금만 숙이면 둘이 키스할 수 있는 위치였다. 하지만 둘은 행위가 진행되는 동안 상대방의 눈길을 응시하면서 서로의 느낌만을 교감했다. 어린 여자는 막 클라이맥스를 느끼려는 찰나에 이방인이 사정을 하고는 움츠러들기 시작하자 몹시 실망했다.

그녀는 성적 흥분의 막바지 고지에서 버려지자 그를 떠나 곁에 누워 있는 남자에게로 갔다. 그녀는 그가 시작하자마자 클라이맥스를 얻었다. 남자는 삽입 동작을 지속했으나 여자가 오르가슴을 느낀 뒤로 협력을 하지 않아 동작이 어색해져 버렸다. 그는 최선을 다해서 삽입을 했으나 사정을 하기에는 좀 힘이 들겠다고 느꼈다. 시간을 너무 오래 끈다고 투덜거리는 곁의 남자도 도움은 되지 않았다. 그 남자가 그녀의 옆구리에 손을 대고 간지럼을 태워 그녀가 웃음을 터뜨렸을 때는 더 말할 것도 없었다. 남자는 힘겹게 집중해서 이윽고 사정 직전에 도달했다. 그리고 바로 그 최후의 순간에 남자는 그녀가 옆으로 밀리면서 자신의 음경이 그녀의 질에서 미끄러져 나오는 것을 느꼈다. 그녀는 모래 바닥에 뒹굴면서까지도 웃음을 멈추지 못하고 있었고, 그러자 다른 남자가 그녀에게 다가왔.

힘이 쇠진해버린 남자는 이만저만 성이 난 게 아니었다. 그 힘겨운 노고의 대가로 얻은 것이라고는 자기 배 위에다 사정하는 게 고작이었으니 말이다. 그는 기회를 탈환하기 위해서 있는 힘을 다해서 끼어들려고 했지만, 찬탈자가 정상 체위를 취하고 있었기 때문에 밀려날 수밖에 없었고, 더군다나 그녀가 다리로 남자를 감싸자 일은 더 어려워졌다.

이 10분간 그녀가 세 번째로 맞이한 남자는 서서히 절정을 향해서 치닫고 있었고, 그녀를 둘러싼 일들은 그녀가 웃음을 그치고 난 뒤에도 희미할 뿐이었다. 그녀는 앞 남자의 끼어들기 시도를 희미하게 감지했다—그리고 다른 여자는 계속 한 남자하고만 행위 중이었기 때문에 순서를 기다리는 사람이 네 명 더 남아 있다는 사실도. 아직까지 차례를 얻지 못한 남자가 내려오라고 재촉하는 듯했다. 남자는 아직 끝나지 않았다고 말하면서 거부했다. 잠시 몇이 언성을 높였다. 지금 그녀와 행위하고 있는 남자가 마침내 사정을 하고 몸을 빼냈을 때, 맨 뒷줄에 있던 남자가 씩씩거리면서 그쪽 쌍을 떠나서 그녀에게로 건너왔다. 그녀는 약간 저항하다가 다리를 열었으나 남자는 신경도 쓰지 않았다. 그는 일단 여자 안으로 들어가자 난폭할 정도로 몰아쳤다. 자신의 상황을 감수하기로 작정한 어린 여자는 앞 남자들의 정액으로 축축해져 있었기 때문에 처음에는 그의 동작에 개의치 않았다. 그러나 끝이 없을 것처럼 계속되는 행위에 그녀는 질이 조금씩 건조해지는 것을 느꼈다. 그가 사정하고 몸을 빼내자 구원이라도 받은 듯했다.

집단 성교가 한차례 끝나자, 이들 일행은 휴식을 취하면서 음주와 흡연을 다시 시작했다. 한둘씩 물과 뭍을 오가면서 짧은 시간의 수영과 오랜 시간의 일광욕, 음주, 흡연을 번갈아가며 즐겼다. 그러다 나이가 더 많은 여자가 그 토박이 남자를 불러 관계를 갖자고 했고 남자는 여자의 말을 따랐다. 그러나 그룹의 집단 성교는 한 시간가량 재개될 기미가 보이지 않았다—어린 여자가 자기와 아직 성교하지 않은 남자하고 지금 해야겠다고 선언할 때까지. 그러자 나머지 남자들이 이를 신호 삼아 다른 여자에게도 같은 것을 요구했다.

그러나 이번 판에는 광적인 분위기는 일어나지 않았다. 그다음 세 시간 동안 다섯 남자 일동은 두 여자에게 모두 삽입했고 모두가 사정에도 성공했다. 그러나 아무도 서두르지 않았고, 행위를 할 때에는 오랫동안 천천히 했다. 가끔은 한 남자와 한 여자가 술을 마시거나 마리화나를 피우면서 이야기를 나누면서 그냥 어울려 있기도 했다. 남자들은 때로 사정하지 않고 빠져나와서 조금 있다가 어느 쪽이거나 짝이 없고 하고 싶어하는 여자와 다시 시작하기도 했다. 행위는 거의 지속적으로 이루어졌지만 다급함은 없어졌다. 쌍을 이루는 시간 간격이 길어졌고, 마침내 한 남자씩 마지막 사정을 끝내면서 관계에는 더 이상 흥미를 보이지 않았다.

어린 여자에게 맨 끝으로 사정한 남자는 그 지역 토박이 청년이었다. 그 30분 전에 한 남자가 사정도 않고 그녀의 몸 안에서 수축했었다. 그녀는 수영하러 갔다가 마지막 남은 오후의 태양을 즐기기 위해서 해변으로 돌아왔다. 아직도 더웠다. 오후의 분주했던 활동에도 불구하고 그녀의 질은 여전히 허기졌다. 그녀는 지쳐 있는 토박이 남자에게 다가가 그의 배에 올라탔다. 하지만 여자 친구하고 이야기를 나눌 수 있도록 남자의 얼굴을 등지고 앉았다. 술과 마리화나가 여전히 돌고 있었지만 아까 같은 뜨거운 분위기는 아니었다.

어린 여자는 친구와 이야기를 하면서 남자의 성기를 한가롭게 만지작거렸다. 마침내 그것이 단단해지자 그녀는 스스로 삽입했다. 남자가 안에 들어왔을 때 그녀가 느낀 그것은 흥분이 아니라 충일이었다. 이들은 그렇게 10여 분을 있었다—그녀는 여자 친구와 이야기를 나누었으며, 남자는 누운 채로 마리화나를 피웠다. 이들이 그렇게 다른 행동을 하고 있던 내내, 이들의 신체는 은근하고 부드러우면서도 끊이지 않는 동작을 지속하면서 잠재의식을 따라서 움직이고 있었다. 이 느낌이 바로 그녀가 원하던 것이었다. 그러다가 그녀의 감정에 느닷없이 예기치 못한 변화가 일었다—팽팽한 오르가슴에의 욕구였다. 여자는 처음에는 남자 성기 위에서 거세게 몸을 흔들다가 이내 자신의 음순을 만지기 시작했다. 남자는 이어서 삽입 동작에 박차를 가했다. 여자는 느낌이 올라오자 눈을 감았다. 그리고 그날 오후 두 번째로 앞에 있는 친구의 눈을 응시했다. 친구는 그녀에게 어서 하라고 재촉했고, 바로 그때 몸을 숙여 그녀의 허벅지에 키스하기 시작했다. 그녀는 절정을 느꼈고 바로 몇 초 뒤에는 남자도 느꼈다.

한 시간 뒤, 태양이 벼랑 뒤로 넘어갔을 때 이들 일행은 다시 기나긴 여정에 나섰다. 이들은 성적 행사와 각종 다양한 약물, 두 가지 모두로 인해서 몹시 피곤했다. 그러나 갓길에 도착해 자신들의 차가 없어진 것을 알았을 때는 아드레날린이 분출하여 행동에 불이 붙었다. 몇 시간 전에 이들이 해변에 도착하는 것을 지켜보고 있었던 청년들에게 도둑맞은 것을 모르고 있었던 것이다.

그렇게 차를 도둑맞고 나니 뒤통수를 얻어맞은 듯이 당혹스러웠다. 차는 이 여행의 안식처였으며, 거기에 모든 짐이 들어 있었을 뿐만 아니라 여권과 돈도 들어 있었다. 근처의 마을까지 걸어가는 데 한 시간이 걸렸고, 그들의 토박이 친구가 경찰에 신고해서 그들을 다음 마을로 실어다줄 수 있도록 조정하는 데 또 한 시간이 걸렸다.

여권이 없었던 탓에 이들은 그 지역 공무원과 곧장 마찰을 겪었으며, 특히 돈을 융통하는 것이 더 큰 문제였다. 결국 그들은 토박이 친구에게서 얼마의 현금을 빌릴 수밖에 없었는데, 여권을 새로 발급받을 수 있는 가까운 도시까지 길에서 아무 차나 공짜로 얻어 타고 갈 동안 한 이틀 쓸 정도의 액수였다. 이들은 언제 어디서건 할 수만 있으면 눈을 붙였다. 다들 화물차 뒤 칸에 올라탔을 때 여자는 어린 여자 친구가 평상시와 다르게 의기소침해 있는 것을 처음으로 알아차렸다. 그녀는 추궁을 받자, 피임약이 가방에 들어 있었는데 다들 여권 문제에 너무 골몰하고 있었기 때문에 그 일을 언급하고 싶지 않았다고 설명했다. 여자 자신은 그런 문제가 없었다. 그들 모두가 알고 있듯이, 여자는 많은 남자와 피임 없이 관계를 가져온 지 이제 10년이 되었으니 자신은 불임이 틀림없다고 확신하고 있는 터였다. 그러나 여자는 곧장 친구가 걱정되었다. 둘은 도시에 도착해서 어떻게 해보기로 했지만, 여권 발급에 소요된 시간도 시간이지만 행정 관료와의 충돌, 언어 문제 등을 겪어야 했고 또 몸도 너무 피곤했기에 그냥 해안으로 돌아갈 때까지 기다릴 수밖에 없었다.

일행이 되돌아갔을 때, 어린 여자는 나흘 전 해변에서 자기에게 맨 처음과 맨 마지막으로 사정했던 토박이 남자의 도움을 요청해야 했다. 그녀가 피임약 한 상자를 손에 넣기까지는 며칠이 더 걸렸다. 바로 그 즈음, 안에 가방이 없는 차 두 대만 경찰에게 발견되었다―그리고 그녀는 임신이 되었다. 그녀의 몸 안에서 벌어지고 있던 5개 부대 사이의 정자전쟁이 하나의 승자를 탄생시킨 것이다.

우리는 장면 18에서 장면 20까지 여자가 상대를 선택할 때 부딪치는 문제에 관해서 살펴보았다. 그러나 우리가 방금 목격한 장면의 두 여자는 상대를 선택하기 위한 모든 시도를 소란스런 방탕 때문에 다 포기한 듯이 보인다. 여자의 종족보존 성공의 관점에서 볼 때, 어떠한 상황에 앞과 같은 방탕한 행위가 이로우며, 또 그 반향은 어떤 것일까?

일생 중 집단 성교에 동참하는 사람은 대부분의 사회에서 상대적으로 드문 편인데, 약 4,000명의 여자를 대상으로 실시한 영국의 한 최근 조사에서는 1% 미만으로 나타났다. 그러나 때로는 그러한 행위가 보다 많이 나타나는 경우도 있다. 대표적인 예는 물론 역사에서 찾을 수 있다—충실한 기록으로 남아 있는 고대 로마의 집단 성교가 그 예다. 인류학 연구에서는 집단 성교가 특히 청소년들의 의례로 행해진 몇몇 사회가 있다고 하는데, 그러한 사회에서는 집단 성교가 자발적으로 행해지기도 했다. 전체적으로 보면 극단적인 집단 성교는 상대적으로 드물지만, 덜 극단적인 형태를 띠는 집단 성교 행위는 그렇게 별나지 않다.

한쪽 극단은 장면 21에서처럼 한 여자가 여러 남자에게 짧은 시간 간격으로, 뿐만 아니라 이들이 다 같이 있는 곳에서 사정을 허락하는 집단 성교이다. 또 한쪽 극단은 전형적인 외도로서, 한 여자가 두 남자의 사정을 약간 긴 시간 간격으로, 두 사람이 같이 있지 않은 곳에서 허락하는 경우다. 여자가 행하는 바는 본질적으로 양쪽이 다 똑같다. 여자가 (장면 18에서 설명한 기준에 의거해서) 자기 아이의 유전자적 아버지로 적당한 두 명 혹은 그 이상의 남자를 선택하면 그들의 정자를 전장으로 불러낸다. 이렇게 하면 아이가 여자가 선택한 여타의 자질 모두를 물려받을 뿐 아니라 경쟁력 있는 사정액을 생산할 수 있는 유전자도 함께 물려받도록 할 수 있다. 이 후자의 이득이 이로 인한 대가, 다시 말해서 한 남자가 아니라 두 남자와 성교를 함으로써 배가되는 질병 감염 확률 따위를 능가하기만 한다면, 여자는 자신의 행위로 이득을 얻을 것이다.

그러한 전략은 여자가 아들을 임신해야만 효과가 있을 것이라고 생각될 수도 있다. 경쟁력이 있고 없고를 떠나서 딸은 결국은 사정액을 생산하지 않으니 말이다. 또 어느 정도까지는 맞는 말이다―자녀의 성별이 여자의 이익에 차이를 가져오기는 한다. 그러나 많지는 않다. 아들이든 딸이든 간에, 여자에게 선택되었을 뿐만 아니라 전쟁에서 승리한 남자가 갖춘 모든 자질―경쟁력 있는 사정액을 포함한―을 담고 있는 유전자를 물려받으며, 그것은 다시 손자와 증손자 또 그다음 세대로 계속해서 이어질 것이기 때문이다. 아들을 낳아서 생기는 유일한 보너스는 **바로 다음** 세대에 경쟁력 있는 사정액을 지닌 남성 후손을 둔다는 점뿐이다.

여자가 이 전략을 추구할 때 겪는 중대한 문제가 한 가지 있다―여자가 경쟁하도록 선정한 남자들이 정자전쟁에서 자신의 용맹성을 보여줄 기회를 공평하게 부여받는 경우가 드물다는 점이다. 왜냐하면 사정과 사정 사이의 간격이 길어지면 그 전쟁의 결실이 두 부대의 경쟁력에 의해서라기보다는 여자가 배란하는 시점에 의해서 결정되기 때문이다. 우리는 장면 6에서, 만약 여자의 남편이 바로 몇 시간만 앞당겨 사정했더라도 그 전쟁에서 이길 수 있었으리라는 점을 설명했다. 그의 군대가 경쟁력이 더 높았기 때문이 아니라, 새로운 정자의 갑작스런 홍수로 때맞추어 난자에 도착할 수도 있었기 때문이다.

여자가 여러 남자로부터 사정액을 획득할 수 있는 시간의 간격이 좁을수록 사정액의 경쟁력을 더 잘 시험할 수 있다. 최상의 형태는 정자가 한 마리도 떠나지 않은 상태에서 두 사람의 사정액이 정액고에 섞여 있는 것이다. 그러면 각 사정액이 정확하게 동등한 기회를 얻게 되며, 그중에서 더 경쟁력 있는 사정액에게 승리가 돌아간다. 그러나 이는 한 여자가 질 안에 두 남자의 음경을 동시에 담고 있고, 두 명이 동시에 사정할 때에만 일어날 수 있는 일이다. 가끔 있는 일인지도 모르겠다―그러나 심각하게 논의될 만큼 자주는 아닐 것이다.

흥미롭게도 이 시간차 문제가 여자에게는 이점이 될 수도 있다. 여자는 다른 남자의 사정 간격을 조절함으로써 사정액의 경쟁력 아니면 남자의 여타 자질, 둘 중 어느 한쪽에 치우친 경쟁을 유도할 수 있다. 기본적으로 경쟁의 무게중심은 여러 남자의 사정 간격을 좁힐수록 사정액의 경쟁력 쪽으로 치우치며, 간격을 벌릴수록 기타 자질 쪽으로 치우친다(특히나 여자의 신체가 자신이 선호하는 조건을 지닌 남자의 편을 들어 배란 시기를 조절한다면 더욱 그럴 것이다). 불변의 사실은 여자가 경쟁에서 한쪽 남자를 아무리 편애한다 해도 또 한쪽의 남자가 충분히 경쟁력 있는 사정액을 지녔다면 여전히 승리할 수 있다는 점이다.

대개 여자가 정자전쟁 전략을 추구할 때는 다른 남자들의 사정에 몇 시간이나 며칠의 간격을 둔다. 1980년대 후반, 영국의 한 조사에서는 여성의 80%가 일생 중(3,000회의 사정을 받을 때까지) 5일 간격 이내에 두 명의 남자와 관계한 적이 있다는 사실을 보여주었다. 1일 이내는 69%, 한 시간 이내는 13%, 30분 이내는 1%이다. 이 사실은 여성이 대개는 장면 18에서 설명한 조건을 기초로 하여 분명한 선호도를 보인다는 점을 보여준다. 이 조사는 그럼에도 불구하고 여성이 사정액의 경쟁력에 우선권을 주는 경우도 때로는 있다는 점도 함께 보여준다.

장면 21의 두 여자는 두 명 또는 세 명의 남자가 몇 분 간격으로 자신에게 사정하도록 허락했으며 심지어는 부추겼다. 또 이들은 몇 시간 안에 다섯 남자의 사정을 받아들였다. 이 여자들은 자기 아이의 잠재적 아버지로 다섯 남자를 선택했다. 이들은 그렇게 짧은 시간 간격으로 다섯 남자 모두와 성교를 함으로써 남자들의 사정액 경쟁에서 자신들이 할 수 있는 최대의 우선권을 부여한 것이다.

종족보존의 관점에서 볼 때, 이 장면에서 자신의 출산력을 의심했던 여자가 그럼에도 불구하고 나이 어린 여자와 똑같이 열정적으로 정자전쟁 전략을 추구한 점이 얼핏 보기에는 이상하게 느껴질 수도 있다. 사정액을 경쟁에 부치는 것으로 그 여자가 크게 얻을 것이 있겠느냐고 생각해볼 수도 있다. 또 남자들이 그 여자의 의심〔불임〕에 대해서 알고 있었으니까 어린 여자보다 그 여자에게 덜 관심을 보였을 것이라고도 생각해볼 수 있다. 후자의 경우는 얼마간 징조가 있었으나 많지는 않았다. 그리고 그때 보였던 차이는 단지 어린 여자가 둘 중에서 더 나이가 적었기 때문이었을 수 있다(장면 18). 그러나 전체적으로 볼 때 여자 자신을 포함한 모든 이가 마치 그 여자가 출산력이 있는 것처럼 행동했다는 사실은 여전히 의문거리로 남는다. 왜 그랬을까?

그 여자가 불임이었는지 여부를 정말로 아는 사람은 아무도 없었다는 것이 그 설명이 된다. 물론 불임이었을 수도 있다―많은 섹스 상대를 가졌을 때 따르는 대가 중의 하나가 성병 감염 위험이며, 성병의 대가 가운데 하나가 불임이다(불임의 50% 이상이 그러한 질병의 결과이다). 그렇기는 하지만 그 여자가 의심을 했다고 해도 출산력이 있었을 수 있다. 자연 피임(장면 16)으로 여자가 불임처럼 보이게 되는 경우가 있다. 심지어는 몇 년간 그러기도 한다. 그러나 그러다가도 적절한 환경에서 적합한 남자를 만나면 임신을 할 수 있다.

이 장면의 여자가 불임이었거나 아니었거나, 그 여자의 행동은 거기에 영향을 받지 않았을 것이다. 그 여자의 신체가 종족보존의 성공을 추구하기 위해서 할 수 있는 일은, 진짜 문제는 적절한 시기에 적합한 남자의 사정을 받는 것일 뿐이라고 전제하고, 자신을 그에 맞추어 행동하도록 만드는 것이 전부였다. 임신에 실패한 여자는 이 장면의 여자처럼 행동할 확률이 더욱더 높다. 임신을 위해서 이런 방탕한 노선을 따르는 불임 여성이 많지는 않으나 일부는 그렇게 한다. 이 여자의 행동은 출산력 있는 나이 어린 여자가 했던 것과 마찬가지로 종족보존의 성공을 추구한 것이었다. 두 여자의 양성애도 마찬가지였다(장면 31).

두 여자는 집단 성교에 참여하는 것으로 정자전쟁에서 남자들이 드러낼 수 있는 용맹성의 차이를 최대한도로 시험했다. 이 용맹성은 크게 사정액의 경쟁력에 달려 있지만, 몇 가지 다른 요인의 영향도 받는다—요인마다 영향력의 정도는 다르다.

얼핏 생각하면, 예를 들어 어떤 체위가 다른 체위보다 정액 보유에 유리하다고 생각할 수도 있다—그렇게 보면 최상의 체위를 택하는 남자가 최대의 정자를 보유시킬 수 있고 따라서 전쟁의 승산도 가장 높을 것이다. 공교롭게도 체위는 궁극적인 결과에 거의 영향을 미치지 않는다. 정액고는 어느 체위를 택하더라도 질의 상단에 자리 잡는다. 앞에서 보았듯이, 정액고는 음경이 빠져나오면서 그 자리에 남아 있는데, 부분적으로는 자궁경부 주위에서 빠른 속도로 응고되기 때문이고, 부분적으로는 음경이 빠져나간 뒤로 질이 닫히면서 정액고를 안에 고정시키기 때문이다. 여성 상위 체위만이 정자가 자궁경부를 빠져나오기 전에 정액고의 일부를 상실할 위험을 안고 있다. 그렇다고 해도 이는 남자가 사정을 하고 나서 몸을 너무 빨리 빼낼 때에만 생기는 위험이다.

체위는 정액고 보유에만 별 영향을 미치지 않는 것이 아니다. 정자가 정액고를 벗어나서 자궁경부로 전진하는 능력에도 거의 영향을 미치지 않는다. 이는 자궁경부의 탁월한 설계 때문이다. 정상 체위를 예로 들어보면, 정액고는 자궁경부가 질에 잠겨 있는 동안(장면 3)에 질의 하단에 자리를 잡는다. 후방 삽입 체위에서는 자궁경부가 싱크대의 마개 구멍처럼 정액고의 아래에 있거나, 둘둘 말린 스프링이 계단을 타고 '걸어 내려가는' 것처럼 곧추섰다가 아래로 늘어진다. 여성 상위 체위에서는, 자궁경부가 측면으로 밀려 나왔다가 정액고 속으로 늘어진다. 게다가 여자가 사정 뒤에 자세를 어떻게 바꾸든지 상관없이, 응고된 정액고의 무게가 정액고를 확실히 새 위치로 미끄러져 들어갈 수 있게 만든다. 이 무게는 또한 자궁경부가 정액고에 계속 매달려 있게 만들면서 점액과 정액의 접촉을 유발시킨다.

체위별 주된 차이는 정자 보존이 아니라 성교하는 동안 주변 상황을 감시하고 방해받지 않도록 하는 것과 관련된다. 장면 21에서 한 남자가 발견했듯이, 다른 체위보다 방어에 훨씬 유리한 체위가 있다. 게다가 후체위로는 적어도 남자가 감시 활동을 더 잘할 수 있다(장면 34).

정자전쟁에 관한 한 남자가 성교 시에 체위를 선택하는 것보다 훨씬 더 중요한 것은 여자에게 주입하는 정자 부대의 규모다. 모든 남자는 할 수 있는 한 많은 정자를 주입해야 하며, 전투가 임박했음을 명확히 감지해야 한다. 다량의 정자를 주입하는 데 실패하면 작전 수행이 형편없이 끝날 것이 명약관화하다.

그러나 그들에게 전략상 문제가 있기는 했다. 사정할 여자가 두 명이었기 때문이다. 그들은 두 번째 여자에게 사정할 수 있을지 장담할 수 없었기 때문에 첫 번째 여자에게 더 많은 부대를 투입해야만 했고, 또 두 번째 여자에게 사정할 기회가 있을 것처럼 보였기 때문에 첫 번째 여자에게 모든 정자를 다 투입해서도 안 되었다. 정확히 얼마만큼의 정자를 배출할지 여부는 부분적으로 각 여자와 성교한 지 얼마나 지났는지에 달려 있었을 것이다. 48시간이었다고 가정해보자. 그런 상황에서 보통 남자라면 첫 번째 여자에게 약 4억 5,000만 마리, 두 번째 여자에게 약 3억 5,000만 마리의 정자를 주입했을 것이다. 그러나 모든 남자가 보통은 아니다.

만약 그들 가운데 누군가가 장면 19의 남자처럼 정자선쟁 전문가였다면 바로 우위를 점할 수 있었을 것이다. 그의 커다란 고환과 대규모 정자 부대가 그날의 승리를 차지했을 것이다. 그러나 이 남자들의 차이를 구분 지을 수 있는 또 하나의 신체적 특징이 있을 수 있었다—음경의 크기 역시 고환의 크기와 마찬가지로 어떤 차이를 만든다.

대부분의 사람들은 남자의 음경을 미적인 면보다는 기능적인 면으로 본다. 대부분의 사람들이 모르고 있는 점은 음경에는 그저 정자를 질 상부까지 운반하는 것 이상의 기능이 있다는 사실이다. 남자의 음경은 매우 효과적인 흡입 피스톤이다. 음경이 그런 모양을 하고 있는 것은 절대 우연이 아니며, 앞뒤로 움직이는 삽입 동작 역시 우연히 그렇게 된 것이 아니다. 음경의 크기와 모양은 여자의 질 내부에 이미 존재하는 물질을 제거하기 위한 방향으로 진화되었다. 음경은 특히 어떤 정액고를 제거하거나 아직까지 들어 있을 수 있는 미방출 분비물을 제거하는 데 매우 효과적이다. 음경을 앞으로 밀면 귀두의 표피가 뒤로 밀려나고, 부드럽고 뭉툭한 귀두 끝이 정액이나 질 내부의 점액을 밀어붙인다. 다시 뒤로 빠질 때면, 두 가지 일이 일어난다. 수직으로 볼록 튀어나온 귀두 뒤에 물질이 있으면 질 아래로 끌려 내려오며, 음경 앞쪽에 물질이 있으면 질 내부의 더 아래쪽으로 빨려 내려가서 다음 밀기 동작에서 밀려 들어가기를 기다린다. 성교 중의 빠른 앞뒤 밀기 삽입 동작은 따라서 최근 사정에서 남아 있던 정액의 물질을 빨아낸다. 이 동작은 자궁경부 밖에 있는 점액과 방패막이 정자를 일부 제거하기도 한다. 삽입 동작이 길고 빠를수록 질 내부에 남아 있던 사정액도 더 말끔히 제거된다. 음경이 클수록 제거 효과도 크다.

장면 21에서 저마다 승리를 얻고 싶어했던 남자들의 성패는 각 여자와의 성교에서 자신의 순서에 맞추어 행위를 어떻게 조절했는지에 달려 있다.

어린 여자에게 처음 사정했던 이방인은 유리한 위치에 있었다—그는 자신의 부대를 배치할 최대의 기회를 쥐고 있었고, 따라서 그의 뒤를 따른 모든 남자들은 애를 먹어야 했다. 그는 또 한 명의 여자에게 나중에 사정할 기회가 있었지만, 어린 여자에게 할 때만큼 우세하지는 못했다. 그 이방인은 바로 그 자리에서 더 많은 정자(6억 마리라고 해두자)를 주입하고, 그래서 나중에 사정할 양을 조금(2억 마리라고 해두자)밖에 남겨두지 않음으로써 그들 중 누구보다도 큰 이득을 얻었다. 왜냐하면 그는 유리한 위치에 있었을 뿐만 아니라 사정도 재빨리 해야 했기 때문이다. 조금만 지체했더라면, 다른 남자에게 떼밀려서 어린 여자의 체내에 첫 번째로 정자를 남기는 데 실패할 수 있었다. 그가 그녀의 클라이맥스를 기다리지 못하고 사정한 것은 이 급박함 때문이었다.

이방인이 어린 여자에게 첫 번째로 사정하는 데 성공하고 나서 했어야 하나 하지 못했던 일은 다음 남자를 될 수 있는 한 지체시키는 것이었다. 그렇게 했다면 그의 정자 부대가 정액고를 떠나 필요한 위치에 배치되는 데 최대한의 시간을 확보할 수 있었을 것이다(나이가 더 많은 여자에게 첫 번째로 사정했던 남자는 바로 그 점에서 성공을 거두고 있었다. 그 덕분에 다른 남자들이 험악해지기는 했지만 말이다). 이방인이 사정했던 어린 여자는 그가 자기 안에 있는 동안에 클라이맥스를 얻는 데 실패하자 다른 계획을 준비했다. 그녀는 이방인을 떠나서 곧장 다음 남자에게로 갔다.

이 남자는, 어차피 이방인이 한발 앞서 끝을 낸 마당이었기 때문에 가능하면 빨리 그뒤를 이어 그녀에게 삽입해야 했다—그가 빨리 하면 할수록 그만의 최상의 전략을 빨리 추구할 수 있었다. 물론 그는 그녀의 앞선 성교를 지켜보면서 자신을 더 닥달할 수 있었을 것이다. 대부분의 남자처럼 그 역시 다른 쌍의 성교 장면에서 성적 흥분을 느꼈다(장면 9). 그는 자신의 차례를 기다리는 동안 발기하여 준비가 완료되었다. 그런데 그녀에게 삽입하고 나자 전략을 택해야 했다. 그는 아주 빨리 사정함으로써 이방인의 출발을 될 수 있는 한 늦출 수도 있었지만, 이렇게 하면 자신의 정자를 곧바로 이방인의 정액고 안에 쏟아 부어야 하므로 불리한 조건이었다. 그래서 그는 대신에 그 정액고를 제거하기 위해서 길고 격렬한 삽입 행위를 하기로 한 것이다—거기에는 대가가 따랐지만. 그는 오래 끌다가 밀려났고, 따라서 두 번째로 그녀에게 사정할 수 있었던 가능성을 박탈당했다—적어도 1회전에서는 못했다.

여자에게 첫 번째로 사정하는 것이 두 번째로 하는 것보다 유리한 것과 마찬가지로 두 번째가 세 번째보다 유리하다. 따라서 세 번째 남자는 앉아서 차례를 기다리지 않고, 어린 여자에게 세 번째가 아니라 두 번째로 사정할 수 있게끔 상황을 만들었다. 그는 자신이 밀쳐낸 남자로부터의 공격

위험을 감수하고 바로 적시에 행동으로 들어갔다.

네 번째 남자에게는 선택의 여지가 없었다. 또 한 여자에게 두 번째로 사정하려는 시도를 좌절당한 그는 세 번째로라도 어린 여자에게 사정하는 데 만족해야 했다. 그녀의 질은 이미 두 남자의 정액고를 보유하고 있었다. 그가 할 수 있었던 유일한 방안은 가능한 한 길고 격렬한 삽입 행위로 앞의 정액고를 들어내는 것이었다. 이 점에서 그는 성공적이었는데, 어린 여자가 마침내 질이 메말라가는 것을 느낀 것이 그 증거다. 그렇게 해서 그의 정액고는 그녀의 질 그 자체에 자리 잡았다. 그러나 그는 앞선 남자들의 정액고를 제거하느라 대가를 치러야 했다. 그는 제거 작업에 시간을 소요했으며, 그리하여 앞의 두 남자의 정자가 어린 여자의 자궁경부로 헤엄쳐 들어가서 네 번째 남자의 부대를 대비해 잠복 대기할 만한 소중한 잉여 시간을 벌어준 셈이 되었다.

그들의 1회전이 그처럼 광적이고 어느 정도 공격적으로 진행된 이유는 각각의 여자에게 가능한 한 빨리 사정하는 것이 모든 남자에게 최상의 전략이었기 때문이다. 하지만 2회전은 사뭇 달랐다. 그날 오후가 지나면서 속도와 작전이 다 바뀌었다. 왜일까?

어린 여자의 몸 안에서 벌어진 첫 번째 정자전쟁의 승리가 꼭 수태의 포상을 안겨주리란 보장은 없었다는 점을 명심해야 한다. 그녀가 그후 이틀 이내—그녀의 체내를 첫 번째 부대가 독점 장악할 시점—에 배란을 했을 때에만 그렇게 될 수 있었을 것이다. 만약 그녀가 그 집단 성교로부터 이틀이 아니라 4~5일 만에 배란했다면 상황은 매우 달라졌을 것이다. 따라서 이들이 1차 소전투에서 이기려고 최선을 다한 것은 장기적 안목으로 볼 때 보강 전략으로서 가치 있는 일이었기 때문이다.

집단 성교로부터 4~5일 뒤라면 1차전의 정사 내부분이 죽거나 날라비틀어졌을 시점이다. 시간이 흘렀는데 아직까지 배란이 이루어지지 않았다면, 어린 여자에게 더 늦게 주입된 정자가 수태를 성공시킬 확률이 크게 증가한다—특히나 나중에 들어온 정자는 매우 젊었을 것이다. 이들이 그녀의 몸 안에서 수태에 실패하기는 아주 힘든 일이었다. 배란이 연기되었다면 이들 늦은 정자가 그녀의 난자를 획득할 확률이 높았다는 뜻이다. 물론 그러한 늦은 정자는 앞선 방패막이와 정자잡이에 의해서 시련을 겪어야 했겠지만, 그렇다고 해도 성공할 수 있었다.

각각의 남자가 두 여자에게 첫 번째로 사정하는 동안 처음의 정자 비축분을 거의 사용했다고 해서 지원 전략을 구사할 수 없는 것은 아니다. 남자는 자신의 정자 대열에 한 시간당 약 1억 2,000만 마리의 비율로 젊은 정자잡이와 난자잡이를 새로 추가한다. 그 방탕한 오후의 첫 번째 사정에서 마지막 사정까지 약 다섯 시간이 흐르는 동안 각각의 남자는 6,000만 마리의 젊은 정자를 더 동원했을 것이다. 마지막 사정을 오래 기다렸을수록 이들이 투입할 수 있는 정자는 젊었을 것이다.

2단계 활동에 돌입했을 때, 남자들은 두 가지 일을 하고자 했다. 첫째, 먼젓번 정액고를 가능한 한 많이 제거하려고 했다. 이들이 사정하려는 정자는 어쨌거나 수가 많지 않았고, 그러므로 자궁경부로 탈출할 경로를 가능한 한 용이하게 닦아놓아야 할 필요가 있었다. 둘째, 각각의 여자에게 가급적이면 다량의 젊은 정자를 가장 나중에 사정하고자 했다. 문제는 만약 이들이 어느 쪽 여자에게라도 너무 이르게 사정한다면 정자의 양이 더 적을 것이고, 또 그의 사정이 맨 마지막이 되지 못할 것이라는 점이었다. 만약 이들이 너무 오래 기다렸다면, 그리고 여자가 흥미를 잃었다면 이들은 기회를 몽땅 놓쳤을 것이다. 각각의 남자는 여자와 쌍을 이루자 자신의 사정액을 투입할 최선의 순간을 결정하기 위해 가능한 한 천천히, 가능한 한 긴 삽입 동작으로 가능한 한 오래 자기 자리를 지키고자 했다. 신체에서 너무 이르다고 판단했을 때에는 사정 없이 몸을 빼내서 다음 기회를 기다리고자 했다. 남자들은 한 사람씩 결정을 내렸고, 각자가 마지막으로 사정했다.

물론 자신의 신체가 하고자 하는 바를 의식적으로 알고 있던 남자는 아무도 없었다. 그들이 아는 것은, 그저 자신들이 각각의 여자에게 삽입하고 사정하는 기회를 하나씩 거치면서 각기 다른 수위의 흥분을 느꼈다는 것이다. 이들의 신체가 신속한 사정이 최선이라고 판단했을 때에는 강렬한 흥분을 경험했고, 삽입과 거의 동시에 그야말로 자발적인 사정이 이루어졌다. 이들의 신체가 체내에 남아 있는 사정액을 가급적이면 많이 제거하기를 원했을 때에는 발기될 만큼의 흥분만 겪었다. 이들은 자신의 신체가 꽉 찬 흥분감과 사정으로 인한 클라이맥스를 줄 때까지 삽입 동작에 엄청난 공을 들여야 했다. 좀 더 기다리는 것이 최선의 선택이었을 시기에는 일시적으로 흥미를 잃었고 발기도 사그라졌다. 마지막으로, 어느 여자에게 사정을 하더라도 이제 더 이상 득이 없겠다고 신체에서 판단했을 때 이들은 완전히 흥미를 잃었다.

이 복잡한 작용과 반작용의 과정에서 최고의 승산은 자신의 사정 시점, 즉 다른 남자의 사정을 방해할 시기를 가장 잘 판단하고, 언제 짝을 짓고 삽입 행위를 해야 할지와 말아야 할지를 가장 잘 판단한 신체를 지닌 남자에게 있을 것이다. 두 여자의 신체가 아이의 아버지감으로 물색하고 있던 남자는 바로 이런 남자였을 것이다. 종족보존에서 성공을 추구하는 여자들의 임무는 각각의 남자에게 최대한도로 그 자신을 증명할 기회를 부여하는 것이었다—그리고 최대한도로 실수를 저지를 기회를 부여하는 것이었다. 활동의 첫 단계에서 여자들은 남자들의 다급함에 반응하여 삽입을 허락함으로써 최상의 이득을 얻었다. 두 번째 단계에서는, 남자들이 빈번히 이 여자에서 저 여자로 상대를 바꿔대는 것을 허락함으로써 최상의 이득을 얻을 수 있었다.

여자들이 2차진에서 각각의 남자와 오랜 시간 짝 지어 있으면서 옳았거나 틀렸거나 남자 자신이 사정할 순간을 택하도록 한 것은 빈틈없는 선택 방법이었다. 여자들은 남자들과 특별히 눈에 띄는 성행위 없이 그렇게 오랫동안 짝을 지어 있는 동안 그가 다른 남자들로부터 자신의 질을 방어하는 능력, 발기를 유지하는 능력, 사정 시기를 판단하는 능력을 테스트하고 있었다—그 모든 것은 자신의 아들과 손자들이 지니기를 원하는 조건이었다.

느긋하고 긴 시간 천천히 진행된 두 번째 단계 동안, 여자들의 신체는 그저 자기 몸 안에 발기된 성기가 들어 있다는 느낌만으로도 만족감을 느꼈을 것이다. 이들의 신체가 남자들에게 정자전쟁에서의 용맹을 과시할 기회를 충분히 주었다고 판단하자마자 그냥 어울려 있는 것에는 흥미를 잃은 그때까지는 말이다. 그러나 이들의 신체는 광적이고 짧았던 1단계에서, 그리고 2단계에서도 역시 한두 번 정도는 다른 만족감을 원하고 있었다. 질 안에 음경이 들어 있는 동안의 고요하고 부드러운 느낌 대신 이들은 불같은 오르가슴의 순간을 원하고 있었다.

이 장면의 나이 많은 여자가 클라이맥스를 느꼈는지의 여부는 알 수 없다. 어린 여자는 두 번 클라이맥스를 느꼈는데, 한 번은 두 번째 남자가 삽입하자마자였고 또 한 번은 이방인이 몸 안에 들어와 있던 중인 맨 마지막 순간이었다. 이 두 번의 클라이맥스는 사실상 여자가 여전히 모든 남자에게 정자전쟁에서 승리할 기회를 동등하게 준 것이 아니라는 뜻이 된다. 그녀는 여전히 편애하고 있었다—그녀가 편애한 사람은 이방인이었다. 그녀가 어떻게 이런 편애도를 발현했는지 알기 위해서는 장면 25까지 기다려야 할 것이다. 지금 당장 흥미로운 문제는 그녀가 왜 그 이방인을 선호했는가 하는 점이다.

이방인을 더 좋아하는 성향은 여자가 상대를 선택하는 데 막강한 요인이다. 외도의 표적으로는 더욱더 그러하다. 이 점에서 여자는 전형적인 영장류 동물이다. 예를 들면 붉은 원숭이 암컷이 알고 지내던 수컷은 거부하면서, 새로운 수컷과 마주치기만 하면 거의 매번 교미를 허락하는 모습이 관찰되었다. 짧은꼬리원숭이 암컷도 이와 흡사하게 자신의 부족에 새로 들어온 수컷에게 흔쾌히 교미를 허락하는 것으로 알려져 있다. 이들은 그러한 신입 원숭이가 아주 낮은 서열에 있더라도 그렇게 하며, 때로는 그 때문에 본거지 수컷에게 희생을 당하기도 한다.

물론 암컷 영장류가 모든 낯선 수컷에게 사정을 허락하는 것은 아니다. 수컷은 여전히 암컷의 상대 선택 기준을 충족시켜야 한다. 요점은 만약 두 수컷이 암컷의 기준을 동등하게 충족시킨다면 암컷은 낯선 수컷을 더 좋아한다는 것이다. 일반적으로 여기에서 암컷이 하는 행동은 미래를 위한 예방책으로 알려져 있다. 만약 새로 온 수컷이 언젠가 그 부족의 권력 체계에서 힘 있는 지위를 차지하게 되면, 그 수컷은 그 암컷과 후손 — 자신이 그 아버지일 가능성이 존재할 때—에게 우호적으로 대한다.

장면 21의 어린 여자의 경우에, 단지 그가 이방인이었다는 이유로 그를 선호했는지, 아니면 먼저 알던 남자들보다 이방인이 그녀의 기준에 더 부합했는지는 알 수 없다. 이유가 무엇이 되었든지 소녀는 그의 정자를 편애했다. 첫째, 그 이방인과 누구보다도 먼저 그리고 누구보다도 나중에 성교를 하기를 원했다. 둘째, 그녀는 2차 성행위가 진행되는 동안 그에게서 클라이맥스를 얻었으며, 그에게서만 얻었다. 그러면 광란의 1차 시기에 그에게서가 아니라 그다음 남자에게서 클라이맥스를 얻은 것은 뭔가 모순되어 보인다. 그러나 이것은 사실 모순되지 않는다—장면 25에서 선명하게 드러나겠지만.

8장
클라이맥스의 힘

장면 22
단추 위의 손가락

여자는 어린 딸에게 잘 자라고 인사하고 방문을 닫았다. 여자는 자신의 방으로 들어가면서 옷을 벗고 실내복으로 갈아입고는 커피를 따르러 아래층으로 내려갔다. 남편은 외출 중이었고 집안은 고요했다. 여자는 적어도 두 시간, 완전히 자신만의 평화롭고 멋진 시간을 확보했다. 여자는 텔레비전을 켜고는 잡지를 펴들고 느긋하게 페이지들을 훑어보기 시작했다. 천국이 따로 없었다.

15분이 지나자 텔레비전은 그저 조용한 배경음일 뿐이었다. 여자는 잡지에 주의를 기울이려고 했지만 그 역시 배경 효과나 마찬가지였다. 여기저기 기계적으로 들춰보는 중에 이따금씩 화보나 머리기사가 눈에 들어오기는 했으나, 여자는 기본적으로 자신만의 생각—서로를 좇는 나비들처럼 여자의 마음속으로 들어왔다 나갔다 하는—에 빠져 있었다.

여자는 어느 것이 먼저 온 건지 알 수 없었다. 할 수 있을 거라는 생각일까? 아니면 해야 한다고 말하는 다리 사이의 팽팽한 느낌일까? 좋을 거야. 하지만 방해를 받을지도 모르잖아? 몇 분이 더 흘렀다. 여자는 잡지를 내려놓고 내부의 불기운을 응시했다. 해야 할 것 같다. 여자는 이미 결심을 해놓고도 이젠 차가워져버린 커피를 다 마실 때까지 시작하지 않았다. 여자는 위층으로 올라가면서 전화선을 뽑았다. 여자는 딸의 침실을 조용하게 지나 자기 방으로 들어가서 문을 잠갔다.

여자는 잠깐 동안 이번에는 무엇인가 다른 걸로 해봐야지 하며 생각을 이리저리 굴려보았다. 숨겨놓은 사진을 볼까도 싶었지만 어디에다 둬두었는지 잘 기억이 나지 않았다. 질에 뭐를 집어넣어볼까 생각했지만, 금방 손에 잡힐 만한 것이 떠오르지 않았다. 2~3년 전 남편의 탁구채 손잡이를 써보았지만, 그러고 나서는 나무 가시와 세균에 대한 상상으로 며칠을 허비해버렸었다. 여자는 숨길 장소만 생각해낼 수 있다면 언젠가 진동기를 사야겠다고 생각했다.

결국 여자는 괜히 딴 생각할 것 없이 그냥 원래 하던 대로 하기로 했다. 여자는 침대에 누워서 실내복이 미끄러져 떨어지도록 벨트를 풀었다. 왼손을 오른쪽 젖꼭지에 갖다 댔다. 오른손은 먼저 침을 묻히기 위해 입으로 가져갔다가 다리 사이 클리토리스(음핵)로 옮겼다. 여자는 자위행위를 시작했다.

처음에는 느낌에 집중하기 어려웠다. 다른 비非성적인 생각들이 두서없이 끼어들었다. 여자는 몇몇 환상을 시도했다. 다른 여자에게서 옷을 벗기우고 입맞춤과 애무를 받거나 두 남자가 동시에 자신에게 덤벼드는 따위의 오래 써온 상상을 시도했지만 그녀를 멀리까지 이끌지는 못했다. 그러고는 약 5분간의 자극 끝에 마침내 친구와 그 남편이 나오는 상상으로 감각에 신호가 오기 시작했다. 점액이 여자의 성기와 손가락에 온통 질펀했다. 숨결이 무거워졌고 심장이 뛰기 시작했다. 이제 이미지는 사라지고 다리 사이의 감각과 움직이는 손가락에 완전히 초점이 집중되었다. 여자가 클리토리스를 먼저 이렇게 그러고 저렇게, 먼저 이 리듬으로 그러고 다른 리듬으로 점점 격렬하게 자극하자 흥분이 가슴, 목, 그리고 얼굴까지 올라왔다. 여사의 몸이 클라이맥스에서 팽팽해지면서 들뜨기 시작했다. 축축하고 부풀어 오른 클리토리스를 딱 한 번만 건드리면 바로 그곳이다. 고요하게 클라이맥스에 이른 여자의 허벅다리와 성기가 경련을 시작했다. 처음에는 빠르게, 다음에는 점점 긴 간격으로. 마침내 여자는 힘이 빠졌다. 끝이었다.

형편없진 않았어. 10점 만점에 7점 정도?

여자는 클라이맥스 뒤의 휴면 상태로 몇 분간 침대에 누워 있다가 일어나서 실내복 벨트를 묶었다. 아래층으로 내려가 전화선을 다시 꽂고 우유를 한 잔 따라서 텔레비전이 윙윙거리고 있는 아늑한 거실로 돌아왔다. 여자는 불 앞에서 몸을 덥히면서 마지막으로 자위행위를 했던 때를 기억해보았다. 한 달에 고작해야 서너 번 정도니까 자주 있는 일은 아니다. 지난번은 대략 열흘 전이었던 것 같다. 남편이 그녀에게 해준 어떤 것보다 좋았다. 남편이 손으로 해주는 건 10에 5 정도지만, 성기로 해주는 건 보통 10에 2 정도였다. 사실상 삽입 중에 클라이맥스를 얻는 경우는 거의 없으니까 보통 10에 1도 안 되는 셈이다.

자위행위가 그녀의 생활에 성적 다채로움을 더해준 것은 10대 후반 때였다. 여자의 맨 처음 오르가슴은 한심했다. 얼얼하다 마는 정도였다. 자신이 클라이맥스를 느꼈는지도 잘 알지 못했다—기껏해야 10에 1 정도였다. 그렇지만 20세가 되면서 평균 7은 얻을 수 있었다.

남편은 그녀가 자위행위를 하는지 알지 못했다. 사실 여자가 한다는 것을 아는 유일한 사람은 방금 여자의 상상 속에 남편과 함께 등장했던 친구뿐이다. 둘은 몇 년 된 친구 사이인데, 서로 결혼하기 오래전부터 알고 지냈다. 스무 살 때, 취해서 대화를 나누다가 자위행위에 관해서 이야기하게 되었다. 여자는 그렇다고 시인하면서 스스로 대담하다고 느꼈다. 여자는 '가끔' 했다. 그러나 최근 들어서는 사실상 매일 밤 자위행위를 한다는 친구의 말에는 완전히 기가 죽을 수밖에 없었다. 친구의 말로는 하지 않으면 잠들기가 어렵다는 것이었다. 당시 그 친구는 만성 방광염이 재발해 고생하는 중이었기 때문에 여자는 더 놀랄 수밖에 없었다. 염증이 왼쪽 신장으로 침투하여 제거하기 어렵다는 진단을 받은 터였다.

그 대화가 있은 지 1주일 뒤에 여자는 친구에게 지지 않으려고 매일 밤 자위행위를 시도해보았다. 그렇지만 이틀 밤 연속이 한계였다. 그조차도 두 번째 밤에는 힘이 많이 들었다. 여자는 곧 자연스럽게 주 1회로 전환했다.

남편이 외출에서 돌아왔을 때 여자는 긴 소파에 웅크리고 누워서 텔레비전을 시청하고 있었다. 둘은 잠시 농담을 주고받다가 잠자리 준비를 시작했다. 자리에 눕자 여자는 삽입 성교를 하고 싶어졌다. 몸 안에 성기가 있는 상상이 어슴푸레 떠올랐다. 여자는 별 열의 없이 접촉을 시도했으나 남편의 반응은 '가망 없음'을 알리는 짜증에 가까웠다. 여자는 기분이 상해서 남편에게 등을 돌리고 누웠다가 몇 분 안에 잠들었다.

~

아마도 사람의 성에 관한 속성 가운데 여성의 오르가슴만큼 불가사의한 것도 없을 것이다. 사람에 따라서 그 경험은 매우 다양하다(장면 36). 전혀 오르가슴을 느끼지 않는 여자가 있는가 하면, 오르가슴을 느끼기는 하지만 성교 때는 전혀 느끼지 못하는 여자도 있으며, 또 성교를 할 때마다 거의 매번 오르가슴을 느끼는 여자도 있다. 여성의 오르가슴은 성적 현상이기는 하지만 (남성의 사정과 달리) 꼭 임신을 위한 것은 아니다. 오르가슴이라곤 느껴본 적이 없는 여자라도 쉽게 임신한다.

다양성은 여성의 오르가슴을 논할 때 부딪치는 주된 문제 가운데 하나다. 어떤 오르가슴이든 다른 오르가슴과 약간은 유사하고, 그 외의 다른 오르가슴과 약간 유사한 듯하면서도 또 어떤 것과도 유사하지 않다. 게다가 다른 여자와 똑같은 범위, 빈도, 형태의 오르가슴을 느끼는 여자는 아무도 없다. 여자가 언제, 어떻게, 얼마나 자주 클라이맥스를 느끼는가를 놓고 따져보면 남자보다 훨씬 다양하다.

이번 장의 다섯 장면에서는 오르가슴과―이와 똑같이 중요한 문제로―오르가슴을 기피하는 것이 여성의 종족보존의 성공에 어떻게 기여하는가를 탐구한다. 각 장면의 상황은 어떤 사람에게는 상당히 익숙할 것이고 또 어떤 사람에게는 전적으로 경험 밖의 문제가 될 것이다. 각 상황의 오르가슴은 그러한 특정한 상황에서 오르가슴을 느낀 모든 여성들에게 똑같은 기능을 발휘할 것이다. 그러나 언제, 얼마나 자주 그 기능을 활용하는지는 여성마다—저마다 합당한 이유에 따라서—다를 것이다. 이러한 여성 개인별 차이는 아주 흥미로운데, 그 점은 장면 36에서 다루게 된다. 그러나 이 다섯 장면에서 우선적으로 살펴볼 것은 오르가슴이 발생하는 상황에 따라서 여성의 종족보존 전략에 어떻게 다른 영향을 미치는가가 될 것이다.

어떻게 보면 그렇게 다양하고 예상하기 어려운 하나의 행동을 가지고 어떤 기능을 이해한다는 것은 어려운 일이다—흔히 오르가슴에는 쾌감을 주는 것 외에 다른 기능이 없다고 결론짓는 것도 이런 이유 때문이다. 그러나 앞에서 본 것처럼, 쾌감 자체가 기능은 아니지만(장면 10) 그 역시 기능의 산물이다. 기본적으로 신체가 어떤 특정 행위를 집중적으로 지향할 때는 항상 그 행위를 실행하고자 하는 절박감이 있는 상태이다. 그 절박감이 만족되면서 얻어지는 감각이 쾌감이다. 여성의 오르가슴이 쾌감을 주는 것은 기능이 있기 **때문이다**. 여자는 신체에서 종족보존의 성공을 **제고시킬** 시기라고 판단할 때면 언제나 오르가슴을 원한다. 신체가 종족보존의 성공을 **감소시킬** 때라고 판단하면 그러한 절박감을 느끼지 않는다. 뜻밖일지도 모르겠지만, 여기에서는 성교와 관련된 오르가슴(장면 24~26)으로 시작하지 않고 자위행위로 얻어진 오르가슴으로 시작할 것이다.

전 여성의 80%가 일생 중 어느 단계에 오르가슴을 얻기 위해서 자위행위를 시작하는데, 이 장면의 여자처럼 대부분의 경우 주기적이지만 빈번한 활동은 아니다. 자위행위의 평균 횟수는 주 1회 이하로, 배란 전 1주일 정도는 이보다 약간 높으며, 나머지 기간은 약간 낮다. 또한 나이를 먹어가면서—적어도 40세에 이르기까지—자위행위를 원하는 빈도가 높아진다.

여성의 자위행위에 가장 흔한 방법은 클리토리스를 자극하는 것으로, 대개는 그냥 손가락만 사용한다. 손가락을 질 내부로 넣는 경우도 있지만, 이는 클리토리스의 자극을 보충하기 위한 것이지 대신하는 것이 아니다. 때로는 성기 대용물을 질에 삽입하기도 하지만 이 역시 클리토리스 자극을 보강하기 위한 것이다. 문화권에 따라서 자위행위의 보조를 위해서 순록의 근육, 과일, 야채, 진동용 상품 등의 다양한 용품을 사용하기도 한다. 자위행위를 하는 동안 개나 고양이에게 자신의 성기를 핥도록 하는 여자도 있는 것으로 알려져 있다. 이보다 더 드문 경우지만, 개나 다른 동물에게 삽입을 허용하는 여자도 있는데, 이 역시 자위행위의 한 형태다.

오르가슴의 기능을 둘러싼 혼란 때문에 클리토리스의 기능에 관해서도 유사한 혼란이 제기되어왔다. 이 기관은 여성 태아의 세포에서 발생되는데, 이 세포는 남성 태아의 음경을 발생시키는 것과 같은 성질의 세포다. 모든 포유류 암컷[여성 포함]은 클리토리스를 지니고 있는데, 그 끝(혹은 '구球')에 수많은 신경의 말단이 분포되어 있으며 매우 민감하다―사실 음경의 끝보다 더 민감하다.

일부 원숭이―주로 남미의 원숭이―는 음경보다 크지는 않을지라도 그만큼은 되는 클리토리스를 가지고 있다. 보통은 홈이 나 있어서, 음경과 같은 기능으로 암컷이 배뇨하는 동안 몸에서 소변을 배출시킨다. 이처럼 커다란 클리토리스는 교미에서 중요한 역할을 맡는다. 이 영장류들은 흔히 배면背面 삽입을 하는데, 이는 클리토리스가 삽입 지점보다 앞에 놓여 있다는 뜻이 되므로 수컷의 삽입에 직접적인 자극은 받지 않는다. 그럼에도 불구하고 이들의 클리토리스는 그 크기 덕분에 교미하는 동안 암컷이나 수컷이 찾고 다루기가 쉽다. 이 점은 피부층에 싸여 은폐되어 있고 음경보다 훨씬 작은 클리토리스를 지닌 유인원 및 사람을 비롯한 다른 대부분의 원숭이들과는 매우 다르다.

작은 클리토리스가 배면 삽입 성교 때 훨씬 자극을 적게 받는 것은 피할 수 없는 노릇이다. 때로는 정면 삽입을 하는 종(일부 원숭이, 오랑우탄, 침팬지, 고릴라, 그리고 물론 사람)조차 삽입 시에 클리토리스 자극이 필요 없다. 이들 종의 클리토리스의 위치는 얼마나 교묘한지 오히려 삽입되면 자동적으로 자극을 받지 않게끔 설계되어 있는 것처럼 보인다. 그런 데다가 수컷[혹은 남성]에게는 작고, 절반쯤 또는 완전히 은폐된 클리토리스를 찾기가 까다롭다. 따라서 여자의 것처럼 작고 은폐된 클리토리스는 삽입 시 **자동** 작동되는 기관(장면 25)이 아니라, 우선적으로 자위행위에 적합한 누름단추라는 점에서 가장 인상적이다.

여자만이 자위행위를 하는 포유류 암컷은 아니다. 많은 영장류 동물이 자신의 클리토리스를 손으로 자극하거나 땅이나 나뭇가지에 대고 자극하는 장면이 포착되었다. 침팬지는 잔가지를 질에 삽입한 채 수직으로 된 물체에 부딪쳐서 진동을 만들어내는 모습이 관찰되었다. 암컷의 자위행위가 영장류에게서만 발견되는 것도 아니다. 고슴도치 암컷이 막대기를 끼고 서서 막대기에 진동을 만들어 클리토리스를 자극하기 위해서 달려가는 모습이 포착되었다.

몇몇 일화를 제하면 사람을 제외한 암컷 동물의 자위행위와 오르가슴에 대해서 알려진 것은 적은 편이지만, 침팬지 암컷이 클리토리스를 마사지해주면 클라이맥스를 느낀다는 정도는 알려져 있다. 게다가 침팬지가 이 자위행위의 대리 수행을 알고 나면, 사람의 손에 주기적으로 자신의 후미를 드러내면서 클리토리스 마사지를 간청한다. 젖소도 사람이 클리토리스를 마사지해주면 클라이맥스를 느낀다. 마사지를 시작한 지 몇 분이 지나면 젖소의 자궁경부에 틈이 벌어지면서 움직이는 것이 보인다.

클리토리스 자극 뒤에 잇따르는 자궁경부의 움직임은 사람에게도 마찬가지로 나타난다. 자위행위하는 여자의 질 내부에 장착된 소형 카메라는 여자가 클라이맥스를 느낄 때 자궁경부가 틈이 벌어짐과 동시에 질 내부로 잠기는 모습을 보여주었다. 틈이 벌어지면서 질 속에 잠기는 현상은 '텐팅tenting'이라고 부르기도 하는데, 한 번의 클라이맥스 과정에 여러 차례 벌어지는 경우도 있다. 자궁경부의 오르가슴 텐팅은 자궁경부 내부에서 일어난 클라이맥스 행사로서 세 가지 주된 결과를 야기하는 자위행위 기능의 핵심이다.

첫째, 자위행위는 (오르가슴 텐팅 등을 통해서) 일시적으로 자궁경부에서 질에 이르는 점액의 유출을 증가시킨다. 점액은 자궁경부에서 항상 느린 속도로 유출되지만, 오르가슴은 그 속도를 더한다―거의 콧물과 재채기 간의 차이에 상응한다. 여자가 자위행위하는 동안 성적으로 흥분하면 자궁경부 상단의 샘에서 점액 생산량을 증가시키는데, 특히 여자가 클라이맥스에 달하면 그렇다. 이는 자궁경부를 통해서 유출되는 점액의 '빙하층'을 급속하게 증가시킨다(장면 3). 처음에 이것은 질 속에 잠기는 자궁경부에 의해서 조절된다. 잠기기[텐팅]가 멈추고 나면 확대된 빙하층 가운데서 오래된 부분이 치약이 밀려 나오듯이 질로 밀려 들어간다. 이 점액의 홍수는 질 벽에 줄 서듯이 늘어서서 다음 성교에 대비하는 두꺼운 윤활유층이 된다(장면 3). 그런데 이 점액 유출의 기능은 그저 질의 윤활을 강화시키는 것 이상이다. 여기에서 제거되는 것이 낡은 점액층이기 때문에, 오래된 방패막이 정자와 병균체를 포함한 자궁경부 내의 부스러기가 이와 함께 다량으로 빠져나간다. 이는 병균과 싸우는 효과적인 방법이다. 장면 22에서 여자의 친구는 비뇨생식기 계통 질병의 재발로 밤마다 자위행위에 열중할 수밖에 없었다.

둘째, 자위행위는 자궁경부 점액의 산도酸度를 높인다. 여자의 자궁경부가 잠기기를 할 때는 내부의 점액이 측면으로 확장된다. 그러면서 점액을 통해서 새 통로가 형성되는 동시에 질 상단의 물질이 효과적으로 자궁경부 내 '코끼리 코'의 끝 부분으로 '빨려 들어간다'(장면 3). 질 상단의 액은 산성이 매우 강하며, 자궁경부가 클라이맥스 중 수차례 잠기기를 하는 동안에 산성이 점액 경로로 퍼져나가 자궁경부 빙하층의 묵은 부분의 산도를 전보다 더 강하게 만든다. 클라이맥스가 끝나면 이 산성 점액의 일부는 앞에 묘사된 대로 (함유된 어떤 병균체까지 함께) 질 속으로 방출되지만 일부는 자궁경부에 잔존한다. 정자나 박테리아 모두가 산성 점액 속에서는 제 기능을 발휘할 수 없다. 이 상태가 자위행위가 끝난 뒤로 며칠간 지속되기도 하는데, 따라서 정자는 점액 통로를 헤엄쳐 통과하기 힘들고 병균체 역시 침투와 복제가 어렵다.

셋째, 자위행위는 자궁경부 필터의 강도를 변화시킨다—대부분은 강화시킨다. 이는 방금 설명한 산성의 증가 때문만이 아니라, 또한 오르가슴으로 인해 자궁경부 내 정액 저류소(장면 4)의 절반 정도가 지난번 사정으로 적재되어 있던 정자를 방출하기 때문이다. 이것으로 필터가 강화되는 이유는 이 정자들이 점액 속으로 재진입하면서 새로운 점액 통로를 가로막기 때문이다. 게다가 이들 새로운 막들 중 다수가 자궁경부 상부에 자리 잡고 있어서 그 영향력이 며칠간 지속될 수 있기 때문이다—자궁경부 빙하층이 이들을 질로 끌고 내려갈 때까지 지속된다. 때로는 자위행위가 필터를 강화시키지 않는 경우도 있다. 가장 중요한 요인은 자궁경부 정액 저류소에 아직까지 얼마나 많은 정자가 보유되어 있는가 하는 점이 될 것이다.

여자가 클라이맥스를 겪을 때 정액 저류소에 들어 있는 정자가 많을수록 많은 정자가 점액 통로로 유출되며 여자의 필터도 더욱 강해진다. 따라서 정자가 많이 저장되어 있을 성교 24시간 뒤의 자위행위는 정자가 덜 저장되어 있을 48시간 이후의 자위행위보다 필터를 더욱 강화시킨다. 정액 저류소에 정자가 충분히 들어 있는 한, 첫 번째 자위행위 후 하루 정도 뒤에 다시 자위행위를 하더라도 필터를 계속 강화시킬 수 있지만, 세 번째나 네 번째 자위행위는 대개 추가 효과를 볼 수 없다. 추측컨대 두 번째 사위행위가 끝나면 정액 저류소에 정자가 남아 있다고 해도 얼마 되지 않을 것이다. 비슷하게, 만약 다른 이유로 정액 저류소에 정자가 들어 있지 않아도 (예컨대 성교한 지 8일이 넘었거나 부부가 지난번 성교 때 콘돔이나 피임용 페서리를 사용했을 시) 역시 자궁경부 필터 강화 작용은 없다.

여자가 다른 시기보다 수태기에 자위행위 욕구를 더 자주 느끼는 경향에 대해서는 앞서 설명했다. 이제 이해가 될 것이다—성교에 대비한 질의 윤활 작용과 자궁경부 필터의 강화를 통해 가장 큰 이득을 볼 수 있는 때가 바로 이때다. 그렇지만 다른 시기에도 자위행위 욕구는 느낄 수 있다. 말할 것도 없이 비非수태기에도 여전히 질병과의 전투는 필요하며, 성교를 위해서 질을 준비시키고 자궁경부 필터를 조절할 필요가 있다. 또한 여전히 남편을 헷갈리게 만들 필요도 있다(장면 23과 26).

자위행위가 오르가슴을 통해서 질병과 싸우고 다음 성교를 준비하는 유일한 방법은 아니다. 자위행위만큼 일상적이지만 일부의 여자들만 경험하는 방법이 또 하나 있다. 이 오르가슴의 출처가 장면 23의 주제다.

장면 23
비밀

여자는 슈퍼마켓 안을 돌아다니는 동안 공기에 스며 있는 자줏빛 아지랑이가 자연스럽게 느껴졌다. 여자는 혼자였다. 여자가 선 곳에서 몇 킬로미터 떨어져 있는 육류 코너에는 사람이 하나도 없었다. 여자는 소고기 칸을 천천히 지나 닭고기 칸을 더 천천히 늘쩡거리면서 그날 저녁에 뭘 요리할까 궁리하고 있었다. 돼지고기 칸 바로 앞에서 여자는 얼굴 찌푸린 커다란 전시용 돼지 머리를 보고서 멈춰 섰다. 이 코너는 냉장 중이고 분명 얼음장처럼 추워야 마땅했다. 그런데 왜 이리 더운 걸까?

여자는 서늘한 공기가 후끈하고 얼얼한 자신의 사타구니에 닿게 하기 위해 잠시 다리를 벌리고 서 있었다. 속치마를 벗었으면 좋겠다는 생각을 끝내기도 전에 이미 그렇게 되어버렸고, 속치마는 손수레 앞쪽에 걸려 있었다. 점원 복장의 매력적인 아가씨가 갑자기 여자 앞에 나타났다. 점원은 손수레에서 속옷을 집어서 허공에 들고 있었다.

"왜 이걸 포장에서 빼냈죠?" 점원이 물었다.

"아니에요, 이건 내 거예요. 너무 더워서 벗은 거예요."

점원은 속치마를 쳐다보다가 자기 얼굴에 갖다 댔다. "흠, 이 냄새 좋은데요." 점원이 말했다. 그녀의 아름다운 눈은 아직까지 자신의 코와 입에서 떼지 않고 있는 그 얇고 가벼운 옷 너머로 여자의 얼굴을 응시하고 있었다.

"이게 당신 거라면, 지금 치마 속에는 아무것도 안 입고 있겠군요, 그렇죠?" 점원이 말했다. 그녀는 속치마에 대고 숨을 몇 번 더 들이쉬고 나서 말을 이었다. "당신도 바로 이런 냄새가 나겠군요." 점원은 속치마를 떨어뜨렸다. "어디 이게 당신 건지 한번 봐요. 치마를 들어요, 내가 당신 냄새를 맡을 수 있게."

여자는 거부하면서 물러섰다. 어디선지 군중이 몰려들었다. 이들은 점원과 함께 반원형으로 여자를 에워싸기 시작했다. 여자는 더 멀리 물러서려고 했지만 벽에 가로막혀버렸다. 군중 속에서 한 남자가 앞으로 나오더니 여자 뒤쪽으로 가 팔로 그녀를 꼼짝 못하게 눌렀다. 여자는 심장이 뛰기 시작했고 호흡곤란을 느꼈다. 여자는 말을 하려고 했지만, 남자가 손으로 여자의 목을 잡고 있었다.

점원이 옷을 벗기 시작했고, 겉의 유니폼부터 하나씩 군중에게 넘겼다. 몸이 조금씩 드러나면서, 여전히 아름다우나 지금은 악마성을 띤 그녀의 눈은 여자에게서 한순간도 떨어지지 않았다. 점원이 마지막 옷을 벗어던지자 여자는 화들짝 놀랐고, 군중은 헐떡거렸다. 그의 몸 절반은 완벽한 젖가슴의 아름다운 여성이었다. 그러나 아래 절반은 남자—아주 흥분한—의 것이었다.

자웅동체 나체가 여자 쪽으로 성큼 다가왔다. 군중이 외치기 시작했다. "강간해라!" 여자는 안간힘을 썼지만 남자가 아직도 여자를 붙들고 있었다. 이 자웅동체는 단번의 동작으로 여자의 원피스를 찢어버렸고 여자를 밀어붙였다—가슴에는 가슴을, 사타구니에는 사타구니를 대고. 군중의 외침이 거세지면서 아름다운 여성의 얼굴이 여자에게 강렬하게 입 맞추기 시작했다. 여자는 이리저리 흔들면서 빠져나오려고 했다. 여자가 고함치려고 할 때마다 목에서 가녀린 소리가 새나갈 뿐이었다. 그녀는 강간당할 참이었다.

그 얼굴은 여자의 입술에 거세게 키스하고 나서 아래로 내려와 여자의 젖꼭지를 향했다. 여자가 거세게 저항할수록 목소리는 자꾸만 더 새나갔다. 심장이 몸에서 뛰쳐나갈 듯이 뛰었다. 얼굴이 여자의 젖꼭지를 떠나 복부에서 아래로 내려갔다. 그리고 여자에게 구강성교를 하려는 순간, 여자는 클라이맥스를 느꼈다. 몸이 수축되면서 여자는 깨어났다.

여자는 잠결에 방금 일어난 일을 잠시 되새겨보았다. 여자가 가장 최근에 자다가 클라이맥스를 느낀 것은 한 달 전이었다. 사실 여자 스스로 클라이맥스를 얻은 것도 한 달 전이 가장 최근이었을 것이다. 여자 생각에 이번은 잘된 것으로, 9점짜리였다. 여자는 코를 골고 있는 남편을 돌아보고는 다시 몸을 돌렸다. 여자는 몸이 정상 상태로 돌아오면서 다시 잠에 빠져들었다.

～

우리는 앞에서 남자의 종족보존 성공을 위한 전투에서 '몽정'이 어떻게 중요한 구실을 하는지 살펴보았다(장면 14). 여기에서는 몽정이 여자에게도 마찬가지로 중요한지 알아볼 것이다.

모든 여자가 성과 관련된 꿈을 꾸지만, 모두 몽정을 하는 것은 아니다. 20세까지 '몽정'을 겪어본 여자는 약 10%밖에 되지 않는다. 40세가 되어서야 첫 몽정을 겪는 여자도 있다. 그러나 대다수 여성은 그러한 오르가슴을 전혀 겪지 않는다(아니면 적어도 기억하지 못한다). 평생 동안 이 장면의 여자와 같은 경험을 하는 사람은 40% 정도밖에 되지 않지만 이러한 경험을 하는 사람들에게는 몽정이 성생활의 중요한 부분으로 자리 잡는다. 사실상 이들에게는 대개 몽정이 가장 강한 클라이맥스를 만들어준다. 그러나 바로 클라이맥스 순간에 깨어나면서 자위행위만큼 만족스런 오르가슴을 느끼지 못하게 되는 경우도 때로는 있다.

몽정은 거의 대부분 꿈과 연결되어 있지만, 이 꿈들이 항상 성적인 것은 아니다. 성적인 꿈일 때조차 싱직인 요소는 꿈의 마지막 단계에 들어서야 등장하기도 한다. 보통은 성적인 꿈을 꾸다가 오르가슴을 느끼기보다는 오르가슴이 임박했을 때 성적인 꿈이 유발된다. 방금 바로 상세히 묘사한 그 꿈에서도, 여자는 점원을 만나기 전에 이미 성적으로 흥분된 상태였다. 클라이맥스는 이미 진행 중이었고, 이 꿈은 그저 두뇌가 신체에 형성된 것에 발맞추기 위해서 제조한 것일 뿐이다. 자웅동체 꿈은 흔하지 않다. 그보다는 자기 자신의 성생활을 반영하는 꿈이 보통이다. 동성애 관계를 가져보지 않은 여자가 동성애 꿈을 꾸는 것은 흔한 편인데 이성애자 남자가 동성애 꿈을 꾸는 것보다 흔하다.

다른 종에 관한 정보가 드물기는 하지만, 자다가 자연적으로 클라이맥스를 겪는 포유류는 여자만이 아니다. 가장 관찰이 쉬운 것은 암캐다. 발정기인 암캐가 잠을 잘 때는 흔히 심하게 들썩거리는데, 꿈을 꾸는 것으로 추정된다. 그런 경우에 여자랑 똑같이 점액이 질을 적시고 성기 부분에서 리듬감 있는 수축 현상이 일어나는 것을 볼 수 있다.

몽정 오르가슴의 기능은 자위행위 오르가슴의 기능과 동일해 보인다. 두 종류 모두 여자가 질병과 싸우는 데 도움을 준다. 두 종류 모두 질에 윤활유를 저장해둠으로써 다음 성교에 대비한다. 자궁경부 정액 저류소에 정자가 들어 있는 경우라면, 두 가지 활동 모두가 자궁경부 필터의 기능을 강화시킨다. 알고 보면 이 두 가지 오르가슴은 생리학적으로 아무 차이도 없다. 당연한 소리로 들리겠지만, 몽정도 자위행위 오르가슴이 보여준 것과 유사한 월경주기와의 연관을 보여준다.

암캐가 발정기에 있을 때 자주 몽정을 겪는 것과 같은 이치로 여자 역시 수태기, 혹은 적어도 수태기 초기에 몽정할 확률이 더 높다. 가장 유력한 시기는 배란기 약 1주일 전으로, 몽정과 자위행위로 인한 오르가슴으로 가장 큰 득을 얻을 바로 그때다. 이 절정기는 자위행위 욕구가 절정에 이른 순간과 거의 일치하는데, 몽정에 있어서 더 뚜렷하다. 피임약을 복용하는 여성에게는 몽정이나 자위행위로 인한 오르가슴에 주기적 절정기가 전혀 나타나지 않는다. 이 점은 몽정과 자위행위 욕구가 대체로 호르몬 작용에 지배된다는 사실을 알려준다.

배란과 몽정 및 자위행위 사이에는 시기적 연관성이 있으며, 따라서 이 두 종류의 오르가슴은 계절별로 절정기가 형성된다. 앞에서 살펴본 대로, 여자의 배란은 일정한 달에 더 많이 이루어지므로 아기도 일정한 달에 더 많이 태어난다(장면 15). 몽정과 자위행위는 배란기 약 1주일 전에 많이 나타나므로, 이 역시 일정한 달에 더 많이 이루어진다. 예를 들면 영국에서는 출산 절정기가 2월과 3월, 9월이고, 배란 절정기가 5월과 6월, 12월이므로 몽정과 자위행위 절정기는 4월과 5월, 11월이 될 것이다. 그리고 월경주기 안에서는 몽정이 자위행위보다 더 뚜렷한 절정기를 보인다.

몽정 및 자위행위 오르가슴의 기능에 중대한 생리학적 차이는 없지만, 전략적으로는 약간의 차이를 보인다. 이 차이는 여자가 자신의 남편에게 어느 쪽을 숨기는 것이 더 용이할 것인가에서 비롯된다.

장면 14에서는 남자가 나이를 먹고 배우자를 얻으면서 몽정의 횟수가 저하되는 원인은 몽정이 자위행위보다 숨기기 더 어렵기 때문이라는 결론을 내린 바 있다. 여자에게는 아마도 정반대가 될 것이다—몽정이 자위행위보다 남편에게 숨기기가 덜 어렵다. 장면 23에서 여자가 클라이맥스를 느꼈을 때 남편은 자고 있었다. 설사 남편이 깨어 있었다고 해도 여자가 오르가슴을 느끼고 있는 것인지 아니면 그냥 꿈을 꾸는 것인지 잘 알 수 없었을 것이다. 이와 대조적으로, 여자의 손이 다리 사이에 들어가 있고 질에 바나나라도 들어가 있는 장면을 목격했다면 남편이 이 상황을 오판할 가능성은 별로 없지 않겠는가!

몽정이 월경주기와 더 밀접히 연관되어 있는 것도 자위행위보다 숨기기에 수월한 까닭일 것이다. 두 오르가슴 모두가 수태기 초기에 유리하다고 치면, 몽정이 더 유리한 선택이 된다—남편에게 수태기가 탄로 날 확률이 더 낮다. 또한 여자가 남자와는 달리 나이가 들고 남편을 얻고 나서 몽정을 하는 경우가 더 많아지며, 최소한 더 적어지지는 않는 이유도 몽정이 더 숨기기 좋기 때문일 것이다.

많은 여성이 두 종류의 오르가슴을 모두 겪지만, 자위행위 오르가슴을 몽정보다 많이 겪는가 아니면 그 반대인가에서는 차이가 난다. 계기와 충동에서는 둘 다 상당 부분 호르몬 작용의 지배를 받지만, 외부적인 상황—외도 가능성(장면 6과 17)이 그중 하나인데 뒤에서 곧 다룰 것이다(장면 26)—에도 영향을 받는다. 이 두 가지 오르가슴은 정자전쟁에서 승리할 남자를 돕는 데도 쓰인다. 그러나 이 전쟁에 영향을 미치는 것은 자위행위와 몽정이 다가 아니다.

여자가 다음번에 사정을 경험하게 되어도 선택의 폭은 여전히 광범하다. 이제 모든 것은 여자가 성교 중에 오르가슴을 느끼느냐 아니냐의 문제다(장면 24와 25).

장면 24
또 하나의 성공적인 실패

"자기, 느꼈어?" 남자가 물었다. 숨을 몰아쉬며, 팔을 짚어 여자의 몸 위로 버티고서.

"그럴 뻔했어." 여자가 상냥하게 대답했다. "느낄 거라고 생각했는데 사라져버리더니 돌아오지 않았어."

남자는 천천히 물러나서 여자 옆에 무너지다시피 누웠다. "난 자기가 내가 하기 직전에 느꼈다고 생각했는데……." 남자는 숨을 몰아쉬었다. 실망과 허탈감이 뒤섞인 말투였다.

"아니, 그렇진 않았어. 그래도 좋았어. 자기가 가깝게 느껴져서 좋았어."

부부는 보통 때 하듯이 성교 뒤 포옹을 했고, 각자 자기 생각에 빠져들었다. 남자는 뭐가 문제였는지 알 수 없었다. 이번엔 정말 애를 썼다. 남자는 전희에 시간을 들였고, 여자가 흥분을 했다는 데는 의심의 여지가 없었다. 어쩌면 여자가 충

충분히 젖어 있지 않았는지도 모르지만, 여자는 흥분된 상태였다. 아내의 클리토리스를 조금만 더 자극했더라면 될 수도 있었는데……. 남자는 분명히 알고 있었다. 아내의 흥분을 정지시킨 건 남자의 삽입이었다. 남자가 위에 올라 자신을 밀어 넣었을 때 아내가 흥미를 잃는 것이 눈으로도 보였다—여자의 흥분 단계가 순식간에 20단쯤 떨어진 것이다. 그때도 아내의 흥분을 되돌리기 위해서 남자는 최선을 다했다. 남자는 자신이 배려할 수 있는 한 최선을 다해서 긴 시간 삽입 행위를 했다—너무 격하지 않게, 너무 느리지 않게. 남자는 할 수 있는 데까지 늦추었다. 하지만 사실 그는 효과가 없다는 것을 알아차렸다. 남자는 여자가 지루해하면서 흥분하기보다는 인내하고 있다는 것을 느낄 수 있었다. 결국 막판에 가서는 포기하고 그냥 자신의 사정 행위에 집중해버렸다. 남자가 아내에게 사정 직전에 클라이맥스를 느낀 줄 알았다고 말한 것은 몰라서 그랬다기보다는 희망 사항이었다. 아니면 단지 아내에게 거짓말할 기회를 한번 준 건가?

남자가 아는 한 문제는 아내 쪽에 있었다. 한 1년 전에 남자는 젊은 여자와 잠시 외도한 적이 있었다. 그 여자는 거의 매번 클라이맥스를 느꼈다. 남자가 전희를 약간만 해주고 너무 빨리 사정하지만 않으면 되었다. 그렇게 간단했는데. 그런데 그의 아내는 남자가 안에 있는 동안 클라이맥스를 느끼는 경우가 거의 없었다. 한 달에 한두 번 정도—그것도 운이 좋았을 때. 할 만큼 했지만 어떤 마술 처방도 찾을 수가 없었다. 아내는 1주일 전인 지난번 행위 때에는 월경일 직전이었는데도 클라이맥스를 느꼈었다. 그리고 남자는 그때도 오늘 밤에 한 그대로 했었다. 전희 동안 아내가 거의 클라이맥스에 이르도록 흥분시켰다가 재빨리 삽입해서 몇 차례 밀기를 하니까 오르가슴이었다. 오늘 밤은 실패였다. 그런데다 어떤 때는 전희를 아예 빠뜨리는데도 되는 경우가 있었다. 또 어떤 때는 남자가 전희를 건너뛰려고 하면 아내가 불평했다.

여자는 실망감으로 남편에게 등을 돌리고 모로 누워 있었다. 여자는 오늘 밤 남편이 관계를 원할 것이라고 기대하지 않았고, 지금은 하지 않는 것이 나았겠다고 생각했다. 암시를 주었는데도 자신이 원하는 것을 남편이 잘못 판단한 것이 몹시 실망스러웠다. 다른 경우와 별로 다를 게 없었다. 여자에게는 정말로 삽입을 원하지만 오르가슴에는 크게 신경 쓰지 않는 때가 있다. 또 둘 모두를 원할 때가 있다. 오늘 밤 여자가 정말로 원한 건 오르가슴이었다. 그가 그것을 분명히 느낄 수 있었을까? 삽입까지 곁들였다면 꽤 만족했을 테지만, 여자가 진짜로 원한 것은 클라이맥스와 해방감이었고, 또 아주 근처까지 갔었다. 전희를 몇 초만 더 했어도 클라이맥스에 이를 수 있었을 것이다. 남편은 왜 삽입하기 전에 그 조금을 더 못 기다렸을까? 여자가 클라이맥스에 이를 때까지 조금 더 신경 써서 집중해주었더라면 여자는 남편이 자기 안에 있는 게 참 기분 좋았을 것이다. 그러나 아니었다. 그가 원한 것은 자기 자신을 여자 안에서 느끼는 것뿐이었다. 배려라고는 없었다. 여자는 남편이 자극을 멈추고 삽입 동작으로 들어가는 그 순간 클라이맥스를 놓치리란 것을 알고 있었다. 그리고 남편의 성기가 삽입을 시작했을 때 그녀는 클라이맥스를 놓쳤다. 여자가 클라이맥스를 원할 때 필요한 자신만의 감각에 대한 민감한 집중력은 그냥 사라져버렸다. 모든 쾌감이 달아나버렸고, 끝날 것 같지 않은 남편의 삽입 행위가 이를 아주 전멸시켜버렸다.

여자는 그 여자들이 부러웠다. 여자는 몇 분간의 삽입만으로 갖가지 의미의 비명을 지르며 필사적으로 클라이맥스에 도달할 수 있는 여자들도 많다는 것을 안다. 여자는 가끔 슈퍼마켓에서 다른 여자들을 쳐다보면서 그들의 클라이맥스는 어떤 걸까 궁금해하기도 한다. 이날 아침에는 짧고 짙은 머리칼에 야성적인 눈을 지닌 여자가 계산대 앞줄에 있었다. 여자는 느긋하게 자기 차례를 기다리면서 그 여자가 나체로 누워 머리카락이 양 어깨에 물결치는 가운데 역동적인 성교를 하면서 환희에 고함치는 상상을 해보았다. 그러나 막상 자신의 성교는 실망뿐이었다. 운이 좋아야 한 달에 한 번 정도지만 그나마 성교 도중 클라이맥스를 느끼는 경우도 대단치 않은 행사일 뿐, 남편의 전희는 자기 자신이 하는 것의 강렬함 근처에도 미치지 못했다.

여자는 사실 성교 중에 오르가슴에 이르는 것에 대해서 크게 신경 쓰지 않았다. 되면 기분 좋은 보너스였지만, 그렇다고 그것 가지고 걱정하거나 심각한 노력을 기울여야 할 정도는 아니었다. 결국 대부분의 시도가 실패와 가벼운 책망으로 끝나게 돼 있었다. 여자는 남편이 여자가 원할 때 오르가슴을 주고, 그러고 나서 자기 안에서 남편 자신도 만족을 얻었으면 했다. 여자에게 필요한 것은 자신이 언제 무엇을 원하는지 판단할 수 있을 만큼 세심한 남편이었다. 그것을 매번 말해줘야 안단 말인가? 지금 여자 곁에 있는 남자는 정말로 이번에는 판단을 썩 잘하지 못했다.

~

여자마다 성교에 대한 반응은 상당히 다르다. 성교할 때마다 거의 항상 클라이맥스를 느끼는 사람도 있고, 전혀 느끼지 못하는 사람도 있다. 이 차이는 사람의 전체적인 성생활도에서 중요한 부분을 차지하는데, 장면 36에서 상세히 다룰 것이다. 여성 전체를 놓고 보면 성기가 질에 들어 있는 동안 클라이맥스에 성공할 확률보다는 실패할 확률이 더 높다. 평균적으로는 주기적 성교 에피소드(전희의 시작부터 여성 분비물의 방출까지를 한 에피소드로 친다) 중 60%를 약간 웃도는 경우에서만 여자가 오르가슴에 이른다. 그러나 이조차도 대개는 전희(35%)나 사후 행위(15%) 도중이며, 삽입 성교 그 자체 동안은 아니다. 사실상 주기적 성교 에피소드의 10~20%에서만 여성이 성기가 질 안에 있는 동안 클라이맥스에 이른다.

우리가 방금 목격한 장면에는 몇 가지 흥미로운 요소가 있다. 남자의 혼란이 그중 하나인데, 특히나 아내에게 오르가슴을 안겨주었던 그 자극 방법이 다음번에는 어째서 비참한 실패로 돌아가는가 하는 점이다. 또 하나는 남자가 정부와의 정사 중에 관찰한 점으로, 정부가 아내보다 훨씬 쉽게 클라이맥스에 이른다는 점이다. 그리고 또 한 가지는 남자가 왜 아내가 전희보다 삽입 도중에 클라이맥스를 얻기를 원하는가 하는 점이다. 이 요소들은 앞으로 나올 장면들의 주제인데, 지금 당장의 주요 쟁점은 여성이 보통 성교 중에 클라이맥스를 얻지 못하는 원인이 어디에 있는가 하는 것이다. 이것은 일련의 실패를 의미하는가? 아니면 여성의 잠재의식 속에 계획된 탁월한 전략의 일부―실질적으로 여성의 종족보존의 성공률을 제고시키는 성의 한 측면―인가?

처음 전희가 시작되면, 여자의 신체는 사전 준비를 최소한 일부라도 수행할 것이다. 이 준비의 원리는 몽정과 자위행위 오르가슴과 연관해서 앞에서 설명했다(장면 22와 23). 이러한 오르가슴을 느꼈을 때는 자궁경부 필터를 어떤 방식으로 대비시키며, 이러한 오르가슴이 없었을 때는 또 어떤 방식으로 대비시키는지를. 어느 방식을 택했건, 여자의 신체는 질병에 대한 일정 수준의 방어력, 일정 수준의 질의 윤활성, 일정 수준의 자궁경부 필터의 강도, 나팔관과 자궁 및 자궁경부 내의 정액 저류소 안에 0에서 수백만 마리에 이르는 일정 규모의 정자를 갖추고 성교에 임하게 된다. 만약 여자가 상황을 제대로 예측했다면, 이 여러 단계의 대비는 자궁경부 필터가 이상적인 상태에 있다는 사실을 의미하는 것이며, 여자는 앞으로 시작될 성교에서 최대의 이득을 얻을 수 있을 것이다. 정확하게 어떤 상태의 자궁경부 필터가 이상적인지는 여자의 상황에 따라서 달라진다.

예를 들어보자. 이상적인 필터는 여자의 월경주기 단계에 따라서 달라진다(장면 22와 23). 또한 여자가 외도를 기도하고 있느냐 아니냐에 따라서도 달라진다(장면 26). 이상적인 필터는 여자가 합법적 배우자가 아닌 남자의 사정을 유도할 때 또 달라진다. 특히 여자가 사정한 그 남자에게 앞으로 벌어질 수도 있는 정자전쟁에서 이익을 주고 싶은지 불이익을 주고 싶은지에 따라서 크게 달라진다(장면 26). 어떤 상황에 처한 어떤 여자에게 이상적인 자궁경부 필터가 어떤 것이 되었든지 간에 여기서 설명하려는 일반적 원칙은 모두 동일하다. 그러면 이 원칙을 설명하기 위해서 장면 24의 여자에게 집중해보자.

이 여자는 막 월경이 끝났다. 따라서 배란(이번 주기에 이루어질 경우에―장면 15)은 7일에서 20일 뒤면 이루어질 것이고, 방금 끝난 성교로 여자가 임신할 수는 없다. 그럼에도 불구하고 이번 성교로 사정된 정자는 여자의 몸속에 보존되어 있다가 여자를 임신시킬 기회일 **수도** 있는 다음 성교에서의 정자의 보유에 영향을 미칠 것이다(장면 7). 우리가 아는 한 여자가 다음 수태기에 부정을 감행할 가능성은 희박해 보였지만, 언제나 그렇듯이 불가능한 것은 아니다. 따라서 이번 성교가 비수태기에 이루어졌더라도 그녀로서는 최적량의 정자를 보유하는 것이 중요하다. 이 정자들이 간접적으로나마 갑작스레 여자의 다음 아이의 아버지를 결정하는 데 영향을 미치게 될 수도 있는 노릇이다.

여자의 상황을 보면, 그녀가 이번 성교에서 필요로 한 것은 자궁경부의 정액 저류소에 저장할 적은 수의 젊은 정자뿐이었다(장면 4). 여자가 그러한 정액고를 보유했더라면, 차후 수일간 최대한도로 유연성을 가질 수 있었을 것이다. 여자의 신체가 그 며칠 뒤에 다가올 사정에는 어떤 자궁경부 필터가 이상적일지를 결정했다면 몸속에는 필요한 모든 물질이 준비되어 있었을 것이다. (자궁경부의 정액 저류소에 정자가 없으면 선택의 폭은 훨씬 제한된다(장면 22).) 뿐만 아니라 여자가 지금 수집할 수 있는 정자가 젊으면 젊을수록 여자가 누릴 수 있는 선택의 유연성도 오래 지속된다. 물론 여자는 이 유연성을 제공할 정자를 받아들이는 동시에 항시 질병의 위험성을 최소화하는 일도 게을리 해서는 안 된다.

여자의 자궁경부 필터는 월경 분비물의 잔여물 때문에 성교 전에도 강한 상태였다(장면 3). 1주일 전 성교에서 유입된 정자의 대부분은 월경 분비물과 함께 방출되었다. 나팔관에 소수 불임성 정자가 남아 있었을 것이고, 자궁경부 정액 저류소에도 아무튼 정자의 일부―상당히 노령화되었겠지만―가 보존되어 있었을 것이다. 이런 구성이 그런대로 필터를 형성히더라도, 얼미간 '깔끔히 정리해두는' 것이 이로울 것이다. 많은 여성이 자위행위나 몽정을 하는 때도 월경주기의 이 시기다(장면 22와 23). 그렇게 해서 자궁경부 점액에 잔존하는 월경 분비물을 방출시키고 질의 윤활액을 채우며 자궁경부의 정액 저류소에 묵고 있는 늙은 정자를 내보낸다. 그러한 오르가슴이 다음 성교의 윤활 작용을 촉진한다. 모든 것을 고려해볼 때, 이는 자궁경부 필터의 강화 작용에도 약간 기여한다. 특히 다음 성교에 침투할 병균체에 대한 추가 저항력을 공급한다. 그러나 이 오르가슴은 정자, 특히 운동력이 떨어지는 늙은 정자 보존량을 최소화하기도 한다.

장면 24의 여자에게는 몽정의 시간이 다가왔을 터인데, 아마도 상황이 발생한 시간 이후였을 것이다. 만약 여자가 때맞춰 몽정을 했다면 자신의 상황에 이상적인 자궁경부 필터를 생산했을 것이다. 그러나 몽정이 이루어지기 전에 예기치 못한 성교가 끼어든 것이고, 남편이 전희를 시작했을 때는 여자의 필터가 그 사정에 이상적인 상태가 아니었다. 물론 여자는 남편의 제안을 거부하고 신체에서 적절한 필터를 준비할 때까지 기다릴 수도 있었다. 거기서 여자는 다른 방법을 택했고, 그것이 바로 여자가 원하던 것이었다. 여자가 몽정이나 자위행위로 준비를 갖추기 전에 성교의 기회를 맞이한 탓에 그녀의 신체가 전희 도중의 오르가슴을 촉구한 것이었다.

'전희 오르가슴'은 몽정이나 자위행위 오르가슴의 모든 기능을 수행하며, 장면 24의 여자에게는 마지막 순간에 완벽하게 대리자 노릇을 수행했을 것이다. 이 선택 사항을 실행하는 데 여자가 직면한 문제는 이 전략에 남편의 협조가 요구된다는 점이었다. 부분적으로 여자에게 필요한 것은 남편의 자극이었다. 또 그보다 중요한 것은 남편이 오르가슴을 안겨주어야 한다는 점이었다. 그러나 그는 하지 못했다.

그가 왜 하지 못했는지는 장면 25에서 설명할 것이다. 간단하게 답하자면, 남자에게 가장 유리한 것은 전희가 아니라 삽입 중의 클라이맥스였다는 것이다. 이 경우에는 남자와 여자의 이해관계가 상호 일치하지 않았다. 흔히 있는 일이지만, 여자의 신체가 전희에서 오르가슴을 원할 때 무작정 남자 쪽의 협력에만 의존해서는 안 된다. 장면 24의 여자는 신체가 사정에 이상적인 시나리오를 창조하는 데 필요한 전희 오르가슴을 느낄 뻔하다가 실패해버렸다. 실패로 돌아가자 여자의 다음 반응은 클라이맥스를 아예 기피하는 것이었다. 이것이 위의 일화에서 일어난 일이다.

여자가 삽입 성교 도중에 오르가슴을 느끼지 않았을 때는, 여자가 보유하고 있는 정자의 수와 종류는 삽입이 시작되기 전에 설정된 자궁경부 필터에 의해서 적절하게 추적된다(병균체의 침입에 대한 저항이 작용하는 것과 같은 이치다). 만약 여자의 신체가 상황을 정확히 예견했다면, 이 필터는 앞으로 며칠간 전개될 여자의 종족보존 활동에서 확보할 정자의 최적 양과 종류에 알맞은 상태일 것이다. 그러므로 여자의 신체는 성교 중 오르가슴을 느끼지 않음으로써 요컨대 이렇게 말하고 있다. "상황을 바꾸지 마라. 네 자궁경부의 상황은 그런대로 양호하다. 그냥 남편이 너한테 사정하게 하면, 나머지는 자궁경부 필터가 다 알아서 처리할 것이다."

이 장면에서 남편이 사정했을 때 여자의 자궁경부 상황은 이상적이지 못했다. 여자의 최고 전략이 좌절되자, 여자의 신체는 삽입 도중의 오르가슴을 기피함으로써 차선을 행했다. 여자의 클라이맥스 실패는 성공을 의미한다(정확히 왜 그런지는 다음 장면에서 상세히 다룰 것이다). 이 부부를 조금만 더 지켜보자.

장면 25
실수 바로잡기

그들은 둘 다 편히 쉴 수가 없었다. 행위 뒤 잠이 들었다 깼다 고르지 못했고, 한 30분이 지나자 둘 다 다시 잠이 깨버렸다. 갑자기 뚜렷한 이유 없이 남자의 성기가 꿈틀거리기 시작했고, 몇 분 안에 단단해져 아내의 등에 닿아 있었다. 허리에 무리가 갈 상태도 아니었다. 남자는 다시 원했다.

여자는 남편의 성기가 일어서더니 단단해지는 것을 느끼고는, 그가 무슨 제의를 할 건지 짐작해보고 있었다. 여자는 남편이 그렇게 해주기를 스스로도 바란다는 것을 깨닫고, 바로 전 전희에서 클라이맥스에 실패한 것이 이유일 거라고 추측했다. 그런데 놀랍게도 여자가 진짜 바라는 것은 남편의 성기가 안으로 다시 들어오는 것이었다. 그 바람이 어찌나 뚜렷한지, 남편이 머뭇거리면서 손을 엉덩이 사이로 넣어 자신의 성기를 건드리자 여자는 몸을 돌려서 남편을 정면으로 대하여 기선을 제압해버렸다. 몇 번의 키스가 오가고, 여자는 남편의 성기를 가볍게 잡아 바라는 것이 뭔지 의심의 여지가 없는 위치로 가져갔다.

남자가 미끄러져 들어갔을 때 아내는 먼젓번 삽입으로 많이 젖어 있었기 때문에 그는 마치 거의 아무것도 닿지 않은 듯한 느낌이었다. 천천히 밀기 시작했을 때는 더 심했다. 축축함 말고는 거의 아무 느낌이 없었다. 사정은 먼 이야기였다.

반면에 여자는 남편이 들어옴과 거의 동시에 절정에 달할 것 같다는 첫 감각을 느꼈다. 남편이 앞으로 뒤로 앞으로 뒤로 움직이는 동안 여자는 자신의 성기에 집중했고, 효과가 있었다. 그리고 환상이 나타났다. 슈퍼마켓 줄에서 보았던 짙은 머리칼과 야성적인 눈의 여자였다. 그 여자가 나체로 자신의 몸 위에 있고, 상체를 뒤틀어 검은 머리카락을 여기저기 흩날리며, 이제 서로의 성기를 문지르고, 자신의 온몸에 키스한다. 남편과 환상의 감각이 한데 어우러지면서 여자의 몸이 클라이맥스를 향해서 질주했다. 신음이 점점 가빠지고 리듬감이 넘쳤다. 조금만 더 집중을, 조금만 더…….

남자는 아내가 오르가슴을 향해 가고 있다는 것을 알았다. 아내의 신음은 더욱 강렬해지고 있었다. 남자도 자신의 신음으로 화답했다. 아내의 엄청난 축축함이 사라졌고, 남자는 이제 자기가 원하는 성기의 감각을 얻기 시작했다. 그러나 자신이 사정할 것인지는 아직 확실하지 않았다. 남자는 환상을 떠올렸다. 남자의 아래에 있는 건 아내가 아니라 직장의 장난기 심한 17세의 아가씨였다. 아가씨는 그의 눈을 응시하면서 자기 손으로 스스로 가슴을 문지르고 있었다. 여자의 목에서 나오는 쉰 듯하면서 리듬감 넘치는 신음은 남자의 느낌이 얼마나 멋지며 또 멈추어서는 안 되는지를 말해주고 있었다. 효과가 있었다. 시간이 딱 맞았다―

아내가 클라이맥스를 느끼고 있었다. 아내가 클라이맥스에 이르자 남자는 잠깐 허둥거렸지만 30초 뒤에는 너끈히 사정할 수 있었다.

여자는 이 클라이맥스가 만족스러웠으며 바로 원하던 것이었다. 남자는 그들이 함께 나눈 클라이맥스로 성취감과 만족감을 얻었다. 여자는 남자가 안에 있을 때 좀처럼 오르가슴을 얻지 못했기 때문에, 남자는 이 순간을 최대한 활용하기를 원했다. 그러나 그는 그러지 못했다. 이번 일에 대한 놀라움과 기쁨을 나눈 지 몇 초 되지 않아 둘은 모두 잠들었다.

그냥 보면 이 장면의 부부의 행동은 매우 이상해 보인다. 이들은 왜 그렇게 빨리 다시 성교를 원했을까? 여자는 왜 이번에는 전희가 아니라 삽입을 원했을까? 불과 반 시간 전만 해도 전혀 그런 기분을 느끼지 않았으면서 왜 이제 와서는 삽입 도중의 오르가슴을 원한 것일까? 이 두 사람의 행동이 정말로 종족보존의 성공에 기여가 되는 전략의 일부일까?

알다시피 여자는 성교 도중에 정자를 자궁경부로 진입시키기 위해서 클라이맥스를 필요로 하지는 않는다. 클라이맥스 없이도 질 상부에 수집된 사정 물질이 정액고를 형성하고, 여자의 자궁경부가 이 정액고 안으로 들어가서 잠기면 정자가 자궁경부 점액으로 진입하기 위해서 이 정액고를 떠난다(장면 3). 그럼에도 불구하고 클라이맥스는 얼마나 많은 정자가 여자의 자궁경부로 들어가는지에 영향을 미친다. 삽입 중의 클라이맥스는 대개 자궁경부 필터를 상당히 약화시켜서, 더 많은 정자가 정액 저류소를 이탈하여 자궁경부 점액을 관통하고 내부에 보존될 수 있도록 만들어준다. 이러한 클라이맥스를 얻는다는 것은 따라서 분비물이 방출될 때 더 적은 정자가 유출된다는 것을 의미한다. 겹치기 오르가슴(여자가 클라이맥스를 '진정 국면' 없이 두 번 혹은 그 이상 연달아 얻는 경우)은 정자 보유에 훨씬 강력한 효과를 발휘한다. 1회짜리이든 겹치기이든 오르가슴의 영향은 다음과 같은 네 가지 방식으로 이루어진다.

첫째, 여자가 성교 도중에 클라이맥스에 이르면 자궁경부가 자위행위 도중과 같은 방식으로 벌어진다(장면 22). 앞에서 확인했듯이, 이 틈은 자궁경부 점액의 측면을 확장시켜서 원래 있던 점액 통로를 넓히고 점액 분열을 통해서 새로운 것을 생산한다. 그렇게 해서 더 많은 정자를 받아들일 수 있도록 더 많은 경로를 개통한다. 자궁경부의 막혀 있는 통로는 효과적으로 뚫리고 무력해진다.

둘째, 여자가 성교 중 클라이맥스에 이르면 자궁경부는 틈이 벌어지는 동시에 아래위로 가라앉았다 떠올랐다 하는데, 이 역시 자위행위 때와 같은 현상이다. 그러나 이번에는 정액 속으로 가라앉는 것이기 때문에 정액고와 뒤섞인다. 이렇게 뒤섞이면서 정자, 그중에서도 오래되고 운동성이 약한 것들과 접촉해서 이들이 자궁경부 점액을 관통하도록 도와준다.

셋째, 클라이맥스 때의 자궁 및 질 근육의 수축과 경련은 자궁과 자궁경부 내의 압력에 변화를 가져온다. 이 변화는 전위 정자 부대(장면 3)를 자궁경부 점액의 깊숙한 곳으로 빨아들인다. 오르가슴을 통해서 경로로 유입되어 수와 규모 면에서 증대된 정액은 두 가지 일을 행한다. 점액층 하단의 산성을 중화시켜서 정자가 정액고를 떠나서 자궁경부로 진입하는 것을 쉽게 만들어준다. 또한 정액 대열과 점액의 접촉을 증가시켜서 다시 한번 더 많은 정자의 탈출을 허용한다.

넷째, 성교 도중의 클라이맥스는 자궁경부 내 정액 저류소의 늙은 정자를 다수 방출시킨다. 이들 방출된 정자가 자위행위 오르가슴 때처럼 새로 형성된 통로의 일부를 가로막을 수도 있지만, 정액고에서 새로이 도착한 정자는 여전히 독차지할 수 있는 정액 저류소를 많이 찾을 수 있다. 따라서 성교 중 오르가슴은 실질적으로 더 많은 정자를 위한 공간을 형성한다.

성교 중 오르가슴으로 여자의 자궁경부에서 벌어지는 동시적 현상(틈 벌어지기, 정액고에 빠지기, 정액을 점액 속으로 유입하기)은 성교 중 오르가슴이 없을 때보다 훨씬 많은 정자를 보존할 수 있도록 만들어준다. 수치를 대강 파악해보면, 클라이맥스에 이르지 않았을 때 0~50%의 정자를 보존하는데, 클라이맥스에 이르렀을 때는 50~90%의 정자를 보존한다. 성교 중 클라이맥스는 정자가 정액고로부터 빠져나오는 것을 돕는 데 너무나 효과적이기 때문에 여자가 얼마나 강력한 필터를 준비했건 그것을 무효화해버린다. 그러므로 여자가 성교 중 클라이맥스를 얻고 싶어할 때에는 여자의 몸이 이렇게 말한다. "이번 성교를 대비할 때 실수를 저질렀다. 상황이 바뀌었고 우리의 자궁경부 필터는 너무 강하다. 우리가 뭔가를 하지 않는다면 우리에게 필요한 만큼의 정자를 얻을 수 없다. 필터를 우회하게 만들어라. 그렇게 해야 정자를 더 많이 들여보내고 분비물에 덜 쓸려 보낼 것이다."

물론 성교 중 오르가슴으로 방금 설명한 결과를 얻기 위해서는 질에 정액고가 들어 있어야 한다. 따라서 성교 중 오르가슴이 남자가 사정한 이후에 이루어져야만 정자가 필터를 효과적으로 우회할 수 있다. 이 점은 사실이지만, 상황은 우리가 생각하는 것만큼 간단치 않다. 여자의 **주관적 클라이맥스**는 정자의 보존에 관한 한 그렇게 중요한 행사가 아니기 때문이다.

남자가 사정하기 1분쯤 전에 여자가 클라이맥스를 느꼈다고 해도, 이 오르가슴으로 다수의 정자가 자궁경부 필터를 우회할 수 있게 된다. 어떻게 그렇게 되는가? 여자가 주관적으로 결정하는 이 순간은 여자가 직접 느끼지는 못하지만 자궁과 자궁경부 내에서 수분간 지속될 현상의 시작에 불과하기 때문이다. 정자 보존에 영향을 미치는 자궁경부 활동의 전성기는 사실상 여자가 주관적 클라이맥스에 도달한 1~2분 뒤에 벌어진다. 자궁경부가 이 전성기를 맞이할 즈음이면 여자는 이미 안정되기 시작한다. 자궁경부의 활동이 정점에 오르기 전에 정액고가 자궁경부에 들어가기만 하면 정자는 필터를 그대로 지나칠 것이다. 사실 정액고가 계속 거기에 머무는 한, 사정 후 한 시간가량 지나서 클라이맥스를 느끼더라도 정자는 필터를 그대로 우회할 것이다. 남자의 성기가 질 안에 있어야 할 필요는 없으며, 성교 이후 시점에서 남자가 여자에게 오르가슴을 느끼도록 자극하든 또는 자위행위로 여자 스스로 자극하든 상관이 없다. 따라서 성기가 질 안에 있을 때 여자가 클라이맥스를 기피하더라도, 여자의 몸에는 결정을 바꿀 시간이 한 시간가량 남아 있다.

이제 장면 24와 장면 25에서 여자가 왜 시간이 흐름에 따라 오르가슴에 관한 욕구를 바꾸어나갔는지 설명할 수 있을 것이다. 여기에서 '에피소드'란 단어는 전희의 시작부터 분비물 방출까지의 전 기간을 뜻한다.

문제가 된 그날 밤, 우리는 여자와 그녀의 남편을 2회의 에피소드에 걸쳐 추적했다. 1회가 시작되었을 때(장면 24), 여자의 신체의 주된 요구는 당시 월경주기 단계상 될 수 있는 한 소수의 젊은 정자를 보존하는 것이었다. 질병 위험을 최소화하는 것도 요구 사항이었다. 이 요구 사항을 충족시키기 위해서는 남편이 사정할 기회를 얻기 전에 자궁경부 필터를 강화시켜야만 했다. 이렇게 하면 질병 저항력을 높이는 동시에 늙고 운동성이 떨어지는 정자의 활동을 어렵게 만들 수 있는 것이다. 이 요구에 맞는 필터는 몽정이나 자위행위 오르가슴을 통해서 하루쯤 전에 생산해놓았어야 했으나 여자의 신체는 이를 행하지 못했다.

그렇다고 너무 늦은 것은 아니었다. 1차 에피소드에서의 여자의 동기와 행동은 필요에 딱 맞아떨어지는 것이었는데, 전희에서 오르가슴을 획득하는 데는 실패했어도 삽입 중의 클라이맥스를 기피함으로써 정확하게 대응했기 때문이다.

2차 에피소드가 시작될 때(장면 25), 여자의 요구는 동일한 것—즉 질병 위험의 최소화와 소수의 젊은 정자—이었으나 상황이 바뀌었다. 가장 중요한 것은 남편이 젊은 정자로 충만한 소량의 사정액—전에 주입된 어떤 사정액보다 젊은—을 주려는 참이었다는 것이다. 이것이 여자가 원하던 바였고, 이 때문에 신체가 두 번째 사정에 흥미를 보였다. 그러나 첫 번째 사정으로 여자는 두 가지 문제를 안게 되었다.

첫째, 첫 번째 사정이 제공한 방패막이 정자의 유입으로 여자의 자궁경부 필터가 이제 전보다 강화되어 있었다. 만약에 여자가 보존된 정자를 당시 과도하게 강화된 자궁경부 필터로 보냈다면, 두 번째 사정으로 들어온 젊은 정자를 필요 이상으로 잃게 될 판국이었다. 둘째, 질 상부에 아직까지 첫 번째 사정으로 형성된 정액고가 있는 상태였다. 그렇다고 지금 전희 오르가슴을 얻었다가는 첫 번째 사정 때 들어온 다량의 늙은 정자가 필터를 우회해서 들어갈 판인데, 여자가 첫 번째 에피소드에서 기피했던 것이 바로 이것이었다.

여자는 이 두 문제에 정면 대응했다. 여자에게 필요한 것은 첫 번째 정액고[사정액]를 들어내고, 그다음으로 성교 중 오르가슴을 이용해서 젊은 정자가 자궁경부 필터를 피해서 지나도록 하는 일이었다. 그렇게 해야 두 번째 정액고로부터 아주 젊고 바람직한 정자를 다량으로 획득할 수 있는 것이다. 그러면 어떻게 해야 아직까지 분비물로 방출할 수 있을 만큼 충분히 용해되지 않은 첫 번째 정액고를 제거할 수 있을까? 여자가 택한 최선의 방법은 두 번째 사정 전에 남편의 삽입 행위를 통해서 제거시키는 것이었다. 여자의 신체가 여기에 필요한 욕구를 발동시켰다. 첫째, 여자는 전희를 더 이상 원치 않고 남편의 삽입이 가능한 한 빨리 이루어지기를 원했다. 둘째, 여자는 삽입 도중에 오르가슴을 느끼고 싶어했다. 여자의 신체는 성교가 시작되자, 첫 번째 사정액이 제거되고 남편이 거의 사정할 준비가 다 될 때까지 클라이맥스에 이르지 않기 위해서 그 준비 상태를 측정했다.

이 문제를 설명하기 위해서 여기에서는 불가피하게 한 가지 상황―장면 24와 장면 25의 여자와 연관된 상황―만을 고려했다. 그리고 벌어지는 모든 상황과 그에 대한 대응을 일일이 다 다룰 수는 없겠지만, 주목해둘 가치가 있는 몇 가지 일반적 법칙이 존재한다.

우선 여자는 다음 성교가 예상되면 몽정이나 자위행위 오르가슴을 가짐으로써—혹은 갖지 않음으로써—그 상황을 대비하는데, 위에서 설명했듯이 상황에 적합한 쪽을 선택할 것이다. 둘째, 만약 여자의 예상이 적중했다면, 에피소드 전 과정을 오르가슴 없이 진행시켜 필터가 모든 일을 알아서 하도록 내버려두어야 한다. 반면에 여자의 예상이 빗나갔다면, 에피소드가 진행되는 도중 어느 시점에 오르가슴을 느낌으로써 자신의 실수를 만회하도록 해야 한다.

그다음 상황에서 여자는 그것이 무슨 실수였는지에 따라서 두 가지 선택을 할 수 있다. 전희 오르가슴이 삽입 성교 오르가슴보다 빈번하다는 사실은 여자의 필터가 너무 강한 경우보다는 너무 약한 경우가 더 많다는 점을 시사한다. 이 점은 전략일 수 있다. 남자로 하여금 전희 때 클라이맥스를 안겨주도록 조성하는 것(필터 강화)이 삽입 성교 때 클라이맥스를 안겨주도록 하는 것(필터 약화)보다 쉽다. 여자가 일단 남자에게 성기 삽입을 허용하면, 그뒤로는 남자가 하는 행동과 그 행동을 행할 시기에 대한 통제력을 많이 상실한다. 그러나 그렇게 되더라도 여자에게는 후퇴 전략이 있다. 남자가 삽입을 끝낸 뒤에 오르가슴을 얻으면 여자에게 필요할 때 또는 여자가 원할 때면 언제라도 정자가 필터를 피해 지나가게 할 수 있기 때문에(앞에서 방금 설명한 것처럼) 이것은 삽입 성교 오르가슴의 대체 행위가 된다.

그러므로 여자가 성교 에피소드 동안 클라이맥스에 도달할 (혹은 도달하지 않을) 최상의 순간은 상황에 따라서 크게 다르다. 그러나 여자의 클라이맥스가 남자에게 유리한 최상의 순간은 그보다 훨씬 단순하다. 이미 보았듯이(장면 12와 14) 남자 역시 성교를 예감하면 사정액을 상황에 맞게 조절한다. 자신의 신체에 유리한 상황이 무엇인가에 따라서 자위행위를 하거나 혹은 하지 않는다. 대체로 남자에게 가장 이득이 되는 경우는 여자가 삽입 성교 도중에 클라이맥스에 이르는 것이다. 그래야만 신중히 준비된 사정액을 가능한 한 많이 보존시킬 수 있기 때문이다.

그러나 남자가 삽입 성교 중에 여자에게 클라이맥스를 안겨주기 위해서 얼마의 시간과 노력을 들여야 하는지 알 수 없다는 것이 문제다. 첫째, 여자의 신체가 삽입 성교 오르가슴에 흥미를 느끼지 않을 때에는 남자가 아무리 공을 들여도 여자에게 클라이맥스를 억지로 안겨줄 수가 없다. 둘째, 남자가 때로 피해 가기 위해서 그토록 힘을 들이는 자궁경부의 정자 필터가 경우에 따라서는 실제로 존재하지 않을 수도 있다. 만약 여자가 지난번 사정액의 정자를 아주 조금밖에 보유하고 있지 않다면, 만약 여자가 그 사정 뒤로 자위행위나 몽정을 하지 않았다면, 만약 그보다 더 오래된 정자나 월경의 잔여물이 모두 청소된 상태라면, 자궁경부 필터는 최고로 약한 상태일 것이다. 이런 경우라면, 여자에게 성교 중 클라이맥스를 안겨주기 위해서 아무리 애를 써도 얻을 것이 거의 없다.

이러한 문제 때문에 남자는 성교 동안 불가능하지는 않더라도 아주 까다로운 결정의 순간을 연달아 맞닥뜨리게 된다. 첫째, 남자는 여자의 필터를 피해 갈 가치가 있는지 판단해야 한다. 아니라면, 여자에게는 성교 중 클라이맥스가 필요 없다. 여자에게 강력한 필터가 있다면, 에피소드 중에 클라이맥스를 얻도록 하는 것이 최선의 선택이다. 여자가 전희 중에 오르가슴을 얻더라도 남자가 곧바로 1~2분 이내로 사정할 수만 있으면 문제가 되지 않는다. 만약 남자가 여자에게 삽입 중 클라이맥스를 안겨주겠다고 생각했다면 성공하는 데 곤란을 겪을 것이며, 그러면 삽입 행위를 얼마나 오래 지속해야 할지 결정해야 할 것이다. 먼저 사정하고 그러고 나서 여자가 분비물을 방출하기 전에 클라이맥스에 이르도록 자극할 수 있을지 시도하는 방법도 있다. 아니면 필터를 피해 가려는 모든 시도를 포기하고는 우회할 필터가 아예 존재하지 않는 상황이기를 기원해보는 수도 있다.

이런 관점으로 보면, 이 성교 에피소드는 사실상 남녀 간의 힘겨루기다. 필터를 우회한 결과가 남녀 모두에게 똑같이 적용되는 몇몇 드문 경우를 제외하고는, 남자와 여자는 상대편을 그들의 이득과 배치되는 구석으로 몰아넣기 위해서 끊임없이 애를 쓴다. 남자가 자신에게 가장 안전한 흥정에 성공할 수 있는가—여자가 클라이맥스를 느낀 몇 초 뒤에 사정하는 경우—를 좌우하는 것은 아무래도 남자 자신보다는 여자 쪽이다.

여자가 전희 오르가슴을 요구하고 나서 남자가 곧이어 사정하려고 할 때 협력하는 경우가 있고 방해하는 경우가 있다. 여자가 전희를 단축시킨다면, 삽입 성교 그 자체로 몇 가지 전략이 가능하다. 여자는 남자에게 협력해서 남자가 사정하려는 시점까지 기다렸다가 남자와 더불어 클라이맥스를 느끼기도 하고, 아니면 협력하지 않기도 한다. 여자의 클라이맥스가 너무 빨리 이루어져서 남자가 바로 이어지는 그 중요한 순간에 사정을 할 수 없는 경우도 있다. 아니면 여자가 클라이맥스를 단념하고는 남자가 그냥 포기하고 사정해버릴 때까지 기다리는 경우도 있는데, 이 경우의 성교는 서로 상대편이 클라이맥스에 이르기를 기다리는 소모전이 된다. 일단 남자가 사정을 한 경우에 여자는 분비물을 방출하기 전의 클라이맥스를 기피할 수도 있고, 또는 남자가 자신에게 성교 후 클라이맥스를 안겨주도록 협력할 수도 있다. 아니면 궁극적인 협력의 경우로, 분비물을 방출하기 전에 자위행위로 오르가슴을 얻어서 '알아서 끝낼' 수도 있다.

이처럼 성적으로 경쟁 관계에 있는 남자와 여자가 상대에게 자신이 클라이맥스에 얼마나 근접했는가를 판단할 수 있게 도와주는 듯한 모습이 처음에는 이상해 보일 것이다. 성교 중에 남자와 여자가 만들어내는 신음 소리를 보자. 객관적인 관찰자가 듣기에도 성적 흥분도의 변화 정도를 뚜렷이 드러낸다(포르노 영화에서 이런 신음 소리를 과장해서 합성하는 것도 이런 이유 때문이다). 클라이맥스가 다가오면 신음 소리가 이를 알려주는데, 이 점이 남녀 간의 경쟁인 성교를 협력의 신호로 잘못 해석하게 만든다.

물론 이 신음 소리가 무슨 일이 진행되고 있는지를 정확히 알려주는 때도 있다. 실질적인 클라이맥스가 쌍방의 이익에 합치하는 경우에 신음 소리는 상호의 목표를 획득하기 위한 방법으로 사용된다. 그러나 이 소리가 가끔씩 정직하다는 바로 그 점 때문에 남녀가 자신의 배우자를 속이는 데 사용하는 경우도 발생한다. 조사를 보면, 여성의 절반 이상이 가끔 속임수 오르가슴을 연출하며, 4분의 1이 자주 연출한다는 점을 시인한다. 종종 배우자를 속이는 데 성공한다는 것은 또 다른 조사에서 밝혀지는데, 남녀가 동시에 오르가슴을 얻는 빈도가 항상 여자보다 남자 쪽에서 높게 기록된다. 남자는 자신의 아내가 삽입 성교 시에 항상 클라이맥스를 느낀다고 답하지만 그 아내는 한 번도 그런 적이 없다고 답변한 기록도 더러 있다.

우리가 목격한 이 장면은 남자와 여자가 삽입 성교에 동일한 요구를 부여했고, 협력이 상호의 이익에 부합된 몇 되지 않는 상황 가운데 하나이다. 그러나 우리가 다음 장면에서 만날 여자는 자신에게 사정할 남자들 중 한 사람의 요구와 아주 판이한 것을 요구한다. 여성의 오르가슴이 정자전쟁의 전장으로 진입하려는 순간이다.

장면 26
모두 합쳐서

금요일 밤, 여자는 욕조에 편안히 누워 오르가슴의 마지막 파고가 잠잠해지는 것을 느끼고 있었다. 월경이 끝난 지 겨우 1주일인데, 이번으로 벌써 두 번째다. 욕구와 행위가 둘 다 느닷없이 찾아왔다. 1분 전에는 가슴에 비누칠을 하고 헹구는 중이었는데, 머릿속엔 화장실 청소를 주말에 할 것인가 아니면 자기가 집에 없는 동안 남편더러 하라고 할 것인가 이상의 에로틱한 생각은 들지 않았다. 비누칠한 손이 젖꼭지에 닿았을 때인지도 모르겠지만, 바로 다음 순간 생각이 머릿속에 자리 잡더니 다리 사이로 팽팽한 느낌이 올라왔다. 여자는 해방이 필요하냐고 느꼈다. 환상과 손가락과 클리토리스 사이에서 성공적으로 일을 수행한 지 5분이 지나 숨결이 누그러들고 심장 박동이 느긋해지면서 여자는 목욕수의 온기와 클라이맥스 뒤의 격랑에 젖어 있었다.

닷새에 두 번의 자위행위는 드문 일이었다. 1주나 2주에 한 번이 보통이었다. 여자는 최근 들어 남편에게 정말로 아이 하나를 더 갖고 싶다고 설득하고 난 뒤로 피임약 복용을 중단한 때문일까 생각해보았다. 하지만 여자는 몸에서 일어나는 일을 시시콜콜 따져보지는 않았다. 여자는 틀을 벗어난 이 성적 폭발감이 즐거웠다. 여자는 이틀 전날 밤 자신이 택한 방식을 찬찬히 생각하고 있었다. 여자는 자위행위한 지 겨우 두 시간 만에 남편에게 전희 오르가슴을 요구하면서 남편이 응할 때까지 삽입을 다소곳하게 저지했었다. 한 주에 세 번의 오르가슴. 여자는 잘하고 있었다.

그 주말 동안 여자는 남편과 주기적 성교를 토요일에 한 번밖에 하지 않았는데, 남편은 전희 동안 오르가슴을 느끼도록 해주었다. 일요일 아침 일찍 여자는 잠에서 깨기 바로 전에 몽정을 했는데, 그 주 들어 다섯 번째 오르가슴이었다. 하지만 그날로 치면 제일 마지막 흥분이었다. 나머지는 여자가 출장 가 있는 동안 두 손자를 맡아주겠다고 자청한 친정집에 오가는 동안에 일어났다. 여자와 남편이 집에 도착해서 여자가 짐을 챙길 때는 시간이 이미 늦어 있었다. 남편은 그래도 섹스를 원했다. 그의 말대로라면 '떨어져 있는 순간'을 위해서였다. 그러나 여자는 피곤했고 남편에게서 용케 벗어날 수 있었다. 여자는 월요일에 오래 기다려온 3일간의 해외 출장을 떠나기 위해서 공항으로 향했다. 동행은 직장 상사와 두 명의 동료 직원으로, 그중 한 명은 여자의 새 애인이었다.

사실 '애인'이라면 과장이고, 아니면 적어도 너무 이른 표현이다. 이 둘은 여자가 이 회사에 취직한 뒤로 1년 가까이 알고 지냈다. 여자가 작은딸을 낳고 나서 얻은 첫 직장이었다. 둘은 천천히 가까워졌다. 둘 다 동성과는 쉽게 친해지지 못하지만 이성과는 '허물없는 친구'로 사귈 수 있는 사람들이었다. 이들은 둘 다 30대 초반에 어린 자녀가 있었고, 이제는 생기 없어진 결혼 생활을 지속하고 있었다. 남자는 심지어 자기 아내가 외도를 한다고 믿는 정도였다. 이들은 만난 지 몇 달 되지 않아서 서로에게 육체적으로 끌린다는 사실을 인정했다. 남자가 그에 대해서 별 열의 없이 어느 정도의 시도를 했으나, 그가 계획을 제안할 때마다 여자 쪽에서 핑계를 둘러댔다. 별로 어려운 일도 아니었다.

이들은 서로가 결코 같이 살 수 있는 사람들이 아니라는 점도 인정했다. 둘 다 자기주장이 강하고 경쟁적이었고, 좋고 싫음이 분명했다. 이들의 관계는 각자의 문제, 각자의 목표, 각자의 소망을 이야기할 때만 성립되었다. 원칙이나 사상, 혹은 그냥 일반적인 삶의 문제를 토론할 때는 예외 없이 언쟁이 벌어졌다. 여자는 고양이가 적어도 세 마리가 되지 않는 그런 가정을 상상할 수 없었으며 남자는 고양이를 싫어했다. 피부가 하얀 여자는 햇빛에 그을리는 것을 피했으며, 남자는 가무잡잡한 데다 태양을 숭배했고, 때로는 자신의 정원 으슥한 곳에서 몇 시간씩 나체로 일광욕을 하기도 했다. 여자는 엄격한 채식주의자였고 남자는 고기 없는 생활을 상상할 수 없었다. 여자는 결벽에 가깝게 깔끔했고 남자는 아직까지 군데군데 사춘기 티가 남아 있어 탁자 위에 발을 올려놓거나 맥주 깡통을 쭈그리뜨려서 바닥에 버리곤 했다. 여자는 도발적이고 짓궂은 장난꾸러기였고, 남자는 잘 속아 넘어가지만 의지가 강하고 야망이 넘치며 고집스러웠다. 이들은 상대의 성격에 짜증을 느끼기도 했지만 또 동시에 자신의 극단적인 측면을 중화시킨다는 점에서 매력을 느꼈다.

이들의 관계에 6주 전에 변화가 생겼다. 태양이 이글거리는 들판 위의 그날, 여자는 남자에게 구강성교를 해주고는 언젠가 그의 아이를 가질 것을 약속했었다. 그날 그 자리에서의 섹스를 피하기 위한 심산으로 그런 말을 한 건 사실이지만, 여자로서는 진심이었다. 다만 그 기회가 이렇게 빨리 닥치리라고는 예상치 못했을 뿐이다. 여자가 약속한 지 2주 만에 이들의 상사가 해외 출장에 동행하자고 요청했다. 그러자 여자의 장래 애인이 이 여행 중에 기회가 생기면 관계를 가지겠다고 다짐해두었다.

그래도 여자는 쉽게 양보하지 않았다. 남자가 월요일 이른 오후 호텔에 도착하자마자 여자의 방을 방문했지만 여자는 낮에 관광할 수 있는 날은 이날뿐이라며 그의 구애에서 슬쩍 비켜섰다. 이들은 다 같이 거리와 운하에서 여름 관광객들과 뒤섞여 유람을 즐겼고, 길가 선술집에 앉아 음료를 마시면서 세계 행렬의 행진을 구경했다. 오후 늦게 호텔에 돌아왔을 때 둘은 굉장히 가까워졌다. 그러나 여자는 저녁 때 상사와 만날 준비를 할 시간밖에 남아 있지 않다면서 여전히 거절했다.

저녁 식사와 모임에서 둘은 서로 거리감을 유지해야 했기 때문에 무척 피곤했다. 이들이 그렇게 가깝다는 사실을 아무도 눈치 채서는 안 된다는 점에 피차 동의한 바였다. 호텔로 돌아왔을 땐 한밤중이었다. 여자는 그 다음날은 무척 바쁠 것이라는 점을 언급했다. 여자는 밤에 잠을 잘 자둬야 하며 내일 밤을 기다려야 할 것 같다고 남자를 설득했다. 그러나 이번에는 남자가 단념하지 않았다.

여자는 전에 남자의 알몸을 본 적이 있었지만, 남자가 그녀 몸에서 가장 자극적인 부분을 보거나 실제로 만질 수 있었던 것은 이번이 처음이었다. 둘 모두 알몸이 되었을 때, 여자가 하도 장난치면서 지연시킨 탓에 남자는 사정하기 직전이었다. 남자는 전희를 거의 거치지 않고 삽입하려고 했다. 여자는 남자의 절박함을 강하게 저지하려고 했으나 남자가 너무 필사적으로 자신을 강제로 밀어 넣다시피 했다. 남자는 삽입 동작을 거의 하지 않고 그 즉시 사정했다.

남자가 나오자 여자는 남자를 질책했다. 남자는 사과하고 다음에는 더욱 사려 깊게 하겠다고 말했다. 여자는 그렇게 굴어놓고 다음은 무슨 다음이냐고 쏘아붙였다. 그러나 여자는 남자를 침대 밖으로 밀어내지 않았고, 남자는 15분 뒤에 여자를 만지고 키스하고 마사지하면서 클라이맥스로 이끌었다. 한 시간 뒤에는 그날 밤 두 번째로 남자가 여자 안으로 들어갔고, 길고 감각적인 삽입 행위 끝에 둘은 거의 동시에 클라이맥스에 이르렀다.

여자의 몸 안에서 정자전쟁이 불붙기 시작하는 동안 그 밤의 절반이 지났고, 여자는 남자에게 방으로 돌아가라고 말했다. 남자가 저항하자 여자는 그러다가 아침에 같이 있는 걸 들키기라도 하면 어쩌려고 그러느냐고 다그쳤다. 이들은 그 다음 이틀간 일과 중이나 저녁 모임 내내 직업적 거리를 유지했다. 그러나 밤에는 여자가 남자에게 방으로 돌아가라고 할 때까지 침대에서 몇 시간씩 함께 보냈다. 귀국 비행기를 탈 때까지 이들은 여섯 차례 성교했고, 그중에서 여자가 삽입 중 클라이맥스에 이른 것은 세 번이었다. 여자의 몸은 자궁경부에서 나팔관까지 애인의 정자로 가득 차 있었으며, 여자는 배란을 겨우 48시간 남겨놓고 있었다.

여자는 목요일 밤 늦게 집에 도착했고, 피로와 죄책감, 약간의 초조함을 느꼈다. 여자는 목욕을 했고, 피곤과 멀미를 호소하며 남편의 애원을 물리치고 잠을 잤다. 그날 밤 여자는 몽정을 했다.

금요일 직장에서 여자는 가능한 한 애인을 피하려고 했다. 남자는 틈만 나면 여자와 밖으로 나가려고 했고, 여자의 교묘함을 있는 대로 시험했다. 마침내 남자가 키스를 하려 하자 여자는 남자를 나무라면서 말했다. 여행은 대단히 좋았지만, 이제 돌아왔고 모든 것이 평소대로 돌아가야 한다, 남편에게 상처 주고 싶지 않고, 발각되는 것을 원치 않는다, 좋은 시간이었지만 이제 떠나보낼 때가 되었다, 지금 이대로 지내기를 원한다, 자신과 계속 가까이 지내기를 원한다면 섹스는 잊어버려야 할 것이다, 필요한 건 친구이지 애인이 아니다……. 여자는 말하는 동안 남자의 얼굴에서 고통을 읽으면서 미안했지만, 그 장광설은 효과가 있었다. 그뒤로 남자는 더 이상 성적인 접근을 시도하지 않았다.

여자는 딸들을 데리러 가기 전, 남편과 단둘이 있을 수 있는 마지막 날인 그날 저녁, 목욕하고 자위행위를 했고 그러고는 거실에 알몸으로 나타나서 남편에게 아이를 하나 더 만들어달라고 재촉했다. 이들은 거실 바닥에서 관계를 가졌고, 여자는 그 한 번으로 클라이맥스를 느낀 척했다. 남편은 아내가 최근에 삽입 중 클라이맥스를 느낀 적이 거의 없었기 때문에 몹시 기뻤다. 그리고 그들은 여름날 저녁의 뜨거움을 느끼며 각자의 무릎에 고양이를 한 마리씩 올려놓고 쉬었다. 여자가 남편에게 자신의 출장 여행에 관해 흔히들 하는 대로 둘러대는 동안 여자의 몸 안에서 정자전쟁이 재개되었고 그날 밤 내내 계속되었다. 그러나 이 전쟁은 매우 일방적이었다.

다음날 이 부부가 여자의 친정으로 가는 동안 정자 하나가 방금 나팔관에 도착한 난자에 진입했다. 여자는 임신했고, 여자의 도움으로 애인의 정자는 전투와 전쟁 모두에서 승리할 수 있었다. 여자는 애인에게 한 약속을 지킨 것이다.

지금까지 우리는 이 여자와 그 애인을 세 차례 만났다. 우리는 햇빛 따사로운 어느 날 오후 건초 들판에서 여자가 남자에게 구강성교를 해주고 언젠가 그의 아기를 갖겠다고 약속하는 것을 지켜보았다(장면 20). 우리는 또 이들이 같은 날 저녁에 귀가해서 각각의 배우자와 구강성교를 하는 것도 보았다(장면 10). 그리고 지금 여자의 신체가 정자전쟁을 애인과의 약속을 확실히 지키는 방향으로 도모하는 것을 보았다. 여자의 셋째 아이는 여자 자신의 노련함과 지성 그리고 그 애인의 외모, 열정, 능력이 조화된 유전자를 물려받을 것이다. 여자의 신체는 셋째 아이의 유전자적 아버지가 될 사람으로는 그녀의 애인이 주변에서 찾을 수 있는 최상이라고 판단했다(장면 18).

우리는 장면 22부터 장면 25에 걸쳐서 여성 오르가슴의 기능을 하나하나 살펴보았다. 성교 며칠 전에 자위행위나 몽정 오르가슴을 갖는 것과 그렇지 않은 것, 정액고가 질 상단에 있을 때 클라이맥스를 얻는 것과 그렇지 않은 것의 효과가 어떻게 다른지를 살펴보았다. 이 최근의 장면에서 우리는 여자의 신체가 이 모든 오르가슴을 한데 모아서 정자전쟁을 자기 자신에게 최고로 유리하게 조종하는 것을 목격했다. 그 결과로 여자는 남편이 아니라 애인의 아이를 수태했다. 이 행동은 애인의 아이가 남편의 아이보다 종족보존에 훨씬 성공적일 것이라는 여자의 신체의 판단이 옳은 한, 여자의 종족보존 전략에 크게 이바지할 것이다.

다음 자녀의 최상의 아버지를 결정하자 여자의 신체는 곧바로 아버지 만들기 작전에 착수했다. 이 작전은 클라이맥스를 얻고자 하는 또는 얻지 않으려는 욕구를 순서대로 야기하고 지휘하는 가운데 추진되었다. 여자의 신체는 다음 사정자가 누가 될지에 따라서 이 욕구의 순서와 타이밍을 맞추어나갔다. 이제 이 순서와 그 외 순서에 관해서 설명할 수 있을 것이다. 여자가 종족보존의 성공을 추구하는 데 사용한 모든 무기 중에서 오르가슴의 순서가 가장 중요할 것이다. 정자전쟁을 촉발하는 경우에는 특히 더 그렇다.

이 장면은 여자가 외도 과정에서 자위행위 횟수를 늘렸던 두 번째 장면에 해당한다. 장면 6의 여자는 옛 남자 친구와의 외도를 앞두고 평상시보다 자위행위 횟수가 늘었다. 그냥 보기에는 그저 성적 흥분―남편 아닌 다른 사람과의 성교를 기대했을 때―의 증가를 반영하는 사건일 뿐이다. 그러나 자세히 살펴보면 설명은 너무나 간단하다. 두 장면의 여자들은 외도가 임박해 있기는 하지만 다음번에 사정할 사람이 남편일 확률이 높을 경우에만 자위행위 또는 몽정을 했다. 이 두 장면의 여자들은 바로 다음번에 성교할 사람이 애인일 확률이 높을 때에는 한 번도 이런 오르가슴에 이르지 않았다. 이 점에서 여자는 남자와 다르다(장면 13).

여자도 물론 애인과의 성교 바로 전에 몽정과 자위행위 오르가슴을 갖는 경우가 있지만, 이는 대개 '실수'일 때가 많다. 장면 26에서 여자는 토요일 밤에 몽정을 했지만, 다음 사정은 월요일 밤 애인에 의해서 이루어졌다. 그러나 여자가 몽정을 하던 당시에 다음번 성교는 일요일 밤 남편과 '떨어져 있는 순간'을 위한 한판이 될 확률이 가장 높은 상태였다. 벌어진 상황에서 확인되었듯이, 이 사정은 현실화되지 않았다. 여자의 몽정은 '실수'였으나 나중에 만회할 수 있는 종류였다. 다음을 보자.

몽정과 자위행위 오르가슴이 단순히 성적 흥분에 의한 것이 아니라면 그 빈도와 외도의 연관성은 무엇인가? 그리고 이들 오르가슴이 외도를 예감했을 때의 반응이라면 왜 애인과의 성교 전보다 남편과의 성교 전에 일어날 확률이 더 높은가?

그것은 여자가 정자전쟁을 예상할 때는, 반드시 그런 것은 아니지만, 보통은 이느 한쪽 편을 들고 있기 때문이다. 그 편은 대개 남편이 아니라 애인 쪽이 된다. 그렇지 않으면 여자가 외도로 발생할 잠재적 손실을 감수하려고(장면 8~11) 들겠는가? 이 장면에서 우리는 장면 6과 마찬가지로 정자전쟁을 예상하고 잠재의식 속에서 전투지를 애인의 부대에 유리하게 준비시킨 여자를 보았다.

지금 장면에서 여자의 신체는 애인이 현재의 남편보다 자신의 아이에게 더 나은 유전자를 물려줄 아버지가 될 것이라고 판단했지만, 장기적 배우자로서는 아니라고 판단했다. 따라서 여자의 전략은 애인으로부터 수태를 위한 정자를 수집하되 현 남편을 잃어버릴 어떠한 일도 행하지 않는 것이었다. 이는 여자가 외도 전후로 해서 남편과 성관계를 가져야 했을 것이라는 뜻이 된다. 안 그랬다가는 남편의 의심을 살 테니 말이다. 그렇게 해서 여자는 정자전쟁을 피할 수 없었다. 어떤 경우라도 여자의 신체는 그러한 전쟁을 촉발시켜서 얻을 수 있는 이득을 놓치지 않으려고 들 것이었다(장면 17과 21). 따라서 여자의 최상의 선택은 애인의 부대에게 경쟁의 기회를 주되 최대한도로 유리하게 만드는 것이었다. 이 장면에서 보았듯이 여자의 신체는 상황을 완벽하게 조종했다.

여자의 신체는 예상된 외도 1주일 전에 작전을 개시했다. 목표는 남편과의 주기적 성관계를 장애 없이 지속할 수 있도록 함과 동시에 남편의 부대가 마침내 전투에 동원되었을 때 가능한 한 소수로 남게 만드는 것이었다. 여자의 신체가 구사한 전술은 우선 주기적 성교가 예상될 때마다 그 하루나 이틀 전에 여자가 자위행위 욕구를 느끼게 만들어 자궁경부 필터를 강화시키는 것이었다. 그리고 여자가 주기적 성교 에피소드를 맞이하면 전회 오르가슴을 얻고 싶게 만들었다. 이 오르가슴으로 여자의 필터는 더한 층 강화되었다.

여자와 그의 남편은 여자의 외도 전, 문제의 그 주에 두 차례의 주기적 성교 에피소드를 가졌다. 여자는 그중 어떤 경우에도 삽입 행위 그 자체로 인한 오르가슴을 원치 않았다. 따라서 여자의 신체가 준비한 결과는 어떤 경우에도 남편의 정자를 다량으로 보존하지 않는 것이었다. 토요일 밤의 몽정은 신체 전략의 연속이었다. 여자의 남편은 여자가 출장을 떠나기 직전인 토요일 밤에 성교를 원할 가능성이 컸다. 여자는 몽정을 통해 강력한 필터를 준비해서, 남편이 끝까지 밀고 나가더라도─특히 여자가 에피소드 중에 다시 한번 전희 오르가슴을 얻게 되었다면─자신의 체내에 남편의 정자 수를 확실하게 낮춰둘 수 있게 해놓았다. 여자는 일요일 밤의 남편의 사정을 완벽하게 피했다.

마침내 여자의 애인이 여자에게 사정한 월요일 밤에는 여자의 신체가 계획했던 그대로 몸속에는 남편의 정자가 소량밖에 들어 있지 않았다. 그러나 여자의 자궁경부 필터는 아직까지 상당히 강력한 상태였는데, 여기에는 토요일 밤의 불필요한 몽정이 한몫했다. 여자는 애인과의 첫 번째 성교를 하루 더 미루어서 남편의 부대를 더 감소시키려 했지만, 여자의 애인이 더 이상 미루려고 들지 않았다.

여자의 필터가 강했기 때문에, 여자가 처음으로 애인과 성교를 할 때에 여자의 몸은 삽입 성교 시의 오르가슴을 원했다. 그렇게 해서 앞에서 이루어진 '실수' 몽정을 만회하고 그의 정자가 필터를 우회하게 만들었다. 그러나 여자의 애인은 그 자신의 전략을 구축하고 있었다. 여자와의 성교 시도가 너무 많이 좌절당한 나머지 그는 무엇보다도 여자 안에서 사정하기를 원했다. 마침내 여자가 삽입을 허용하자 남자는 여자가 생각을 다시 바꾸어 철회하게 만들기 전에 가능한 한 빠른 속도로 사정했다.

애인이 밀어붙인 탓에 여자의 신체는 성교 중에 그의 정자가 강한 필터를 우회하게 만들 수 없었으며, 따라서 맨 처음에 정액고를 빠져나가서 자궁경부로 진입할 수 있었던 애인의 정자는 얼마 되지 못했다. 그러나 남자의 협력에 힘입어 여자는 15분 뒤에 애무를 통해서 클라이맥스에 이를 수 있었다. 정액고가 적소에 위치했고 남자의 거대한 부대는 여자의 필터를 우회해서 자궁경부와 자궁으로 넘쳐들었다. 이 애인은 양쪽 방면 모두에서 최고를 달성했다─여자의 마음이 바뀌기 전의 신속한 사정과 높은 수준의 정자 보유를. 그리고 여자는 이 남자의 정자를 가능한 한 많이 수집하기를 원하는 신체의 욕구를 충족시켜주었다. 이 남자의 부대가 그에 걸맞은 경쟁력만 갖추고 있다면 여자의 남편의 늙고 소량인 잔존물을 물리치는 것은 식은 죽 먹기였다.

한 시간 뒤, 여자의 애인이 소규모 젊은 정자—두 번째 사정—를 제공하자 여자는 이를 받아들였고, 둘이 협력하여 삽입 성교 오르가슴을 이루어냈다. 이렇게 해서 애인의 소수 정예 부대 대부분이 자궁경부 내의 필터—이 필터는 두 남자로부터 들어온 방패막이 정자를 다량 보유하고 있었지만—를 우회해서 자궁경부와 자궁에 기착할 수 있었다. 남자는 이처럼 첫 번째 거대 부대와 두 번째 소규모 젊은 부대의 결합으로 여자가 잠자는 동안에 손쉬운 승리를 거둘 수 있었다.

그다음 이틀간 남자는 계속해서 젊은 정자로 여자를 채웠으며 여자는 삽입 성교 오르가슴을 통해 그 절반이 필터를 우회하게 했다. 여자는 귀국했을 때 애인의 대규모 강력 부대를 보유하고 있었다. 여자의 신체의 목표는 이제 남편이 사정하기 전에 필터를 강화시키는 것이었다. 여자는 성공했다. 우선은 남편의 의심을 사지 않는 한도 내에서 되도록이면 남편과의 성교를 미루었다. 그다음으로는 몽정을 했다. 끝으로, 그렇게 오래 곁에 없었으면서 전희 오르가슴을 기대할 처지가 아니었으므로 좀 더 안전한 방법을 취했는데, 다음날 저녁에 자위행위를 하고 나서는 곧바로 성교를 요구했다.

여자가 그달에 임신한 아이의 아버지가 자신일 것이라고 남편을 속일 수 있었던 근거는 이 성교였다. 여자에게는 성교 중 클라이맥스에 대한 욕구는 없었고 오로지 그런 척해야 한다는 욕구만 있었다. 그리하여 남편의 정자 대부분이 자궁경부 통과 및 전장 진입에 실패했다. 그나마 통과해낸 정자조차 애인의 정자잡이와 난자잡이에는 수적으로 대적하지 못할 운명이었다. 이 전쟁의 승전보가 여자의 애인에게 돌아갔으리란 데는 아무 의심의 여지가 없다.

여자의 전략은 매우 성공적으로 작용했지만, 그중 어느 것도 의식 차원에서 획득된 것이 아니라는 점은 말할 것도 없다. 여자의 신체는 잠재의식 속에서 종족보존에 가장 유리한 방향으로 여자의 무드, 동기, 대응의 순서를 조절함으로써 목표를 획득했다. 여자의 의식 속에서는 외도와 속임수 사이에 정교한 협상이 진행됨과 아울러 성적 쾌감, 흥분 및 공포감만이 교차되었다.

외도하는 동안 여자가 취한 행동과 대응 방식은 상당히 전형적이다. 영국에서는 **정숙한** 단계에 있는 여자가 몽정과 자위행위 오르가슴을 갖는 빈도는 평균 1주일에 1회 이하 수준이다(장면 22와 23). **부정한** 단계에서는 빈도가 거의 이틀에 한 번 꼴로 올라간다. 이 오르가슴은 여자가 다음 성교를 남편과 할 것이라고 예상했을 때 이 오르가슴을 더 자주 느낀다. 애인과 할 것이라고 예상했을 때에는 덜 느낀다.

외도를 하게 되면 삽입 성교 오르가슴의 선호도에도 변화가 생긴다. 평균적으로 성교 중 혹은 후에 클라이맥스에 이를 확률이 남편(22%)보다는 애인(33%)과의 관계에서 더 높게 나타난다. 따라서 전장으로 투입되는 데에는 남편의 부대보다 애인의 부대가 더 큰 지원을 받게 된다.

전체적으로 보았을 때 이 차이는 남편이 애인보다 더 강력한 필터와 맞닥뜨릴 뿐만 아니라 그 필터를 우회할 때 받는 지원도 떨어진다는 것을 의미한다. 평균적으로 정자전쟁에서 애인이 누리는 특혜가 상대적으로 더 크다. 여자가 외도하지 않을 때 남편이 다량의 정자 부대를 배치하도록 도와주는 경우는 55%다. 여자가 외도하고 있을 때 남편을 돕는 경우는 38%이지만 애인을 돕는 경우는 65%로 거의 두 배에 육박한다.

그러나 여자의 전략에서 정말로 인상적인 부분은 남편에게 자신의 외도 혐의를 눈곱만치도 내비치지 않고서 애인의 정자를 골라서 보존할 줄 아는 그 강력한 편애 방식이다. 첫째, 여자는 외도 중이건 아니건 간에 남편과의 성교 중 혹은 성교 후의 클라이맥스 빈도를 고르게 유지한다(성교의 22%).

둘째, 남편에 대한 주 무기는 자위행위와 몽정 빈도를 높이는 것인데, 이들 오르가슴은 비밀스럽기 때문에 남편의 추적을 피해 갈 수 있다. 셋째, 여자가 애인에게 선사하는 주 무기는 관계 전에 몽정과 자위행위 오르가슴을 덜 갖고, 관계 중 오르가슴은 남편보다 애인과 더 먼저 갖는 것이다. 그러나 이러한 편애 역시 남편에게 포착될 수 없다.

이제 여자가 남자의 경우(장면 12~14)와 마찬가지로 배우자에게 자신의 자위행위와 몽정 사실을 숨기는 것이 왜 그렇게 중요한지 알 수 있을 것이다. 만약 남자가 자신의 아내가 주기적 성생활 가운데 언제 그리고 얼마나 자주 자위행위나 몽정을 하는지 정확히 알고 있다면, 그 패턴에 아주 작은 변화만 생겨도 아내가 외도를 기대하고 있는지도 모른다는 정보를 얻게 될 것이다. 남자는 그러면 이 정보를 갖고 아내를 부단히 경계하고 방어해서 아내가 다른 사람의 정자를 얻지 못하도록 더 큰 장애를 만들 것이다. 따라서 여자가 정자전쟁의 결과에 영향을 미치기 위한 전략은, 남자와 마찬가지로 들키지 않고 몽정과 자위행위의 패턴을 바꿀 수 있느냐 없느냐에 달려 있다. 여성의 자위행위와 몽정이 남성의 자위행위와 몽정만큼 단호하게 비밀을 유지할 수 있도록 형성된 연유도 여기에 있다. 또한 이 역시 남자와 같은 경우로, 여자의 잠재의식 속에서 몽정과 자위행위를 자기만의 비밀로 지키려는 욕구를 유발하는 것은 그것이 외도와 정자전쟁과 관계가 있기 때문이다. 전반적으로 볼 때, 자위행위 욕구를 성공적으로 충족시키기 위해서는 서로의 자위행위 유형을 알지 못해야 한다. 남자의 경우(장면 12~14)와 동일한 근거로, 대부분의 여자가 자위행위의 비밀과 사적 자유를 지키려는 것은 그 행위에 대해서 사회적 호기심, 의심, 혐오감, 심지어는 편견이 따라다니기 때문이다.

물론 여자가 항상 비밀리에 클라이맥스에 달하는 것은 아니다. 남자와 똑같이 여자도 자신의 남편이 삽입 행위를 시작할 때까지 가지 않고 남편이 보는 앞에서 그대로 클라이맥스에 달하는 경우도 있다(장면 20). 때로는 공개 자위행위로 그렇게 하는 경우도 있지만, 대부분은 상대의 도움을 얻어서 한다. 우리는 이 상황의 한 국면을 구강성교와 연결 지어 설명한 바 있지만(장면 10), 남자가 여자를 자극하는 때는 그냥 손가락만 가지고 하는 경우가 일반적이다. 여기에서 오르가슴 그 자체가 남자와 여자 모두에게 전략적으로 중요하다는 사실이 설명된다. 남자가 여자의 성기 냄새를 맡을 때, 여자가 전달하고자 하거나 남자가 수집하고자 하는 정보는 그다음 문제다.

이와 같이 삽입 행위 없이 금세 이루어지는 공개 오르가슴은 비밀 자위행위와 몽정이 정자 보존에 미치는 것과 아주 똑같은 결과를 가져온다. 이 세 가지 모두가 똑같이 여자의 자궁경부 필터를 강화시키는 효과를 발휘하며, 오르가슴 순간 여자가 자궁경부 내 정액 저류소에 다량의 정자를 보유하고 있을 때 특히 큰 효과를 발휘한다는 사실이 연구에서 나타났다. 결국 이 세 가지 다 다음 사정에서의 정자 보유량을 감소시킨다. 며칠 동안 다음 사정 기회가 없을 때도 마찬가지다.

남자에게는 자신의 아내가 그런 오르가슴을 느끼는 것을 보거나 도와주는 것이 안도감을 주는 요소다. 남자는 잠재의식에 다음 사실을 입력한다. 만약 아내가 며칠 내로 다른 남자와 (예컨대 외도 또는 강간을 통해서) 성관계를 갖는다면, 아내는 적어도 강력한 필터를 준비한 상태니까 어떤 부대가 아내의 몸속으로 들어간다고 해도 그 부대는 약화될 것이다. 물론 남자의 계산이 언제나 틀림없는 것은 아니고 또 여자가 다른 남자와 먼저 우회 오르가슴을 가져 남편의 준비를 무력화시킬 수도 있다. 더군다나, 가장 가능성이 높은 경우지만, 만약에 아내의 다음 성교가 남편인 자신과 함께라면 남자의 준비는 역효과를 빚고 말 것이다―아내의 필터를 자기한테 강력하게 만든 셈이니까.

앞에서 보았듯이 전희를 하는 동안 여자가 클라이맥스에 이르도록 도와주는 것은 전체적으로 볼 때 남자에게 불리하다. 방금 설명한 성교 에피소드 내의 클라이맥스와는 달리, 정자 보유량이 떨어져 고생할 사람은 딴 남자가 아니라 언제나 당사자 자신이다. 또 하나의 불리한 요소는 삽입을 오래 늦출수록 삽입 기회를 놓칠 확률도 높아진다는 점이다—환경에 방해 요소가 생기거나, 여자가 마음을 바꾸어서 삽입을 못 하게 하거나, 둘 중 하나다.

이 책의 많은 장면에서 대부분의 남자가 여자에게 전희 오르가슴을 안겨주기 위해서 애쓰지 않고 막 바로 삽입해서 성교하는 것을 선호하는 것도 이런 이유 때문일 것이다. 그러나 여자에게는 보통 전희 오르가슴이 더 유리하고(장면 24~25), 이를 얻기 위해서 남자의 협력을 구하는 경우가 빈번하기 때문에 전희 자극의 정도와 길이가 성행위 도중 남녀 간의 주요 갈등 사안의 하나로 떠오르는 경우가 허다하다.

남자가 전희 오르가슴에 가장 협조적으로 나오는 때는 남자가 잃을 것이 별로 없을 경우, 다시 말해서 여자의 자궁경부 내 정액 저류소에 정자가 들어 있지 않거나 자신이 주입하려고 하는 사정액이 정자전쟁과 결부될 확률이 거의 없는 경우이다. 아니면 남자에게 선택의 여지가 없는 경우, 다시 말해서 여자가 전희 오르가슴을 얻을 때까지는 절대로 삽입을 허락하지 않는 경우이다. 그러므로 아내와 같이 지내는 시간이 길수록(아내가 외도할 틈이 없으니), 또 여자가 고집을 부릴수록 남자가 전희 오르가슴에 더 적극적인 것도 놀랄 일이 못 된다. 그러나 여자의 전희 오르가슴을 도와주고 나서도 남자가 맹렬한 삽입 및 사정 욕구를 보이는 경우가 종종 있는데, 만약 남자가 여자의 클라이맥스 1~2분 이내로 사정하는 데 성공하면 아직 자궁경부 필터를 피해서 지나갈 여지가 남아 있기 때문이다(장면 25).

지금까지 거듭해서 보아왔듯이, 사정과 오르가슴에 연관된 남자와 여자의 전략은 대부분이 일련의 기분, 성적 충동, 자극을 통해서 잠재의식적으로 작용한다. 이 책에서 묘사된 행위는 대부분이 흡사한 잠재의식의 작용을 보여주는데, 두뇌의 이성적 작용이라기보다는 유전자적 설계의 산물이다. 그럼에도 남자와 여자가 자신의 느낌을 가장 만족시키기 위한 방법을 시도와 실수를 거듭하며 배워나가는 가운데 의식적 요소의 특징이 만들어지는 것이다. 남자는 삽입의 기초에서부터 여성 오르가슴의 미묘함까지 배워야 할 것이 많다. 여자는 어떻게 클라이맥스에 도달하는가, 그 클라이맥스에 도달하기 위해서 어떻게 남자를 고무시켜야 하는가, 그리고 언제 어떻게 거짓 클라이맥스를 연출해야 하는가를 배워야 한다. 남녀 모두 외도의 전략적 미묘함과 외도를 방지할 방법을 배워야 한다. 그리고 원치 않는 주목을 피하는 방법과 더불어 배우자를 선택하는 방법, 이미 선택한 상대를 유혹하는 방법도 배워야 한다.

이 모든 것을 잘, 그리고 빨리, 가급적이면 실수 없이 배우는 능력이 종족보존의 승패를 가늠하게 될 것이다. 장면 27부터 장면 29는 남자와 여자가 이 필수적인 성적 미묘함을 어떻게 배우는지를 설명한다.

9장
더듬는 법부터

장면 27
연습만이 길이다

젊은 남자가 여자를 침대로 밀치고는 그 위로 올라탔다. 어둠 속에서 한 무더기의 코트와 스웨터가 남자 위를 덮쳤다. 남자는 옷 무더기를 바닥으로 밀어냈다. 그는 해냈다. 천신만고 끝에, 해냈다. 터럭만큼의 의심의 여지도 없이 그는 마침내 여자의 몸 안에 사정을 했던 것이다.

근처까지 간 건 두 번이었다. 첫 번째는 열여섯 살 때 두 살 어린 여자 아이와 심각하게 애무하는 동안이었다. 그때는 그저 사정을 했다는 데 흐뭇했을 뿐, 정말로 삽입하려고 애쓰지는 않았다. 그러고는 작년에 이번 같은 파티에서였는데, 시도는 했지만 실패했다. 여자 아이 안에 있다고 믿고는 사정할 때까지 신나서 삽입 행위를 했다. 그 여자 아이는 다 끝나고 나서야 그가 삽입한 곳은 자신의 엉덩이 아래 침대였을 거라고, 아니면 누구 다른 아이의 외투였을 거라고 말해주었다. 그렇지만 이번에는 분명히 성공했다. 19세, 그는 동정을 잃은 것이다.

핑장히 급했다는 것은 인정할 수밖에 없다. 삽입하고 몇 초 지나지 않아서였으니까. 또 도움을 받았다는 것도 인정해야 했다. 앞의 경우하고 똑같이 남자는 성기로 여자의 질을 찾는 데 실패했다. 정작 자신은 알지도 못했겠지만. 남자는 이번에도 여자 안에 있다고 생각하고 삽입 행위를 시작했다. 그러나 여자가 그의 성기를 잡고 안으로 이끌었을 때 그 느낌이 너무나 달라 비로소 엉뚱한 데 있었다는 것을 깨달았다. 아마 이번에도 여자의 엉덩이였을 것이다. 사정은 약간 일렀지만, 그래도 안으로 들어갈 때까지는 버텼다. 어둠 속에서 여자 옆에 누웠을 때의 성취감과 만족감이란 이루 다 헤아릴 수 없을 정도였다. 남자는 여자에게 너무나 환상적이었다고 말하고는 여자의 느낌은 어땠는가 물었다.

"대단했어" 하는 말 속에 담긴 빈정거림은 초짜가 아니더라도 기가 꺾일 정도였다. 여자는 파티에서 남자를 처음 보았을 땐 너무 어리고 경험이 없어 보인다는 느낌이 들어서 고려 대상에서 제쳐놓았다. 그러나 남자가 여자를 집 안으로 데리고 갔을 때 여자의 생각은 바뀌었다. 꽤 미남에다 값비싼 옷차림이었다. 대화는 약간 유치하고 어수룩했지만, 성공과 실패에 관한 재미난 이야기가 인상적이었다. 남자가 배짱 좋게 자기하고 하고 싶은지 물었을 때 여자는 괜찮을 것 같다고 생각할 만큼 취해 있었다. 남자는 어두운 방 안에 들어서자마자 거의 찢다시피 여자의 속옷을 벗겼다. 그러고는 전희는 거의 건너뛰고 여자를 짐짝처럼 올라타고는 엉덩이와 침대 사이에서 삽입 행위를 했다. 여자가 안으로 들어가는 것을 도와주었을 때도 남자는 들어가자마자 사정을 해버렸다. 이제 남자는 찬사를 원했다. 여자는 당황스럽고 성나고 불만이 꽉 차올라와서 다음부터는 자신이 받은 첫인상에 좀 더 주의를 기울일 것이라고 맹세했다.

누군가 침실 문을 두드리더니 대답도 하기 전에 문을 밀었다. 문고리가 안쪽에서 걸려 있자 이 침입자는 이 방이 필요한 건 너희들만이 아니라면서 안에 있는 게 누구든지 어서 서두르라고 다그쳤다. 여자가 침대 주위를 뒤적거리자 남자는 뭘 하느냐면서 아직 방을 내줄 때가 아니라고 말했다. 방 안이 너무 어두웠기 때문에 서로 보이지도 않았다. 여자는 속옷을 찾는다면서 어떻게 했는지 기억나느냐고 물었다. 남자는 바닥 어디에 두었다며 금방 찾아주겠다고 말하면서 서두를 건 없다고 되풀이했다. 이런 보잘것없는 놈한테 섹스를 허락했다는 사실이 창피하고 이 일을 생각에서 지우고 싶은 마음에 여자는 화장실에 가야겠다고 거짓말하고는 대신 좀 찾아줄 수 있겠느냐고 물었다. 남자는 마지못해 팬티와 바지를 추스르고 지퍼를 채운 뒤 침대를 내려왔다.

여자의 속옷을 어떻게 했는지 정말이지 생각나지 않았다. 남자는 이 여자가 누구였거나 간에 무엇보다 자기와 침실에 가는 것을 허락했다는 데 놀랐었다. 자기와 한 시간쯤 춤추고 얘기한 것밖에 없었는데. 남자는 여자를 침실에 들어놓고 나서도 여자가 생각을 바꿀 거라고 굳게 확신했던 까닭에 여자가 불평을 하건 말건 광속으로 타이즈와 속옷을 벗겨버렸다. 그렇게 서둘렀는데 속옷을 어디다 던졌는지 알 게 뭔가.

남자는 속옷이 무슨 색이었는지 물었다. 검정색이란 대답이 나왔을 땐 온 방을 그득 채우고 있는 코트와 스웨터 더미에서 그것을 찾을 가능성이라곤 도저히 없어 보였다. 불을 켜자고 했지만, 여자는 그만두라면서 안 입고 가겠다고 말했다. 그러더니 여자는 어느새 문 앞에 서서 문고리를 더듬고 있었다. 남자가 옷가지 위를 굴러 여자 쪽으로 왔을 때 문은 열려 있었고 여자는 가고 없었다. 여자가 방을 떠나자마자 다음 쌍이 들어왔고 남자는 밀려 나올 수밖에 없었다. 남자가 문을 나서기 전에 여자는 계단 아래로 달아나 다른 대화로 끼어들었다.

여자는 처음에는 이 풋내기의 눈을 피하기 위해서 그 파티의 최고 연장자 옆에 붙었다. 이 남자는 거의 서른 살로, 여자보다 열 살이나 많았다. 여자는 이 사람이 누군지 알고 있었고 선수라는 평판도 들은 바 있었다. 미남에다 적당히 성공한 사람이었다. 남자는 파티에 올 수 있었던 건 순전히 아내가 주말에 친정어머니한테 간 덕분이라고 말했다. 여자는 파티의 남은 시간을 이 남자와 함께 보냈고, 남자의 매력과 의젓함, 유머와 관능에 사로잡혀버렸다. 남자의 차 안에서 키스하는 동안 남자는 여자가 속옷을 하나도 입지 않았다는 것을 알았고, 여자가 그날 밤 남자의 침대를 같이 써도 되겠느냐고 묻자 남자는 받아들였다. 여자는 남은 밤과 다음날 아침 전부, 오후 일부를 남자의 거칠 것 없는 키스와 애무를 받

9장 더듬는 법부터

으며 자극 속에서 보냈다. 남자는 여자에게 세 번의 오르가슴을 선사했고, 네 차례 사정했다. 여자는 행위 간간이 잠들어 이 남자와 오래오래 같이 사는 꿈을 꾸었다.

그 주말이 지나고 얼마 동안 여자는 그날의 꿈속에서 살 수 있었다. 여자는 남자가 아내뿐만 아니라 자기 말고도 적어도 한 명의 여자와 관계를 갖고 있다는 사실을 알 때까지 그의 정부로 지냈다. 그뒤로는 그를 더 만나지 않았다.

거의 같은 시기에 여자와 함께 사는 친구가 지난 파티에서 여자의 속옷을 잃어버리게 했던 그 어린 남자를 만나기 시작했다. 이 쌍이 몇 주간 화제가 되자 여자는 호기심을 이기지 못하고 함께 사는 친구에게 그가 잠자리에서 어떤지 물어보았다. 처음에는 뭣도 모르더라는 친구의 말은 믿을 수 있었다. 하지만 배우는 속도가 빠른 것만큼은 틀림없다면서 며칠 전에는 사실상 클리토리스까지 찾았으니, 이제 그걸로 뭘 할지만 배우면 된다는 것이었다. 여자는 남자가 꽤 진전한 모양이라고 생각했다. 기대가 부풀어 올랐다.

~

남자의 성적 기교는 타고나는 능력이 아니다. 배워야 한다. 이 점에서 남자는 조류나 포유류 수컷과 다를 바가 없다. 흥분, 발기, 사정은 자동으로 입력되어 있지만 성의 세부 사항은 습득해야 한다. 남자가 여자에게 사정 허락을 받아내려면, 유혹과 자극의 기교를 익혀야 한다. 그리고 성교하는 방법을 빠르고 효과적으로 배워서 자신의 유혹 기술이 마련해준 기회를 놓치지 말아야 한다.

수컷 조류를 예로 들어보면, 우선은 암컷의 등에 서는 법을 배워야 하고, 다음으로는 정자를 배출하기 전에 꼬리를 구부려 암컷의 성기를 자극하는 법을 배워야 한다. 포유류 수컷은 발기가 되었을 때 무엇을 해야 하는지, 성기를 어디에 놓아야 하는지 배워야 한다. 성숙한 수컷 침팬지처럼 지능이 높은 동물도 청년기에 성적 기회를 갖지 못하면 철저히 무능하다.

수컷 침팬지는 우선 다른 침팬지들의 교미 장면을 보면서 다음으로는 스스로의 교미 연습을 통해서 성적으로 성숙해진다. 경험이 없는 성숙한 수컷은 암컷과 함께 있으면 흥분하고 발기는 되지만 그다음에 무엇을 해야 하는지는 전혀 알지 못한다. 심지어는 암컷의 어느 쪽에 성기를 갖다 대야 하는지도 잘 모르며, 첫 경험이나 그다음 몇 번까지도 성공하는 경우가 드물다. 따라서 수컷 포유류가 평생 처음의 교미 기회를 놓치지 않기 위해서는 청년기 동안 훈련이 필요하며, 남자도 예외는 아니다. 이 장면의 풋내기 남자처럼 대가를 치르고서라도 사춘기 동안 성적 기교를 신속히 배워놓지 않으면 사정 기회를 놓치고 말 것이다. 그리고 이는 남자의 종족보존 성공 정도에 중대한 영향을 미칠 것이다.

어린 남자가 성적 기교의 기초를 처음 보고 듣는 통로는 어느 문화권에서나 모두가 조숙한 동년배나 연장자와 같은 유경험자들이다. 어린, 심지어는 사춘기 이전인 소년 소녀의 성적 실험을 내놓고 격려하거나 적어도 너그러이 봐주는 문화권은 많다. 소녀에게 어떻게 성관계를 하자고 설득해야 하는지, 삽입을 위해서 소녀의 성기를 어떻게 해야 하는지, 윤활시키기 위해서 어떻게 해야 하는지, 발기된 성기로 어떻게 질을 찾고 삽입하는지 등을 일찍이 배운 소년이 첫 번째 종족보존의 기회를 놓칠 확률이 낮은 편이다. 장면 27의 젊은이는 성적 기교를 학습할 첫 번째 기회를 열여섯 나이에 얻었다. 이 한 번으로는 충분치 않았다. 2년 뒤, 그는 자신의 성기로 여자의 질을 찾는 방법이나 질 안에서의 느낌이 어떤 것인지 배우지 못한 탓에 여자의 질에 사정할 수 있었던 첫 번째 기회를 놓쳤다. 그는 열아홉 살에, 도움은 받았지만, 여자의 질을 찾아 사정할 수 있었다. 그러나 그때조차도 미숙한 탓에 성관계 전체 과정을 정복하지 못했고, 따라서 그 여자와의 성적 기회도 거기서 끝나버렸다.

물론 남자가 배워야 할 것이 단순히 여자의 성적 흥미를 어떻게 얻는지, 성교의 기회를 잡을 때까지 어떻게 그 흥미를 유지시키는지, 마침내 그 순간이 다가왔을 때 어디에 성기를 놓아야 하는지 따위만은 아니다. 어떻게 하면 여자의 오르가슴 유형(장면 24~26)에 영향을 줄 수 있는지를 배우는 남자는 정자 보존 유형에도 영향을 미칠 수 있는 가능성이 높다. 그러나 여자의 신체는 남자가 필요한 기술을 배우는 데 편의를 거의 제공하지 않는다. 오히려 그 반대다. 왜 그럴까? 답은 배우자 선택, 그리고 여자가 남자에 관한 정보를 수집하는 방법에서 찾을 수 있다.

우리는 앞에서 한 여자가 한 남자(혹은 남자들)를 단기간의 상대나 장기적 배우자로 선택하는 기준에 대해서 상당히 자세하게 살펴보았다(장면 18~21). 거기서는 남자의 지위, 행동, 외모, 생식력, 성적 건강의 중요성을 설명했다. 또한 어째서 대부분의 배우자 선택이 협상의 과정인지, 한 남자가 어떻게 해서 관계의 어떤 단계에서는 최상이었다가 나중에는 그렇지 않게 될 수도 있는지, 왜 여자가 남자를 볼 때 지위와 외모 등의 눈에 보이는 자질과 정자전쟁에서의 용맹성 같이 눈에 덜 보이는 자질 사이에서 균형을 잡아야 하는지 등을 살펴보았다.

여자는 남자에 관한 정보를 얻기 위해서 사실상 남자에게 일련의 테스트를 실시해야 한다. 여자는 해당 남자가 다른 가능한 후보자들과 비교해서 얼마나 많은 테스트를 통과하느냐에 따라서 그를 받아들이거나 거부할 것이다. 여자는 그 테스트를 통과하기가 만만치 않으나 불가능하지는 않게 설정해야 한다. 너무 쉽거나 아니면 너무 어려워서 통과할 사람이 없다면 그 테스트는 아무 쓸모가 없다. 여자의 신체와 행위는 그러한 테스트를 행할 수 있도록 형성되어 있다. 그리고 테스트의 대상이 되는 남자의 자질은 종종 여자의 신체를 어떻게 다루는지, 여자의 행동에 어떻게 대응해야 하는지를 습득하는 능력이다.

주어진 행동이 항상 같은 반응을 이끌어내지 못할 때는 배우기가 더욱 까다로운 법이다. 남자의 자극이 무엇이 되었든 여자의 반응이 결코 예상과 들어맞는 경우가 없다는 사실은 악명이 높다. 이 점은 유혹의 초기 단계부터 성교로 오르가슴이 이루어질 때까지 전 과정에 해당된다. 이는 여자에 따라서 다를 뿐만 아니라(분명한 이유가 있다—장면 36) 한 여자만의 경우라도 상황에 따라서 번번이 다르다(이 역시 이유가 분명하다—장면 24와 25).

이러한 다양함 덕분에 여성은 여타의 배우자 선택 기준을 충족시킨 남성에게 까다롭지만 통과는 할 수 있는 테스트를 부여할 수 있다. 이 테스트들은 불가피하게 경험이 부족한 남성에게 가장 어렵다. 한 보기로서 클리토리스의 위치를 따져보자. 사람과 유인원, 여러 종의 원숭이의 경우에, 이 기관은 작고 찾기 어려우며 성교 중 성기의 직접적인 자극에서 비껴난다는 점이 확인된 바 있다(장면 22). 클리토리스는 성교 중에 남성의 일부 신체 부위—보통은 성기—에 의해서 자극을 받을 수도 있다. 그러나 남성이 **정확히 무엇을 해야 하는지 알지 못한다면 반드시 그렇게 되지는 않을 것이다.**

성교 중의 클리토리스 자극은 무엇보다도 여성의 자세나 동작에 달려 있으며, 그래서 남성보다는 여성의 통제가 크게 작용한다. 이는 사람뿐 아니라 다른 포유류도 마찬가지이며, 삽입 성교 오르가슴의 기능에 관한 결론과 연관 지어 볼 때 결코 놀라운 일이 아니다(장면 25). 이 때문에 경험이 부족한 남자가 성교의 기술을 배우려고 그처럼 안간힘을 써야 하는 것이다. 만약 남자 자신의 행위가 어떤 때는 여자를 자극하고 어떤 때는 자극하지 못한다면, 남자는 이 최고로 강력한 성적 자극의 원천을 엄청난 시도와 실수를 겪어내면서 배우든지 아니면 여자의 직접적인 교육으로 배우는 수밖에 없다. 그렇다 해도 그의 클리토리스에 대한 기술이 한 여자에게 통했다고 해서 꼭 다른 여자에게도 통한다는 법은 없다(장면 36).

장면 27에서의 그 여자는 장기적 배우자를 물색 중이었고(장면 18), 여자의 신체는 그 선택 과정의 일부로 자신이 선택한 남자의 성교 능력을 보고 싶어했다. 여기의 젊은 남자는 적어도 유혹에 관해서 배운 것이 조금 있었기 때문에 여자의 초기 테스트를 통과했고 성교 테스트의 기회를 얻은 것이다. 그는 참담하게 실패했다. 그러나 경험이 더 많았던 연상의 남자는 여자의 테스트 전 단계를 통과했다. 여자가 이 연상의 남자를 더 좋아한 데는 많은 이유가 있었겠지만, 그중 하나는 의심의 여지없이 그의 우월한 성적 기교였다.

여자에게 왜 오르가슴을 선사해줄 줄 아는 남자를 좋아하느냐고 물으면 자연스럽게 오르가슴을 통해서 얻는 쾌감 얘기가 나온다. 그러나 여자가 성적으로 더 유능한 남자를 선택했을 때 얻을 수 있는 이점은 관능적인 동시에 생물학적이다. 남자가 여자의 오르가슴 패턴에 발휘하는 영향력이 클수록 여자 자신의 영향력이 줄어든다는 명백한 불리함에도 불구하고 이는 사실이다. 그러나 우리는 앞에서 이와 관련한 여자의 영향력이 종족보존 성공을 좌우하는 주요 무기라는 점을 살펴보았다(장면 22~26). 이 영향력의 상실이 겉보기에나 그렇지 실상은 그렇지 않을 수 있을까?

여자가 클라이맥스를 원하지 않을 때는 어떤 남자라도 **억지로** 여자에게 클라이맥스를 안겨줄 수 없다. 유능한 남자는 여자가 오르가슴을 원할 때 다만 여자의 클라이맥스를 **도울** 뿐이다. 덜 유능한 남자는 여자로 하여금 자위행위나 몽정을 통해서 더욱 자주 스스로 해결하게 만든다. 따라서 경험 많고 유능한 남자는 위협이 아니라 도움이다. 그러나 여자가 경험 있는 남자를 선호하는 데는 또 다른 측면이 있다.

여자가 남자의 전희와 성교 시도를 이용하는 것은 기본적으로 그 남자에 관한 정보를 얻기 위해서다. 남자가 여자를 흥분시키고 오르가슴을 유도할 줄 안다는 것은 그가 다른 여자들과의 경험이 있다는 신호다. 이 점은 다른 여자들도 그와의 성교를 허락할 만큼 이 남자를 매력적으로 느꼈다는 사실을 말해준다. 여자를 효과적으로 자극할수록 경험이 많은 것이며, 따라서 그를 매력적이라고 느낀 여자의 수도 더 많다는 얘기다. 그러므로 이 남자와 유전자를 공유하면 여자는 더욱 매력적인 아들이나 손자를 생산할 수 있게 되며, 그리하여 종족보존의 성공률 또한 높아질 것이다.

흥미로운 것은 일부 조류의 암컷도 짝을 고를 때 이 잣대를 사용한다는 점이다. 만약 암컷이 한 마리 또는 그 이상의 암컷이 한 수컷과 교미하는 것을 보면 이 암컷 역시 그 수컷과 교미할 확률이 높다. 따라서 다른 암컷들에게 매력적으로 보인다는 것은 마땅히 매력적인 수컷의 특징이다.

이러한 어려움에도 불구하고 사실상 모든 남자가 결국에 가서는 성교의 기초를 배우게 되며, 대부분은 그 정교함까지 배운다. 그러나 배우는 속도가 빠를수록 늦게 배우는 사람보다 평생 동안 사정 기회를 덜 놓치게 되며 더 많은 여자에게서 더 많은 자녀를 얻게 된다. 연구에서는 거의 사춘기 전에 실험을 행하는 소년 소녀가, 특히 그 실험이 성기의 접촉에 관련된 경우에, 평생 동안 더 많은 성적 상대를 얻는다는 사실이 밝혀졌다. 어린 소년이 일찍이 성적 훈련을 쌓을수록 그의 적수를 보기 좋게 따돌리며 앞으로의 세대에도 확실하게 더 많은 후손을 남길 것이다.

어렸을 때 훈련을 쌓지 못했다고 해서 성공적인 성교가 완전히 불가능한 운명에 처하는 것은 아니다. 소녀나 성인 여자가 남자를 단기적 혹은 장기적 상대로서 다른 면에서는 충분히 바람직하다고 판단한다면 그의 미숙함과 배려의 부족, 기타 성적으로 부족한 부분은 견딜 것이다. 상대 선택은 결국 타협의 과정이다(장면 18). 장면 27에서 여자와 같이 사는 한 친구는 젊은 남자에게 성교의 세밀한 부분을 교육시키는 역할을 떠맡았다. 그녀의 목적은 남자를 자신이 당시에 벌써 좋아했던 그 조건을 갖추고 있으면서도 자신이 원할 때 클라이맥스 얻는 것을 도와주는 데도 유능한 남자로 육성하는 것이었다. 여자는 그를 교육시키는 동안 아울러 성적 기교를 배우는 그의 능력도 테스트하고 있었다. 남자는 '제법 잘하고' 있었고, 그 점은 그로부터 생길 수도 있는 아들과 손자들이 적어도 '제법 잘하리라'는 점을 시사한다. 중요한 점은 여자가 남자에게 자신이 클라이맥스에 이르도록 도와주는 법을 가르칠 때 다른 여자가 클라이맥스에 이르도록 도와주는 법은 가르치지 않았다는 것이다. 아니면 적어도 같은 수준까지는 가르치지 않았다(장면 36). 그는 이 여자에게서 얼마간 배웠겠지만 자신이 생각한 만큼은 아니었다.

이 장면에서는 여자가 배우자 선택이라는 이름으로 실시하는 테스트에 통과하기 위해서 남자가 안간힘을 쓰는 과정에서 성적으로 성숙하는 면을 집중적으로 설명했다. 젊은 여자가 성교의 기초에 대해서 배워야 할 것은 젊은 남자에 비해서 훨씬 적지만, 이들은 신체에서 형성된 욕구를 어떻게 감지하고 어떻게 대응할 것인지를 배워야 한다. 예를 들면 여자는 어떻게 자위행위를 하는지, 언제 해야 하는지, 또는 언제 하지 말 것인지를 배워야 한다. 여자는 전희, 성교, 사후 행위 동안 오르가슴의 자극에서 언제 또 어떻게 남자의 협력을 구해야 하는지를 또한 배워야 한다. 마지막으로 남녀 관계에서 속임수를 쓰거나 안도감을 주는 기술을 배우는 데도 힘써야 한다.

여자가 이 모든 것을 하려는 욕구는 신체에서 잠재의식적으로 운용되지만, 이들 욕구를 충족시키는 숙련도는 그녀의 학습 능력에 달려 있으며, 그보다 중요한 것은 신속하게 배우는 능력이다. 여자는 성적 기교를 신속히 배우지 못한다고 해도 미숙한 남자가 사정 기회를 놓칠 때만큼 결정적인 손해를 보지는 않는다. 그럼에도 이 실패는 앞에 놓인 기회를 활용하는 정도에 영향을 미칠 것이다. 그중에서도 특히 정자전쟁 이용 능력에 큰 영향을 미칠 것이다.

여자의 학습 과정은 장면 31에서 살펴본다. 우선은 여자가 유혹의 초기 단계에서 남자의 성적 용맹도를 테스트할 때 따르는 위험과 그 반응을 보자.

장면 28
엎치락뒤치락

네 명의 10대들은 여름 숲을 시끌벅적하게 걸어 들어가서 작약하는 이른 오후의 태양을 피해 드디어 잎이 무성하게 덮인 나무 옆에 자리를 잡았다. 이들 앞으로 다람쥐들이 길을 따라 달아나고 새들이 경고 울음소리를 내면서 숲으로 날아들어갔다. 이 길은 한동안 사람이 다니지 않은 듯했다.

두 소년 중 하나가 최근에 운전면허 시험에 붙어 어머니의 차를 하루 빌려 타고 나왔다. 이들은 길가에 차를 세워두고 여자 아이들이 안다는 장소를 찾아 15분가량 숲을 따라서 걸어 들어왔다. 처음에는 좁은 길을 따라서 짙은 머리의 쌍이 앞서고 다른 소년과 그의 여자 친구가 뒤로 둘씩 짝 지어 걸었다. 두 쌍 모두 손을 잡고 걸었다. 그러나 길이 넓어졌을 때 이들은 찢어졌다. 남자 아이들은 셔츠를 벗어 들고는 무슨 구실을 내세워 서로 치고받기 시작했다. 그러고는 서로를 잡으려고 나무 사이로 달렸다. 여자 아이 둘은 팔짱을 끼고 걸으면서 서로 기대어 두 남자 아이의 신체와 행동거지에 관해 쑥덕거리면서 어느 한쪽에서 뭔가 심하게 짓궂은 말이 나올 때마다 큰소리로 웃어댔다.

여자 아이들은 두 남자 아이가 자기들끼리 놀도록 내버려두고 길을 맴돌았다. 이들 앞으로 햇빛이 내비치는 작고 좁은, 풀로 덮인 나무다리가 강을 가로지르고 있었다. 여자 아이들이 앞으로 몇 시간 동안 무슨 일이 일어날지 알았더라면 강이 흘러드는 어두컴컴한 소나무 농장이 협박하는 것처럼 보인다고 여겼을 것이다. 실제로 그랬지만, 이들은 그곳이 멋지고 아름다운 장소라고 생각했다. 강은 얕았고, 바닥의 자갈이 강물을 따라 구르면서 물살을 누그러뜨리고 있었다. 흐르는 물소리는 여름날 열기의 완벽한 해독제였다. 그뿐 아니라 다리 아래로 농장으로 이어지는 강굽이 바로 앞에 1미터 남짓한 얕은 웅덩이까지 있었.

여자 아이들이 웅덩이로 다가가자 일행 둘이 따라붙는 통에 어찌나 뛰었던지 이젠 숨이 찰 지경이었다. 짙은 머리의 아이는 맨 끝에 멈춰서더니 재빨리 옷을 벗어 수영 팬티 차림으로 곧바로 차가운 물속으로 뛰어들었다. 여자 아이들이 비키니 차림이 되는 속도는 훨씬 느려서 소년은 참지 못하고 여자 아이들 쪽으로 물을 튀겼고, 여자 아이들은 "안 돼", "그만해", "하지 마" 따위의 비명을 질러대며 물을 피한다고 호들갑을 떨었다. 놀란 비명 소리와 웃음소리 사이로 험한 말

9장 더듬는 법부터

이 흘러나왔다. 마침내 두 소녀가 물로 뛰어들었고, 소년들의 악동 짓에 대한 차가운 복수전이 시작되었다.

다른 소년은 강둑에 앉아 친구들을 지켜보면서 수영 팬티만 남겨놓고 천천히 옷을 벗었다. 그는 이 순간에 겁을 집어먹고 있었다. 그는 수영을 할 줄 몰랐고, 솔직히 물에 대한 공포가 있었다. 혼자라면 어떻게 해볼 수 있었겠지만, 이 험악한 장난이 오가는 데는 속으로 공포감이 들 수밖에 없었다. 친구들과 함께 물로 들어간다는 건 말도 안 되는 일이었다. 그는 앉아서 친구들의 장난을 쳐다보면서, 피하지 못할 순간을 초조하게 기다렸다.

이 소년은 속으로 짙은 머리 친구를 부러워하고 있었다. 근육질 몸매에 날렵함, 거기다 수영 실력까지. 이 아이는 여자 아이들한테 자석과도 같았다. 파티 때면 여자 아이들이 그를 싸고돌았고 그의 말 한마디 한마디에 매달렸고 그의 농담에 큰소리로 대꾸했으며, 저마다 그의 주목을 끌기 위해서 애썼다. 소문에 의하면 이 아이는 이들 모임의 매력적인 여자 애들 거의 모두하고 관계를 가졌으며, 심지어는 자신의 현재 여자 친구와도 그랬다. 반면에 이 소년은 아직까지 동정이었다. 그는 섹스에 문외한이 아닌 자기 여자 친구에게조차도 삽입을 허락받지 못했다. 그의 여자 친구는 손가락을 집어넣는 것은 상관하지 않았고 그가 사정할 때까지 장난치는 것은 좋아했지만, 세 달 동안 단 한 번도 삽입을 허용하지 않았다.

이들 그룹 가운데 아직까지 이 짙은 머리 소년과 관계를 갖지 않은 몇 명 중 한 명은 오늘 그와 같이 온 짙은 머리의 소녀였다. 이 아이는 여러모로 그 학년에서 가장 매력적인 아이였다. 하지만 이 아이는 오늘 전까지는 아이들과 잘 어울리지도 않았고, 대개 나이 많은 남자들이 차를 태워주러 오는 모습이 눈에 띄곤 했다. 이렇게 에스코트하는 남자 가운데 누구 한 사람하고도 오래간 적이 없었고, 소문에 이 아이는 아직까지 처녀였으며, 아무튼 대단한 애곳덩어리였다. 이 아이는 자기 나이 또래의 데이트 신청을 받아들이는 법이 없었고, 이 짙은 머리의 소년도 마찬가지였다. 하지만 이 소년의 지구력은 오늘 마침내 보상을 받았다. 소녀가 드디어 그의 초대를 수락한 것이다. 두 번째 남자 아이는 이 소녀의 흰색 비키니가 젖으면서 그야말로 투명하게 되는 것을 지켜보면서 이 아이가 자기 여자 친구보다 훨씬 매력적이라는 점을 인정할 수밖에 없었다. 그는 두 소녀가 물속에서 친구 녀석하고 어울려 장난치는 것을 보면서 점점 더 샘이 났다.

나머지 셋은 이 소년이 헤엄칠 줄 모른다는 것을 알고 있었지만, 그의 물 공포증을 얕잡아 보았다. 이들은 물이 아주 깊진 않으니 어서 끼라고 재촉했다. 그가 계속 응하지 않자 친구들은 짜증이 나고 지겨워졌다. 그의 여자 친구조차 자기 남자 친구가 옆의 남자 애에 비해 너무 형편없는 것이 창피해져서 화가 나기 시작했다. 이 여자 아이는 자기 남자 친구와 같이 다니는 것도 좋긴 했지만 끌리기는 짙은 머리 남자 아이한테 훨씬 끌렸다. 몇 달 전에 이 남자 아이와 관계를 가진 적이 있었는데, 거의 곧바로 끝나버렸다. 그 일에 얼마간 크게 상심했고, 그가 언젠가 자기에게 다시 오기를 바라는 마음을 아직까지 아주 버리지는 않고 있었다. 그녀는 지금 당장은 남자 친구보다 이 남자 아이와 장난치는 데 더 몰두하고 있었다. 두 친구가 이제 자기 남자 친구를 강제로라도 물속에 처넣어야겠다고 하자 여자 아이는 이들에게 정말로 합세했다. 이들은 밖으로 기어 나와 그의 팔다리를 붙잡고는 명백한 공포감과 진정 어린 호소를 무시한 채 소년을 웅덩이로 던져버렸다. 소년은 공포감을 숨기려고 애쓰면서 재빨리 물 바깥으로 기어 올라와 친구들을 욕하고는 다시 강둑에 앉았다.

이윽고 소년의 여자 친구가 돌아와 곁에 앉았고, 금세 모두 밖으로 나와 햇빛을 쪼였다. 잠시 조용한 순간이 흐르고, 그는 친구에게 풀잎을 던지기 시작했다. 또 한 차례 추격전이 시작되고 일방적인 레슬링 판이 벌어졌는데, 보기 좋게 그의 패배였다. 이들이 돌아오자 이제는 여자 아이들이 짙은 머리 남자 아이에게 풀 더미를 던질 차례였다. 그는 복수하겠다고 으르면서 강으로 내려가 두 손 가득 물을 떠 와서 웃음을 터뜨리고 있는 소녀들에게 던졌다. 이들은 힘을 모아 그를 강 속으로 던져 앙갚음했다. 그러고는 자기들도 물속으로 따라 들어갔고 소동이 계속되었다.

또 한 소년은 앉아서 바라보며 부러워했다. 물에서 텀벙대는 소리와 고함 소리 사이로 그의 여자 친구가 짙은 머리 남자 아이의 수영복을 잡아 내리겠다고 말하는 소리가 들렸다. 그러더니 두 소녀는 그새 남자 아이와 레슬링 중이었다. 그는 무슨 일이 벌어지고 있는지 파악하자마자 수영복을 붙잡고 "안 돼……그만해!" 하면서 큰소리로 욕을 퍼부었다. 나머지 소년은 얼굴에 시샘 어린 반쪽짜리 미소를 띤 채 이들을 바라보면서 이 비슷한 일이 자기에게도 가끔은 생겼으면 좋겠다고 생각했다.

짙은 머리 소년은 흥분되었다. 이 여자 애들한테 자기 수영복을 빼앗긴다는 생각에 흥미가 일었지만 그는 여전히 버텼다. 그는 몇 차례 더 "안 돼" 하고 소리를 지르고 욕하면서 그러다 다 찢어진다고 외쳤다. 그러고는 이만하면 오래 버텼다 싶었을 때 저항을 멈추고 그대로 놓아버렸다. 일을 끝낸 것은 또 한 소년의 여자 친구였다. 그녀는 신나서 공중에다 자신의 트로피를 흔들었다. 남자 아이가 수영복을 붙잡으려고 달려들자 다른 소녀에게로 던졌다. 짙은 머리 소년과 또 한 소년의 여자 친구가 물속으로 털썩 넘어졌다. 그러는 동안, 짙은 머리 소녀는 웅덩이 밖으로 나와 자기 남자 친구의 나머지 옷가지를 챙겨서 숲 속으로 사라져버렸다. 알몸이 된 소년은 다른 소년의 여자 친구하고 레슬링하는 데 정신이 팔리고 흥분되어 자기 여자 친구가 돌아올 때까지 둑 위에서 무슨 일이 벌어졌는지 눈치 채지 못했다. 그는 무슨 일이 있었는지 알아채고는 발기를 숨기기 위해서 물속으로 가라앉아 그다음에 할 일을 궁리했다.

소년은 겁쟁이라서 일어서지도 못한다는 농담과 비난을 듣고 나서 자기 여자 친구한테 돌아서서 어서 옷을 갖다달라고 말했다. 하지만 농담 섞인 도전과 협박의 언사에도 불구하고 소녀는 협조를 거부했다. 거짓 짜증이 그의 목소리에 배어 들었고, 마침내 그는 누가 자신이 '벌떡 선 것'을 보더라도 상관없다면서 여자 친구더러 그 대가를 치르게 될 것이라고 단언했다. 이 단언과 함께 남자 아이는 둑 쪽으로 헤엄쳐 밖으로 기어 올라갔다. 그의 여자 친구는 흥분과 주저함으로 굳어져 잠깐 서 있었다. 그러고는 남자 친구가 자기 쪽을 향해서 서 있는 것을 보고 다리 방향으로 난 길을 향해서 뛰기 시작했다. 소년이 따라붙었다. 소년은 다들 지켜보는 가운데 소녀를 붙잡은 뒤 땅바닥으로 넘어뜨려 위에 올라타고 여자의 팔을 바닥에 찍어 눌렀다. 둘 다 숨이 가빴다. 소녀는 웃고 있었지만 소년은 아니었다. 여전히 흥분한 소년은 자제심이 다하고 있었다.

소년은 옷을 어디다 두었는지 물었다. 소녀는 알아서 찾아보라고 말했다. 소년은 여자의 비키니 위에 손을 얹고 어디 있는지 보여주지 않으면 벗기겠다고 말했다. 소녀는 항복하는 척하고 어딘지 보여주겠다고 말했다. 그러나 소년이 놔주자마자 웃으면서 다시 달아나버렸다. 소년은 소녀를 붙잡고 한 손을 소녀의 목 뒤에 놓고 한쪽 팔을 뒤로 꺾으면서 어디 있는지 다시 물었다. 소녀는 아프다면서 저항했다. 소년은 알려줄 때까지 놔주지 않겠다고 말하면서 소녀를 결박한 채로 걸었다. 이들은 나무 사이로 사라졌다.

또 한 소년의 여자 친구는 짙은 머리 소년과 친구의 밀착 행동에 흥분되어서 지난날 그 소년과 자신이 관계를 가졌던 일이 생각났다. 이 소녀는 이들이 시야에서 사라지자 실망해서 흥분을 자기 남자 친구한테 돌렸다. 소녀는 손을 남자 친구의 발쪽으로 뻗어 자기들도 산보하자고 제안했다. 소년은 일어서서 여자 친구의 차갑고 젖은 몸을 자기 쪽으로 당겨 키스했다. 소녀는 그가 흥분하는 것을 느끼자 친구들이 돌아올지 모르니 딴 데로 가자고 말했다. 이들은 얼마 걷지 않아서 강둑에서 은밀한 장소를 찾아 길에서 보이지 않게 관목 뒤로 누웠다. 소년이 옷이 젖어 불편하니 벗어야겠다고 제안하자 소녀가 동의했다. 이들은 소년의 어머니 차 속 캄캄한 데서 서로를 더듬은 것 말고 실제로 상대의 알몸을 본 것은 이번이 처음이었다. 소년은 여자 친구가 피임약을 먹는다는 것을 알고 있었고, 이제서야 전 과정을 다할 수 있게 되었다고 생각했다. 소녀는 남자 친구가 과거에 죽 자제해왔으니까 이번에도 그럴 거라고 생각했다.

이들의 애무는 늘 하던 대로였다. 키스를 나누었고 소년이 소녀의 달아오르는 피부를 더듬었다. 소녀는 소년의 등을 쓰다듬었다. 소년은 소녀의 성기를 어줍게 만지작거렸고, 소녀는 소년의 성기를 잡았다. 소년은 아직 끝내고 싶지 않다면서 소녀의 위로 올라갔다. 소녀가 투덜거리자 소년은 그저 몸에 접촉하고 싶은 것뿐이라고 말했다. 소녀는 싫다고 말했다. 소년이 하게 해달라고 조르자 소녀는 결국 누그러졌다. 소년은 잠시 위에 있다가 소녀 안으로 들어가고 싶다고 말했다. 소녀가 안 된다고 말했다. 소년은 호소했고 소녀는 거절했다. 소년이 짙은 머리 친구한테는 허락해놓고 왜 자기는 안 되느냐고 물었다. 소녀는 그 애하고 하고 싶었던 게 아니라고 거짓말을 했다. 어쨌거나―그리고 이 말은 더 정직했는데―그 애가 다른 선택의 여지를 주지 않았다고.

인내심의 한계였다. 소년은 태양 아래 알몸으로 누워, 소녀의 알몸 위에서 성기를 고작 질 밖에서 움직이면서, 평상시 자신이 가능할 것이라고 생각했던 것 이상으로 흥분되어 있었다. 소년은 오후 내내 자괴감과 여자 친구가 아직도 자신의 친구를 더 좋아할지도 모른다―이건 맞는 말이다―는 의혹에 휩싸여 있었다. 이제 소년은 친구가 사실상 자기 여자 친구와 억지로 관계를 가졌는데도 불구하고 그녀가 누구를 더 좋아하는지 알게 되었다. 감정의 뒤섞임이 그를 극단으로 몰아갔다. 그는 그녀와의 행위를 원했고 할 것이었다. 친구가 억지로 할 수 있었다면 그도 할 수 있다. 친구가 그녀를 억지로 취했는데도 그녀가 여전히 친구를 좋아한다면, 그도 좋아할 것이다. 소년은 몸을 아래로 움직여 딱 자신을 밀어 넣을 수 있을 만큼의 거리를 두고는, 놓쳐버렸다.

소녀는 남자 친구가 뭘 하려는지 알아채자마자 멈추라고 말하고는 버티기 시작했다. 소년은 잠시 동안 허락해달라고 호소했으나 소녀가 여전히 안 된다고 말하자 몸무게와 힘을 사용해서 소녀를 바닥으로 내리눌렀다. 소년이 소녀를 내리누르면서 동시에 질을 찾으려고 애쓰는 동안 둘은 티격태격했다. 소년은 성기를 밀고 또 밀었으나 계속 빗나갔다. 소녀는 이 남자 친구가 또 한 소년과는 달리, 자기가 지금 뭘 하고 있는지 모르고 있다는 사실을 서서히 알게 되었다. 소년은 힘과 몸무게는 있었지만 경험이 없었다. 그는 맞는 자리를 제외한 모든 곳을 시도하고 있었다. 소녀는 물어뜯고 할퀴고 거세게 저항하면서 아주 조금씩 그가 삽입하기 쉬운 자세로 바꾸고 있었다. 그러나 너무 늦었다. 이 소년의 몸속에서는 분노와 자괴감이 공포로 바뀌고 있었다. 소년은 아직까지도 진입하지 못했으나 더 이상 사정을 억제할 수 없었다. 분사가 시작되면서 정액이 소녀의 엉덩이와 풀 사이로 쏟아져 내렸고, 소년은 자기가 너무나 한심하게 느껴졌다. 그는 모든 것을 걸었으나 실패했다.

소녀는 잠시 조용히 있었다. 그러고는 감정이 터져버렸다. 티격태격하는 동안 소녀가 느꼈던 공포와 성적 흥분, 삽입이나 오르가슴으로 욕구를 채우지 못한 것에서 온 불충만감, 오후 내내 자라나던 그에 대한 경멸감이 한데 뒤엉켜 분노로 분출되었다. 친구와 비교해볼 때, 그는 지난 몇 시간 동안 모든 면에서 형편없이 초라했다. 소녀는 그를 형편없는 개자식이라고 부르면서 강간조차 할 줄 모른다고 비아냥거리며 친구들에게 알리겠다고 말했다.

소녀가 비키니를 입고 일어설 때, 소녀의 눈에 소년은 더한층 쪼그라들어 보였다. 클라이맥스 후의 해방감과 더불어 모든 공격성과 기운이 사라졌고, 이제 소년의 눈에 눈물이 고였다. 소년은 사과하고 다시는 그런 일이 없을 거라고 말하면서 제발 아무한테도 말하지 말라고 빌었다. 소년은 생각해보니 정말로 삽입하려는 것은 아니었으며, 정말 그럴 생각이었다면 물론 성공했을 것이고, 그냥 놀이였을 뿐이라고 말했다. 소녀는 자기나 누구 딴 사람이 그 소리를 믿을 거라고 생각했다면 정말 자기를 바보라고 생각한 게 틀림없다며, 그는 응당히 대가를 치르게 될 것이라고 말했다. 소녀는 그 말과 함께 젖은 바지를 소년에게 던지고는 친구들을 찾아서 무슨 일이 있었는지 다 말할 거라고, 어서 그 불쌍한 물건이나 덮으라고 말했다.

소녀가 설사 친구들을 찾았다고 할지라도 이들은 관심을 보이지 않았을 것이다. 이들은 자신들의 드라마를 연출하는 중이었으니까. 알몸의 짙은 머리 소년은 여전히 발기된 채로 소녀를 결박한 채 걸어서 소나무 숲을 지나 소녀가 옷을 숨겼다고 말한 지점까지 데리고 갔다. 소녀는 그를 농장의 어두운 곳으로 데리고 갔다. 발아래로는 달콤한 냄새가 나는 부드러운 솔가지 층이 있었고, 이들은 10년생 나무들에 둘러싸여 오솔길과 하늘로부터 격리되어 있었다. 둘 다 지난 몇 분간의 감정으로 상기되어 있었다. 수영복 실랑이로 벌어진 수중 레슬링, 따라잡기, 팔

뒤틀기, 나체—이 모두가 한데 엉켜 높은 성적 흥분을 자아냈다. 소녀가 옷이 어디 있는지 알려주었지만, 소년의 마음속에는 이들이 행위를 하게 될 것이라는 데 추호의 의문도 들지 않았다. 소년에게 다른 결과라고는 있을 수 없었다. 그에게 성적 흥분은 언제나 공격성과 지배욕, 심지어는 가학성을 불러일으켰다. 행위를 할 때마다 그랬고, 오늘 같은 엎치락뒤치락하는 전희와 지분거림이 없는 경우에도 마찬가지였다. 소년은 이 소녀와의 성관계를 원했지만, 동시에 소녀가 자신에게 모욕을 주려고 했던 것과 똑같은 방식으로 그녀에게 모욕을 주고 싶은 욕구도 느꼈다.

소녀가 소년의 욕구불만과 공격성, 겉으로 드러나는 흥분을 계속해서 도발한 것이었다. 소녀에 관한 소문은 사실이었다. 소녀는 아직 처녀였다. 성기는 아니지만 손가락이 소녀의 질에 들어간 적은 있었다. 사실 소녀는 진짜 삽입에 대한 공포, 질이 파열될 거라는 공포를 느끼고 있었다—소녀는 이 생각으로 수많은 밤을 지새웠다. 소녀는 그러나 동시에 고도의 성적 욕구를 지니고 있었다. 자위 행위를 자주했고 남자의 신체에 물리적으로 접촉하는 것을 즐겼다. 소녀는 무엇보다도 자신의 신체에 흥분된 남자의 삽입을 거부할 순간을 기다리는 동안 긴장감이 팽창하는 것을 즐겼다. 소녀는 이 소년이 성행위를 할 때 거칠고 공격적이라는 평판을 들어서 알고 있었다. 그는 요컨대 지난 한 해 동안 소녀의 여자 친구들 거의 대부분과 관계를 가졌다. 그럼에도 불구하고 소녀는 자신이 이 소년을 다룰 수 있을 거라고 믿고 있었다.

어디에 옷을 두었는지 기억나지 않는 척하며 소년을 비웃는 동안 소녀는 소년이 찾고 있던 핑계를 만들어주고 있었다. 또 소년이 소녀의 팔을 등 뒤로 아플 때까지 비틀고 자기 쪽으로 끌어당겨 옷이 어디 있느냐고 물었을 때까지도 소녀는 그가 장난치는 거라고 생각해서 기억나지 않는다고 잡아떼며 아프다고 불평했다. 소녀가 얼굴을 부드러운 솔가지 바닥에 대고 누운 바로 다음 순간 소년은 소녀의 비키니를 벗기고 있었고 나머지 절반을 벗기기 위해서 소녀를 거의 거꾸로 세우고 있었다. 소녀는 얼마간 놀랐지만 여전히 장난이라고 생각했다. 그러나 소년이 소녀의 엉덩이에 올라타 두 팔을 등 뒤로 비틀어 아픔이 심해지고 얼굴을 솔가지 속으로 눌러서 숨을 쉴 수 없는 지경이 되자 소녀는 순식간에 흥분이 사라지기 시작했다. 소년은 지나쳤고 소녀에게 너무 심하게 하고 있었다.

소년은 당장 옷을 주면 소녀도 오후가 끝나기 전에 옷을 돌려받을 수 있을 거라고 말했다. 소년은 소녀의 머리채를 쥐고 머리를 바닥에서 들어 올려 다시 한번 물었다. 소녀는 좋다고 말하고는 그만 아프게 하라고 말했다. 소년이 한쪽 팔을 놓아주자 소녀는 허리 높이에 있는 앞쪽의 부러진 가지를 가리켰다. 소년은 소녀를 질질 끌고 가 등 뒤로 다시 한번 두 팔을 비틀었다. 그러고는 소녀를 부러진 나뭇가지까지 끌고 가서 소녀의 배를 가지에다 갖다 대고 그 위로 억지로 구부리게 하면서 어디냐고 물었다. 소녀는 아프니까 제발 멈추라고 하소연하면서 옷이 있는 지점을 정확히 알려주었다. 소년은 옷가지를 본 뒤, 다시는 자기한테 함부로 굴지 못하도록 가르쳐놓겠다고 말했다.

소녀는 가지에 눌린 배와 소년이 왼손으로 뒤틀고 있는 팔이 너무 아팠지만 아직까지 소년이 뭘 하려고 하는지는 모르고 있었다. 지금까지는 모든 것이 성적이라기보다 공격적이었고, 소녀는 그의 힘에 저항하는 것이 얼마나 소용없는 일인지에 놀라고 고통을 느끼고 있었지만, 겁난다기보다는 여전히 들떠 있는 상태였다. 소년이 발로 자신의 다리를 벌리는 순간 소녀는 배 쪽에 공포가 밀려오는 것을 느꼈다. 뭐하고 있느냐고 묻기도 전에 소년은 이미 안에 들어와 있었다. 소녀는 피임약을 먹고 있지 않으니 제발 멈추라고 빌었다. 고함을 지르려고 했으나 소리가 목에 걸려 나오지 않았다. 나뭇가지 위로 소녀를 짓누르는 힘과 팔, 배, 삽입된 적이 없는 질의 고통이 소녀의 숨을 앗아갔다. 삽입은 고통이었다. 소녀는 울기 시작했고 멈추라고 빌고 또 빌었다. 소년은 멈추지 않았으나, 적어도 금세 사정하기는 했다.

사정과 함께 소년의 포악함도 사그라졌다. 그는 얼마나 좋았는지 말하면서 지금까지 중에서 최고라고 했다. 그는 아프게 했다면 미안하다면서 소녀를 살며시 일으켰고 소녀를 자기 쪽으로 당겨 포옹하려고 했다. 소녀는 거부했다. 소녀는

9장 더듬는 법부터 277

소년에게 개자식이라면서 자기한테 상처를 입혔다고 말하며 흐느꼈다. 소년은 소녀의 머리를 쓰다듬고 소녀의 눈물에 입 맞추면서 정말로 상처 주려고 했던 것이 아니라 소녀도 그렇게 하는 걸 좋아하는 줄 알았다고 말했다. 소년은 얼마간 소녀의 어깨를 감싸 안은 채로 나무에 기대고 앉아 있었다. 소녀는 울음을 그치고 조용히 있다가 엄지손가락을 빨기 시작했다. 소녀는 정신적으로나 육체적으로나 고통스러웠고, 어찌해야 할지 정말로 알 수 없었다. 세 가지 생각이 머릿속을 맴돌았다. 강간당했다. 이젠 더 이상 처녀가 아니다. 아프기는 했지만 아무튼 나의 질도 성기를 받아들일 줄 안다.

소년은 간헐적으로 말을 이으면서 얼마나 좋았는지, 자기가 그녀를 얼마나 좋아하는지 서너 번은 되풀이해서 말했다. 소녀는 딱 한 번, 소년에게 자기를 강간했다고 비난했다. 소년은 껄껄거리면서, 하기는 조금 강간 같다고 말했다. 소녀는 조금 강간 같은 것이 아니라 강간이었다고 말했다. 소녀는 조금 있다가 콘돔을 사용했어야 했다고 말했다. 소년은 사과하고는, 가져오기는 했는데 소녀가 숨겨놓은 바지 주머니에 들어 있었다고 답했다. 그러고는 그렇게 흥분시키지 말았어야 했다면서, 곧이어 임신과 에이즈 걱정은 말라고 안심시켰다. 마침내 이들은 옷을 입고 강으로 돌아가서 친구들과 합류했다.

차로 돌아가는 동안과 집으로 운전해 가는 동안 두 소녀와 운전 중인 소년은 조용하게 침체되어 있었다. 짙은 머리 소년만이 마치 아무 일도 없었다는 듯 재잘거렸다. 그날 저녁, 두 소년이 떠나자 두 소녀는 서로 비밀을 털어놓았다. 대화는 운전하는 소녀의 여자 친구가 강간당했다고 고백하는 것으로 시작되었다. 소녀는 이번이 두 번째라면서, 친구에게 짙은 머리 소년과의 지난 경험에 관해서 이야기해주었다. 그러자 친구가 자신의 오후를 묘사했다.

이들은 짙은 머리 소년이 한 것을 조목조목 비교해보았다. 그러고는 다른 친구들에게서 들은 그의 행위에 관한 소문을 접합시켜보았다. 시간만 주어지면 여자아이들이 아무튼지 그 애와 신이 나서 관계를 가질 텐데 왜 그렇게 강제로 하려고 드는지 도무지 알 수가 없었다. 심각하지는 않았지만 그 소년이 더 이상 다른 아이들을 강간하지 못하도록 경찰에 신고해야 하는 것이 아닌가도 고려해보았다. 어쩌면 그날 오후에 관해서 두 소년 모두를 고발해야 할 것도 같았다. 이들은 경찰서에서의 각본까지 의논했지만, 그랬다간 진짜 강간보다 상황이 더 악화될 수도 있다고 판단했다. 게다가 그랬다간 자신들의 부모들까지 알게 된다는 이야기인데, 다시는 외출 허락을 받지 못할 거라는 결론으로 끝났다.

운전했던 소년의 여자 친구는 그와 더 어울리지 않았고, 며칠 지나지 않아서 자기 차를 가진 다른 소년과 데이트를 시작했다. 소녀는 옛 남자 친구와 마주칠 때마다 무시하거나 강간범이라고 불렀다. 소녀는 친구들에게 그가 얼마나 한심했는지, 애당초 어째서 그런 놈과 데이트를 했는지 자기도 이해할 수 없다는 말을 기회 있을 때마다 했다. 그는 대학에 진학한 뒤로 집에 오는 일이 거의 없었고, 자신에 관해서 조금이라도 안다고 생각되는 사람이라면 필사적으로 피해 다녔다.

또 한 소녀는 순결을 잃은 바로 다음날부터 피임약을 복용했고, 짙은 머리 소년의 데이트 신청을 두 번 거절하고 나서 결국은 받아들였다. 이들은 그해 여름이 끝날 때까지 만났는데, 소년으로서는 최장 기록이었다. 소녀는 모든 여자가 원하는 소년의 여자 친구가 되어 친구들의 부러움을 한몸에 받았다. 이들은 대학에서 몇 차례 외도를 하기도 했고 그뒤로도 3년간 계속해서 만났다 헤어졌다 했다. 결국은 함께 살기 시작했다.

소나무 숲에서의 첫 번째 행위가 이들의 성관계 스타일로 자리 잡았다. 그뒤로 수년간 이들은 쌍방의 동의하에 그와 흡사한 장면을 추가시켰다. 이들의 행위는 거의 언제나 공격적이었고, 때로는 고통을 수반했다. 이들은 행위의 전주곡으로서 공포감과 모욕감을 불러일으키는 난폭한 시나리오를 고안하는 것을 즐겼다.

이들은 함께 살기 시작한 지 4년 만에 첫아이를 얻었다.

~

엎치락뒤치락 성적 유희는 사람과 다른 많은 동물들이 상대를 유혹하면서 삽입 성교를 할 것인지 말 것인지를 결정할 때 사용하는 일상적인 요소다. 그런 행위는 다양한 측면을 지니는데, 이 장면에 그 대부분이 묘사되어 있다. 그리고 이 행위 전체는 여성[또는 암컷]의 배우자 선택과 남성[또는 수컷]의 능력 과시의 상호 작용과 관련이 있다. 여성[또는 암컷]은 남성의 육체적 힘과 성적 유능함을 시험하고(장면 27), 그러면 남성[또는 수컷]은 통과하거나 실패한다. 종족보존 전략의 추구에서 이 엎치락뒤치락 유희를 명민하게 사용한 여자는 큰 이득을 얻을 수 있고, 만족스러운 전시를 이행한 남자 역시 같은 이득을 얻는다.

이러한 엎치락뒤치락 유희의 대부분의 경우는 남자나 여자에게 고통스러운 손실 없이 전개된다. 아니, 오히려 남녀 모두에게 득이 된다. 여자는 원하는 정보를 얻고, 남자는 만족스럽게 행동했을 경우에 삽입 성교를 허락받을 수 있다. 그러나 때로는 위험할 수도 있다. 쌍방이 동의한 엎치락뒤치락 성교와 강간은 백지장 한 장 차이다. 적어도 '데이트' 정도는 무난하고 때로는 키스와 '애무'까지도 가능하다고 판단한 여자에게 남자가 강제로 성교할 때는 애인 강간이 된다. 이는 전혀 낯모르는 남자에게 마구잡이로 약탈적인 강간을 당하는 경우(장면 33)와는 다르다.

이론적으로는 엎치락뒤치락 성적 유희와 애인 강간을 구분하는 것이 어려울 것이 없다. 여자가 안 된다고 말했는데도 남자가 어떻게든 억지로 성교를 했다면 그 성교는 강간이다. 그렇지만 전 세계의 모든 법 체제가 다 인정하듯이 상황이 그렇게 간단하지가 않다. 문제가 되는 대목은, 인생의 다른 많은 측면처럼, 속뜻은 '어디 날 설득할 수 있는지 보자'이지만 겉으로 안 된다고 말하는 경우다.

장면 28에는 안 된다고 거부하는 경우가 다섯 번 나온다. 이 가운데 두 번은 진심이었고, 나머지 셋은 아니었다. 첫 번째, 두 소녀가 짙은 머리 소년에게 물을 튀기지 말라고 했지만 진심이 아니었으며, 몇 분 지나지 않아서 보복전을 즐기고 있었다. 두 번째, 또 한 소년의 물에 대한 공포감은 진짜였고 친구들이 합류하라고 했을 때 싫다고 했고 물로 던지지 말라고 호소했다. 친구들은 그의 공포감을 대수롭지 않게 여기고 호소를 무시한 채로 그를 던져버렸다. 세 번째, 짙은 머리 소년은 처음에는 수영복을 놓치고 싶지 않아서 안 된다고 말했고 수영복을 빼앗기지 않기 위해서 싸웠다. 그는 곧 생각을 바꾸어서 빼앗겨도 될 것 같다고 판단했다. 그럼에도 그는 계속 안 된다고 말하면서 버텼다. 네 번째, 또 한 소년의 여자 친구는 자기 남자 친구의 성교 시도에 저항했다. 그녀는 안 된다고 말하고는 싸웠다. 그러나 그가 강제로 성교할 능력이 안 된다는 것을 파악하고는 마지막 순간에 생각을 바꿔 그의 삽입을 도와주기로 했다. 그러나 소녀는 그때까지도 버티면서 안 된다고 말했다. 마지막으로, 짙은 머리 소녀는 정말로 삽입이 두려웠다. 그녀는 엎치락뒤치락 성적 유희는 즐겼지만 소년이 정작 강제로 성교를 하려고 들자 안 된다고 말했고 있는 힘을 다해서 버티고 호소했다. 소년은 소녀의 두려움에 크게 괘념치 않았고, 진심으로 안 된다고 하는 말을 믿지 않았으며 호소를 무시하고는 그녀 안에 사정했다.

얼핏 보면 두 번째와 다섯 번째 사례를 한 범주로 묶고 나머지를 또 한 범주로 묶으면 될 것 같다. 그러나 안타깝게도 상황은 그렇게 단순하지가 않다. 애인 강간에 관한 한 그 복잡성—애인 강간을 당한 소녀들이 강간 후 몇 주 동안 보이는 반응—은 한층 더하다.

1982년의 미국 학생들의 한 연구에서는 애인 강간에 노출된 여자가 그 상대와 관계를 지속할 확률은 강간 시도에 실패한 경우보다 **성공한 경우에** 세 배 더 높은 것으로 확인되었다. 추정컨대 이 여자들이 하나같이 상대가 강간한 것이라고 주장했다는 사실은 당시에 이들의 안 된다는 말이 진심이었다는 뜻이다. 그러나 남자가 강제 삽입에 성공했을 경우에 절반(40%)에 달하는 여자가 해당 남자와 관계를 지속했다. 바로 이 장면의 짙은 머리 소녀처럼. 남자가 실패했을 경우에는 열 명 중 아홉 명에 달하는 여자(87%)가 해당 남자와 더 이상의 그 무엇도 거부했다. 이 장면에서 인기가 덜한 소년의 여자 친구가 그 경우다.

이러한 여자들의 반응 때문에 애인 강간과 엎치락뒤치락 유희의 구분이 더한층 어려워진다. 앞으로 이어질 설명에서는 이 둘 간에 더 이상 구분을 두지 않을 것이다―이 구분은 생물학 교수가 아니라 법학 교수가 할 일이다. 앞으로 언급할 현상은 엎치락뒤치락 성교이며, 그에 대한 설명은 이 행위가 남성과 여성의 종족보존 성공에 미칠 영향에 관한 것이다.

장면 27에서는 남자와 여자가 초창기의 성적 기회를 제대로 활용하기 위해서 어떤 것들을 배워야 하는지 설명했다. 또한 이 학습과 상대 선택과의 관계, 특히 여성이 자신의 선택 과정의 일부로서 남성 간 경쟁력을 테스트하기 위해 필요로 하는 방법을 설명했다.

이 테스트는 여성에게 매우 중요한 과정으로, 어떤 남자가 자신에게 성적으로 유능한 아들과 손자를 안겨줄 것인지 알아내기 위해서 사용된다. 그러나 장면 28에서처럼 이 테스트에 엎치락뒤치락 성적 유희가 끼어들게 되면 위험한 결과가 나올 수도 있다. 그럼에도 불구하고 이 장면에서도 두 소녀 모두 상대적으로 상처를 덜 입고 살아남았고 각자 자신의 상대에 대한 결론에 도달할 수 있었다. 각각의 소녀의 차후 행동으로 판단해보면, 두 소년 가운데 한 명은 그 오후의 테스트에 통과했고, 나머지 한 명은 그러지 못했다. 그러면 이 테스트는 대체 무엇이었으며, 사람이나 다른 동물의 엎치락뒤치락 성적 유희의 기능에 관해서 어떤 통찰을 보여주는가?

이 질문에 답하기 전에, 남자와 여자가 이러한 행동을 시작할 때 상호 간의 이해관계가 정확히 어떻게 다른지 확실히 해두어야 한다. 이 책 다른 곳에서도 중요한 요인들을 많이 다루었지만, 앞으로 나올 설명은 매우 중요하다. 여기에서는 우선적으로 이 장면에서와 같은, 한 커플의 첫 번째 성교에 관해서 다루기 때문이다.

남자와 여자가 일단 장기적 관계를 성립시키면, 성교의 기능은 서로에게 다르게 나타날 수 있어도(장면 2) 그로부터 얻을 이득과 손실은 유사하다(장면 16). 그러나 첫 번째 성교만 놓고 보면 상황이 매우 다르다. 질병 감염의 확률—이는 둘이 같이 짊어질 위험이다—은 차치하고라도, 잠재 이득과 손실은 전혀 같지 않다. 특히 첫 성교가 곧 마지막이 될 가능성이 농후한 경우에는 더욱 그렇다. 다른 수컷 동물과 마찬가지로 남자는 여자보다 1회성 성교로 잃을 것이 훨씬 적다.

남자에게 부여될 수 있는 어떠한 사회적 압력도 무시하고 종족보존 성공의 관점에서만 보자면, 남자에게는 배우자가 아닌 여자에게 자손의 씨앗을 뿌리는 데 큰 비용이 들지 않는다(장면 13). 남자는 여자에게 사정하고 나서 여자나 자신에게서 나온 자녀 둘 다 피하려고만 들면 얼마든지 피할 수 있다. 1회성 성교는 여자가 아이를 가졌을 경우 장래에 날아들지도 모르는 경제적 지원과 양육 요구 이상으로는 큰 대가를 요구하지 않는다. 따라서 남자는 아이를 얻을 기회에 있어서, 그것이 무엇이 됐든 상대적으로 적은 비용을 산정할 수 있다. 남자가 새 여자에게 사정할 기회가 생길 때마다 이를 다 취하지 않는다면 다음 기회는 생기지 않을지도 모른다. 여자의 다음 아이의 아버지가 누가 되었거나 간에 자기 자신은 아닐 테니까. 남자의 종족보존 성공은 상당 부분 1회성 기회를 활용하는 능력에 달려 있다.

이 상황이 여자에게는 상당히 다르게 나타난다. 여자에게 임신은 중요한 사건이다. 적어도 수개월간의 임신 기간을 감수해야 하고 보통은 몇 년에 걸쳐 헌신적인 노력이 요구된다. 임신을 시킨 남자가 여자를 버릴 수도 있다(장면 8~11, 장면 16). 게다가 나중에 유전적으로 열등한 것으로 드러난 남자의 아이를 임신하게 되면 더 적당한 남자를 기다렸을 때보다 못한 자녀를 키워야 하는 결과를 맞는다(장면 18). 여자에게 최우선적인 문제는 1회성 관계를 얼마나 자주 맺느냐가 아니라 언제(장면 16), 그리고 누구와(장면 18) 맺느냐가 된다. 조심성과 선택력이 가장 중요하다.

물론 여자가 항상 몸을 사리는 것은 아니다. 여자가 조심성을 던져버릴 확률이 가장 높은 상황—보통은 선택력까지 버리지는 않겠지만—은 매우 바람직한 남자로부터 정자를 수집할 1회성 기회를 얻었을 경우다. 보통은 여자가 거리를 두고 지켜보다가 이 남자가 다음 아이에게 훌륭한 유전자적 아버지가 되겠다고 이미 판단해놓은 상황(장면 18)이 될 것이다. 이렇게 행동한 여자(장면 6, 17, 19, 21, 26)가 이 책 안에 몇 명 있었다. 대부분 이러한 행동은 이 장면들이 그랬던 것처럼 외도를 배경으로 이루어진다. 여자에게 배우자가 있는 경우에는 외도 사실을 들키지 않는 한 1회성 성교의 비용이 줄어든다(장면 9~11). 결혼은 선별한 남자와의 1회성 성교로부터 별다른 위험을 감수하지 않고 유전자적 이득을 추구할 수 있는 발판을 제공한다. 그러나 여자에게 남편이 없으면 이런 자유도 누리지 못한다.

　여자가 다른 조류나 포유류 암컷처럼 유전적으로 조심성 있고 선택력 있게 설정된 것도 이러한 압력의 결과다. 과거 세대에 그러지 못했던 여자는 그러했던 여자보다 종족보존의 성공에서 뒤졌다. 오늘날의 모든 여자는 분별력이 떨어졌던 여자들이 아니라 더 조심성 있게 행동했던 여자 선조들의 유전적 후손이다. 반면에 남자는 유전적으로 1회성 성교에 급하게 열을 올리도록 타고났다. 과거 세대에 절박함을 덜 느꼈고 설득에 약했던 남자들은 그 반대인 남자들보다 종족보존에 성공적이지 못했다. 오늘날 살아 있는 모든 남자는 더 자기만족적이었던 남자들이 아니라 더 다급하게 굴었던 남자 선조들의 유전적 후손이다.

　이렇듯 1회성 성교에서는 남자와 여자의 득실이 크게 다르다는 것을 알 수 있을 것이다. 이 차이는 남녀가 성적 상황에 접근할 때 자동적으로 이해관계의 갈등이 개입된다는 것을 뜻한다.

　남자는 해당 여자에게 나중에 혹은 다른 남자에게서가 아니라 지금 당장 자신의 사정을 실제로 원하도록 설득할 수 있어야만 자신의 절박감을 충족시킬 수 있다. 이러한 설득에 실패한 남자의 유일한 대안은 여자가 원하든 원하지 않든 간에 강제로라도 사정을 시도하는 것이다. 얼핏 보기에 장면 28의 두 소년은 모두가 이 2단계의 행동을 취한 것으로 보인다. 그러나 상황은 여전히 그렇게 단순하지가 않다. 복잡함을 더하는 요인은 여성의 저항에 부딪힌 남성의 집요한 행동이 정상적이고 유혹과 전희 단계에서 상호 용인되는 일면이라는 점이다. 공격성이나 일정 수준의 육체적 상해도 마찬가지다. 여기에서 여자가 배우자 선택의 보조 수단으로 남자를 테스트하던 방식을 돌이켜보자. 엎치락뒤치락 성적 유희의 기능도 이것과 맞닿아 있다.

감정적인 쟁점이므로 사람보다는 다른 동물의 구애 상황부터 먼저 살펴보는 것이 그래도 조금은 속 편한 접근이 될 것이다. 예를 들어보자. 개의 구애 장면을 지켜보면, 어수룩한 수컷이 암컷에게 거절당하고 또 거절당하면서도 애원하면서 달라붙고 또 달라붙는 모습을 보게 된다. 집고양이를 보면, 장래 구혼자를 발톱으로 할퀴고 움켜쥐고 그에게 침을 뱉는 암컷의 모습을 볼 수 있다. 밍크의 경우, 온 힘을 다하는 암컷의 저항을 억제하느라고 피까지 흘리게 만드는 수컷을 볼 수 있다.

이러한 행동을 보고 있노라면 여자가 안됐다는 생각을 금할 길이 없다. 잘되면 괴롭힘이나 당하고, 심하면 안 된다는 말을 곧이곧대로 받아들이지 않는 남자에게 육체적으로 상해를 입는다. 그러나 암컷 고양이와 개는 저항은 하지만 결국에 가서는 이 집요하고 공격적인 구혼자들 중 한 마리에게 짝짓기를 허락한다. 암컷 밍크의 경우에는, 수컷한테 물리적 상해를 입지 않으면 배란하지 않는다. 이들의 신체는 정지 상태로 있다가 적합한 수컷이 사정해야만 난자를 생산한다(장면 15). 이 모든 동물의 암컷의 저항은 사실상 수컷의 능력을 테스트하기 위한 것이다. 사람의 엎치락뒤치락 성적 유희도 이와 유사하다.

평균적으로 여성의 최후 방어를 무너뜨리고 사정을 행할 육체적 역량이 되는 남자가 그렇지 못한 남자보다 많은 후손을 남긴다. 따라서 이러한 능력을 갖춘 아들과 손자를 얻은 여자도 역시 종족보존에서 더 큰 성공을 누릴 것이다. 여자의 육체적 저항을 극복하는 남자의 능력은 여자가 상대 선택 기준에 추가할 수 있는 사항 가운데 하나다. 그러나 여자는 이 능력을 어떻게 테스트할 것인가?

우선은 다른 남자들 간의 경쟁을 지켜보기만 해도 알 수 있다. 장면 28의 소년들은 서로 추격하고 레슬링하는 데 많은 시간을 소요했는데, 이는 힘을 과시하고 약점을 숨기기 위한 노력이었다. 그러나 여자가 시행할 수 있는 유일한 정식 테스트는 남자가 자신의 방어를 설득하고 극복할 수 있는가 하는 것이다. 이를 테스트하기 위해서 여자는 우선은 말로써, 다음에는 육체로써 저항해야 한다. 저항이 강하고 실감 날수록 훌륭한 테스트다.

물론 이것은 위험한 게임이다. 너무 조금 저항하면 테스트가 무의미하다. 너무 많이 저항했다가는 남자가 저도 모르게 피상적인 정도가 아니라 정말로 심각한 상해를 입힐 수 있다. 고양이와 밍크, 심지어는 사람까지도 엎치락뒤치락하는 공격성 구애로 인해 심각한 상해를 입는 경우가 드물다는 사실은 이 성적 행동의 특성이 자연 선택에 의해서 정밀하게 형성되었다는 것을 보여준다. 밍크만 보더라도, 암컷의 배란을 자극하는 상해의 정도는 수컷이 암컷의 방어를 극복하는 능력을 시험할 만한 수준일 뿐, 암컷에게 장기간 고통을 주는 수준은 아니다.

장기간의 부부 관계를 형성하는 사람과 같은 종에게 엎치락뒤치락 성적 유희는 유혹의 초기 단계에서 가장 주요한 요소다. 여자는 남자가 자신을 강제로 취하는 능력을 한번 테스트하고 나면 그뒤로는 자주 그럴 필요가 없다. 그러나 남자의 건강과 능력을 시험하는(장면 20) 다른 모든 테스트처럼, 이 테스트 역시 이미 결혼한 여자라도 때때로 남편을 재평가하는 데 사용할 수 있다.

물론 이 특성은 대부분의 성적 특성과 마찬가지로 개개인별로 차이가 있다(장면 35와 36). 어떤 사람들에게는 엎치락뒤치락 성적 유희가 드물고 부수적인 요소다. 또 어떤 사람들에게는 필수적인 요소로, 상대를 적합한 배우자로 받아들이고 나서는 심지어 가학 피가학적 수준으로까지 나아간다. 이 장면의 짙은 머리 쌍은 분명히 이 방향으로 기울었다. 그날 오후, 그들의 첫 번째 관계는 소녀에게 거칠고 고통스럽고 모욕적이었지만, 그녀는 이 경험을 통해서 소년이 적절한 상대라는 사실을 배웠다. 그뒤로 수년간 이들의 성생활은 같은 방향으로 흘렀다. 소녀는 소년이 자신의 배우자가 되고 난 뒤에도 주기적 성관계 틈틈이 자신을 강제로 취하는 능력을 시험했다.

이 장면의 두 소녀가 강가에서의 사건을 겪은 뒤로 몇 주에 걸친 고민 끝에 내린 결정을 이제는 이해할 수 있을 것이다. 짙은 머리색 소녀에게 강제로 삽입한 소년은 소녀의 테스트를 통과했다. 소녀는 다른 여자 아이들 대부분이 그랬던 것처럼 벌써부터 소년에게 끌리고 있었으며, 그녀의 신체는 자신에게 종족보존상 성공적인 아들과 손자를 안겨줄 훌륭한 후보감으로서 소년의 자질을 감지한 것이다. 이 자질에는 육체적 힘과 성적 경쟁력, 소녀의 테스트에 적절히 응할 수 있도록 만든 특성이 포함된다.

또 한 소년은 이와 대조적으로 그날 오후가 경과하면서 모든 단계에서 여자 친구의 테스트에 실패했다. 부분적으로는 친구와 비교당하면서 고전을 면치 못했다. 그러나 그가 실패한 주된 원인은 여자 친구의 수락 기준에 전혀 부응하지 못했기 때문이다. 소년에게는 여자 친구의 테스트에서 **구제받을** 방법이 대략 두 가지가 있었지만 두 가지 모두 실패했다. 소년의 이중 실패의 근본적인 원인은 경험 부족이었다. 첫째, 경험이 더 있었더라면 아마도 그 순간에 자제를 택해서 결국에는 장기간에 걸친 이득을 누릴 수도 있었을 것이다(예를 들면 그와 유사한 상황에서 힘을 쓰기보다는 인내를 선택하여 6주 뒤에 종족보존의 성과를 획득했던, 장면 20의 경험 많은 남자처럼(장면 26)). 하지만 이 소년은 힘의 행사를 택했다. 그렇다 해도 삽입 경험만 더 풍부했더라면 삽입에 성공함으로써 장기적 관계를 굳히고, 그리하여 장래에 많은 삽입 기회를 얻을 수 있었을 것이다.

장면 29
속임수

　차 밖은 어둡고 몹시 추웠다. 안은 따뜻했고 점점 더 뜨거워졌다. 나무가 늘어선 길가에 차를 세운 뒤, 그는 엔진과 히터를 그대로 켜놓은 채 뒷자리로 넘어갔다. 이제 모든 것이 그럴듯하게 무르익어가고 있었다. 소녀의 가슴이 드러났고, 속옷은 무릎 근처에 있었고 그의 손은 차 안에서 제일 뜨거운 곳인 소녀의 다리 사이에 있었다. 소녀는 그의 바지 앞 지퍼와 씨름하고 있었으며, 그는 매우 흥분해 있었다. 소녀에게 키스하고 목 옆을 깨무는 동안 그의 귀는 차창에 눌려 차갑고 축축해져 있었다.
　자신의 차를 산 뒤로 6개월간 그가 이 단계까지 온 것은 이번이 세 번째다. 앞의 두 번 모두 각기 다른 소녀였는데 그는 번번이 기회를 놓치고 말았다.
　첫 번째 때는 그가 고지식했던 탓에 섹스에 흥미를 보이는 소녀 모두가 피임약을 복용할 것이라고 생각했었다. 그 소녀는 아니었고, 콘돔 없이는 절대 허락할 수 없다고 했는데 그에게는 어쨌거나 콘돔이 없었다. 그는 사정하기 전에 빼겠다고 약속하면서 애원했다. 하지만 소녀는 그런 약속은 전에도 들어본 적이 있다며, 다시는 남자를 믿지 않겠다고 말하고는 곧바로 흥을 잃더니 집으로 데려다 달라고 했다.
　두 번째는 얼떨결이었다. 잘 알지도 못하는 소녀를 집으로 태워다주는 길이었는데 절반도 못 가서 둘만 즐길 호젓한 장소를 찾자고 유혹하는 바람에 그도 깜짝 놀랐었다. 삽입을 하려는 찰나에 소녀가 갑자기 멈추더니 콘돔을 사용하라고 요구했다. 그가 없다고 하자 소녀가 그를 밀쳤다. 차를 타고 가서 좀 사면 되지 않느냐고 제안했으나 이 소녀 역시 흥을 잃고 집으로 가기를 원했다.
　이들 두 소녀와는 성교 기회가 단 한 번밖에 없었다. 이들 중 어느 누구도 그에게 두 번째 기회를 주지 않았다. 그는 두 번 다시는 기회를 놓치지 않으리라고 맹세하고 그뒤로는 줄곧 콘돔을 지니고 다녔다. 이제 두 달이 흘러 콘돔 겉봉이 바

래고 너덜거리는 가운데, 드디어 그가 어렵게 얻은 교훈의 혜택을 받을 기회가 찾아왔다. 이번에도 실패하면 그것은 준비가 부족해서가 아닐 것이다—아마 그럴 거라고, 그는 생각했다.

기다리던 순간이 다가왔고 그는 묻지도 않고 주머니 안에서 콘돔을 더듬었다. 그가 겉봉을 찢자 소녀는 속옷을 벗고 자신에게 가장 편안한 자세를 취했다. 그는 콘돔을 꺼내 성기 끝 쪽에 갖다 대고 끼우려고 했다. 그러나 되지 않았다. 콘돔이 올라갈 생각을 하지 않았다. 그는 어둠 속에서 콘돔을 들어 올려 어느 쪽으로 해야 되는지 알아내려고 했으나 아무것도 보이지 않았다. 그는 성기 깊숙한 곳의 움직임을 느끼고는 긴장되기 시작했다. 소녀가 무슨 문제가 있느냐고 물었다. 이제 됐다, 거짓말하고는 성기 끝에 걸쳐 있는 콘돔의 균형이 불안정한 채였으나 그대로 자세를 취하고 소녀의 도움 없이 안으로 들어갔다.

그는 삽입을 시작하자마자 콘돔이 벗겨진 것을 알았으나 이제 와서 멈추기에는 이 순간을 너무 오래 기다려왔다. 너무나 가까이 다가온 사정을 초강력의 의지력으로 버티면서 그는 이 방어 없는 성교의 흥분을 한껏 즐겼다. 그는 사정이 끝나고 몇 분 만에 몸을 빼내고 손가락으로 콘돔 끝을 찾는 척 허둥대면서 그제서야 소녀에게 나쁜 소식을 알렸다. 소녀는 겁에 질려 언성을 높였고, 안에서 콘돔을 찾으려고 했다. 마침내 더 긴 손가락과 더 좋은 각도로 아직도 제대로 펴지지 않은 고무를 찾아 빼낸 것은 그였다. 그는 누차 사과했고, 제대로 끼우지 않았을 가능성도 있다고 시인하긴 했으나 어쩌면 성교에 너무 열을 올린 나머지 벗겨졌을 수도 있는 것이 아니냐고 둘러댔다.

그는 소녀의 집으로 차를 몰면서 진짜 아무 위험도 없다고 납득시키려고 애썼다. 정자가 자궁으로 들어가지 못하도록 콘돔이 가로막았을 것이며, 콘돔에는 정자를 죽이는 약품이 있다고, 콘돔이 벗겨졌다고 하더라도 여전히 마개와 같은 구실을 했을 거라는 주장이었다. 고지식한 편인 소녀는 그 말을 믿었다. 며칠이 지나서 그는 콘돔을 사서 연습했다. 어떠한 조명 아래서도, 어떠한 자세에서도, 어느 손을 사용해서도 콘돔을 끼울 수 있게 되기까지 그는 막대한 비용을 들여야 했다.

행위 중 사고로 콘돔을 잃어버리는 일은 다시 일어나지 않았지만 그는 다섯 번을 고의로 그렇게 했다. 각기 다른 소녀였는데, 다섯 번 모두 한 번씩은 꼭 먼저 콘돔을 제대로 사용하고 난 뒤였다. 그는 번번이 고무 착용감 때문에 느낌이 떨어지는 것이 싫어서 콘돔을 성기 끝에 살짝 걸쳐서 삽입이 시작되면 즉시 벗겨지게 해놓았다.

이 고의성 속임수로 아기가 태어난 일은 한 번도 없었다. 네 소녀는 이들 '사고' 뒤에 배란을 하지 않았다. 다섯 번째 소녀는 배란했고 그 난자는 수정되었다. 그러나 일생 중 가장 중요한 시험을 눈앞에 두고 있던 소녀는 콘돔 '사고'와 임신 가능성, 엄마가 될지도 모른다는 강박감에 시달렸고, 수정란은 자궁에 도착했을 때 착상되지 않고 그대로 통과해버렸다. 월경이 시작되자 소녀는 축하를 위해서 외출했다.

그렇지만 이 젊은이는 콘돔의 오용으로 결국 아버지가 되고 말았다. 그러나 그것은 계획이 아니라 사고였다. 아기 엄마는 그에게 우연히 콘돔으로도 무피임 성교가 가능하다는 점을 처음으로 발견할 수 있게 해준 그 소녀였다. 콘돔이 매개 구실을 한다는 그의 이야기에 고지식하게 안도했던 소녀가 7주간을 끈기 있게 기다린 월경은 끝내 찾아오지 않았다.

~

장면 27과 장면 28에서 우리는 젊은 여자와 남자가 성적 기회를 십분 활용하기 위해서는 다양한 기술을 배워야 한다는 점을 살펴보았다. 현대사회에서는 피임법도 배워야 한다. 이 장면의 젊은 남자는 일반적인 경험 부족으로 두 번의 기회를 놓쳤다. 그는 콘돔에 관한 경험 부족으로 세 번째 기회도 놓칠 뻔했다.

장면 16과 장면 17에서 가족계획에 관해서 설명할 때 우리는 현대의 피임법이 여자가 일생 동안 가질 전체 자녀 수에는 별 영향을 미치지 않는다는 결론을 내렸다. 그럼에도 이러한 피임법은 여자의 자연 피임법의 보조 수단으로 사용되며, 따라서 여자가 언제 누구와 임신할지를 조절할 때 도움이 된다. 오늘날의 여자들에게 현대의 피임법은 종족보존상의 성공을 위한 중요한 보조 수단이다. 특히 정자전쟁을 촉발할 때는 더욱 유용한 무기가 된다. 이번 장면에서는 남자 역시 종족보존의 성공을 증대시키는 데 현대적 피임법을 사용할 수 있다는 점을 설명할 것이다.

정자가 성기를 떠날 때 정자를 가로막거나 죽인다는 발상은 새로운 것이 아니다. 플리니우스는 2,000년도 전에 삽입 전에 끈적거리는 삼목 고무를 성기에 문지를 것을 제안했다. 콘돔은 로마 시대 이래로 널리 알려졌으며 1700년대에는 유럽의 많은 지역에서 사용되었다. 팔로피오는 1500년대에 처음으로 약품 처리된 리넨 콘돔을 고안했는데, 콘돔이라는 명칭은 매독 감염의 방지 수단으로 찰스 2세에게 이 방법을 추천했던 주치의 콘돔 백작the Earl of Condom의 이름에서 따온 것이다. 오늘날 사용되는 장애물 피임법 모두가 1890년대에 영국에서 이미 공개 판매되었다. 그렇지만 20세기가 한참 지나도록 널리 사용되지는 않았다. 영국과 같은 나라에서는 1980년대까지 약 50%의 부부가 피임을 남편 쪽에 의지했다. 30%만이 콘돔을 사용했고, 나머지 20%는 사정 전에 빼내는 방법만을 사용했다.

주기적 성관계에서 피임 수단으로 빼내기를 이렇게 놀라울 정도로 많이 사용하는 것은 남자가 콘돔 사용에 대해서 어떻게 느끼는지를 어느 정도 반영한다. 대부분의 여자가 증언할 수 있을 텐데, 남자는 성교 시에 콘돔을 착용하라고 요구받으면 피임에 대해서 훨씬 더 소극적인 태도를 보인다. 왜 콘돔 사용을 좋아하지 않느냐고 물으면 남자는 물론 그걸 끼면 섹스를 더 즐기지 못한다고만 답할 것이다―'웰링턴 장화 신드롬'이다. 반면에 여자는 콘돔 사용을 훨씬 선호한다. 콘돔에 대한 성별 간의 견해 차이는 그것의 사용 여부에 따른 결과의 중요성을 반영하는 것이다―콘돔은 정자가 질로 들어가는 것을 막기 때문에 성교에 의한 종족보존 전략에서 여자보다는 남자 쪽에 훨씬 불리하다.

이 차이는 일시적 성관계보다 주기적 성관계에서 덜 부각된다. 남자와 여자가 장기적 배우자 관계에 있으면 둘 중 한쪽에 최적인 자녀 출산의 시기와 장소, 자녀의 수가 대개는 다른 한쪽에도 최적이 된다. 따라서 좋지 않은 시기에 임신이 되면 부부 두 사람 모두에게 불리하게 작용한다(장면 16). 콘돔 사용이 부부 쌍방에 똑같이 적용되는 피임 방법이기 때문에 남자와 여자 모두 콘돔의 존재에 고마움을 느낄 것이라고 생각할 수 있겠다. 그러나 장기적 배우자 관계 안에서도 남녀 간에는 콘돔에 대한 선호도에서 얼마간 차이가 나타난다. 왜 그런가?

주된 원인은 앞(장면 2)에서 설명했듯이 임신이 주기적 성관계의 주기능이 아니라는 점이다. 주기적 성관계는 남편이 정자전쟁에 대한 방어 차원(장면 2, 4, 6)에서 아내에게 정자를 채워두려고 할 때 여자가 수태기를 숨기기 위한 수단(장면 2)이 된다. 콘돔 사용이 여자가 주기적 성관계를 갖는 근본적 이유를 손상시키지는 않지만 남자의 경우는 다르다. 여자는 주기적 성관계에서 콘돔의 사용 여부에 상관없이 수태기를 숨길 수 있다. 그러나 남자가 사정하는 정자가 여성의 체내에 머물지 못한다면 정자전쟁에 방어력을 제공하지 못할 것은 뻔한 이치다.

그렇게 보면 남자가 주기적 성관계에서조차 의식적으로나 무의식적으로 여자보다 콘돔 사용에 덜 열광하는 것(장면 17)도 놀라운 일이 아니다. 특히나 하늘의 뜻에 맡길 일이라는 주장은 남자 쪽에서 훨씬 쉽게 나올 법하다.

이러한 견해 차이가 '일시적' 성관계에서 더욱 크게 부각되는 원인을 이해하기 위해서는 일시적 성관계가 여성에게 주는 부담감과 콘돔 사용이 이 부담감에 미치는 영향을 먼저 살펴보아야 한다. 앞에서 설명했듯이 (장면 28), 보통은 여자가 남자보다 일시적 성관계에 대해서 더 조심스럽고 더 까다롭다. 그러나 여자도 적절한 시간과 장소, 상대를 판단하는 데 성공만 한다면 일시적 성관계에서 많은 이득을 얻을 수 있다—임신하지 않는 한에서(장면 18, 20, 27, 28을 보라). 예를 들면 배우자가 없는 여자라면 배우자를 물색하는 데 있어서 성관계가 남자의 주의를 끄는 데 도움이 될 수 있다. 게다가 성관계로 남자의 성적 능력과 정력을 비롯해서 일정 정도의 건강과 생식력을 측정할 수 있다. 따라서 일시적 성관계는 여자가 배우자로 적합할지도 모른다고 판단한 남자로부터 보호와 경제적 및 기타 도움을 받을 수 있게 해주는 지름길이 될 수 있다. 배우자가 있는 여자라면 다른 사람과의 일시적 성관계는 현재의 관계가 깨질 경우에 옮겨 갈 수 있는 '비상' 대책이 될 수 있다(장면 16과 19). 이러한 일시적 성관계의 이점은 여자가 임신하지 않을 경우에만 적용된다. 사실 임신하지 않을 경우에 여자의 선택의 폭은 더 넓어진다. 단지 여자가 어떤 특정 남자의 유전자를 꼭 원하는 경우(장면 6과 26)에만, 또는 여자가 임신을 함으로써 그 남자를 자신의 장기적 배우자로 만들려고 하는 경우(장면 18)에만 일시적 성관계를 통한 임신이 이득을 준다. 이러한 경우를 제외하면, 여자는 일시적 성관계 시 콘돔을 사용함으로써 이득을 얻는다. 콘돔은 일시적 성관계의 잠재적 문제인 질병 감염의 위험도 감소시킨다.

물론 이러한 점에서는 남자도 이득을 본다. 그러나 다른 면을 보면 남자가 느끼는 부담은 여자의 그것과 상당히 다르다. 이 부담에 대해서는 장면 28에서 왜 남자가 여자보다 일시적 성관계에 더 다급하고 집요하고 헤픈지를 설명하면서 상세히 언급했다. 간단히 말하자면 남자에게는 가능한 한 많은 여자와 성교하는 것이 종족보존의 성공률을 높일 수 있는 주된 방법의 하나다. 이 방법으로 자녀를 얻는 것은 성공의 대들보―배우자에게서 얻은 자녀―에 추가되는 보너스다. 남자는 일시적 성관계로 얻을 수 있는 이 보너스가 좀먹는다고 해도 손해 볼 것이 별로 없다. 가혹하게 들릴지 몰라도, 남자가 매 임신마다 감수할 것이라곤 사정에 걸리는 몇 분과 약간의 질병 감염 위험뿐이다. 아이의 어머니와 장기적 배우자 관계를 꾸리는 것이 자신의 종족보존 전략에 득이 된다면 남자가 아버지 몫을 하겠다고 결정하기도 한다. 그러나 아닐 경우에는 아이는 여자보고 알아서 키우라고 해놓고 자신은 다른 성적 기회를 찾으면서 전망이 더 좋은 배우자를 물색한다.

남자가 일시적 성관계를 통해서 종족보존의 성공을 꾀하려고 할 때 부딪치는 가장 큰 문제는 그에게 협조할 여자를 충분히 찾아내기 어렵다는 점이다. 남자는 그가 애초에 설정되어 있는 대로 원하는 만큼 많은 여자를 찾으려고 해도 일시적 성관계로는 얼마 찾을 수 없다. 그러한 기회가 발생하면 남자는 되도록이면 사정하지 못하고 놓치는 일이 없도록 행동하게 되어 있다(장면 28). 따라서 콘돔을 사용해서 임신의 기회를 모두 제거하는 것은 남자가 일시적 성관계를 추구하는 근본적인 이유에 배치된다. 남자의 신체는 잠재의식적으로 임신 가능성이 전무한 일시적 성관계의 **무익함**을 알고 있다. 여자의 신체가 임신 가능성이 전무한 일시적 성관계의 위력을 역시 잠재의식적으로 알고 있는 것과 같은 이치다. 그런데 이러한 행위가 무익한 것이 명백한데도 그런 상황을 맞이한 남자들이 때로는 콘돔 착용의 태세를 갖춘다. 왜 그런가?

한 가지 가능성은 남자의 신체가 실제로 이 최근의 발명품에 속아 넘어가서 자신의 종족보존 이익에 반하는 행동을 하게 되었다는 것이다. 남자의 신체는 여자의 몸속에 사정하고 나면 정자가 나머지 일을 알아서 한다고 추측하도록 설정되어 있다. 두뇌의 의식이 근거를 포착하고 있음에도 불구하고 콘돔이 이 추측을 뒤집어놓을 수밖에 없다는 사실을 신체에서 받아들이지 않는 것일 수도 있다.

이 가능성에는 얼마간의 근거가 있다. 남자가 성교로 사정할 때는 콘돔 착용 여부에 상관없이 동량의 정액을 채워 넣으며(장면 4), 동량의 정자전쟁(장면 6) 조절분을 만든다. 콘돔을 착용했을 경우에는 아마도 사정액이 약 10% 정도 감소하는 듯하지만 정자전쟁 조절분은 동일하다. 이 점으로, 남자의 신체가 여전히 자신의 사정액이 뭔가 할 일이 있을 것으로 '생각한다'고 추정해볼 수 있다. 그것이 단지 이번만큼은 사고로 콘돔이 벗겨지거나 찢어졌으면 하는 '희망 어린 생각'일 따름일지라도.

이것이 남성 신체의 프로그램상의 실수라고 하더라도 크게 놀라운 일은 아닐 것이다. 콘돔을 접한 세대는 상대적으로 적다. 그러니 자연 선택에 의한 세대 쟁탈전(장면 1)에서 남성의 신체를 적절하게 재조정할 시간이 얼마 되지 않았던 것이다. 그러나 남자가 콘돔을 사용함으로써 사실상 종족보존의 성공률을 절감시킨다고 해도, 세대를 거듭하다보면 변화가 생긴다는 점은 고려해야 한다. 궁극적으로 종족보존의 성공률을 절감시키기 위해서가 아니라 향상시키기 위해서 콘돔을 사용한 남자들의 후손이 인류의 우위를 점하게 될 것이다.

우선은 콘돔이 남자의 종족보존 성공률을 향상시킬 수 있으리라는 주장이 직관을 거스르는 이야기로 들릴 것이다. 그러나 그렇게 될 수 있는 방법이 적어도 세 가지 있다.

한 가지 방법은 남자가 여자와의 기회를 확보받기 위한 거래로 콘돔을 사용할 수 있다는 것이다. 남자는 장래에 무피임 성교 기회를 얻기 위한 교환 조건으로 처음 관계를 가질 때 임신을 방지하자고 제안한다(장면 20에서 묘사한 상황과 유사하다). 여자에게 자신이 정말로 적당한 상대임을 납득시키기 위해서 이렇게 피임 상황을 이용할 수 있다. 그 결과 여자는 그 남자가 언젠가 피임 없이도 성교를 할 만한 사람이라고 생각하게 될 것이다.

또 다른 방법은, 콘돔 사용으로 질병 감염에 대한 강력한 방어력을 얻는다면 사정 기회를 놓친 것에 충분한 보상이 된다는 것이다. 에이즈의 출현 이래로 질병 위험을 감소시키는 콘돔의 위력이 널리 알려져왔다. 성생활 전체를 통해서 전략적으로 콘돔을 사용한 남자가 그렇지 않은 남자에 비해서 평균적으로 더 건강을 유지해서 궁극적으로는 종족보존에서 더 큰 성공을 누릴 가능성도 있다.

세 번째는 훨씬 교활한 방법이 될 텐데, 여자에게 속임수를 써서 사정할 때 수태 가능성을 열어두는 방법으로 콘돔을 (잘못) 사용하는 것이다. 만약

100쌍의 부부가 1년간 콘돔을 정확하게 사용했다면 3명 이상의 여자가 임신을 해서는 안 된다. 그러나 현실에서는 20명에서 30명에 달하는 여자가 임신했다. 이는 현대적 피임법을 전혀 사용하지 않고 임신한 경우(75명)의 거의 절반에 달하는 수치다. 수치가 이렇게 상대적으로 높게 나온 이유를 찾아보자면, 주기적 성생활에서 콘돔이 적절하게 사용되지 않는다는 것이 가장 설득력 있는 설명이 될 것이다. 이 실패가 진짜 사고인지 아니면 장면 29의 젊은 남자처럼 콘돔을 고의로 조심성 없이 사용했기 때문인지는 알 수 없다.

　주기적 성관계에서 실패 원인이 무엇이 되었거나, 이 실패율은 일시적 성관계에서 더 높으리라는 것이 거의 확실하다. 일시적 성관계에 임하는 남자가 이 세 가지 방법 모두를 사용하리라는 데에는 의심의 여지가 거의 없다. 이 장면의 젊은 남자는 삽입 시에 수태 가능성을 열어놓기 위해서 몇 차례 콘돔을 잘못 사용했다. 그는 뿐만 아니라 일시적 성관계의 기회를 늘리기 위해서도 콘돔을 사용했다. 콘돔을 지니고 있지 않았던 탓에 그는 두 번의 삽입 기회를 놓쳤고, 소녀들은 그에게 두 번 다시 기회를 주지 않았다. 그러나 주머니에 콘돔이 있었을 때에는 다른 여섯 명의 소녀와의 기회를 십분 활용할 수 있었다. 그중 한 명이 그의 아기를 가졌으나, 이 소녀는 아기를 혼자 알아서 키워야 할 상황에 처하게 될 것이다. 만약 이 젊은 남자가 콘돔 사용을 제안하지 않았다면 이 아기나 기타 다른 기회도 얻지 못했을 가능성이 상당히 높다.

　이 장면의 젊은 남자와 같은 경우가 그렇게 드물지 않을 수도 있다. 평균적으로 남자가 콘돔을 사용하는 것이 이미 종족보존의 성공률을 낮추기 위해서가 아니라 높이기 위해서일 것이라는 가능성은 상당히 흥미롭다. 만약 그렇다면 남자의 신체는 다음과 같은 전략을 따른다. 첫째, 가능하기만 하면 언제든지 무피임 성교를 감행하라. 둘째, 성교 기회를 늘리기 위한 전략의 하나로서 콘돔 사용을 제안하라. 셋째, 콘돔을 착용하고 있는 동안이라도 콘돔이 벗겨지거나 찢어질 경우에 대비해서 필요량 채워 넣기(장면 4)와 정자전쟁(장면 6) 대비에 소홀하지 말라. 마지막으로, 가끔가다가 '속임수성' 사정을 하기 위해서 콘돔을 고의로 잘못 사용하라. 콘돔을 사용할 준비가 되어 있는 남자는 이 전략을 통해서 후천적 능력과 선천적 특성을 결합시킴으로써 그렇지 않은 남자보다 더 큰 종족보존상의 성공을 거둘 것이다.

남성의 전략인 빼내기도 유사한 근거로 설명할 수 있을 것이다. 물론 일시적 성관계에 관한 한, 빼내기 제안은 콘돔 제안보다 사정 기회를 적게 받는다. 장면 29에서처럼 여자가 후자의 제안보다 전자의 제안을 수락할 가능성이 더 낮다. 주된 원인은 두 가지가 있다. 첫째, 빼내기가 콘돔보다 임신 방어력이 떨어진다. 둘째, 질병 방어력이 더 떨어진다. 수태에 한해서는, 빼내기 제안으로 삽입에 성공할 수만 있다면 콘돔을 사용했을 때보다 남자가 사정과 수태를 획득하기가 쉽다. 이 점은 피임 수단으로 빼내기를 사용하면 콘돔보다 실패하는 확률이 높다는 사실로 설명이 된다. 100쌍의 부부가 피임 수단으로 1년간 콘돔 대신 빼내기를 이용했을 때, 방법만 제대로 되었다면 임신하는 부부는 일곱 쌍밖에 안 될 것이다. 그러나 현실에서는 40명의 여자가 임신을 한다. 이 실패는 부분적으로 남자가 빼내기 전에 흘러나온 일부 정자에 수정력이 있었기 때문에 발생한다. 그러나 대부분의 실패는 남자가 약속한 대로 빼내지 않았기 때문에 발생한다.

남자가 콘돔보다 빼내기를 제안하는 경우에 성교 기회는 더 적지만, 일단 기회가 성립되면 수태 확률은 더 높다. 이 두 전략의 성공은 원천적으로 여자가 얼마나 경험이 많은가에 좌우될 가능성이 상당히 높다. 이 장면의 젊은 남자가 발견했듯이, 여자는 빼내기 약속에 속을 수 있다는 사실을 일단 알고 나면 그뒤로는 웬만해서는 속아 넘어가지 않는다. 사실 대부분의 여자는 거짓 빼내기 약속이나 부주의하게 착용된 콘돔에 한 번 이상은 속지 않는다. 여자는 한 번 속아본 뒤에는 행동의 전 과정을 세심하게 지켜본다.

물론 사람이 콘돔을 사용하는 유일한 동물임은 당연하지만, 빼내기에서는 그렇지 않다. 많은 유인원과 원숭이가 사정 없는 삽입 행위를 하는 것으로 알려져 있다. 이 행동이 어느 정도까지 단순히 수컷이 성기를 사용해서 암컷의 질 안에 들어 있는 물질을 제거하려는 것이고(장면 21), 또 어느 정도까지 암컷과 수컷 사이의 사정하지 않겠다는 암묵적 합의—사람처럼—를 뜻하는 것인지는 알 수 없다. 그러나 후자의 경우라면 우리는 암컷 유인원과 원숭이도 여자하고 똑같이 수컷에게 때때로 속아 넘어간다는 사실을 분명히 알 수 있을 것이다.

10장
둘 중 하나

장면 30
두 분야에서 모두 최고를

젊은 교사는 여섯 살과 일곱 살 먹은 두 딸이 굿나잇 키스를 한다고 장난스럽게 등에 매달리자 채점지에서 고개를 들었다. 한 딸은 아내의 모국어로, 또 한 딸은 그의 모국어로 인사했다. 이들 가족은 대부분 그의 언어를 사용했으나, 서로에게 다정하게 굴거나 화를 낼 때는 가족 중 어느 누구에게서든지 아내의 언어가 튀어나오곤 했다. 교사의 아내가 아이들을 재우고 돌아오자 그는 채점거리를 던지고 텔레비전을 켠 뒤 아내 옆의 작은 소파에 앉았다. 아내가 다리를 그의 무릎 위에 걸치고 앉자 이들은 화면에 눈을 두고 서로의 손과 다리를 느긋하게 어루만졌다. 그는 하루 종일 그를 괴롭힌, 두려움으로 욱신거리는 위의 통증을 느끼면서 아내를 흘깃 바라보았다. 이들의 세계 전체가 붕괴될 마당이라는 사실을 아내에게 어떻게 알릴 것인가?

"저 임신핸는대 선생님 아이예요." 아침 휴식 시간에 그의 손에 던져진 메모에 갈겨 써 있던 내용이었다. "우리 아빠가 선생님이 우리한테 돈을 쫌 줘야 댄다고 말하라구 해써요." 소녀는 열다섯 살이고 그 학교 동급생 전체 수준보다 학습 능력이 약간 떨어지는 학생이었다. 가정환경이 거칠었으나 소녀는 조숙한 데다 외모와 태도는 남자들의 상상력을 자극할 만했다—입을 열기 전까지는. 어느 더운 여름날 소녀가 그에게 방과 후에 집에 태워다달라고 부탁했다. 그는 제2외국어 담당이었으나 체육 과목까지 맡고 있었다. 그날 밤은 더웠고 그는 집으로 출발하기 전에 굳이 반바지를 갈아입을 필요를 느끼지 않았다.

소녀가 태워달라고 했을 때 안 된다고 말했어야 했다. 운전하는 동안 소녀가 그의 허벅다리를 만지기 시작했을 때 그만두라고 말했어야 했다. 그리고 소녀가 속옷을 벗었을 때 차에서 내리라고 말했어야 했다. 그러나 그러지 않았다. 대신에 사용하지 않는 창고 옆 공터로 차를 운전했다. 그리고 차의 뒤 자석으로 가서 소녀가 그의 바지를 벗기고 그의 위로 올라타게 내버려두었다. 돌이켜보니 그의 옷가지와 성기를 다루는 소녀의 솜씨는 보통이 아니었다. 그는 소녀가 섹스에 문외한이 아닐 거라고 생각했다. 또 자신이 아이의 아버지가 아닐 수도 있다는 생각이 들었다. 물론 소녀가 임신한 것은 사실일 거라고 생각했지만. 어쩌면 다른 남자들, 다른 교사들까지 개입시켜놓고 그들에게까지 공갈을 하고 있는지도 모르는 일이었다. 어쩌면 그 위협에는 신빙성이 없어서 그가 무시하면 별일이 생기지 않을지도 모르는 일이었다. 그러나 어쩌면 소녀와 그의 아버지가 심각하게 나와서 마지못해 대가를 지불해주든지, 있는 사실을 다 털어놓아야 할지도 모르는 일이었다.

위의 통증이 점점 더 심해졌다. 그는 아직 서른도 되지 않았지만 재정 상태가 형편없었다—아직 대학 학자금, 해외 여행비, 교사 훈련 비용도 다 상환하지 못한 상태였다. 그는 현재의 아내를 만나기 직전, 교환학생 시절에 생긴 아이의 양육비를 아직까지 해외로 송금하고 있었다. 아내가 작은딸이 입학한 뒤에 시간제 일자리를 얻기는 했지만, 이들은 아직까지 빚진 상태였다. 그는 공갈 협박 요구액을 지불할 수 없을 것이다. 소녀가 심각하게 나올 경우에 그의 유일한 선택은 소녀와의 성관계를 전부 부인하고 그날 밤 그들을 본 사람이 아무도 없기를 바라는 것뿐이었다.

사실 그가 정말로 걱정하고 있는 것은 그 메모가 아니었다. 이 사건이 그가 소녀에 대해서 어떻게 말을 하느냐에 달려 있는 것이라면, 그에게는 경제적으로나 법적으로나 걱정할 일이 별로 없었다. 그렇다고 아내의 반응을 걱정하는 것도 아니었다. 그들은 서로 자유롭고 편한 관계를 유지했으며, 아내가 속한 문화는 성적으로 자신의 문화보다 더 개방적이었다. 아내는 자신의 나라에 그의 아이가 있다는 것을 알고 있었고, 그들의 재정 형편에도 불구하고 그 아이의 엄마에게 양육비를 보태주면 안 된다고 말한 적이 없었다. 아내는 세세한 내막은 몰랐지만 그가 그녀에게만 완전히 충실하지는 않았다는 것도 알고 있었다. 그의 나쁜 운과 경거망동이 한데 얽혀서 아내에게 처음 세 차례의 외도 사실이 발각되었다. 그러나 아내는 그를 용서했고, 그들의 관계는 한 달 만에 정상으로 돌아왔다. 그는 이 여학생의 경우에도, 특히 그가 전체 사실을 완전히 부인하면 같은 결과가 될 거라고 여겼다.

아니, 그의 위가 울렁거리는 것은 성인 여자들은 물론 어린 여자들과 가진 무분별한 자신의 과거 행각을 아내가 알아낼 것에 대한 공포 때문이 아니었다. 이 울렁거림은 아내가 자신이 성인 남자들은 물론 소년들과 벌인 남색 행각을 알아낼까봐 일어나는 공포에서 오는 것이었다. 그의 공포는 소녀의 메모로부터 자신을 방어하다가 자신의 정력적인 성생활의 나머지 절반 부분을 알고 있는 사람들을 자극할 수도 있다는 데서 오는 것이었다. 법적인 위험도 심각한 문제였지만, 그보다는 아내가 그 사실을 다 알아버리고 나면, 아내의 성 의식과 이해심에도 불구하고 더 이상 자신의 편을 들어주지 않을 것 같았다.

그의 동성애 생활은 그가 기억할 수 있는 데까지 멀리 거슬러 올라간다. 그의 삼촌이 알몸으로 침대에 올라와 그를 처음 애무했던 것은 그가 여섯 살 때였다. 이들이 한 놀이는 '그들만의 비밀'이었다. 그의 어머니가 '이해하지 못할' 것이고, 또 '매우 화낼' 것이기 때문이었다. 어쨌거나 그도 그 놀이를 즐겼다. 삽입을 처음 경험한 것은 열 살 때였고 그가 삼촌에게 처음 삽입한 것은 열두 살 때였다.

처음으로 또래와 동성애를 경험한 것은 그의 사촌하고였다. 둘 다 열한 살이었고, 그의 부모가 쇼핑하러 외출했던 어느 날 그의 침실에서였다. 그는 사촌에게 옷을 벗고 레슬링을 하자고 제안했다. 몇 분 지나지 않아서 둘 다 발기되었고, 몇 시간 뒤에는 그가 친척 아저씨에게서 배운 기술의 일부를 사촌에게 전수했다. 이들이 열세 살이 되었을 때에는 둘 다 사정을 할 줄 알게 되었고, 적어도 1주일에 한 번씩 만나서 상호 자위행위와 항문 성교를 나누었다.

그가 한 소녀와 처음 행위를 했을 때 그는 아직 열세 살이었다. 어린 시절부터 함께 놀았던 동갑내기 이웃 소녀였는데, "네가 할 줄 아는 걸 보여주면 나도 내가 할 줄 아는 걸 보여줄게"라는 판에 박힌 그의 유혹에 넘어갔다. 그리고 그에게는 소녀에게 보여줄 것이 많았다. 다년간에 걸친 훈련으로 그는 보통 남자가 그 나이의 두 배가 되어도 얻지 못할, 신체에 대한 지식과 확신과 자신감 넘치는 솜씨를 획득했다. 소녀는 그에게 애무를 받고 자극을 얻으러 매주 찾아왔고, 올 때마다 그가 동작의 강도를 조금씩 더 높여도 허용했다. 마침내 그는 소녀의 알몸을 만지고 애무하게 되었으며, 손으로 항문과 성기를 자극했고, 드디어 소녀의 몸은 처음으로 팽팽한 오르가슴을 경험할 정도로 격렬한 쾌감을 느꼈다. 소녀는 회를 거듭할수록 더 강한 클라이맥스를 느낄 수 있었고, 기회가 생길 때마다 요구하곤 했다. 석 달 뒤에 그는 항문 성교는 아이가 생기지 않으며 소녀도 좋아할 거라고 설득해냈고 수차례의 실험 끝에 소녀가 이를 즐길 수 있게 되었다. 그해가 끝나기 전에 소녀는 질 삽입까지 요구했고, 열네 살이 되었을 때 그의 성교육은 완료되었다.

그는 4년 뒤에는 대학에서 동성애 모임에 합류하여 많은 저녁 시간을 게이 바와 클럽에서 보냈다. 그는 거의 1년간 한눈팔지 않고 한 남자와 지냈는데, 두 사람 모두 이따금씩 외도를 했지만 주로 상대는 다른 남자들이었고 가끔은 여자도 있었다. 그는 주변에 여자가 부족했던 적이 없었는데, 그 가운데 많은 여자가 그에게 다른 이성애자 동기들에 비해서 그가 얼마나 훌륭한 연인인지 모른다는 찬사를 남겼다.

그는 자신이 가르치고 싶어하던 외국어를 공부하기 위해서 교환학생이 되어 외국으로 갔다. 그의 옆 아파트에는 여자가 살고 있었다. 이들은 채 며칠도 지나지 않아서 연인이 되었고, 그때는 그가 그 지역의 동성애 모임을 찾기도 전이었다. 그리고 3개월 뒤에 여자가 임신했다―그러나 그가 훗날 배우자가 된 여자와 사귀기 시작하고 난 후였다. 그의 배우자가 될 여자 역시 그해가 가기 전에 임신했다. 한 여자와 동거하면서 다른 여자와 외도를 하는 중이었으나 그는 여전히 수시로 빠져나가 어느 쪽 여자도 눈치 채지 못하게 동성애 관계를 즐기곤 했다. 그러나 외국 생활에서 그의 성생활은 주로 여자와 함께였다.

그는 마지막 학년을 시작하기 위해서 대학으로 돌아왔을 때 동성애 모임 활동을 재개했다. 그는 두 아이의 엄마 양쪽 모두와 편지로 소식을 주고받았고, 그가 보낼 수 있는 얼마 안 되는 액수를 송금했다. 그는 졸업한 뒤에 교생실습을 위해서 다른 도시로 이사했다. 그가 새 도시에 도착하자마자 현재 아내인 여자가 그의 현관 앞에 5개월 된 딸을 데리고 나타났다. 여자는 그가 있는 곳으로 이사해서 지금까지 함께 살아왔다. 그는 여전히 가끔씩 게이 바에서 되는 대로 애인을 사귀었지만 아내는 전혀 알지 못했고, 그가 아는 한은 아내가 그에게 양성애 성향이 있으리라고 의심해본 적은 없었다.

그는 6년 전, 실업률이 매우 높은 거칠고 음침한 마을에서 교사 생활을 할 수 있었다. 그는 자신의 직업 생활에 손실을 가져오거나 빚을 청산하는 데 문제를 야기할 어떠한 성적인 행동도 하지 않으리라고 맹세했다. 그리고 3년간은 자제하고 지냈다. 그러나 그뒤 몇 년간 그는 두 사람의 매력에 유혹당하고 말았다. 첫 번째는 한 소녀였는데, 아내가 알아냈다. 두 번째는 젊은 남자였는데 아내가 눈치 채지 못했다. 두 관계 모두 한 달씩밖에 지속되지 않았다. 그러고는 1년 전, 학교 직원 중 한 남자의 모호한 구애에 호응하여 장기간의 동성애 관계를 시작했고, 이 관계는 지금까지 계속되고 있었다.

같이 스쿼시를 한다는 허울 아래 적어도 1주일에 한 번씩 그 애인의 아파트에서 관계를 가졌다. 새 애인의 분위기와 행동, 반응이 그가 외국 생활을 시작한 지 몇 개월 만에 임신시킨 여자와 어쩌나 비슷한지 으스스한 느낌이 들 정도였다.

이들은 함께 행위를 하는 것 이외에도 가끔씩 게이 바를 방문해서 다른 남자 상대를 고르거나 길거리나 화장실에서 젊은 남창을 찾아다니기도 했다. 이러한 유희를 즐길 때면 신분을 노출시키지 않기 위해서 차를 타고 그 마을에서 30분쯤 떨어진 근처의 큰 도시로 나가곤 했다.

지금 그를 괴롭히는 문제는 6개월 전에 시작되었다. 그는 그 남자 애인과 함께 젊은 남창을 구하러 인근 도시를 방문했다. 그때 골랐던 열세 살짜리 두 소년을 학교에서 마주친 것이었다. 이 조우에 선생이나 학생이나 기가 질려버렸다. 그는 앞으로 무슨 일이 벌어질지 걱정하느라고 몹시 긴장된 한 주를 보냈다. 그다음 월요일 학교에 출근했을 때, 두 소년이 그에게 다가와서 선생님이 말하지 않으면 자기들도 말하지 않겠다고 말한 뒤로 그는 약간 안심할 수 있었다.

그의 애인 교사가 성적 유희를 위해서 소년들을 아파트로 초대하지만 않았더라도 이 동맹 관계는 안전하게 유지되었을 것이다. 어느 날 저녁 그가 애인을 방문했을 때 두 소년은 아직 그곳에 남아 있었다. 그 4인조 놀이의 유혹이 너무 강렬해서 그도 이들의 짝 바꾸기 놀이에 끼어들고 말았다. 그로부터 이들 네 명의 집단 성교는 거의 매주 진행되었다. 두 소년은 자신들의 주도권이 상승하는 것을 느끼고는 점점 더 많은 돈을 요구했다. 바로 1주일 전에는 터무니없는 액수를 요구했다. 그렇게 많이 줄 수는 없다고 하자 두 소년은 협박하기 시작했다. 이제 거기에다 소녀의 메모까지 덧붙여졌으니 그는 겁이, 정말로 겁이 났다.

드러난 그대로, 그의 공포는 옳았다. 소녀의 말은 거짓이 아니었고, 게다가 아이를 낳겠다고 결정했다. 그가 소녀가 공갈 협박으로 요구한 돈의 지불을 거부하자 소녀의 아버지가 부양비를 놓고 그를 고소했다. 그는 자신은 아기의 아버지가 아니며 소녀와 성관계를 가진 적도 없다고 부인했으나 법정에서 그에게 친부 확인 테스트를 받으라고 명령했다. 이 사건을 둘러싼 사회의 이목에 고무된 두 소년은 자신들의 이야기를 팔아서 돈을 벌기로 결심했다. 이들은 그와 그의 애인을 고발했다. 동성애 집단 성교에 억지로 자신들을 끌어들였다는 명목이었다.

아내에 대한 교사의 판단은 적중했다. 부권父權 재판이 진행되던 초기에는 그의 편을 들어주었으나 동성애 사건이 터지자 그를 떠났고 두 딸도 자기 나라로 데리고 가버렸다. 그는 그뒤로 한 번도 자신의 가족을 만나지 못했다. 아내가 떠난 지 1주일 만에 친부 확인 테스트에서 그가 그 여학생의 아이의 아버지임이 확인되었다. 그는 곧이어 체포되었고, 재판에서는 남녀 양성 미성년자와의 성행위로 유죄판결을 받았다. 그가 감옥에서 보낸 기간은 짧았으나 다른 수감자들과의 동성애 활동으로 에이즈에 걸리기에는 충분한 시간이었다. 실직에 무일푼 상태로, 그는 서른일곱 번째 생일 직전에 에이즈로 사망했다.

~

이 책의 독자 대부분은 배타적 이성애자일 것이다. 사람들은 사춘기 후반기에 성적 탐구와 상대 선택의 일단의 시기를 거친 뒤에 1회 혹은 2회의 장기 혼인 관계 안에서 출산을 할 것이다. 남자는 평생 약 열두 명의 여자와 성관계를 가지며, 여자의 경우는 약 여덟 명의 남자와 관계를 가질 것이다. 평균 출산 자녀 수는 두 명이고 손자 수는 네 명이 될 것이다.

그러나 종족보존의 성공을 사뭇 다른 방법으로 추구하는 소수자들도 있다. 일부는 양성애자로, 평생 동안 성적 관심이 언제나 혹은 주로 자신과 같은 성性을 지닌 사람을 향한다. 나머지는 매우 문란한 사람들로 일평생 성적 상대를 수백 명에서 수천 명까지 얻는다. 그러나 그 반대쪽에는 평생 오직 한 사람과 성관계를 가지는 사람들도 있다. 그리고 성생활의 일부를 한 번도 만나본 적이 없는 여자와의 강제 성관계로 채우는 사람들도 있다. 이들 중 일부는 강간할 여자를 찾아서 무리를 지어 집단으로 행동할 것이다.

보수적 다수 집단은 이와 같은 대안적인 전략을 보이는 소수 집단을 이해하기 어려울 것이다. 이들의 유별난 행동은 종종 변태적 행위로 해석된다. 그러나 때로 입맛이 떨떠름할 수밖에 없는 사실은, 이들 소수자 역시 보수적 다수만큼이나 정력적이며 전략적으로 종족보존의 성공을 추구한다는 점이다. 또한 이들의 대안적 전략이 유별나다고 해서 절대로 성공하지 못할 것이라는 생각도 금물이다.

이 장의 일곱 장면에서는 평범하지는 않으나 때로는 성공적인 종족보존 전략이 되는 사람의 성적 속성에 초점을 맞출 것이다. 이 첫 번째 장면에서는 남성의 동성애적 행위라는 대안적 전략이 배타적 이성애보다 성공적 전략이 될 수 있음을 설명할 것이다.

동성애 논의는 모호하고 불명료한 용어로 뒤덮이기 일쑤다. 여기에서는 다음의 정의를 따르고자 한다. **이성애자**는 여자하고만 성관계를 맺는 남자다. **배타적 동성애자**는 평생 동안 다른 남자하고만 성관계를 맺는 남자다. **양성애자**는 남자와 여자 모두와 성관계를 맺는 남자다. 반면에 **동성애적 행위**는 다른 남자들을 향해서 취하는 행동이다―해당 남자가 배타적 동성애자냐 양성애자냐 하는 문제와는 상관없다.

얼핏 보기에는 동성애적 행위로 종족보존의 성공을 추구한다는 것이 이상하게 느껴질 것이다. 이 점은 대부분의 사람들이 그러하듯이, 우리가 다른 남자에게 성적으로 이끌리는 남자는 불가피하게 번식도 할 수 없을 것이라는 그릇된 판단을 하고 있는 경우에 더욱 이상하게 느껴질 것이다. 그러나 근거를 살펴보면 오히려 정반대로 드러난다. 동성애 경향은 종족보존 성공을 추구하는 데 불리하게 작용하기는커녕 이성애를 대체할 수 있는 매우 성공적인 전략이다.

다른 남자에게 이끌리는 남자 역시 번식을 하며, 대체로 매우 성공적이다. 평균적으로 이 책을 읽는 모든 사람에게 과거 5세대 이내―다시 말해서 약 1875년부터가 된다―에 동성애를 행했던 남자 선조가 있었다는 셈이 나온다. 그렇다고 우리가 모두 동성애적 행위 경향을 물려받았다는 말은 아니다. 앞으로 보게 될 것처럼 일부는 그러했겠지만, 소수일 뿐이다. 그럼에도 불구하고 우리의 선조 가운데 동성애적 행위를 하고 그를 통해서 종족보존을 이룬 사람이 없었더라면 우리 가운데 그 누구도 오늘날의 우리가 될 수 없었을 것이라는 뜻이다.

동성애적 행위가 남자의 종족보존 성공에 어떻게 도움이 되는지를 설명하기 전에, 먼저 일반적으로 알려져 있지는 않지만 매우 중요한 관점을 제공하는 네 가지 기본 사실을 알아두어야 한다.

첫째, 동성애적 행위는 사람에게만 나타나는 것이 아니다. 어린 조류와 포유류 역시 그러한 경향을 보인다. 수컷 원숭이는 서로를 애무하고 함께 자위행위하는 데서부터 항문 성교까지, 남자가 행하는 것과 같은 범위의 동성애적 행위를 한다. 예를 들면 상대 수컷이 항문으로 삽입한 동안 자위행위하고 사정하는 수컷 원숭이에 관한 보고도 있다.

둘째, 사람에 관한 한 동성애적 행위는 소수의 남자에게서만 나타난다―적어도 규모가 크고 산업화된 사회에서는 그렇다. 예컨대 유럽과 미국에서 일생 동안 동성애적 접촉을 경험하는 남자는 6%에 불과한데, 그 대부분은 사춘기에 이루어진다. 이들의 3분의 2는 대개 항문 성교와 관련된 은밀한 성기 접촉을 경험한다.

셋째, 사람을 포함해 모든 조류와 포유류에서 동성애적 행위를 보이는 수컷(또는 남성)의 다수는 양성애적 동물이다. 예를 들면 다른 수컷과 항문 교미하는 수컷 원숭이는 암컷과의 교미 횟수를 감소시키지 않는다. 일반적으로 사람도 마찬가지다. 남자와 성교하는 남자의 대다수는 여자와도 성교를 한다. 장면 30의 남자처럼 배타적 혹은 배타에 가까운 동성애 단계를 거치는 남자들도 많이 있지만 이 '단계'를 평생 유지하는 남자는 이들의 1% 미만이다.

마지막으로, 동성애적 행위가 유전적인 것이라는 납득할 만한 근거를 보자. 유전자는 대개 아버지보다 어머니 것을 많이 물려받는다. 예를 들면 동성애 경향을 보이는 남자의 삼촌과 사촌이 그와 유사한 경향을 지닌 경우, 그의 삼촌과 사촌은 친가 쪽이 아니라 외가 쪽일 확률이 높다. 우리가 방금 목격한 장면의 남자의 삼촌은 아버지보다는 어머니의 동생이었을 것이며, 그의 사촌도 아버지가 아니라 어머니 형제의 아들이었을 것이다.

동성애적 행위가 유전자에 기초한 것이라고 해서 남자의 유년기의 환경적 요인이 그의 행위에 영향을 미치지 않는다는 뜻은 아니다. 유전적으로 동성애적 성향을 지닌 소년이 어떤 유년기를 겪으면 자신의 성향을 드러내지 않을 수도 있지만, 또 어떤 환경에서는 드러낼 수 있다. 이 장면의 남자는 동성애적 성향의 유전자를 지니고 있음이 거의 확실한 사람인데, 어린 시절에 삼촌과의 관계가 없었더라면 그의 동성애 성향이 전혀 발달하지 않았을 수도 있다. 덜 흔한 경우이기는 하지만 그 반대 상황도 가능하다―유전적 경향이 없는 소년일지라도 유년기에 동성애적 행위를 하도록 유혹당하거나 강요받는 경우가 있다. 모두가 그런 것은 아니지만, 배타적 동성애와 양성애는 태어나는 것이지 만들어지는 것이 아님을 보여주는 최근의 연구 결과가 존재한다.

이 발견은 동성애적 행위의 진화를 이해하고자 하는 생물학자들의 시도에 중요한 단서를 제공한다. 동성애적 행위가 평균적으로 해당 개인에게 종족보존의 이점을 부여해주지 않는다면, 이 유전자가 한 인구 집단 내에서 차지하는 비율이 6%로 유지되지 못한다. 물론 배타적 동성애로는 종족보존상 아무런 이득을 누릴 수 없지만 양성애로는 누릴 수 있다. 배타적 동성애는 종족보존에 유리한 양성애의 특성에서 비롯된 유전적 부산물일 것이다. 그렇다면 동성애적 행위는 한 사람이 관련 유전자를 약간 물려받으면 유리하지만 그 이상으로 물려받으면 오히려 불리하게 작용하는 다른 많은 인간의 특성들과 한 지점에서 만난다.

겸상적혈구성 빈혈이 그러한 특성의 전형적인 예다. 열대 지역에서는 단층의 겸상적혈구 유전자를 지닌 사람이 그 유전자가 없는 사람에 비해서 강력한 말라리아 저항력을 부여받기 때문에 매우 이롭다. 그러나 중층의 겸상적혈구 유전자를 지닌 사람은 일찍 사망하거나 아니면 평생을 통증과 고통 속에 살아야 한다.

물론 동성애적 행위의 유전자와 겸상적혈구성 빈혈의 유전자 비교를 잘

못 해석해서는 안 된다. 전자 역시 질병이라는 뜻은 아니다. 그보다는 겸상적혈구성 빈혈의 경우가 가장 잘 연구되어 있는 **유전자 법칙**의 보기인데, 동성애적 행위의 유전에도 이 유전자 법칙이 적용될 수 있다는 뜻이다. 양성애는 동성애적 행위 유전자를 소량 지닌 경우로, 배타적 동성애는 다량 지닌 경우로 생각할 수 있다. 양성애는 이성애에 비해서 종족보존에 유리하며, 배타적 동성애는 번식을 전혀 하지 않으므로 이성애와 양성애 모두에 비해서 종족보존에 불리하다.

그러면 양성애는 일평생 여자하고만 성관계를 맺는 것에 비해서 얼마나 유리한가?

장기적 배우자 관계로 얻는 자녀를 보면, 양성애자는 일생 동안 더 적은 자녀를 얻지만 더 이른 시기에 얻는다. 장면 30의 남자는 아내에게서 두 아이를 얻었고, 이 수는 그가 속한 사회의 평균이다. 그러나 그는 23세가 되기 전에 자녀를 얻었는데, 이는 평균 이성애자보다 수년 앞선 시기다. 이렇게 이른 시기에 자녀를 얻는다고 크게 유리하겠느냐고 생각할 수도 있겠지만, 그럴 수 있다. 생물학에서 종족보존의 성공을 가늠하는 것은 단지 자녀나 손자의 수만이 아니라 **종족보존율**이다. 한 사람이 다른 사람에 비해서 종족보존율이 더 높았다는 것은 평생 동안 더 많은 자녀를 얻었거나, 같은 수이지만 더 일찍 얻었다는 뜻이다. 이 책 전체의 관점이 종족보존 **성공**의 추구에 맞추어져 있긴 하지만, 여기에서 종족보존의 성공에 관해서 이야기할 때는 실은 종족보존율을 따진다는 점을 기억해두자.

양성애자와 이성애자처럼 각각 다른 범주에 속하는 남자들의 종족보존 성공을 비교한다는 것은, 그 비교를 장기적 부부 관계로만 제한한다고 해도 꽤 어려운 일이다. 그 부부 관계 내에서 양육되었지만 다른 남자를 아버지로 둔 자녀가 포함될 가능성이 내재하기 때문에 이 비교 작업은 깨지기 쉽다. 그리고 이들이 많은 여자와의 단기성 관계를 통해서 장차 성공을 거두는 경우가 발생하면 비교 자체가 불가능해진다. 자녀를 출산하는 여자들조차 누가 아버지인지 언제나 알고 있는 것은 아니며, 그렇게 되면 남자들은 확실하게 모르는 것이다. 그러나 바로 이러한 방식의 사용이 양성애자에게 가장 중요한 종족보존 성공의 지름길이다. 그러므로 여기에서 도출할 수 있는 결론은 양성애자가 이 방법으로 이성애자보다 종족보존에 훨씬 큰 성공을 거둘 수 있으나 그 근거를 얻는 것은 불가능하다는 것이다.

남자든 여자든 다수의 상대를 갖는 것이 남성 양성애자의 특성이다. 동성애적 행위를 하는 남자의 거의 4분의 1이 평생 열 명 이상의 남자 상대를 가진다. 이중 상대가 100명을 헤아리는 남자도 있다. 그러나 그보다 중요한 것은 양성애자가 일생 동안 남자 상대를 많이 가질수록 그가 관계를 맺을 여자 상대의 수도 많을 가능성이 높다는 점이다. 평균적으로 일생 동안 양성애 남자가 이성애 남자보다 더 많은 여자에게 사정하는 까닭에 어머니가 다른 자녀를 얻을 확률도 높은 것이다.

물론 평균적인 양성애 남자가 많은 여자의 흥미를 유발하고 유혹하는 데 성공하는 것이 남자와의 경험 덕이냐가 중요한 문제다. 그것을 가능하게 하는 방법으로는 세 가지를 들 수 있을 것이다.

첫째, 양성애자는 이른 시기에 다른 소년들과의 경험으로 조숙한 성적 경쟁력을 갖춘다. 동성애적 행위를 보이는 남자는 80% 이상이 15세가 되기 전에 그 경향을 드러내며, 98%가 20세가 되기 전에 드러낸다. 남성 동성애는 대개 사춘기 또는 유년기에 동년배 또는 연장자와의 접촉으로 나타난다. 동성애 경험을 지닌 소년과 이성애 경험을 지닌 소년의 경쟁력 차이를 알아보기 위한 예로 장면 30과 장면 27의 남자를 비교해보자. 후자는 19세가 되어서도 여성 오르가슴의 미묘함은 고사하고 삽입 기술조차 터득하지 못했다. 장면 30의 양성애 남자는 이와 대조적으로 13세라는 어린 나이에 이미 삽입 성교를 위해 소녀를 유혹했다. 19세가 되자 수많은 여자가 그의 마음을 얻기 위해서 줄을 섰고, 20대 중반이 되어서도 그의 성적 기운은 15세 이상의 소녀에게까지 뻗어나갔다. 그 결과 그는 서른 살

생일을 맞기 전에 세 여자에게서 네 자녀를 얻었다—그가 속한 사회의 대부분의 이성애 남성이 평생에 걸쳐서 해낼까 말까 한 수치다.

동성애 활동이 이성애의 성공에 이바지하는 둘째 방법은 다양한 성격의 사람들과 접촉하게 함으로써다. 양성애 남자는 다수의 남자 상대로부터 다양한 성격 유형을 경험함으로써 다수의 여자 상대의 다양한 성격 유형에 유리하게 대응할 수 있다(장면 36). 예컨대 장면 30의 남자는 그의 마지막 남자 애인과 자신의 아이를 낳은 한 여자, 이 두 사람의 닮은 점을 잘 알고 있었다. 한 사람과의 경험이 다른 사람과의 관계를 다룰 수 있게 해준 경험이 된 것이다. 그 반대도 성립된다면, 양성애자가 특정한 유형의 성격을 가진 남자와 경험이 있을 때 그와 유사한 성격을 지닌 여자와의 관계에서 커다란 이점을 얻을 것이다. 이 경험은 그 관계의 모든 단계와 수준—유혹, 자극, 사회적 상호 작용, 거기다 속임수까지—에서 도움이 될 것이다.

동성애 활동이 이성애의 성공에 도움이 되는 셋째 방법은 장기적 이성애 부부 관계에서의 외도를 통해서다. 양성애자가 다른 남자와의 관계로 아내에게 부정을 저지르다보면 여자와의 외도, 그 팽팽한 줄타기를 능숙하게 다룰 수 있다. 양성애 남자는 사춘기를 지나면서 동성애 활동이 눈에 띄게 감소하고 여자와의 관계에 몰두하지만, 그렇다고 해서 동성애적 성향이 완전히 사라지는 경우는 드물다. 장기적 여자 배우자를 얻은 남자는 이성과의 외도 사실과 마찬가지로 동성과의 외도 사실을 숨긴다.

남자와의 부정 연습을 통해서 얻을 수 있는 이점은 몇 가지가 더 있다. 양성애자의 장기적 배우자는 남편의 이성애 외도보다 동성애 외도를 발견하는 데 더 약하다(보통은 여자가 남편이 양성애자인지를 모르기 때문이다). 남편의 진짜 성적 경향을 모르는 여자는 남편이 이성애자일 것이라고 생각하는 경우가 많다—다수 남자가 그렇기 때문이다. 따라서 여자는 대개 남편의 다른 여자와의 관계보다 다른 남자와의 관계에 위협을 덜 느낀다—**보통** 남자의 다른 남자들과의 관계는 여자들과의 관계보다 성적일 확률이 낮다. 남편과 다른 남자들과의 관계가 성적인 경우라도 적어도 초기에는 여자가 볼 손해는 여자와 외도하는 경우보다 더 적다. 질병 감염과 같은 외도의 손실(장면 9와 11)이 있을 수 있지만 대부분은 그렇지 않다. 예컨대 남편이 애인의 자녀 양육을 보조하기 위해서 여자에 대한 부양 비용을 감소시켜야 할 경우는 결코 생기지 않을 것이다. 애인이 남자일 때 남편이 애인과 살기 위해서 여자를 버리는 경우 역시 발생 가능성이 낮다.

이렇듯, 사춘기와 그 이후로 동성애적 경향을 보이는 남자는 이성애 남자에 비해서 종족보존상 상당한 우위를 점한다. 그렇다면 양성애가 지금보다 흔하지 않은 것은 무슨 까닭인가?

답은 간단한 편이다. 양성애는 손실이 이득을 능가하기 때문이다. 동성애 행위의 가장 치명적 대가는 높은 질병 감염률이다. 동성애 행위는 에이즈의 출현 전에도 매독과 같은 성병으로 젊은 나이에 사망할 위험을 초래했다. 요컨대 양성애자는 더 이른 시기에 (더 많은 여자와) 더 많은 자녀를 얻을 이점과 더 빨리 사망할 위험을 거래하는 생활 방식을 추구하도록 유전자에 의해서 설정되어 있는 것이다.

또 다른 손실은 유전 문제다―그리고 여기에 겸상적혈구성 빈혈과 또 하나의 닮은꼴이 있다. 이 유전자를 소량 지닌 사람이 당장은 눈에 띄는 이득을 얻을 수 있다고 해도, 앞에서 보았듯이 그 이득은 보이는 것만큼 대단한 것은 아니다. 왜냐하면 이 유전자가 전혀 없는 사람과 비교해볼 때, 소량을 지닌 사람이 다량을 지닌 후손을 얻게 될 확률이 높기 때문이다. 다시 말하자면 양성애자가 이성애자보다 빠른 속도로 많은 자녀와 손자를 얻는다고 해도, 후손 중에는 장차 번식에 완전히 실패할 배타적 동성애자도 나올 것이다.

여기에 또 하나의 손실이 발생하는 것은 주류 이성애자 가운데 동성애 혐오―동성애적 성향을 보이는 사람들에 대한 편견―인구가 존재하기 때문이다. 그러한 편견은 때로 너무나 극단적이고 폭력적인 형태로 나타나서 동성애적 성향을 지녔다는 혐의를 받은 사람이면 누구라도 부상의 위험, 때로는 죽음의 위협에까지 노출되어 있다. 우리는 장면 12와 장면 13에서도 자위행위와 관련된, 이보다는 덜 극단적이지만 유사한 편견을 접한 바 있다. 물론 자위행위에 관한 편견은 모두 허세이며 위선이다—협박자가 동시에 피협박자일 가능성이 높다. 일부 동성애 혐오자 중에 겉으로는 동성애 혐오를 과시하면서 남몰래 양성애 생활을 하는 위선적인 사람이 있을 가능성도 배제할 수 없다. 전체를 따져보면 대부분의 동성애 혐오자가 이성애자 다수에 속해 있기는 하지만 말이다.

이러한 편견이 공공연한 것은 대개 그 과녁이 편견을 드러내는 사람들에게 어떤 면에서 위협이 되기 때문이다. 동성애 혐오자도 양성애자처럼 만들어지는 것이 아니라 태어나는 것일 가능성이 상당히 높다—방금 앞에서 설명한 바로 그 양성애의 성공이 낳은 진화의 결과다. 양성애자가 누리는 종족보존의 이점은 바로 그 이유 하나만으로도 주변의 이성애자들에게는 위협으로 받아들여질 것이다. 불행히도 양성애자의 질병을 확산시키는 역할도 위협의 하나가 된다. 따라서 자위행위를 다루면서 말했다시피 (장면 13) 양성애자에 대한 방어 전술은 으름장과 협박을 통해서 양성애자가 누릴 종족보존의 이익을 감소시키는 것이다.

궁극적으로 양성애자의 종족보존 전략은 이성애자와 비교할 때 이로울 수도 있고 불리할 수도 있다. 이 경우에는 전체 손실이 전체 이득보다 많은가, 아니면 그 반대인가가 중요한 문제다. 양성애는 종족보존에 있어서 이성애보다 더 성공적인가—아니면 덜 성공적인가? 답은 인구 집단 내에 양성애가 얼마나 흔한가에 따라서 달라진다. 드물다면 이성애보다 성공적이다. 흔하다면 덜 성공적이다. 이유는 아래와 같다.

양성애의 이점은 이에 해당하는 사람이 그들이 속한 사회의 평균보다 높은 종족보존율을 잠재적으로 보유하고 있다는 점이다. 앞에서 주목했듯이, 양성애자는 더 어린 나이에 더 나은 성적 기교를 습득함으로써 이성애자가 여자에게 성적으로 접근하면서 얻는 것보다 우수한 경쟁력을 확보한다. 그러나 인구 중에 양성애자가 많을수록 이들의 경쟁자 역시 양성애자일 확률이 높아진다—그리고 양성애가 흔해질수록 양성애자 개인이 양성애 생활로 누릴 이익은 줄어든다.

인구에서 양성애의 비율이 증가하면 양성애의 이익이 감소할 뿐만 아니라 손실도 증가한다. 양성애가 확산되면 앞에서 언급한 세 가지 손실 가운데 둘—유전자와 질병—은 분명하게 증가한다.

유전자적 위험에 관한 한, 동성애적 성향을 띤 유전자가 많아질수록 어떤 두 사람이 그 유전자를 보유하고 있을 확률이 높아지고, 그러면 한 남자와 그의 아내가 배타적 동성애자인 아들 및 손자를 낳고 그리하여 종족보존에 완전히 실패할 확률 또한 높아진다. 질병 위험을 논하자면, 인구 집단 내에서 동성애적 행위의 빈도가 높아질수록 질병의 확산도 빨라진다. 많은 이성애자와 양성애자가 감염될 것이다. 그러나 언제나 양성애자의 감염 위험이 더 높기 때문에 이들이 가장 고생할 것이다. 따라서 양성애자가 빨리 사망할 확률이 더 높다.

앞에서 보았듯이, 양성애자가 드문 사회에서는 양성애인 사람이 이성애자에 비해서 높은 이점을 누린다. 그 결과로 인구 집단 내 양성애 성향 유전자 비율이 증가한다. 거꾸로 말하면 양성애적 행위가 흔해지면 양성애자 개인이 누리는 이득은 줄고 손실은 늘어난다. 그 행위가 **지나치게** 흔해지면 양성애의 종족보존율이 이성애의 종족보존율 아래로 떨어지고, 그러면 인구 내 양성애자 비율이 다시 한번 떨어지기 시작한다.

양성애 비율의 증감에 따른 이 이득과 손실의 상호 작용이 결국은 양성애자 비율을 점차적으로 안정시키는 결과를 만든다. 게다가 이 상호 작용은 각 세대 내에서 양성애적 행위의 평균적 성공이 이성애 행위의 평균적 성공과 정확히 일치하는 지점에서 안정된다. 따라서 우리의 질문—누가 더 종족보존에 성공하는가, 양성애자인가 이성애자인가—에 대해서는

'어느 쪽도 아니다'라고 답할 수 있다. 둘 간의 유일한 차이는 양성애의 종족보존 성공 여부가 더 불안정하다는 점이다. 번식을 전혀 하지 않을 확률은 이들 쪽이 더 높으니까. 그러나 이들이 동성애 혐오자와 에이즈 때문에 목숨을 잃지 않고 성공적으로 생존한다면 이들의 성공 잠재력 또한 매우 높다. 평균적으로 더 큰 위험과 더 큰 잠재력은 서로 팽팽하게 균형이 잡혀 있다.

따라서 대규모의 산업화 사회에서 양성애 유전자가 인구의 약 6%로 고정되어 있는 것은 이 수준에서 양성애와 이성애 남자가 평균적으로 동등하게 잘해낼 수 있기 때문이라는 결론이 나온다.

물론 양성애의 손실이 절대로 이득만큼 크지 않다면 인구 집단 내에 양성애 유전자가 얼마나 흔한지에 상관없이 아주 다른 상황이 될 것이다. 예를 들면 성병 감염 위험이 거의 없는 사회가 있었다고 가정해보자. 그런 사회에서는 얼마나 많은 사람이 이 전략을 사용하는지에 상관없이 양성애의 이점이 언제나 손실을 앞지른다. 양성애 유전자가 인구 집단 전체를 휩쓸 것이라는 것이 당연한 생각이다. 양성애로 손실을 거의 보지 않는 그런 효율적인 사회가 있었으리라는 가정이 있을 법이나 한 이야기인가? 놀랍게도, 그렇다.

지금까지는 대규모 산업화 사회—사실 이 사회들만큼 양성애의 확산과 지속에 비협조적인 사회도 없다—를 집중적으로 분석했다. 특히 이 전략의 주요 손실을 조장하는 성병이 잠복 및 확산되는 곳도 이곳이다. 후천성 면역결핍 바이러스의 등장과 에이즈의 확산은 인류사 전체에 걸쳐서 숱하게 발생한 연속적 사건 중에서 가장 최근의 한 예에 불과하다. 예를 들면 중세에서 20세기까지는 매독이 대규모 사회의 주된 살인성 성병이었다.

역사적으로, 소규모 고립 사회에서는 잠복성 질병이 상대적으로 적었다. 그러한 사회의 일원이 과거에 전염병으로부터 생존한 자들의 후손인 까닭에, 이들은 선조의 자연적이고 아마도 유전성일 면역력을 물려받았다. 외부 세계와의 접촉이 드물었기 때문에 새로운 질병도 거의 나타나지 않았다. 그러다가 외부 세계와 접촉이 생기면, 이들의 생활이 어떤 것이 되었거나 이 질병으로부터 살아 도망칠 수 있는 사람이 거의 없었다. 생존자는 다시, 일정한 형태의 면역을 갖춘 사람들이었다―이는 다시 후손에게 전달되었다. 따라서 외부 세계와 접촉하여 홍역, 천연두, 매독, 나아가 현재의 에이즈에 노출되기 전까지 이들 소규모 고립 사회는 질병 위험에 시달리는 일이 거의 없이 긴 세월을 헤쳐왔다. 이러한 환경의 양성애자는 현재의 대규모 사회에 만연한 위험 근처에도 가지 않았을 것이며, 따라서 양성애 유전자도 질병에 접촉되지 않고 퍼져나갔을 것이다. 이들 사회의 양성애자들은 양성애가 얼마만큼 흔해지거나에 상관없이 이성애자보다 훨씬 빠르게 종족보존에 성공했을 것이다. 따라서 이들 사회를 처음으로 접하고 연구했을 때 산업화 사회보다 양성애자 비율이 훨씬 높은 것으로 밝혀진다 해도 놀랄 일이 아니다. 또한 인구 다수가 양성애자인 곳에서 동성애 공포증이 더욱 별난 일이 되거나 아니면 아예 사라져버리는 것 역시 놀라운 일이 아니다.

양성애의 정도와 그에 대한 관용도를 놓고 보면, 대규모 산업화 사회는 예외이지 표준이 아니다. 인류학적으로 보면 60%의 인간 사회에서 양성애가 일상적이며 또 사회적으로도 수용된다. 멜라네시아의 작은 섬 사회와 같은 문화권은 **모든** 성인 남자가 어느 정도까지는 동성애 항문 성교를 행한다는 사실을 수용한다. 여자 역시 자신의 장기적 배우자가 때때로 다른 남자와 성교한다는 사실을 수용하며, 남편의 이성애 외도보다는 동성애 외도에 더 너그럽다. 남편의 동성애 활동이 자신과의 부부 관계에 침해가 되지 않는 한 남편이 이 활동을 지속해도 된다는 것이 이들의 일반적인 태도다. 그러나 모든 남자가 때때로 '일부일처' 관계의 동성애를 경험하는 이들 사회에서조차 평생 동안 배타적 동성애가 지속되는 경우는 드물다. 동성애적 행위는 양성애의 종족보존 전략에서 매우 중요한 부분을 차지한다. 게다가 이 전략이 얼마나 성공적인가 하면, 규모가 크고 질병이 만연한 사회에서는 표준인 이성애의 지위를 그대로 몰아냈을 정도이다.

장면 31
여자의 절정

젊은 여자는 얼굴을 다시 한번 살펴보기 위해서 욕실 거울에 서린 김을 닦았다. 뺨의 여드름이 없어졌는지 그날 저녁에만 네 번 확인한 터였다. 거의 없어졌다고 안심하고는 수건으로 몸을 닦았다. 스무 살이나 먹어놓고 아직까지 여드름이라니—이제 분명히 곧 없어질 만큼은 나이가 들었겠지? 여자는 수건을 라디에이터 위에 걸면서 거의 다 쓴 수납장의 탐폰 상자를 보고는 웃음을 지었다. 이번 달에는 어느 것이 제 몫을 다할 것이며 어느 것이 캐비닛 안으로 도로 들어갈 것인가? 둘의 월경이 끝난 지 1주일이 지났는데—이상하게도 날짜가 겹치는 때가 많다—아직 아무도 이 상자를 치울 생각을 못하고 있었다. 여자는 몸에 분을 바르면서 목이 조여오는 느낌을 받았다. 함께 산 지 1년이 지났음에도 여자는 지금도 애인과의 섹스를 생각하면 흥분을 주체할 수 없었다. 여자는 하루 종일 기다려왔고 다리 사이에는 벌써부터 팽창감이 일었다.

여자가 김이 가득한 욕실을 나와 건조한 온기의 침실로 들어서니 애인은 이미 침대에 누워 있었다. 젊은 여자보다 열 살 더 많고, 벌써 한 아이의 어머니였지만 아직까지 훌륭한 몸매를 유지하고 있었다. 근육질에 다급하고 이기적인 남자가 아닌 부드럽고 매끈하며 유연하고 순종적인 여자 옆에 눕는다는 것은 얼마나 기분 좋은 일인가.

젊은 여자는 곧바로 침대 위로 올라가서 포옹하고 키스했다. 그렇게 하면서 이들은 숙련된 손놀림으로 여기를 살짝 어루만지는가 하면 저기를 살며시 쓰다듬으면서 서로의 몸을 더듬었다. 이따금씩 한 사람이 상대의 가슴을 애무하고 젖꼭지를 희롱하거나 부드럽게 아래를 어루만졌다. 이들은 서로의 몸에 키스하며 자신이 가장 원하는 것을 상대에게 해주었다. 곧이어 여자는 상대의 얼굴을 등진 채 위에 올라타고는 허벅지와 성기를 핥았다. 그러면서 자신의 엉덩이를 살짝 들어올려 애인의 혀 앞에 갖다댔다. 이것이 여자가 가장 좋아하는 것이었다. 오르가슴을 얻고 싶을 때면 이 방법이 실패한 적은 없었다. 따뜻하고 촉촉한 혀가 음순을 핥고 이어서 음핵까지 부드럽게 더듬자 여자는 하루 종일 기다려온 그 쾌감을 느꼈다. 절정이 가까웠으나 확실히 오지 않아 몇 분간 이 동작을 지속했다. 둘 다 구강성교를 최고라고 여겼지만 그것만으로 클라이맥스를 얻는 일은 드물었다.

마침내 절정을 더 이상 기다릴 수 없어진 여자는 애인 옆에 나란히 누웠다. 잠시 달아났던 집중력은 깊숙한 키스로 돌아왔다. 둘은 혀에서 서로의 체액을 맛볼 수 있었다. 두 여자는 키스하면서 손가락으로 상대의 음순과 음핵을 마사지했다. 그들은 무엇을 해야 하는지 정확히 알고 있었다. 젊은 여자는 가슴과 목과 얼굴로 뜨거운 기운이 솟구치는 것을 느끼면서 애인도 똑같이 느끼는 것을 보았다. 숨이 가빠지고 맥박이 고동치고 신음 소리가 커지고 급박해졌다. 아주 짧은 순간 환희의 정점에 올랐고 두 여자가 거의 동시에 클라이맥스에 이르렀다. 그날 내내 기다려온 그것이었다. 둘은 오르가슴 후 포옹 자세로 서로의 몸을 부드럽게 쓰다듬었다. 잠에 빠지기 전 몇 초 동안 여자는 둘이 처음 만난 이래로 서로에게 절정을 안겨주는 일에 얼마나 능숙해졌는지를 생각했다.

행위 뒤에 보통은 15분 정도밖에 잠을 자지 못했지만, 여자가 일어났을 때는 벌써 거의 한 시간이 지난 뒤였다. 아직 자고 있는 애인을 깨우자니 잔인한 일 같았다. 하지만 여자는 점점 초조해졌다. 옷 입고 마을까지 내려갈 시간이 한 시간밖에 남아 있지 않았다. 여자는 결국 더 지체할 수 없어 침대에서 빠져나오려고 했다. 애인이 곧장 눈을 뜨고 졸린 목소리로 약간 늦는 건 상관없지 않느냐면서 조금만 더 있다 가라고 졸랐다. 여자는 침대를 빠져나와 옷을 입으러 가면서 마음은 굴뚝같지만 정말로 석 주 내리 지각할 수는 없다고 말했다.

여자가 욕실로 들어가자 애인은 뒤에다 대고 요즘 들어서는 저녁마다 나가는 것 같다는 불평을 하면서 소리 질렀다. 처음 만났을 때는 한 번도 따로 외출한 적이 없었다면서. 여자는 그건 벌써 몇 년 전 일이라고 되받아쳤다. 그러고는 방으로 다시 돌아와 일단 시험만 끝나면 그 시절로 돌아갈 수 있을 거라고 애인을 안심시켰다. 하지만 지금으로서는 옛날을 그리워할 짬이 없다고.

여자는 떠나기 전에 애인에게 늦지 않으마 하는 약속을 남겼다. 최선을 다하겠지만 어쩌면 모임 뒤에 한잔 하는 데 붙잡힐지도 모르겠다고 말하고, 여자는 떠났다.

여자는 혼자가 되자 알몸을 일으키고 음악을 낮게 틀었다. 여자는 늘쩡거리면서 방 안을 거닐었다. 여자는 책꽂이 위의 서신을 보는 순간 공포감에 사로잡혔다. 내일이 자궁 재검진일이었지—비정상 세포라니, 심각한 걸까? 여자는 주의를 환기시키기 위해서 지난 여름휴가 때 자신과 젊은 애인이 함께 찍은 사진을 들어 올렸다. 둘 다 태양에 그을려 있고, 술에 취해 행복한 모습이다. 책꽂이 멀지 않은 곳에 자신과 어린 아들의 사진이 있었다. 이제 열 살이 되었지만 아들을 만난 지 7개월이 지났다. 현재의 애인과 공개적으로 동거를 시작하자, 아이 아빠가 아들은 자기와 새 아내가 키울 것이라고 주장하면서 여자의 접근을 막았다. 남편은 그 아이가 자기 아들이 아닐지도 모른다는 것을 생각이나 해보았을까? 아들은 남편이 출장 가 있는 동안 여자와 두 남자, 또 한 여자가 호텔 방에서 보냈던 광란의 밤에 생겼을 가능성이 높다. 그날 밤에 대한 기억으로 여자는 다리 사이의 익숙한 팽창감을 느꼈다. 여자가 클라이맥스를 느낀 지는 한 시간밖에 지나지 않았지만, 그 느낌이 든 순간 여자는 이 밤이 지나기 전에 자위행위를 하게 될 것을 알았다.

젊은 여자는 버스에서 내려서 레스토랑으로 걸어 들어갔다. 여자는 늦었다. 떠나기 전에 섹스를 했던 것이 실수라는 것을 알았지만 하루 종일 오르가슴 욕구를 느꼈으니 어쩔 수 없었다. 여자는 테이블을 돌아보며 남자가 아직 기다리고 있을지 의문스러웠다. 남자가 얼마간 다그쳐오기는 했지만, 이번이 이들의 첫 번째 데이트였다. 여자는 정말로 자신의 애인을 속이고 싶지 않았고, 지금은 더욱더 그랬다. 아들과 만나는 문제, 비정상 자궁 검진 결과 등 애인에게 겹쳐 있는 여러 문제로 이들은 둘 다 엄청난 압박을 느끼고 있었다. 여자는 어째선지 남자를 몰래 만날 때는 다른 여자와 만나는 것만큼 크게 죄책감을 느끼지는 않았다.

여자가 남자와 성관계를 맺은 지는 거의 1년이 넘었다. 지금의 레즈비언 관계가 너무나 흡족했기 때문에 사실 여자는 다시는 남자와 성교를 하고 싶을 일은 없을 것 같다고 생각하기 시작한 참이었다. 여자는 유년기에 이미 자신이 양성애란 사실을 알았다. 여자는 유년기와 사춘기 내내 많은 여자 친구를 구슬려 옷을 벗기고 침대에서 즐기곤 했었다. 하지만 10대 중반에 이르러서는 가끔씩 남자와 어울리는 일도 생겼다.

양성애는 처음에는 단지 호기심일 뿐이었지만 몇 차례 경험한 뒤로 여자는 나름대로 이를 즐기기 시작했다. 여자가 무엇보다 즐긴 것은 남자들에게 자신이 행사할 수 있었던 힘의 느낌이었다. 여자 친구들과 비교해보면, 초기에는 소년들이었고 나중에는 성인 남자들이었지만, 이들은 너무 잘 속아 넘어갔고 조종하기가 쉬워서 상호 존중의 관계가 되기 어렵다고 판단했다. 또한 남자들은 성적으로 서툴렀고 너무 이기적이었다. 그녀는 기분이 내키는 한 다른 여자로부터 오르가슴을 얻어내는 것은 문제가 없었다. 그러나 남자와 함께할 때는 최종 동작을 거의 언제나 몸소 실행해야만 했다. 그것도 자신이 원할 때에나. 그런데 이 레스토랑에서 몰래 남자를 만나는 건 또 뭘 하자는 건가? 어쩌면 또 다른 경험을 시작할 준비가 되어 있을지 모른다는 것 이외에는 여자 스스로도 정말 알 수 없었다―거기다 이 남자는 정말 꽤 매력적이었다. 구석 자리에서 손짓이 왔다. 여자도 손을 흔들어주고 그 손짓의 주인과 합석했다.

이 쌍이 레스토랑에서 식사를 하는 동안, 마을의 다른 한쪽에서 이 젊은 여자의 애인은 스스로에게 클라이맥스를 안겨주면서 침대에 알몸으로 누워 있었다. 여자는 그러고 나서 거실로 들어가 한 병의 포도주와 음악, 한 권의 책과 함께 휴식을 취했다. 그러나 여자는 안정이 되지 않았다. 지난 며칠간 애인의 태도에 뭔가 이상한 구석이 있었고, 여자는 그 점이 신경에 거슬렸다. 여자는 갑자기 젊은 애인과 그 친구들이 강의나 모임 뒤에 잘 가는 술집의 전화번호를 찾기 시작했다. 여자는 전화를 걸어서 자기도 가서 같이 어울리겠다고 말할 생각으로 그녀와의 통화를 청했다. 처음은 아니었으니까. 그러나 여자가 들은 대답은 애인이나 그 친구들이나 아무도 그곳에 없다는 말이었다. 여자는 그들이 다른 곳으로 간 것이 틀림없다고 판단하고 다시 한번 자리 잡고 책을 읽으려고 애썼다.

젊은 여자가 돌아왔을 때 한 차례의 심문이 있었으나 꼬치꼬치 캐묻지는 않았다. 그녀의 말은 모임이 끝난 뒤에 모두가 새로운 곳으로 가자고 제안했다는 것이었다. 여자는 결국 애인의 말을 믿었지만, 이들이 잠자리에 들 때까지도 묘한 분위기가 가시지 않았다.

사실 젊은 여자와 그의 남자 동행은 그날 저녁에는 관계를 갖지 않았으나, 그렇게 되기까지는 1주일밖에 걸리지 않았다. 그뒤로 시간이 흐르면서 이들의 관계는 여자하고만 가능할 것이라고 믿었던 방향으로 나아가고 있었다. 여자가 자신의 남자 애인과 같이 있고 싶은 시간이 갈수록 늘어나자 외도 사실을 숨기는 것이 몹시 힘들어졌다. 여자의 재간에도 한계가 있었다. 또한 모든 면에서 궁지에 몰리고 있는 애인에게 자신마저 문제를 안겨주고 있다는 죄책감도 갈수록 무거워졌다. 재검진은 비정상 세포 상태를 재확인시켜주었고, 애인의 생활은 정밀검진을 받고 결과를 기다리는 긴장감의 연속이었다. 그것으로는 부족하다는 듯이, 그녀는 아들과의 만남을 거듭 거부당했고, 얼마간 직장에 떠돌던 레즈비언 운운하는 소문이 본격적으로 퍼지기 시작하고는 승진에서도 누락되었다.

여자는 젊은 애인이 자신에게 정직하지 않다고 의심하기 시작했고, 말다툼도 급격히 늘었다. 가짜로 오르가슴을 느끼는 척한다고 서로를 비방했을 때 이들의 싸움은 최악의 순간을 맞이했다. 그러나 여자는 아직까지도 애인이 외도한다고 확신할 수가 없었다―바로 그 순간까지, 다시 말해서 젊은 애인의 임신 소식이 날아들 때까지. 여자도 처음에는 아기를 함께 키우면 되지 않느냐고 설득하려고 했지만 아기의 아버지와 함께 살겠다는 젊은 여자의 태도가 너무나 완강했다.

여자는 스트레스와 외로움으로 얼마간 병을 앓았다. 직장을 잃은 뒤로는 자살 생각마저 들기 시작했다. 그러나 그 절망의 나락에서, 바로 얼마 전 아내와 가족으로부터 버림받은 한 남자를 만났다. 이들은 공통된 절망을 가지고 서로를 상담했고 몇 주 뒤에 함께 살기 시작했다. 1년 뒤에 여자는 이 남자의 딸을 낳았다. 여자는 이로부터 얼마 지나지 않아 성공적으로 자궁암 수술을 받았고, 그뒤로 생활은 나아졌다.

여자의 아들은 아버지로부터 독립한 뒤로 여자를 만나러 왔다. 아버지의 동성애 혐오증에 물들지 않은 아들은 자신의 어머니, 그리고 자신과 씨가 다른 동생과 금세 친해졌고, 모두 한 가족처럼 지냈다. 여자는 육십 대에 죽음을 맞이했으나, 이미 15년간 사랑이 넘치는 할머니 노릇을 충실하게 하고 난 뒤였다.

~

동성애적 행위가 남자의 종족보존 성공에 어떻게 도움이 되는지(장면 30)를 이미 설명했으므로 여자의 동성애적 행위의 설명은 상대적으로 간단한 작업이 될 것이다. 남녀 간의 양성애에는 닮은 점이 많고 다른 점은 얼마 되지 않기 때문이다.

차이점이 존재한다고 해도 크게는 정도의 차이일 뿐이다. 예컨대 어느 사회를 보더라도 평균적으로 여성 양성애자는 남성에 비해서 적다—대부분의 동물들에게도 적용된다. 어느 사회나 여성 양성애자는 남성 양성애자의 3분의 1에서 2분의 1에 지나지 않는다. 동성애적 행위를 보이는 남성이 6%인 대규모의 산업화 사회에서는 여성의 2~3%가 그렇다. 모든 남성이 동성애적 성향을 가지고 있는 사회에서는 여성의 30~50%가 그렇다. 이 차이는 가족 계보에서 여성 양성애자 선조를 찾기 위해서는 남성의 경우보다 조금 더 멀리 올라가야 한다는 것을 뜻한다. 그러나 그 차이는 한 세대분 밖에 되지 않는다—말하자면 1875년이 아니라 1850년으로 되돌아가야 한다.

여성 양성애자는 수적으로 남성보다 적을 뿐만 아니라 평균적으로 더 늦은 나이에 동성애(레즈비언)를 처음 경험한다. 양성애 여성 중 50%만이 25세 이전에 첫 동성애 경험을 가지며, 30세 이전에 경험하는 여자는 77%뿐이다. 일부는 40대가 되도록 첫 레즈비언 경험을 가지지 못한다.

양성애 남녀의 또 다른 차이는 여성 양성애자가 남성 양성애자만큼 많은 동성애 상대를 갖지 않는다는 점이다. 남성 양성애자 중 22%가 열 명 이상의 동성애 상대를 만나는 데 비해 여성 양성애자는 4%만이 평생 동안 열 명 이상의 상대를 만난다. 이와 비슷하게, 여자가 남자보다 '일부일처' 동성애 관계를 더 오래 유지한다. 이 장면의 젊은 여자의 경우에서 나타났듯이, 여성 양성애의 일반적인 유형은 동성애 관계를 1~3년 지속한 뒤 이성애 관계로 옮겨 가는 것이다. 역시 이 장면에서 나타났듯이 나이가 든 여자는 대개 이성애 관계 사이사이에 안정적인 동성애 관계를 갖는 것이 '적합'하다.

남녀의 동성애적 행위 간에는 차이점은 적은데 비슷한 점은 많다. 예를 들면 동성애적 성향을 보이는 여자의 대부분이 양성애자다. 어느 사회에서건 여성의 1%만이 일생 동안 **배타적** 동성애 생활을 지속한다. 레즈비언 성향을 보이는 여성의 80% 이상이 장면 31의 두 여자처럼 이성애적 성향 또한 보인다. 어느 사회에도 양성애 여성은 존재하며, 게다가 여성 양성애는 유전자로 대물림된다. 그리고 앞에서 설명한 모든 특성과 마찬가지로 여성[또는 암컷] 양성애는 다른 포유류와 조류, 파충류에도 널리 퍼져 있다. 사실 도마뱀 가운데는 암컷만 있는 종도 하나 있다. 이들은 다른 암컷의 모조 교미 행위에 먼저 흥분되지 않으면 배란을 하지 않는다. 그러고 나서 서로를 흥분시키고 서로의 배란을 자극한다.

남녀의 양성애에 닮은 점은 많고 다른 점은 미미하기에 그 해석도 비슷할 수밖에 없다. 여성 양성애자 및 이성애자의 종족보존 성공을 살펴보면 남자의 경우(장면 30)와 같은 결론에 도달한다—종족보존의 성공을 위한 전략으로서 여성 양성애는 이성애를 대체할 수 있는 현실적이고 성공적인 방안이다.

간단히 설명하면 양성애 여성은 이성애자보다 이른 나이에 종족보존 활동을 시작하지만 역시 질병 감염률이 높으며 종족보존 생활을 일찍 마감한다. 여성 양성애 역시 남성의 경우와 마찬가지로 이 행위가 드물수록 총체적 이득은 크다. 따라서 어느 인구 집단에서도 여성 양성애자의 구성 비율은 이득과 손실이 균형을 이루는 지점을 보여준다.

많은 면에서 남성 양성애보다 여성 양성애의 손실과 이득을 파악하기가 더 쉽다. 왜냐하면 일생의 각 시기별로 여자가 언제 몇 명의 자녀를 낳았는지를 파악하는 것이 남자의 경우—특히 남자가 많은 상대를 지닌 경우에 더욱 그렇다—보다 훨씬 더 수월하기 때문이다. 예를 들면 여성 양성애자가 20세가 되기 전에 자녀를 얻을 확률은 이성애자보다 네 배 높으며, 25세 이전이라도 두 배 높다. 장면 31의 여자는 20세가 되었을 때 한 아이를 낳았고 31세에 둘째 아이를 낳았다. 그러나 종족보존 생활이 끝날 때가 되면 양성애자가 이성애자보다 출산율이 떨어진다. 1980년대에 영국에서 이루어진 조사를 일례로 들어보면, 여성 양성애자의 자녀는 1.6명이었고 이성애자의 자녀는 2.2명이었다. 양성애자가 더 이른 시기에 종족보존 생활을 시작하지만 궁극적으로 더 적은 자녀를 얻는다는 점을 통틀어보면 이성애자와 같은 종족보존율이 성립되므로 득실은 상쇄된다.

앞에서 간단히 언급했듯이 양성애자가 이성애자보다 일찍 시작하지만 대체로 더 적은 자녀를 얻는 것은 이 장면의 여자처럼 질병에 의해서 종족보존 생활이 단축될 수 있기 때문이다. 남성 양성애자와 마찬가지로 여성 역시 더 높은 성병 감염 위험에 노출되어 있다. 이들은 20세가 되면 성기 계통 질병을 얻는 경우가 많다. 25세가 되면 자궁 진단에서 비정상 세포가 나타날 확률이 높으며, 30세가 되면 자궁암에 걸릴 확률이 높아진다.

이처럼 높은 질병률이 어느 정도까지 양성애 활동의 직접적인 결과인지는 알려져 있지 않다. 포진皰疹이나 바이러스성 성기 혹과 같은 성병은 여자와 여자가 성행위를 할 때 직접 전이될 수 있다. 그러나 곧 설명하겠지만, 여성 양성애자의 질병 감염률을 높이는 요소는 이것만이 아니다.

진화생물학적으로 해석해보면, 여성 양성애자가 남성의 경우보다 더 드물다는 사실에서 양성애로 여자가 얻을 수 있는 것이 남자보다 적거나, 잃을 것이 더 많다—아니면 둘 다 해당되거나—는 점을 추측해볼 수 있다. 그러나 여성 양성애자가 잃을 것이 더 많을 가능성은 거의 없다—오히려 그 반대로 보아야 할 것이다. 예를 들면 남성 양성애자는 질병 감염률이 더 높을 뿐만 아니라 여성보다 동성애 혐오자의 폭력에 당할 위험도 더 높다. 이 점은 아마도 레즈비언이 여성 이성애자의 종족보존 성공에 가하는 위협이 게이가 남성 이성애자에게 가하는 위협보다 덜하기 때문일 것이다.

그러므로 여자가 양성애로 남자보다 잃을 것이 더 많지는 않다고 해도 분명히 얻을 것은 더 적다는 결론이 나온다—이 점이 의외는 아니겠지만. 우리는 앞에서 남자가 사춘기 초기에 배워야 할 성적 기술이 여자보다 훨씬 많다는 점을 살펴보았다(장면 27~30). 적절한 시기의 동성애 경험은 남녀 모두에게 조숙한 성적 경쟁력을 제공하지만(장면 27), 남자에게 훨씬 극명하게 나타난다. 사실 여자가 사춘기에 배워야 할 성적 기술이 남자보다 적다고 하면, 여성 양성애자가 다른 여자와의 성적 경험으로 이성애자보다 그렇게 일찍 이득을 누린다는 것은 도대체 어떤 것인가 하는 의문이 생긴다.

여자가 성에 관해서 배워야 하는 주된 사항은 장기적 관계를 최대한 잘 활용하는 기술이다(장면 18). 특히 외도와 속임수 기술을 잘 배워야 한다. 여자는 또한 정자의 체내 보존과 정자전쟁에서 최고의 통제력을 누리기 위해서는 오르가슴을 어떻게 이용해야 하는지도 배워야 한다(장면 26).

외도를 활용하기 위해서 필요한 속임수는 아마도 남자보다는 여자와 연습하는 것이 더 유리할 것이다. 게다가 이 기술은 여자와의 장기적 일부일처 관계 상황에서 연습하는 것이 가장 유리하다—이 점이 여성의 동성애적 행위의 핵심적 측면의 하나다. 여자가 장기적 여성 상대에게 외도 사실을 속이고 거짓 오르가슴 등을 보여줄 수 있다면 비슷한 위치의 남성 상대를 속이는 일은 더욱 쉬울 것이다. 여자는 이렇게 해서 손실의 부담을 감소시키는(장면 9와 11) 동시에 외도와 정자전쟁의 이점(장면 21과 26)을 활용할 수 있다.

여성 양성애자가 배우자 관계를 활용하는 방법과 정자전쟁의 촉발 및 그에 영향력을 행사하는 방법을 이성애자보다 이른 시기에 더 잘 배울 수 있다면, 이 능력을 더 일찍 더 충분하게 사용할 수 있으리라는 것은 당연한 이치다. 여성 양성애자가 남자에게서 일생 동안 받는 사정은 여성 이성애자가 받는 양과 다르지 않다. 게다가 양성애 여자는 남자 상대를 동시에 한 명 이상 둘 확률이 더 높으며, 짧은 기간 내에 두 남자와 성관계를 맺어서 정자전쟁을 촉발시킬 확률도 높다.

여성 양성애자는 정자전쟁을 자주 촉발시킬 뿐만 아니라 정자의 보존을 더 효율적으로 조절할 수 있고(더 상세한 내용은 파악되지 않았지만), 따라서 정자전쟁으로 더 큰 수확을 거두는 것으로 나타난다. 이들이 이성애자보다 자위행위하는 경우가 많으며 빈도도 더 높다. 따라서 이들의 자궁 경부 필터가 더 강력하다(장면 22). 양성애자가 남자와 성교하면 오르가슴을 더 많이 느끼지도 더 적게 느끼지도 않는다. 그러나 자궁경부 필터의 효력을 감소시키는 선행先行 오르가슴(장면 25)을 느낄 확률이 더 높다.

정자전쟁에서 위력을 발휘하는 무기인 여성의 오르가슴은 사실 남자가 없더라도 어쨌거나 얻을 수 있기 때문에(자위행위와 몽정으로—장면 22~26) 레즈비언 관계에서 연습하는 것이 더 쉽다—일반적으로 이성애 관계의 삽입 성교 전, 진행 중 또는 후에 이루어지는 오르가슴까지 포함해서. 레즈비언 성교 시에 여자끼리 주고받는 자극이 남자가 전희에서 주는 것과 매우 유사하기 때문이다. 레즈비언이 가장 흔하게 사용하는 기술은 성기, 특히 클리토리스의 자극과 마사지다. 다음으로는, 가슴 자극과 마사지, 젖꼭지 핥기와 빨기, 구강성교, 성기 압박과 비비기 순으로 행해진다.

멜라네시아의 몇몇 사회를 보면 레즈비언은 성교할 때 입과 손밖에 사용하지 않는다. 그 밖의 사회에서는 때로 도구를 사용하는데 클리토리스 자극이나 질 삽입에 사용한다. 그 범위는 시베리아 일부 지역의 순록 및 송아지 근육에서부터 전 세계 기타 지역의 바나나와 고구마 및 세련되게 조각된 남근상에 이르기까지 다양하다. 물론 근대화된 산업사회에서는 상품화된 진동기와 음경 모양의 성구性具도 간혹 사용된다. 그러나 손가락이나 도구의 삽입은 레즈비언의 자극에서 상대적으로 빈도가 떨어진다. 미국의 한 조사에서는 레즈비언의 3%만이 성교 시 상대를 자극하는 데 정기적으로 삽입 방식을 이용한다고 답했다.

여성의 오르가슴 '성공률'은 남자보다 여자에게 자극받을 때 두 배가량 높다. 게다가 여자가 여자에게 주는 오르가슴은 월경주기 가운데 수태기에 느낄 확률이 훨씬 높다. 장면 31 도입부에서 우리가 목격했던 성적 활동의 절정은 그들의 월경이 끝난 지 1주일 뒤에 이루어졌다. 그들이 그달 안으로 배란했다면(아니었을 수도 있다—장면 15), 그것은 바로 며칠 뒤였을 것이다. 두 여자 다 수태기였던 것이다.

흥미롭게도 레즈비언이 월경주기 가운데 수태기 동안 오르가슴 빈도의 절정을 맞이한다는 사실은 다른 암컷 동물이 이와 유사한 주기에 동성애 활동의 절정을 맞이한다는 점과 맞닿는다. 암소나 들쥐, 또는 모르모트, 그 어느 종을 연구하더라도 암컷들이 수태기 동안 서로를 흥분시키는 빈도가 높다는 점이 확인된다. 실험을 통해서, 이러한 흥분 습성이 호르몬 작용의 영향을 받는다는 점이 확인되었는데, 월경주기 중 호르몬 균형에 변화를 주면 흥분 습성의 타이밍도 조절되며 심지어는 모두 정지되기도 한다. 경구 피임약을 복용하는 레즈비언은 오르가슴이 가장 활발한 시기의 중간 사이클을 상실한다. 이 점은 레즈비언이 상대에게서 오르가슴을 얻고자 하는 동기가 앞에서 묘사한 다른 동물들과 마찬가지로 두뇌 작용보다는 호르몬 작용에 의해 발생한다는 점을 증명해준다.

그렇다면 여자의 동성애적 행위에 관한 마지막 설명은 여자와의 연습 과정이 남자와의 장기적 배우자 관계에 성공하는 데 어떤 도움을 주느냐가 될 것이다. 이 점은 양성애가 남자에게 제공하는 이점에 관한 결론과 정말로 아무런 차이가 없다. 그러나 남성 양성애자의 연습은 기본적으로 많은 여자들과의 관계에서 성공하기 위한 것이다. 여자는 남자와 달라서 많은 남자와 성관계를 맺는 것만으로는 종족보존의 성공을 거두지 못한다. 여자는 대신 선택에 신중을 기하고 전략적으로 행동함으로써, 그리하여 자신의 주변에 있는 남자들을 최대한 활용함으로써, 종족보존의 성공률을 높인다. 이 점에서 여성 양성애자는 정자전쟁을 촉발하고 조종하는 능력과 외도를 더 잘 이용할 줄 아는 능력을 남보다 일찍 획득함으로써 이득을 본다. 그러나 남성 양성애와 마찬가지로 여성 양성애의 종족보존 전략은 질병이나 이른 사망 때문에 종족보존 활동을 훨씬 단축하는 결과를 가져올 확률 또한 높다. 따라서 궁극적인 결과를 따져보면 여성 양성애자 및 이성애자 모두 종족보존에 있어서 비슷한 성공을 거둔다—그러나 그것을 획득하는 수단이 다르다.

장면 31에는 아직까지 설명되지 않은 점이 하나 남아 있다. 여자들이 함께 살면 월경이 동시에 나타나는 경우가 종종 있다. 레즈비언뿐 아니라 어머니와 딸, 수녀, 죄수, 간호원, 학생들 역시 함께 살 경우에 월경을 같이 하는 경우가 종종 있다. 1980년대 초반에 미국에서 일련의 신기한 실험이 실시되었는데, 자원자 그룹 내의 각 여성이 수개월간 매일 다른 여성의 겨드랑이 분비물을 코 밑에 바르는 것에 동의했다. 분비물을 바른 여성의 월경주기는 그것을 제공한 여성의 주기에 맞추어졌다—이 결과는 많은 시간을 함께 보내는 그룹 내에서 이들의 월경주기를 일치시킬 수 있는 물질이 여자의 겨드랑이 분비물 안에 들어 있음을 암시한다.

근년 들어서 월경주기의 일치가 실제 현상인가에 관한 논의가 많이 이루어졌다. 가장 최근의 연구에서는 그렇다는 결과가 나왔다—그러나 **불일치**

역시 그렇다. 일부 그룹의 여자는 월경주기가 점점 비슷해졌는가 하면, 또 다른 그룹에서는 점점 달라졌다. 어느 그룹이 어떤 방향으로 가느냐는 우연에 의한 것이 아니고 그 그룹에 속한 여자 중에서 무엇보다, 몇 명이 규칙적으로 배란을 하느냐에 따라 달라졌다(장면 15). 배란하는 여자가 몇 명 되지 않는 그룹, 특히 일부가 피임약을 복용하는 경우에는 일치되는 경향을 보였다. 배란하는 여자가 가장 많은 그룹에서는 불일치하는 경향이 나타났다. 이는 마치 여자의 신체가 다른 여자와 되도록이면 시간 간격을 멀찌감치 두고 배란을 하려는 듯했다.

왜 이러한 반응이 나오는가는 아직까지 의혹에 싸여 있으나, 아마도 남자에게 수태기를 숨기는 특성(장면 2)과 관련이 있을 것이다. 만약 한 그룹 내의 여자가 모두 동시에 배란한다면 아무것도 모르는 남자라도 수태기와 연관된 행위의 변화를 눈치 챌 것이다(장면 3, 6, 10, 22). 여자가 따로 떨어져 생활하는 경우에는 예측할 수 없는 기분이 들거나 행동을 하게 될 때 남편에게 주기의 변화를 숨기기가 더 쉽다.

장면 31의 두 여자의 월경주기가 일치했다는 사실은 이들이 최근 달에 배란하지 않았다는 것을 알려준다. 이것은 남자가 없을 경우에 흔히 나오는 반응이다(장면 15). 여기서는 젊은 여자가 이성애 관계를 시작하면서 먼저 배란을 했고, 그런 다음에 여자 애인과 월경주기가 달라졌다고 봐야 할 것이다.

장면 32
오늘 밤만 벌써 열 번

초인종이 울렸다. 초인종을 어떤 식으로 누르는지만 보고도 그 사람이 어떤 사람인지 알 수 있다는 것은 어딘가 으스스한 일이었다. 먼젓번 초인종은 공격적이고 집요했지만 이번 것에는 어떤 망설임 같은 것이 들어 있었다. 여자는 침대에서 일어나서 속옷 위로 가운을 걸쳤다. 젊을 거야, 여자는 혼자 생각했다―아니면 목사이든지.

여자는 아래층으로 내려가면서 재빨리 계산을 해보았다. 바쁜 밤이었다. 이번으로 열 번째지―어쩌면 이것으로 마감해야 할지도 모르겠다.

여자는 앞에 서 있는 남자를 보고 속으로 웃었다―젊었으나 목사는 아니었다. 그리고 남자는 몹시 불편해 보였다. 남자는 머뭇거리면서 얼마냐고 물었다. 여자는 말해주고 나서 콘돔을 안 쓰고 싶으면 더 내야 한다고 덧붙였다. 절반은 가격 때문에, 절반은 여자의 모습에 남자는 뒤로 물러서서 주저하다가 동의했다. 여자는 남자가 들어올 수 있도록 한발 물러나면서 위로 올라가라고 말하고는 문을 닫았다. 여자는 남자를 따라서 올라가기 전에 "모텔―2층" 간판을 내렸다.

여자는 방에 들어서서 어떤 걸로 하겠느냐고 물었다. 콘돔을 쓸 거냐, 아니냐. 남자는 안 쓰면 돈이 부족하니까 콘돔을 써야겠다고 말했다. "돈부터요." 여자가 말했다.

젊은이는 너무 긴장한 눈치였다. 남자를 진정시키기 위해서 여자는 자신의 이름, 아니, 그냥 아무 이름을 대고는 남자의 이름을 물었다. 남자는 자신의 성을 말했다. 여자는 자기도 모르게 웃음이 나왔다. 여자는 남자에게 군인이었느냐고 물었다. 남자는 당황하면서 학생이었는데 학교를 마친 지 얼마 되지 않아서 누가 물으면 성부터 대는 습관이 아직 없어지지 않았다고 설명했다. 여자는 괜찮다고 말하고는 처음이냐고 물었다. 남자가 그렇다고 대답하자 여자는 아주 처음인지 아니면 돈 주고 하는 것이 처음인지 물었다. 돈 주고 하는 건 처음이고, 아마도 아주 처음일 거라고 남자가 말했다. 남자도 확실하지 않았다. 두어 번 그럴 뻔한 적은 있었지만 정말로 했던 건지는 알 수 없었다.

여자는 남자에게 노력을 요구하지 않았다―그저 편안히 하고 자신에게 맡겨두라고만 했다. 그러고는 가운과 속옷을 벗고 침대에 누워서 남자에게 바지와 팬티를 벗고 가까이 오라고 말했다. 여자는 남자의 성기가 마치 옷 밑에 숨어 있는 듯이 흐물거리고 작은 것을 보고 아무런 반응을 내비치지 않았다. 여자는 힘들게 콘돔을 끼웠고, 그러고는 발기를 시키기 위해서 최선을 다했다. 여자의 편안한 대화와 능숙한 손놀림에도 불구하고 남자의 반응을 일으키자니 긴 시간이 걸렸다. 그러고는 남자가 딱딱해지기 시작했고, 여자가 자기가 이 남자를 돕긴 도왔나보다 생각하는 순간 남자가 사정했다. 여자가 남자를 자기 안으로 넣으려고 시도하기도 전이었다. 여자는 남자의 낙담하고 부끄러워하는 모습에 동정심이 일었다. 여자는 그에게 걱정할 것 없다고 말하고는 남자가 서둘러 옷을 입고 그런 모욕적인 상황에서 벗어나려고 하는 동안 다음에는 잘할 거라면서 안심시키려고 했다. 그냥 긴장해서 그런 거라면서. 항상 보아온 일이라고 여자가 말했다.

남자가 가고 난 뒤에 여자는 옷을 입었다. 여자는 그날 밤의 벌이를 어림하는 동안 다섯은 콘돔을 쓰고 다섯은 쓰지 않았고, 은퇴하면 성 치료사가 되어야 할 지도 모르겠다는 생각을 했다. 잠시 뒤, 여자는 앞문을 나서 길을 걷고 있었다. 큰소리로 택시를 불러 타고는 집으로 향했다.

여자는 눈에 익은 경치가 펼쳐지는 것을 지켜보면서 그 학생 생각으로 돌아갔다. 여자는 교육이 한 사람의 성적 발육을 늦춘다는 게 새삼 놀라웠다. 학생으로서의 신분이 여자의 길을 방해했다는 것은 아니다. 사실 여자가 이 직업을 시작한 것은 한 15년 전쯤 대학 때부터였다. 여자가 집을 떠날 때 꿈에 그리던 직업은 아니었지만, 높은 수익이 보장된다는 것만큼은 아무도 부인할 수 없었다.

여자는 돈이 부족했던 다른 많은 동급생과 마찬가지로 외모를 이용해서 남녀 소개 업소에 가입했다. 여자는 상대로부터 받은 금전적인 제안에 유혹되어 자신이 가장 마음에 드는 고객을 골라서 밤을 보내기 시작했다. 졸업할 무렵 여자는 섹스로 너무나 많은 돈을 벌었고 자기만의 단골손님도 상당수 확보했다. 솔직히 말하자면 스스로도 너무 즐겼기 때문에 다른 직업을 구해야 할 이유를 찾을 수 없었다.

여자는 이 15년 동안 매력적인 여자가 섹스로 돈을 벌 수 있는 방법이란 방법은 다 써보았다. 저질 포르노 영화로 단기간에 큰돈을 번 적도 있었다. 대체로는 재미있었다. 온갖 뒤틀린 자세로 한 다스나 되는 나체 남자들 사이에서 두 손 가득 남자의 성기를 쥐고, 구멍이 세 개나 나 있는 방에 그래도 카메라를 둘 자리는 남겨놓았던 당시의 풍경을 떠올리고는 웃음이 나왔다. 그랬지만 한 돈 많은 정치가가 여자와 둘만의 은밀한 관계를 위해서 시내 중심부에 호화 아파트를 얻어주자 여자는 영화계에서 은퇴하고 직업적 정부가 되었다. 여자는 다른 남자들과의 성관계를 완전히 그만두지는 않았지만 그런 척했다—그리고 들키지도 않았다. 결국 그 정치가의 성생활이 타블로이드판 신문에서 폭로되었고 여자는 전진했다—이번에는 판사였다.

판사가 죽은 뒤로 여자의 동료 직업인들과의 몇 차례 얘기 끝에 여자는 얼마 동안 거리의 여인이 되었다. 여자는 많은 면에서 자신의 직업 가운데 다른 어떤 것보다 거리 생활을 즐겼다. 확실히 괜찮은 벌이였다. 하지만 결국에는 그만두었다. 지나치게 폭력적인 한 고객과의 유쾌하지 못한 경험이 있었는데, 여자를 칼로 몇 차례 그었고 그녀는 며칠간 병원 신세를 졌다. 여자는 그뒤로 어느 정도 안전이 보장된 사창가로 들어갔고, 이것도 즐겼다. 여자는 외모가 시들기 시작해서 더 이상 어린 여자들과의 공개 퍼레이드에서 경쟁이 되지 않자 단지 그곳을 떠나기만 했다. 적어도 여자의 호객 방법, "모델—2층"이 효과가 있는지 남자들은 여자가 문을 여는 순간에 이미 절반쯤 몸을 던질 태세가 되어 있었다. 어쨌거나 대부분의 남자가 그냥 돌아서 가버리기보다는 여자가 요구하는 가격을 받아들일 정도로 여자는 여전히 매력적이었다.

여자는 머잖아 은퇴할 것이었다. 여자는 자신이 운이 좋았고, 잘나갈 때 그만두어야 한다는 것을 알고 있었다. 지금까지 수천 명의 섹스 상대가 있었지만 병에 걸린 것은 단 세 번이었고, 그나마 항생제 덕에 금방 완치할 수 있었다. 몇 차례 구타를 당하기도 했지만 치명적인 부상은 입지 않았다. 가장 중요한 것은 대부분 동료 창녀들의 삶을 망가뜨렸고 여전히 망가뜨리고 있는 약물을 피할 수 있었던 점이다. 최근 수년간 여자는 대부분의 사람들이 1주일 심지어는 한 달이 걸려야 벌 수 있는 액수를 매일 밤 벌어들이고 있다. 물론 제반 경비는 든다—경비인 비용과 집세. 그렇기는 하지만 여자는 몇 년 전에 은퇴했더라도 저축 이자만 가지고도 편안히 살 수 있었을 것이다. 아직까지 은퇴하지 않은 이유는 단지 여자가 이 직업을 너무 즐기기 때문이었다. 그 모든 것을 멀리하기가 너무 싫었다. 여자도 사실 그만두겠다는 판단이 서면 직접 남녀 소개 업소나 매춘 업소를 차릴까를 진지하게 고려하고 있는 중이다.

택시가 여자의 집 앞에 섰다—도시 외곽에 위치한 커다란 단독주택이었다. 남편이 부엌에서 때맞춰 잘 왔다고 소리쳤다—저녁 준비가 거의 끝났고 아이들은 이미 잠자리에 들었다. 여자는 위층으로 올라가 직접 목욕물을 받아서 목욕을 했다. 뜨끈한 물속에 누워 있는 동안 남편이 포도주를 한 잔 날라다 주고는 요리를 마저 끝내기 위해서 다시 아래층으로 내려갔다. 여자는 남편과 함께하기 위해 내려가기 전에 각각 자기 방에 잠들어 있는 네 아이를 들여다보았다. 이 아이들의 아버지가 누군지 알면 재미있을 텐데. 여자는 지금 열 살과 여덟 살인 두 딸은 정치가와 판사의 아이라고 생각하고 싶었지만 그것도 장담은 할 수 없었다. 큰아들은 사창가에 있을 때 임신되었으니 누가 아버지인지 알 수 없다. 고객 대다수가 부유하고 지위가 높은 사람들이었고, 그중에는 아이의 아버지가 되어도 괜찮을 것 같다고 생각되는 남자도 몇 있었다. 작은아들은 아마도 남편의 아들일 것이다. 여자는 얼마간 특별히 그의 아들을 갖겠다고 노력하는 것을 포기했었지만, 너무 빨리 임신했고, 이 아이의 아버지가 남편인지 아닌지 확신은 할 수 없다.

남편은 여자보다 다섯 살 아래였다. 왕년의 학생이자 고객이었는데, 생활비 및 성관계와 교환하는 조건으로 아이를 돌보아주겠다고 자청한 것이었다. 이제 함께 산 지 5년이 되었다.

이들 부부는 저녁 식사 뒤에 술을 마시면서 이야기를 나누었다. 이들은 그 주 처음으로 잠자리에 들기 전에 관계를 나누었다.

생물학적으로 볼 때 매춘부는 성적인 접촉과 한 가지 혹은 그 이상의 자원을 다른 사람과 교환하는 사람이다. 여기에서 요구되고 제공되는 자원은 대개 돈이지만 음식과 거처 혹은 보호 등이 될 수도 있다. 활동력 있는 여성 매춘부의 생식기 내부만큼 정자전쟁이 활발한 곳은 없다. 밤의 업무가 끝날 무렵이면 매춘부의 몸 안에서 전쟁으로 돌입한 수많은 정자 부대가 두 자리 수를 넘기는 경우도 종종 있다. 그리고 때때로 이 전쟁의 승자는 수태의 포상을 받아 안는다.

매춘부는 종족보존을 한다. 이 장면의 여자처럼 종족보존을 성공적으로 이끄는 경우도 종종 있다. 왜 어떤 여자는 정절이나 혹은 은밀한 외도를 포기하고 매춘 행위를 통해서 드러내놓고 종족보존의 성공을 추구하는가? 이들은 언제, 또 어떻게 전통적인 전략을 추구하는 여자보다 종족보존에 더 성공적일 수 있는가?

여성 매춘부는 인간 사회의 거의 보편적인 특징이었으며 지금까지도 그렇다. 인류학적으로 전 인류 사회의 4%에서만 매춘부가 없는 것으로 밝혀졌다. 나머지 사회에서는 이들의 존재가 낯설지 않다. 이들 사회에서조차 어느 정도의 여성이 일생 동안 어느 시기에 매춘에 종사하는지는 알기 어렵다. 공개적으로 활동하는 매춘부의 수치는 1980년대 후반 영국 여성의 1% 미만에서부터 1974년 에티오피아 아디스아바바 여성의 25%까지 분포되어 있다. 그러나 이들 수치는 신빙성이 없으며 아마도 실제보다 낮을 것이다. **때로는** 매춘에 종사하는 여성이 이보다 많다.

문제는 어느 정도 정확한 정의가 없다는 것이다. 돈을 대가로 하는 공연하고 난잡한 성관계는 많은 면에서 모호하달 것 없이 물질 혹은 '선물'과 성적 접촉을 교환하는 것일 뿐이다. 인류의 역사와 문화를 통틀어 첫 번째 성교 시기를 앞두고 남자가 여자(혹은 여자의 가족)—매춘부 범주에 들지 않는 여자—에게 '선물'을 하는 예는 많다. 이 교환을 결혼식의 한 순서로 의례화하는 경우도 종종 있다. 심지어는 결혼식 당일 밤 성관계를 가져도 좋다고 허락받기 전에 신부 또는 그 가족에게 돈을 요구받는 경우도 있다.

매춘에는 분명히 정도가 있다. 성관계와 돈을 교환하는 전통적인 매춘부와 성관계와 부양, 보호, '선물'을 배우자와 교환하는 여자를 어떻게 구분해야 할지, 원칙적으로는 따지기 어렵다. 이 장면의 여자는 분명히 매춘부이지만, 그러면 장면 18의 여자는 어떤가?

다른 동물의 경우도 마찬가지로 어떤 것이 매춘 행위이고 어떤 것이 아닌지 판단하기 어렵다. 한쪽 극단에는 먹이와 교미를 교환하는 엠피드파리처럼 명백한 매춘이 있다. 수컷 엠피드파리에게 짝짓기 기회가 생기면 먼저 모기떼를 찾고 그중 한 마리를 잡아 침샘의 줄로 휘감는다. 그러고 나서 대기 중인 암컷을 찾아서 그것을 준다. 수컷은 암컷이 먹이의 망을 걷어내고 먹는 동안 교미를 허락받는다. 선물이 커서 암컷이 먹는 시간이 길수록 수컷이 더 많은 정자를 주입할 수 있으며 더 많은 난자를 수정시킬 수 있다. 이 수컷이 떠나면 암컷은 다음 수컷이 먹이를 가져와서 교미할 날을 기다린다. 어떤 종의 암컷은 매춘 행위에 탁월해서 직접 먹이를 구하는 수고를 기울일 필요가 전혀 없다.

철새는 매춘 영역에서 또 한쪽 극단을 차지한다. 수컷은 먼저 서식지—자신과 암컷이 새끼를 가장 성공적으로 키울 수 있는 장소—로 돌아와서 최상의 영토를 놓고 경쟁한다. 암컷이 그다음에 도착하고 다른 영토와 자신을 방어해줄 수컷을 물색한다. 이 암컷들은 영토의 질과 수컷의 조건 및 그 능력을 놓고 가장 좋은 타협안(장면 18)을 선택한다(최상의 영토와 수컷은 가장 먼저 온 암컷이 낚아채버리기 때문이다). 암컷은 마침내 한 수컷에게 교미를 허락한다. 대가로 암컷은 수컷의 영토를 나눠 쓰도록 허락받는다. 만약 그 수컷이 다른 수컷에게 쫓겨나게 되면 암컷은 자신의 먼저 짝과 함께 가지 않고 새 수컷에게 이제 그의 영토가 된 곳에 계속해서 살 수 있도록 허락받는 대가로 교미를 허락한다. 암컷은 한 특정 영토에 계속해서 살기를 원하며 그렇게 하기 위해서는 그 영토를 성공적으로 차지한 어떤 수컷과 교미를 하더라도 개의치 않는다. 비록 일부일처 관계 내에서 이루어지는 것이라고 해도 원칙적으로 이 역시 매춘 행위—자원과 교미의 교환—이다. 이 역시 전 세계 대다수 여성의 행위와 거의 다를 바 없으며, 자신이 매춘부라고 생각하는 여자는 거의 없다.

물론 남자 역시 매춘 행위를 할 수 있다. 장면 18의 젊은 정원사가 좋은 보기다. 하지만 대부분의 상황에서는 남자의 신체를 성적으로 취하기 위해서 어떤 의미에서든 대가를 지불하려는 여자를 찾기는 훨씬 어렵다. 대부분의 남자는 성적 기회 그 자체 이상의 어떤 보상 없이도 너무도 기꺼이 성관계를 맺기 때문이다. 이와 대조적으로 여자는 이 책에서 언급된 모든 이유(특히 장면 28을 자세히 볼 것)로 인하여 어떤 경우가 되었거나 한 번의 성적 접촉으로 남자보다 잃을 것이 많으며, 보통은 그 잠재적인 손실과 균형을 맞추기 위한 일련의 지불이 필요하다. 여자가 어떤 특정 남자의 유전자 획득을 갈망하는 경우에만 이 특권을 얻기 위해 특정 방식으로 지불하려고 할 것이다.

그렇지만 앞에서 설명한 범주로 따져볼 때, 장면 32에서 여자의 매춘 행위는 분명히 '조류'보다는 '엠피드파리' 쪽에 가깝다. 이 여자에게 매춘은 생계 수단이다. 생물학적으로는 종족보존의 전략—그중에서도 매우 성공적인 전략—이기도 하다. 여자는 30대 중반에 네 자녀를 낳았고, 자녀에게 편안하고 건강한 주거 환경을 마련해줄 수 있는 액수 이상의 돈을 벌었다. 각각의 자녀는 아버지가 다르고, 이중 적어도 두 명은 지위 높은 남자였을 것이다. 모든 아버지의 공통점은 이들이 매우 경쟁력 있는 사정액, 즉 그 많은 남자를 물리칠 수 있었던 정자 부대를 제공했다는 것이다. 여자의 아들과 손자, 그리고 그 후대의 남성 후손들도 경쟁력 있는 정자를 생산할 확률을 평균 이상 확보했다. 후대에 이르면, 여자의 남성 후손의 성공으로 인해서 인구 중 많은 사람이 여자의 유전자를 지니고 있을 것이다.

종족보존 전략으로서 매춘의 이점은 어떤 여자라도 자신의 몸 안에 대규모 정자전쟁을 촉발시켰을 때 얻는 이점과 같은 것이다. 매춘부는 이 기술을 다른 어떤 범주의 여자보다 자주 활용한다. 윤간으로 고통받는 여자나 집단 성교 기회를 찾는 여자를 제외한 거의 대부분의 여자들은 동시에 많은 남자의 정자를 보유할 수 없을 것이다.

종족보존 전략으로서 매춘의 성공은 우리 대부분이 선조의 매춘부 유전자를 보유하고 있음을 뜻한다. 가족 계보를 평균 1820년대(7세대)까지만 거슬러 올라가면 매춘부에게서 태어난 선조를 찾을 수 있을 것이다(인구의 1%만이 공개적 매춘 행위로 임신된다고 조심스럽게 가정할 때).

그러나 생계 수단으로서의 매춘에는 많은 위험이 따른다. 첫째로, 무엇보다도 많은 상황에 적용되는 것처럼, 성병 감염률이 높다는 점이다. 매춘부는 이 요인 하나만 갖고도 이른 불임과 사망의 운명에 처할 수 있다. 많은 매춘부가 콘돔을 사용해서 이 위험을 감소시키고 싶어하지만, 그러려면 남자의 거부감(장면 29에 언급된 이유 때문일 것이다)과 끊임없이 싸워야만 한다. 매춘부들은 남자들이 콘돔을 사용하기로 합의해놓고 몰래 빼버리는 경우가 있음을 보고한다. 에이즈의 출현 이후에도 다수의 고객은 콘돔을 사용하지 않는 쪽을 선호한다. 사정에 대한 남성 신체의 선호도가 너무나 강력하기 때문에 많은 매춘부는 장면 32의 여자처럼 콘돔을 사용하지 않을 경우에 비용을 높이는 것으로 그 상황을 차라리 활용하는 쪽을 택하기도 한다.

고객에게 부상을 입거나 살해당할 위험도 따른다. 매춘부들은 사창가나 안마 시술소 같은 곳에 한데 모여 활동하면서 이들을 지켜주고 보호할 남자를 고용하거나, 혹은 그냥 보호자(대개는 어머니나 아버지)를 둠으로써 이 위험을 줄이려고 한다.

그러나 매춘부에게 그 무엇보다 더 큰 위험은 약물중독인데 육체적으로나 재정적으로나 큰 위협이다. 매춘부는 자신이 일하는 곳의 방세나 보호비를 지불해야 함에도, 일반인으로서는 꿈도 꾸지 못할 수입을 얻는다. 그러나 부유한 매춘부는 얼마 되지 않는다. 이는 부분적으로는 착취의 결과

다. 어린 소녀들은 처음에는 마약에 발을 들여놓게 되고, 그러고 나서는 이 습관을 지탱할 만한 돈을 벌 수 있는 유일한 수단으로 매춘업을 '추천받는다.' 그러면 소개 업자가 '보호'를 제공하는 몫으로 커미션을 뗀다. 이러한 슬픈 사슬 작용 때문에 매춘 행위로는 불가피하게 이득이 손실을 뛰어넘지 못한다.

매춘이 여자에게만 종족보존 전략이 되는 것은 아니다. 남자가 매춘부를 찾아가는 것 역시 종족보존의 전략이다. 고대 그리스와 로마에서는 거의 모든 남자가 일생 중 어느 시기에 매춘부에게 사정을 했다. 1940년대의 미국에서는 69%의 남자가 적어도 한 차례 매춘부에게 사정을 했으며 15%가 정기적으로 그렇게 했다. 1990년대 영국에서는 45세에서 49세 남자의 10%가 일생 중 적어도 한 차례는 성관계를 위해서 돈을 지불했다. 이따금씩 기회가 생기는 신부神父들의 경우는 차치하고라도, 성교를 위해서 돈을 지불하는 일반 남자는 종족보존상의 또 다른 출구를 갖고 있다. 예컨대 영국에서는 이들이 돈을 지불하지 않고 얻는 상대의 수 또한 평균 이상이다.

매춘부는 남자의 종족보존 전략에서 쉽고 빠른 사정 표적이 된다. 많은 매춘부에게 사정할수록 남자의 종족보존 성공 잠재력도 높아진다. 남자는 상황에 따라서 더 많은 이득을 볼 수도 있다. 예를 들면 장면 32의 젊은 학생은 나중에 다른 여자와의 전통적 종족보존 시도에 유용하게 쓰일 경험(장면 27)을 얻고자 했다(평균적으로 학생들의 성적 경험은 다른 사람들보다 2년 뒤처진다). 짝이 없는 남자는 매춘부를 그냥 사정할 여성 대상에 포함시킨다. 때로는 장면 32의 여자의 남편처럼 매춘부와의 접촉을 통해서 장기적 배우자를 찾기도 한다. 이미 상대가 있는 남자는 매춘부를 외도의 표적으로 이용한다.

매춘은 또한 재정적으로나 질병과 관련해서나 잠재적 손실이 많다. 이렇듯 사정은 쉬울지 몰라도 앞에서 설명한 대로 종족보존의 이점은 상대적으로 낮은 편이다. 언제 사정하더라도 곧이어 맞닥뜨릴 격렬한 정자전쟁 때문에 수태 획득의 확률은 낮다. 게다가 오랜 기간 무피임 성교를 하더라도 매춘부가 그 기간 중에 임신할 확률은 일반 여자가 단 한 명의 상대와 가끔씩만 성관계를 갖는 경우보다 낮다. 이는 매춘부의 배란율이 낮은 까닭일 수도 있고(장면 16), 아니면 자궁경부 필터가 더 효과적인 까닭일 수도 있다(장면 22). 또 정자전쟁 때문일 수도 있다. 매춘부의 몸속에서 정자전쟁이 너무나 격렬한 탓에 여러 남자의 정자 부대가 서로를 중화시키는 경우도 발생할 테니 말이다.

남자가 매춘부에게서 아이를 얻으려면 그가 배우자 관계 밖에서 아이를 얻기 위해서 전통적 정부에게 사정하는 것보다 훨씬, 훨씬 더 많이 사정해야 한다. 물론 매춘부를 찾는 이유가 아이 낳을 기회를 얻기 위해서라고 말하는 남자는 하나도 없을 것이다. 그럼에도 때때로 이에 성공하여 유전자 프로그램의 과정에서 자신의 아이에게 정자전쟁에 그토록 막강한 사정력을 물려주는 남자가 있을 것이다―매춘부는 정자전쟁 전문가가 아닌 남자에게는 맞지 않는 표적이다(장면 19, 30, 35).

마지막 남은 수수께끼는 왜 어떤 남자는 매춘부와 장기적 배우자 관계를 맺으려고 하는가이다. 그런 남자는 방금 앞에서 설명한 매춘부 고객의 모든 불이익을 온몸으로 겪는다. 하지만 보통은 이 불이익을 여자의 재산을 나누어 갖는 이점과 거래한다. 장면 32의 남자는 재산과 생활 방식의 이점을 누리는 대신 여자와 여자의 집, 그 자녀를 돌보았다. 게다가 그에게는 그녀에게서 자녀를 얻을 기회도 있고, 어쩌면 이미 그랬을 수도 있다. 그 남자의 생활 방식은 그가 다른 여자들에게도 사정할 기회를 가질 수 있다는 의미도 된다. 그의 종족보존 전략은 위험했다. 잠재적 이득은 높지만 잠재적 손실 또한 그렇다. 남자가 이 전략으로 이득을 얻기 위해서 필요한 다른 유전자적 특성은 별개로 치더라도, 그 역시 정자전쟁에 전문가였다면 최소한은 도움이 되었을 것이다(장면 35).

매춘 행위와 매춘부 활용이 높은 잠재적 이득과 상당한 잠재적 위험을 지닌 종족보존 전략이라는 점에서 매춘부는 양성애자와 닮은 점이 많다(장면 30과 31). 매춘에도 양성애의 경우와 똑같은 유전적 경향이 있는지는 알 수 없다. 그러나 만약 그렇다면 소수의 여자만이 매춘 유전자를 지녔을 것이다. 양성애에서 내린 결론과 마찬가지로, 매춘은 상대적으로 희소성을 유지하는 경우에 한해서만, 적어도 그것의 손실이 큰 사회에서 이익이 되는 전략이다. 만약 모든 여자가 모든 남자에게 성교를 허락한다면 매춘의 잠재적 가치와 일반 여성을 앞지르는 종족보존상의 강점은 사라질 것이다. 동시에 질병의 확산이 급상승할 것이다.

만약 양성애의 경우처럼, 매춘에 대한 이 '소수 유전자' 해석이 옳은 것이라면, 평균적으로 매춘부와 다른 여자의 종족보존 성공률도 **동일할 것이**라고 추정할 수 있다. 하지만 양성애자를 대상으로 실시한 것과 같은 유전자 분석이 없이는 이 점을 확신할 수 없다—그리고 다른 해석도 있다. 모든 여자가 **잠재적 매춘부**라는 것이다. 그러나 잠재적 이득이 잠재적 손실을 능가할 것이라고 판단되는 상황은 얼마 되지 않는다. 만약 이 해석이 옳다면, 상황을 적절하게 판단하고 매춘부가 된 여자는 다른 여자보다 종족보존 면에서 **높은** 수준의 성공을 누릴 것이라는 추정이 가능하다.

이 해석은 양성애에 적용되는 해석(장면 30과 31)보다는 위험부담이 높은 또 하나의 소수의 성 전략, 즉 강간에 적용되는 해석과 좀 더 공통점이 많다. 이것이 다음 두 장면의 주제다.

장면 33
약탈자

남자는 차 문을 잠그고 컴컴한 길을 따라서 걸었다. 그는 걸으면서 한 블록 떨어진 곳, 마을의 중심을 가로지르는 도로의 차량 소리를 들었다. 자정이었으나 아직도 후끈거렸으며 번화가 주변의 노천 카페와 술집은 주로 휴일을 즐기는 사람들로 여전히 붐비고 와자지껄했다. 번화가에서 방향을 돌리자 좁은 길 끝에 남자가 지금까지 찾고 있던 불빛이 보였다. 교회 바깥쪽 대리석 바닥의 어두운 광장 한구석에 환히 불이 켜진 공중전화 부스였다.

남자는 집으로 전화해서 아내와 아이들이 잘 있는지 확인하고 그 다음날 밤에 집에 갈 거라고 말했다. 그러고는 아래쪽으로 잠시 걷다가 어두운 그림자 속으로 들어서서 교회의 차가운 벽에 기대고 섰다. 남자는 주머니 속의 플릭나이프를 확인하고는 담배를 한 대 붙이고 기다리는 자세를 취했다. 담뱃불만 빼면 남자는 전혀 보이지 않았다. 남자는 흥분과 두려움, 기대의 뒤엉킴으로 목이 마르고 조여왔다. 이 기다림이 남자가 가장 좋아하는 부분이었다.

노천 술집의 소녀는 울고 있었다. 분노는 사그라졌지만 고통과 걱정은 남아 있었다. 두 테이블 떨어져서 친구들과 술에 취해서 웃고 있는 남자가 이번 휴일의 섹스 파트너였다. 여자는 친구들과 앉아 있는 동안 분비물이 속옷을 적시는 것이 느껴졌다. 한 시간쯤 전에 이들은 근처 공원에서 관계를 가졌다.

여자는 피임약을 복용하지 않았다. 이들이 만난 뒤로 1주일 동안 남자는 콘돔을 사용해왔다. 오늘 밤에는 그냥 끼우는 척만 했다. 그것만으로는 부족하다는 듯이 남자는 몸을 빼내는 순간 여자더러 오늘의 두 번째 상대라고 말하며 득의만만한 표정을 지었다. 한 시간 전에 이들 그룹의 한 여자와 바로 이 자리에 있었다는 것이다. 휴가 때면 언제나 한 여자 이상을 데리고 노는 길 좋아한다고 거들먹거리더니, 정말로 궁금할까봐 알려주는데 어쨌거나 다른 여자가 더 좋더라는 말도 덧붙였다. 남자는 그러나 휴가가 끝날 때까지 여자와 계속 성관계를 맺어도 상관없다는 것이었다. 여자가 원한다면.

여자는 남자에게 입에 담기 힘든 욕설을 퍼붓고는 술기운에 비틀거리면서 친구들의 동정을 구하러 술집으로 돌아왔다. 이제 분노와 울음은 끝이 났고, 여자는 갑자기 본국의 남자 친구에게 전화해서 아직도 자기를 좋아하는지라도 들어야겠다고 생각했다. 여자가 비틀비틀 일어서자 의자가 인도로 나가떨어졌다. 여자는 친구들에게 전화하러 가는 거라고 말했다. 제일 친한 친구가 같이 가주겠다고 했으나 여자는 혼자 있고 싶다고 말했다.

남자가 길 끝 쪽에서 여자를 보았을 때는 그림자 속 벽에 기대어 15분 정도 기다린 참이었고 담배는 두 대째였다. 그 시간 동안 한 쌍의 남녀만이 전화를 쓰러 왔고, 교회 광장은 이제 비어 있었다. 남자는 누군가가 여자와 함께이기를 간절히 바라며 기다렸다. 그러나 아니, 여자는 혼자였다. 남자에게 다시 행운이 찾아온 것이다. 여자의 뒷모습이 몇 분간 중앙 광장의 불빛을 받아 얇은 치마 속으로 엉덩이와 다리의 윤곽이 드러났다. 그러고는 여자가 그림자 속으로 들어왔고, 남자는 여자가 자기 쪽으로 다가오는 소리를 들었다. 들었다기보다는 들렸다. 남자는 마지막으로 담배를 한 모금 빨고는 던져버렸다. 남자의 성기에 느낌이 왔다─한 번도 남자를 실망시킨 적이 없는 강철 막대로 굳어지기 시작했다. 이번 여름의 다섯 번째가 될 터였다. 남자는 바지 뒷주머니의 칼을 잡았다.

여자는 그림자 속의 담뱃불을 보긴 했지만 위험을 감지하기에는 너무 취해 있었고 너무 화가 나 있었다. 여자는 어둠 속에서 남자를 지나치면서도 그를 거의 의식하지 못했으나, 곧바로 뒤쪽의 힘센 팔에 목을 잡혔다. 멀리 있는 전화 부스 불빛에 여자의 얼굴 앞에 들이댄 칼의 윤곽이 보였다. 남자에게 잡혀 있는 동안 여자는 사람들 한 무리가 길 다른 끝에서 교회로 이어지는 길을 지나는 것을 희미하게 보았다. 여자는 소리 지르고 싶었으나 칼날이 주는 두려움, 목을 휘감은 남자의 팔, 그리고 극도의 공포감으로 인해서 입도 뻥긋할 수 없었다.

이 첫 순간에서부터 만사가 번갯불같이 이루어진 듯했다. 남자는 여전히 여자 뒤쪽에 서서 차가운 금속에다 여자의 뺨과 귀를 짓눌렀다. 남자는 여자가 알아듣지 못할 언어로 부드럽게 말하면서 팔을 목에서 허리로 옮겨 잡고는 우악스럽게 내리눌렀다. 남자는 여자의 원피스를 머리 위쪽으로 올리고 칼을 여자의 속치마에 대더니 빠르고 숙련된 솜씨로 두 번 그어서 벗겨버렸다. 남자는 순식간에 다리를 벌리게 만들더니 여자 안에 있었다. 50회의 삽입 행위 끝에 남자는 사정했다. 남자는 빼내기 전에 몇 초간 동작을 멈추었고, 여자는 남자가 자기를 죽일 거라는 생각에 순간 공포로 온몸이 굳어졌다. 그러나 남자는 여자를 땅으로 밀고 어둠 속으로 달아났다. 남자는 어느덧 차 안에 있었고 차를 몰아 두 마을 떨어져 있는 자신의 호텔로 향했다.

여자는 몇 분간 겁에 질려서 땅바닥에 그대로 뻗어 있었다. 그러고는 눈물이 쏟아졌다. 마침내 몸을 일으켜 헝클어지고 슬픔에 찬 모습으로 움직이기 시작했다. 여자는 아무도 보지 못했다. 덥고 눅눅한 호텔 방으로 돌아와 옷을 벗고 욕실로 들어가서 씻어내고 또 씻어내면서 한 시간 가까이 그대로 욕실 안에 머물러 있었다. 여자는 침대에 쓰러져서 밤새 절반은 경악으로 절반은 잠으로 보냈다.

여자의 몸 안에서는 휴가 동안의 애인과 강간범의 부대 사이에 정자전쟁이 불붙는 사이 오른쪽 나팔관에서 배란 준비가 진행되고 있었다. 이틀 뒤, 여자가 아직까지 친구들에게 말해야 할지 아니면 경찰에 알려야 할지 고민하는 동안 임신이 이루어졌다. 전쟁은 끝났다.

여자는 말이 통하지 않는 경찰에게 무슨 일이 있었는지 설명할 생각에 정신이 아득해졌고, 남자 친구가 무슨 일이 있었는지 알아내기라도 하면 어떻게 나올까 생각하니 걱정이 되어 강간에 대해서는 아무에게도 말하지 않았다. 1주일 뒤 여자는 귀국해서 남자 친구와 함께 지냈고, 바로 그 첫 번째 밤에 용케도 피임 없는 성관계를 이끌어냈다.

여자는 자신이 임신한 것을 알고 처음에는 낙태를 고려했으나 남자 친구가 자신들의 아기이니 양육을 돕겠다고 한 말에 안도되어 그냥 낳기로 결정했다. 여자는 아기가 태어날 무렵에는 아무튼 그의 아기일 것이라고 믿게 되었다. 그러나 아니었다. 아들의 아버지는 실은 이국의 약탈자 강간범이었다.

생물학자가 강간에 대한 객관적 분석을 시도할 때는 명망을 잃을 각오를 하지 않으면 안 된다. 강간이 종족보존에 이익을 가져온다고 하면 이 행위를 권장한다고 비난받는다. 강간이 생물학적 근거를 지닌 행위라고 결론지으면 이 행위를 용납한다고 비난받는다. 여성의 행위가 때로는 강간을 초래할 수 있다는 과감한 주장에는 이 행위를 범하는 사람과 똑같이 여성에게 폭력을 가하는 것이라는 비난이 따라붙게 마련이다. 그러나 타당한 결론을 보고한다고 해서 무조건 그 행위를 용납하거나 폭력을 권장하는 것은 아니다. 어떤 국가가 전쟁으로 이득을 보았다는 역사학자의 결론이 전쟁을 권장한다는 비난을 받겠는가? 역사학자가 전쟁 행위에는 생물학적인 근거가 작용한다고 결론 내린다고 해서 전쟁을 용납한다는 비난을 받겠는가? 한 국가가 타국의 침략을 초래했다는 결론을 내렸다고 해서 역사학자를 폭력적이라고 비난하겠는가? 아니면 그와는 반대로 신랄한 역사 분석으로 미래의 갈등을 방지했다고 축하를 받겠는가?

사회적으로 용인되지 않는 행위를 방지하기 위해서는 그것이 강간이 되었거나 전쟁이 되었거나 그러한 행위를 발동시키는 상황을 정확히 이해해야 한다. 만약 어떠한 상황에서는 모든 남자가 강간을 범하거나 또는 모든 국가가 전쟁에 나선다는 것이 객관적인 결론이라면, 남자나 국가의 경우가 어떻게든 다르기를 바란다거나 아닌 척하는 것은 가치 없는 일이다. 그보다는 어떠한 상황이 강간이나 전쟁을 조장하는지 규명하는 것이 가치 있는 일이 될 것이다. 그래야만 그러한 상황이 일어난다고 해도 드물게 만들기 위한 시도가 가능할 것이다. 이 상황을 이해하기 위해서 유일하게 신뢰할 수 있는 방도는, 설사 도중에 불쾌하고 불미스럽거나 사회적으로 '부적절한' 결론이 나온다고 해도, 객관적 분석을 거치는 것뿐이다.

첫째 단계는 이제 언급하려는 현상을 명확히 해두는 것이다. 이 장면의 강간은 종족보존상의 결과를 도출한 성적 사건이었다. 여자는 폭행을 당했지만 육체적으로는 손상당하지 않았으며, 임신과 출산을 할 수 있는 상태였다. 강간범의 무기—이 사건에서는 잭나이프—는 위압의 수단으로 사용된 것이지 육체적 상해를 입히기 위한 것이 아니었다. 이것이 가장 흔한 시나리오이다. 이 행위의 **종족보존적** 속성의 증거로서, 강간범들은 대개

20세에서 35세까지의 번식 절정기에 있는 여자를 희생자로 택한다.

이들 경우에 관련된 남자의 신체는 명백하게 강간을 종족보존의 전략으로 이용한다. 그러나 여자가 강간에서 끝나는 것이 아니라 육체적으로 상해를 입고 훼손당하거나 살해당하는 경우—이들이 가장 광범한 주목을 받는 경우이지만—도 소수 존재한다. 이들 경우에 관련된 남자는 종족보존이 아니라 폭력과 살인에 치우친 것이다. 이 강간범들은 30대 후반 이상의 나이 많은 즉 번식 절정기가 이미 지난 여자를 택하는 경우가 많다는 사실을 볼 때, 이는 종족보존적 행위가 아니라고 봐야 할 것이다.

폭력성이 더 두드러지는 후자는 우리의 논의 대상이 아니다. 여기에서는 여자가 강간범에 의해서 육체적 손상을 입지 않은, 적어도 그 행위로 임신했거나, 혹은 (여자가 심리적 고통을 겪을 수는 있지만) 그 손상이 차후에 출산을 할 수 없을 정도는 되지 않는 성적 사건만 다루려고 한다. 이들 다수의 경우에서 강간범과 희생자 쌍방의 종족보존 성공 여부는 이들 사이의 상호 작용에 달려 있다. 뿐만 아니라 이러한 강간은 종종 정자전쟁과 결부된다. 강간과 정자전쟁 및 종족보존 성공의 관계는 이 책에 필수적이고도 적절한 주제다.

우리는 강간이 남성이 종족보존의 성공을 추구하는 데 성공적인 대안 전략인지를 질문해야 한다. 또한 불미스러운 질문이 될지도 모르지만, 강간범의 공격을 통해서 임신하는 것 역시 여성의 신체가 택하는 대안 전략인지도 물어야 한다. 인류학적으로 볼 때 장면 33에 묘사된 형태의 강간은 거의 50%의 사회에서 흔한 것으로 나타났으며 20%의 사회에서만 드문 것으로 보고되었다. 일부 대규모 산업도시에서는 거의 절반에 달하는 여자가 일생 중 한 차례의 강간 시도를 겪었으며, 4분의 1이 실제로 강간을 당했다는 수치가 나와 있다. 물론 이러한 수치는 근거가 불투명한 어림수이며, 특히 이 장면에서처럼 실제로 보고되는 강간은 얼마 되지 않는다는 사실 때문에 더욱 그렇다. 통상적으로 경찰 당국에 보고되는 수치는 열 건의 강간 사건 중에서 한 건뿐이다. 강간과 강간에 의한 출산의 빈도가 얼마나 높은가 하면, 우리 모두가 선조 5세대 내에 한 명의 강간범을 확보하고 있는 수준이다.

남성뿐만 아니라 다른 동물도 강간을 성적 레퍼토리로 채택하고 있다. 수컷이 일정한 상황 아래서 강제 교미를 행하는 종은 곤충 및 오리에서 원숭이까지 다양하게 분포되어 있다.

적어도 밑들이벌이라는 곤충의 수컷에게는 날개에 강제 교미를 하는 동안 암컷을 붙들어놓을 수 있는 특수 갈고리가 달려 있다. 이 갈고리가 없으면—예컨대 생물학자의 실험으로 제거된 경우—암컷은 수컷의 강제 교미 시도에서 언제라도 달아난다. 이 종의 수컷은 모두가 갈고리를 지니고 있지만 모든 수컷이 이를 사용하는 것은 아니다. 암컷은 덩치가 큰 수컷에게는 강제가 아니라도 짝짓기를 허용한다. 이 종의 강간범은 암컷을 끌지 못하는 왜소한 수컷들로서, 다른 방법으로는 도저히 짝을 구할 수 없는 놈들이다. 그렇기는 하지만 아무리 재주가 없어도 평생 동안 강제 짝짓기를 한 번 이상 못하는 수컷은 드문 편이다. 대조적으로 체격 좋은 수컷들에게는 강제력을 행사하지 않아도 이들의 호의를 기다리는 암컷이 줄지어 서 있다. 따라서 이 종의 강간범들은 볼품없고 암컷들에게 매력 없이 타고난 최악의 조건을 최대로 활용하는 수컷들이 된다. 대부분의 동물이 그러한 것은 아니다.

강간은 전부가 그런 것은 아니나 다른 모든 면에서 생식적으로 정상이고 매력적인 남성(혹은 수컷)의 또 다른 선택 사항인 경우가 많다. 예를 들면 흰목벌잡이새의 강간범은 짝짓기 철에 일찍이 교미를 끝내고 일부일처 짝과의 새끼를 다 키워놓고 나서 강간 약탈에 착수하는 수컷들이다. 이들은 아직 수태기이면서 수컷 짝의 경비를 받고 있지 않은 암컷이라면 무조건 강제 사정을 시도한다. 암컷은 때로 저항한다. 또 장면 33의 여자처럼 그냥 수컷에게 교미를 허용하는 때도 있다. 암컷 새가 어떻게 행동하든 결과는 동일하다. 강간범은 자신의 짝에게서 새끼를 얻을 뿐 아니라 다른 암컷과의 강제 교미로 새끼를 몇 마리 더 얻는다. 그 결과로 이 종의 강간범은 종족보존에서 비강간범보다 더 큰 성공을 거둔다.

앞으로 보게 되겠지만, 사람의 강간을 이해하기 위해서는 강간범의 종족보존 성공률이 평균 이상인지 이하인지를 알아야 하고 특히 여성의 대응을 아는 것이 중요하다. 사람 강간범은 밑들이벌과 흡사한가, 아니면 흰목벌잡이새와 흡사한가? 이들의 종족보존 성적은 평균 이하인가―불량한 조건이나마 잘 이용해서 전통적인 전략이 실패한 몫을 채우려는 것인가? 아니면 평균 이상인가―전통적인 방법으로 획득한 평균적 성공을 강간으로 보강하려는 것인가?

안타깝게도 근거가 약간 모호하다. 강간범들이 사실상 밑들이벌처럼 열악한 조건을 십분 활용한다는 주장이 미약하나마 존재한다. 이들 연구에서 묘사하는 평균적 강간범은 젊고 가난하며 여자에게 육체적으로 매력적이지 못한 남자들이다. 한편 연령층별, 사회적 지위별, 육체적 매력도별로 더한층 철저하게 진행된 연구는 강간범이 비강간범 못지않게 아내와 자녀가 있는 사람들임을 증명한다. 후자의 연구 결과가 옳다고 믿는다면, 결국 사람 강간범 역시 흰목벌잡이새 강간범처럼 평균 이상의 종족보존 성공 잠재력을 지닌 것이 된다. 그러나 이 잠재력을 그들이 실감할 수 있는지 여부는 이들의 잠재적인 종족보존 이익이 잠재적인 종족보존 손실을 능가할 수 있느냐 아니냐에 달려 있다. 이 장에서 언급한 여타 소수의 전략(양성애, 매춘)처럼 강간 역시 위험한 작전이다. 질병 감염 가능성이 항상 도사리고 있을 뿐만 아니라 강력하고 폭력적이게 마련인 보복이라는 진짜 위험이 도사리고 있다.

첫째, 강간범이 희생자 당사자에 의해서 부상당하거나 심지어는 살해당할 위험이 있다―이 장면에서처럼 여자가 항상 저항하는 것은 아니지만. 이보다 더욱 중대한 위험은 희생자의 남편과 사회가 합세한 보복에 노출될 수 있다는 점이다. 사람들은 자신이 막을 수 있는 경우라면, 자신의 아내 혹은 다른 남자의 아내가 강간당하는 것을 가만히 팔짱 끼고 서서 지켜보지만은 않는다. 강간범에 맞선 자경단自警團이 결코 적지 않으며, 대도시에서는 더욱 그렇다. 이러한 방어적 행동은 사람만 취하는 것이 아니다. 한 예로 사자 떼의 수컷 구성원은 암컷과의 성적 접근을 노리고 달려드는 독신 수컷 약탈자 패거리의 공격을 무리를 지어서 격퇴한다. 부상 정도는 대수롭지 않은 일이며 때로는 목숨이 오간다.

그러나 대부분의 현대사회에서 강간범 방어는 대부분 제도화되어 있다. 강간범이 체포되는 경우에 그의 운명은 폭력과 부상, 혹은 때 이른 사망보다는 감옥행이다.

강간은 명백하게 위험한 종족보존 전략이다. 매우 성공적일 수도 있지만 철저한 실패가 될 수도 있다. 그런 고로 우리 선조 가운데 많은 자녀를 얻고 우리 세대에까지 유전자를 퍼뜨릴 수 있었던 성공한 강간범들은 상황을 가장 잘 판단한 사람들이다. 말하자면 주어진 강간 기회의 잠재적 종족보존 이득이 잠재적 손실을 능가할 것인지를 가장 정확하게 (잠재의식 속에서) 파악한 사람들이다.

지금까지 우리는 강간을 남자를 위한 종족보존 전략으로 바라보았다. 강간에 대한 여자의 심리적 반응을 살펴보노라면 한 가지 불미스런 수수께끼를 만나게 된다. 만약 강간당하는 것이 여자의 종족보존에 불리하다면 여자가 강간으로 임신하는 확률이 주기적 성관계를 통한 임신율보다 낮아야 이론적으로 합당하다. 그와 반대로 만약 강간당하는 것이 유리하다면 주기적 성관계보다 강간을 통한 임신 확률이 높아야 옳다. 그러면 어떤가? 여자가 강간범에게 임신당하는 확률이 더 높을까 낮을까?

가능한 모든 근거는 한 방향을 가리킨다. 장면 33의 여자처럼, 남편과의 주기적 성관계보다 강간을 통한 임신 확률이 더 높다. 대신에 이 자료는 여자가 임신이 될 것 같으니까 강간당했다고 보고한다는 사실을 반영하는 것일 수도 있다. 그러나 그렇게 될 가능성은 희박하다. 거기에는 다음 두 가지 근거를 들 수 있다. 첫째, 여자가 강간을 보고하는 것은 임신 사실을 알기 훨씬 전이어야 한다. 둘째, 강간과 주기적 성관계의 임신 확률 차이는 수태력이 제일 떨어지는 단계, 즉 월경 중과 월경이 끝난 후 3주 혹은 그 이상 되는 시점에 극대화된다. 이 시기가 바로 여자가 임신 사실을 제일 예측하기 힘든 때이다.

따라서 아무리 내키지 않더라도, 여자의 임신 확률이 주기적 성관계보다 강간 시에 더 높다는 점을 인정해야 한다. 가장 그럴듯한 설명은 강간의 외상이 사실상 배란을 자극한다는 것인데, 여자의 신체가 '일시 멈춤' 상태(장면 15)에 있었을 경우에 특히 그렇다는 설명이다. 우리는 앞에서 밍크의 경우에는 상당히 폭력적인 엎치락뒤치락 성적 유희가 배란을 유발시키(장면 28)는 것을 보았다.

그러나 외상이 유일한 요인은 아닐 것이다. 여자가 남편과의 주기적 성관계보다 강간으로 임신하는 확률이 높다고 하더라도, 상처 없이도 그만큼 임신할 확률이 높은 상황은 또 있다. 하나는 남편과 오랫동안 떨어져 있다가 짧은 시간밖에 만나지 못하는 상황에서 성관계를 나누는 경우다—군인이 임시 휴가를 받아 집으로 돌아왔을 때를 기억해보라(장면 15). 또 하나는 외도의 순간을 움켜쥐었을 상황이다(장면 6, 17, 19). 이 두 상황과 강간의 공통점은 외상이 아니라 특정 남자의 유전자를 수집할 기회의 제한성이다. 임신의 생태 구조 또한 이 세 가지 상황에 동일하게 작용한다—여자의 신체가 성교에 대해서 배란으로 호응했다(장면 15).

여자가 남편이나 애인의 유전자 수집에 어째서 제한된 기회를 이용하고 싶어하는지를 이해하는 것은 어렵지 않다. 그러나 유전자를 수집하는 데 강간범과의 1회성 기회를 이용하고 싶어하는 것은 또 어째서인가?

앞에서 사람 강간범의 종족보존 성공률이 평균 이상인가 이하인가를 따져보아야 했던 것은 이 문제에 답하기 위해서였다. 이 책의 많은 상황에서 보았듯이, 종족보존상의 평균 이상의 성공을 거두는 남자의 유전자는 여자의 신체가 노리는 표적이다. 여자가 그러한 유전자를 거둘 수 있다면, 동일한 성공 잠재력을 물려받은 남성 후손을 통해서 종족보존의 성공률을 제고시킬 수 있을 것이다. 우리는 모든 것을 고려해볼 때 강간범이 실로 평균 이상의 잠재력을 지니고 있다고 판단했다. 그러므로 여자의 신체가 단 한 번으로 강간범의 유전자를 획득할 기회를 맞았을 때 종종 적극적으로 호응한다고 해서 놀랄 일은 아니다.

이 결론은 사람들이 흔히 추정하듯이, 그렇기 때문에 여자가 강간 기회를 찾아다녀야 한다는 뜻이 아니다. 반대로 여자의 종족보존 전략에서는 신체가 가장 성공적인 강간범의 유전자만을 수집하는 것이 중요하다. 만약 여자가 재수 없이 금세 붙잡혀서 사회의 응징과 투옥으로 고통 받는 덜 떨어진 강간범에게 임신된다면, 여자의 후손들은 이 덜떨어진 인자를 물려받을 것이다. 앞에서 설명했듯이(장면 28), 남자의 유전자가 여자에게 받아들여지기 위해서는 일련의 테스트에 합격해야 한다. 여자의 신체가 가장 성공적인 강간범을 가려낼 수 있는 유일한 방법은 강간을 피하기 위해서 가능한 모든 수단을 동원하는 것이다. 여자는 위험스런 상황을 피하고 남편과 다른 사람들, 더 크게는 사회에서 제공하는 보호를 확실하게 이용해야 한다. 강간범에 육체적으로 맞서야 하는가는 여자가 그 상황의 육체적 손상 위험 정도를 어떻게 판단하느냐에 따라서 달라질 것이다. 강간은 여자가 적극적으로 참여하는 엎치락뒤치락 성적 유희(장면 28)와 달라서 장면 33의 여자의 모범대로 저항하지 않는 편이 더 나을 수도 있다. 여자가 이 종합적 전략에 따른다면 제아무리 교묘하고 단호하고 재주 좋은 강간범한테라도 희생되는 일은 없을 것이다. 따라서 결론은 강간을 당하는 것은 소수에 불과하지만, 그렇게 되면 임신으로 반응하는 경우도 있다는 것이다.

우리의 설명은 여기에서 끝나서는 안 된다. 만약 강간이 남자의 종족보존 전략에 성공적인 대안이라면, 그리고 더 유능한 강간범에게 임신되는 것이 여자의 종족보존 전략에 성공요인이 될 수 있다면, 왜 강간이 더 흔하지 않은지 질문해볼 필요가 있다. 특히 강간범이 양성애(장면 30과 31)처럼 유전적으로 소수인지, 아니면 모든 남자가 잠재적 강간범인지를 설명해야 한다. 이 질문은 장면 34에서 고찰한다.

여기에서 아직 답이 남은 마지막 문제는 장면 33의 강간범이 왜 그의 제물의 체내에서 벌어진 정자전쟁의 승자인가 하는 것이다. 사실 이 싸움은 매우 일방적이었다. 첫째, 여자의 남자 친구가 평상시에 콘돔을 사용한 까닭에 너무 늦기 전에 부대를 투입하는 데 실패했다. 수태 트로피 수상자는 이미 내정되어 있었던 것이다. 둘째, 여자의 휴가 파트너 역시 그 주 내내 콘돔을 사용했다. 따라서 우리의 장면이 시작된 날에는 여자의 몸 안에 그의 정자가 하나도 없었다. 여자가 강간당한 밤에는 여자의 휴가철 애인이 실제 사정을 했다. 그러나 그 역시 별 차이가 없는 것이, 지난 성교가 그 전날 밤이었고, 그때 남자의 신체가 전날 콘돔 사용을 했다는 것을 고려할 수 없었기 때문에(장면 29) 여자의 몸을 채우는 데 많은 정자가 필요치 않다는 계산이 나왔을 것이다. 그런 데다가 바로 직전에 다른 여자에게 사정할 때 이미 다량의 정자를 투입했을 것이다. 그 여자와는 그것이 첫 번째였기 때문이다. 그 결과 희생자가 휴가철 애인에게서 받은 것은 젊은 정자잡이와 난자잡이는 풍부하지만 즉각적인 방패막이는 상대적으로 적은 소량의 정액뿐이었다. 거기에다가 여자는 강간당하기 전에 휴가철 애인과의 성교 분비물을 방출했었다.

결과를 종합해보면, 강간범이 여자에게 사정했을 때는 강간범의 정액고가 여자의 질을 온전히 소유할 수 있었다. 게다가 그의 정자는 약한 자궁경부 필터와 소량의 정자잡이하고만 마주쳤다. 휴가철 애인이 약 한 시간 먼저 출발했다는 것은 인정되지만, 배란일까지는 아직 이틀이나 남아 있었다. 여자의 나팔관 안에서 활동하던 난자잡이가 난자와 만났을 때에는 사실상 모두가 강간범의 난자잡이였을 확률이 높다. 또 한 무리의 강간범 유전자가 다음 세대로 이어진 것이다.

장면 34
병사여, 병사여

한 발의 총성이 울렸다. 병사 다섯이 땅으로 몸을 던지자 커다란 검은 새 한 떼가 소란스럽게 숲 위로 날아올랐다. 병사들이 길가에 초목으로 위장 매복해 있는 동안 새들은 원을 그리며 이들 위를 잠시 날다가 다시 한 마리씩 숲 속으로 날아들어갔다. 다시 고요해졌다. 병사들은 서로를 돌아보며 먼저 누구 다친 사람이 없는지 확인하고 다음으로는 그 총알이 어디서 날아왔는지 아는 자가 있는지 확인했다. 이들은 잠시 기다렸다가 무릎과 팔꿈치로 길가 쪽으로 기어가서 그들을 숨겨줄 나무를 찾았다.

이들은 일단 피신을 하고는 상황에 대해서 토론을 시작했다. 몇 분 전에 한 병사가 집 한 채가 있는 것을 보았다. 이 도로와 만나는 거친 길옆에 나무에 가려 잘 보이지 않는 집이었다. 이 집 안에 있던 저격병이 이들이 지나갈 때 나무 사이로 총을 쏜 것일 수도 있었다. 이들은 수색하기로 결정한 뒤 최대한 위장을 하고 둘로 나뉘어 셋은 정문으로 들어가고 둘은 뒤에서 접근하기로 계획을 짰다.

집은 작았고 어설프게 수리되어 있었지만 누군가 살고 있는 것은 틀림없었다. 창문 쪽에서 확인된 바로는 저격범이 있을 것 같은 흔적은 없었지만 병사들은 최종 접근 순간까지 긴장을 늦추지 않았다. 매우 더웠고 세 병사는 앞문에 잠깐 멈춰 섰을 때 긴장과 사력으로 온몸이 땀으로 젖어 있었다. 집 안으로 들이닥쳤을 때는 노부부 한 쌍과 아기, 그리고 열두 살쯤 되어 보이는 어린 소녀뿐 위협 요소라고는 찾을 수 없었다. 병사들은 그럼에도 긴장과 경계 태세를 늦추지 않았다. 소녀가 소리를 지르면서 아기를 안고 있는 할머니에게로 뛰어갔다. 지휘관은 정맥의 아드레날린 분출이 멈추지 않는 가운데 노인에게 집에 또 누가 있는지 물었다. "아무도 없어요." 눈동자와 목소리가 공포에 잠긴 노인이 대답했다. 지휘관은 극도로 불안한 상태에서 멈칫했다. 그는 아이들을 가리키며 그 부모는 어디에 있느냐고 물었다. 노인은 아내를 바라보고 나서는, 그들 같은 사람들의 총에 이미 죽었다고 대답했다.

지휘관은 주위를 돌아보고, 그게 만약 거짓말이라면 그 역시 죽은 몸이라고 노인에게 말하고는 일행 두 명에게 집을 수색하라고 명령했다. 둘은 그 방의 유일한 문을 향해서 머뭇머뭇 움직였다. 문이 아니라 칸막이 대용 커튼이었다. 이들이 문간으로 다가가자 방 너머에서 갑작스런 움직임이 일었다. 이들은 재빨리 출구 양 옆으로 비켜서서 총을 들어올렸다. 그중 한 명이 손을 뻗자 마침 뒷문이 왈칵 열리는 소리가 났다. 나머지 두 대원이 수색에서 돌아왔다. 드잡이하는 소리가 들리더니 커튼이 뒤로 젖혀졌고, 두 병사가 20대 후반의 여자를 앞으로 밀면서 나타났다. 여자가 바닥에 쓰러졌다. 여자가 무릎으로 일어서자 여자의 딸이 훌쩍거리면서 여자에게 달려가 목에 매달렸다.

지휘관이 총구를 노인에게 돌렸다.

"이 노인네, 거짓말했어, 이제 죽은 목숨인 줄 알아." 지휘관은 말했다.

"당신들이 얘들 아버지를 죽인 것은 사실이에요." 노인이 대꾸했다.

"우리가 이제 댁도 죽여주지." 지휘관은 계속했다. "허나 아직은 아냐. 우선 우리가 재미 보는 걸 지켜봐주셔야겠는데."

그는 나머지에게 집 안팎을 살펴보라고 지시했다. 이들이 나간 동안 그는 총을 손에 들고 웃으면서 포로를 감시했다. 나머지 일행이 돌아왔다. 그는 한 명에게는 뒤를, 또 한 명에게는 앞을 감시하고 나머지 두 명에게는 노인을 지키라고 명령했다. 병사들은 무슨 일이 벌어질지 알고 긴장을 풀기 시작했다. 이번 전쟁 동안 이런 상황은 이번이 처음은 아니었다.

지휘관은 서로 감싸 안고 울고 있는 엄마와 열두 살짜리 딸을 바라보았다. 그러고는 일행에게 어느 쪽이냐, 엄마냐 딸이냐를 물었다. 여자는 날카로운 비명을 지르더니 딸을 부둥켜안고, 병사에게 아이 말고 자기를 택하라고 빌었다. 병사는 엄마에게서 소녀를 빼내 할머니 쪽으로 밀쳤다. 그러고는 총으로 여자를 찌르면서 일어나서 옷을 벗으라고 말했다. 여자가 알몸이 되자 그는 여자를 방 한구석에 있는 테이블로 데려가서 허리를 굽혀 얼굴과 가슴을 테이블에 대게 했다. 그는 여자 뒤에 서 있는 동안에도 방 안을 지켜볼 수 있도록 위치를 신중하게 택했다. 그는 만족스러운 위치를 선정하자 총을 일행에게 던지고는 바지를 열고 뒤쪽에서 여자 안으로 들어갔다. 그는 행위 중에도 냉정하게 주위를 살폈고 사정하는 순간에만 잠시 정신이 흩어졌을 뿐이다. 그는 몸을 빼내면서 여자에게 꼼짝 말라고 말했다. 그러고는 자신의 총을 돌려받고 나서 총을 들고 있던 병사에게 그의 차례라고 말했다.

병사들은 그 딸과 부모가 지켜보는 앞에서 한 명씩 돌아가며 여자에게 사정했다. 여자는 45분간의 시련의 와중에 이따금씩 훌쩍거렸으나 그러다가 딸을 해치게 될까 두려워서 한 번도 그만두라는 말을 하지 않았다. 모든 병사의 차례가 끝나자 여자는 구석 쪽 바닥에 주저앉아 아무도 쳐다보지 못했다. 병사들은 딸에게 엄마에게 가도 좋다고 했으나, 할머니에게는 여자의 옷을 돌려주지 못하게 해서 여자를 알몸 그대로 있게 했다.

병사들은 얼마간 앉아서 담배를 피우고 웃어대면서 흥분 상태를 가라앉히고 있었다. 누군가에게서 마침내 딸도 마저 해치워야 하지 않겠느냐는 제안이 나왔다. 열띤 토론이 벌어졌다. 그중 두 명이 거세게 반발하면서 어림없는 소리라고 일행을 욕했다. 그러나 지휘관은 열이 올라 있었다. 그는 나머지 두 병사에게 원한다면 금욕해도 좋으나 자기는 그들의 습득물을 최대한 이용해야겠다고 말했다. 여자가 딸을 빼앗기지 않으려고 가로막자 그는 총의 개머리판으로 여자를 때려서 실신시켰다.

세 병사가 소녀를 강간하자 지휘관이 떠날 때가 되었음을 지시했다. 현관을 나서는 순간 지휘관이 일행더러 멈추라고 말했다. 그는 할아버지를 향해서 처음 도착했을 때 그에게 약속한 것을 정말로 잊어버렸을 거라고 생각하느냐고 묻고는 방아쇠를 당겼다. 다음으로 총부리를 아기를 안고 있는 할머니에게 돌렸다. 그는 손가락을 방아쇠에 놓았다가 잠깐 멈추더니 웃음을 지었다. 그녀의 가족이 하루치 재미를 충분히 선사했다고 말하면서 총을 내렸다.

그날, 두 아이가 임신되었다. 한 아이는 엄마에게, 그리고 한 아이는 어려운 확률을 뚫고 열두 살 먹은 소녀에게. 하지만 병사들은 둘 중 어느 쪽의 경우도 누가 아버지가 되었는지 알지도 못했고 설사 알았대도 상관하지 않았을 것이다. 이들은 집을 떠나자마자 게릴라들의 총에 쓰러졌다. 어린 소녀의 아버지가 병사들이 집으로 다가오는 것을 보고 도움을 요청하러 갔던 것이다.

∽

우리는 앞에서 남성의 성생활 목록에 약탈적 강간이 들어 있음을 설명했다(장면 33). 결론은 강간이 남자가 자신의 자녀를 낳아줄 여자의 수를 증가시킬 수 있는 전략이라는 것이었다. 이 방식으로 얻은 자녀는 전통적인 장기적 배우자에게서 얻은 자녀에 덧붙은 보너스였다. 그리고 이 보너스를 얻기 위해서 강간범은 여자를 둘러싼 방어 체제를 성공적으로 극복해야 했다. 강간은 위험한 전략이며, 유능하지 못한 강간범은 자신의 행위로 이득보다 훨씬 큰 손실을 감수해야 한다.

여자는 강간당하지 않기 위해서 가능한 모든 수단을 동원해야 한다는 점도 설명했다. 그러나 여자가 일단 강간을 당했을 때는 임신을 함으로써 종족보존상의 이점을 추구하는 수도 있다.

장면 33에서 열거된 모든 논의는 방금 앞에서 목격한 '윤간'(기본적으로는 최근 발발한 전쟁에서 보도된 사건에 기초한 것이다)에도 동등하게 적용된다. 사람의 윤간 행위를 검토하기 전에 다른 동물에게서 나타나는 현상을 보자. 원숭이 가운데는 적어도 한 종의 수컷이 이 목적을 위해서 무리를 짓는 것으로 드러났다. 그러나 가장 상세한 정보를 제공하는 것은 윤간이 아주 흔하며 많은 종에서 관찰되는 조류다. 수컷 새 혼자서는 암컷에게 강제 교미하는 것이 거의 불가능하다. 조류의 교미 양태는 수컷이 암 컷의 등에 불안정하게 올라타고서 자신의 꼬리를 암컷의 꼬리 아래로 구부리는 것이다. 대부분은 생식기가 없으며 교미할 때 스스로 뒤집어야 하는 작은 낭囊이 있을 뿐이다. 수컷과 암컷의 낭은 비슷하고, 정자는 수컷이 자세를 잡고서 암컷하고 서로의 낭을 비빌 때 옮겨진다. 수컷 혼자 힘으로는 암컷의 등에서 밀려나기 쉽다. 게다가 암컷이 수컷의 정자를 받고 싶지 않으면 자신의 생식낭을 안 뒤집으면 그만이다. 그러나 수컷이 무리를 지으면, 암컷 한 마리를 여러 수컷의 몸무게로 땅바닥에 눕혀놓고 암컷이 정자의 이전을 수락할 때까지 계속해서 쪼고 공격해서 강제 교미에 성공할 수 있다. 순순히 따르지 않는 암컷은 이 난투극 끝에 죽음을 맞이하는 것으로 나타났다.

윤간에는 강제 교미를 할 수 있다는 점 이상의 효과가 있다. 윤간 무리는 암컷 자신의 방어나 보호자인 수컷의 방어를 더 효과적으로 물리칠 수 있다. 예를 들면 오리의 몇 종은 무리 내에서 역할을 분담한다. 윤간 무리가 암컷과 그 짝을 발견하면 일부가 암컷을 강간하는 동안 일부는 보호자인 수컷을 쫓고 격리시킨다. 윤간 무리는 모든 동참자가 이득을 볼 수 있도록 서로 역할을 바꾼다.

따라서 수컷 조류에게 개별 강간보다 윤간이 이득이 되는 점은 수컷 간의 협력을 통해 내켜하지 않는 암컷에게 사정할 수 있는 기회를 늘리는 것이다. 손실은 매번 자신의 정자가 무리 내 다른 수컷 정자와의 정자전쟁에 개입되어야 한다는 점이다. 수컷이 윤간에 참여해서 전체적 이익을 누릴 수 있는지의 여부는 그것의 손실과 이득의 무게중심이 어느 쪽에 맞추어지는가에 달려 있다. 주로 한 마리의 수컷이 무리와 함께 사정한 암컷 수가, 무리지은 탓에 감소된 번식 확률에 보상이 되는가로 따져볼 수 있다. 만약 윤간 무리가 네 마리면, 한 마리가 이들 활동을 통해서 암컷을 수태시킬 확률은 4분의 1밖에 되지 않으므로, 무리가 윤간한 횟수가 개별 수컷이 혼자서 할 수 있는 것의 네 배 이상이 되었을 때에만 윤간에 동참하는 것이 의미가 있다. 이러한 이유로 윤간 무리는 작은 규모로 구성되는 경향이 있다. 열 마리 무리가 암컷을 강간한다고 해서 다섯 마리 무리가 누리는 효과의 두 배를 얻지는 못한다―큰 무리에 속한 수컷의 정자전쟁에서의 승산은 작은 무리에 속한 수컷의 절반밖에 되지 않는다.

사람의 경우는, 윤간이 모든 약탈성 강간에서 어마어마한 비중을 차지하고 있다―평화 시에도 그렇다. 일부 조사에서는 산업화 사회 내에서의 강간의 70%가 윤간임이 보고되었다. 또 약 25%라는 주장도 있다. 사람 남성도 다른 동물 수컷이 윤간으로 얻는 것과 똑같은 종족보존의 이득을 얻는다는 결론이 불가피해진다. 이 결론은 사람의 윤간 일행이 작은 규모를 지향하여 대개 네 명 혹은 다섯 명 정도라는 점에도 동일하게 적용된다.

우리는 장면 33의 약탈성 강간의 설명에서 한 가지 매우 중요한 문제를 제기했다. 강간이 남자의 종족보존 전략에 성공적인 대안이라면, 그리고 능력 있는 강간범에게 임신되는 것이 여자의 종족보존 전략에 성공을 안겨준다면 어째서 강간이 더 흔하지 않은 것인가? 여기에는 매춘(장면 32)에서와 같은 두 가지의 극단적 가능성이 존재한다. 하나는 강간범이 양성애자(장면 30과 31)처럼 유전적 소수라는 점이다. 또 하나는 모든 남자가 잠재적 강간범이라는 것이다―그러나 강간이 여전히 드문 것은 강간의 잠재적 종족보존상의 이득이 잠재적 손실(그중 많은 점이 대규모 사회에 내재한다(장면 33))을 능가하는 상황이 얼마 되지 않기 때문이다. 이 두 가지 가능성 중에서는 후자가 사실에 더 가까울 것이다―전쟁 중에는 윤간을 포함한 모든 형태의 강간 사건이 엄청나게 증가하기 때문이다.

이렇게 되는 데는 크게 세 가지 이유를 꼽을 수 있다. 첫째, 적을 패주시키고 나면 그 부대는 여자를 보호할 남자들을 효과적으로 제거한 셈이다. 둘째, 전쟁의 이동성과 혼란으로 인하여 강간범을 추적하기가 굉장히 어렵다. 셋째, 항상적으로 존재하는 죽음의 위협 때문에 강간에 대한 사회의 응징이 사소하게 느껴진다. 이 모두를 종합하면, 전쟁 시기에는 평화 시와는 달리 강간의 종족보존상 이점이 손실을 앞지르는 경우가 많다.

전쟁 때 강간 사건이 증가하는 것은 더 많은 남자가 강간범이 되기 때문이지 제한된 수의 남자가 강간을 더 자주 행하기 때문이 아니다. 이 유형은 정해진 소수만이 유전적으로 강간범 성향을 타고난다는 주장보다는 모든 남자가 잠재적 강간범이라는 주장에 더 접근해 있다. 불쾌하게 들릴지는 모르나, 이 점은 전쟁에 의해서 크게 두드러지는 남성 행동의 다른 면—모든 남자가 잠재적 살인자라는 점—보다 결코 더 심한 것이 아니다.

장면 34의 병사들은 분명히, 다른 시대에 다른 곳에서 태어났더라면 강간이나 살인은 엄두도 내지 못한다고 선언했을 보통 젊은이들이었다. 그러나 전시戰時 시나리오 안에서 이들은 두 행위 모두를 범하고 있는 자신의 모습을 발견했다. 특별히 새삼스러운 모습은 아니다. 장면 33에서 발견했듯이 우리 모두는 강간범 선조의 유전자를 지니고 있다. 같은 이유로, 우리 모두는 과거 살인자의 유전자를 지니고 있는 것이다.

우선, 전시 살인 행위를 생각해보자. 인접 집단과 전쟁을 벌이는 속성에 생물학적 근거가 있다는 점을 부인할 사람은 얼마 없을 것이다. 곤충에서 영장류에 이르는 많은 집단서식형 동물에게서 이와 유사한 행위가 발견된다. 예를 들면 각각 40마리 정도 되는 인접 침팬지 집단이 집단 간의 전쟁으로밖에 묘사할 수 없는 상황으로 뛰어드는 것이 목격되었다. 한 집단한테서는 수개월의 기간에 걸쳐서 상대 집단의 침팬지가 한 마리도 남지 않을 때까지 조직적으로 죽이는 장면을 관찰할 수 있었다. 사람을 보자. 대대로 이어진 뉴기니와 남미의 부락 내 전투는 규모나 영토 소유의 동기 면에서 침팬지와 크게 다를 바가 없다고 생각될 것이다. 서로를 죽일 수 있는 거리가 달랐을 뿐이다. 국가 간에 벌어지는 현대적 전쟁이 규모와 신체 상해 면에서 훨씬 심각하기는 하지만 행위와 동기, 살인을 행하면서 느끼는 개개인의 공포심은 모두 똑같다.

받아들이기 꺼림칙하겠지만, 대부분의 사람이 오늘날 살아 있는 것은 바로 과거 어느 시기에 선조가 속했던 강력한 사회가 전쟁을 일으키고 사람들을 죽이는 데 성공했기 때문이다. 전시에 적군에 대항하여 공격에 성공했거나 아니면 자기 방어에 성공했던 그 사회는 영토의 방어 혹은 확장을 시도했다. 역사책에는 이웃에 의해서 전멸된 문명과 사회 이야기가 넘쳐난다. 우리가 살인당한 사람들이 아니라 살인자였던 사람들의 후손임은 명백하며, 따라서 우리 모두는 살인의 잠재력을 지니고 있다. 전쟁 중인 탓에 살인하는 것이 손실보다는 이익이 큰 상황을 지속적으로 맞닥뜨리는 사람이 많은 것이고, 평화 시인 탓에 그러한 상황을 만나는 사람이 적을 따름이다.

다음으로 전시 강간을 살펴보자. 우리 모두는 전쟁을 맞이했던 조상 가운데 강간일지라도 기회만 닿으면 종족보존 행위를 이행했던 남자들의 유전자를 물려받았다. 우리는 결코 그들을 찾아주지 않았던, 더 안전하고 전통적인 장래의 기회를 기다리기로 결정했던 남자들의 유전자를 물려받지 않았다. 어린 소녀를 강간하지 않기로 결정했던 장면 34의 남자들은 이들의 자비심을 물려받을 자녀를 낳을 때까지 살지 못했다. 반면 소녀를 강간했던 자들 가운데 한 명은 그의 무자비함을 물려받았을 아이를 얻었다. 바로 이 과정을 거쳐서 종족보존의 성공률을 향상시키지 못하는 유전자가 뿌리 뽑히게 되는 것이며, 그러한 진화를 거쳐서 적절한 상황에서 강간범으로 행동하는 경향을 지닌 남자가 다수를 점한다.

전시의 강간과 살인은 또한 **유전자 침투**로 설명되는 과정을 거쳐서 우리의 현재의 특성을 형성한다. 전쟁은 이 과정을 통해서 혈통을 제거하며 때로는 혈통 전체를 소멸시키기도 한다. 침략자의 군대는 영토를 차지하고 여자를 강간한다. 그러고 나면 새로운 정착자는 덜 공격적인 방법으로 관계를 형성하고 자녀를 낳는다. 한 유전자 가계는 이러한 경로를 거쳐서 더욱 성공적인 유전적 가계에 침투당함으로써 존재 자체가 거의 희박해진다. 오늘날 살고 있는 사람 가운데 2,000년 전에는 완전히 다른 지리적 영역에 살았던 선조의 유전자를 약간이나마 지니고 있지 않은 사람은 거의 없을 것이다. 전시 강간은 지구 표면을 넘나드는 이 유전자의 밀물과 썰물에서 핵심적인 요소의 하나다. 우리 조상 가운데 누군가가 강간과 살인을 허용하는, 전쟁의 상대적 면역성을 이용하지 않았더라면 오늘날의 바로 그 존재가 될 수 있었던 사람은 아무도 없을 것이다.

장면 34의 남자들이 12세 소녀를 적당한 표적으로 고려했다는 것은 생물학적으로 이상하게 여겨질 것이다. 그러나 불행히도 그렇지 않다. 믿을 만한 기록들은 7세에서 57세에 이르는 모든 연령층의 여자가 임신했음을 보여주며, 출처가 정확하지는 않지만 70세에도 임신한 여자가 있다는 기록도 있다. 따라서 이 나이대에 속하는 모든 여자에게 성적 매력을 느끼는 경향은 종족보존상 완전히 쓸모없는 것은 아니다. 사춘기 이전의 소녀는 유방과 음모가 발육되기 전과 초경이 있기 전에 배란할 수도 있다. 폐경기 이후 여자는 마지막 월경이 끝난 뒤 최소한 18개월까지 임신할 수 있다. 우리가 앞서 군데군데 장황하게 설명했듯이(장면 2에서처럼), 남자는 여자가 수태기인지, 또 언제 수태기인지 전혀 판단할 수 없는 것이다.

강간에 관해서는, 어린 소녀와 나이 많은 여자들은 어떤 의미에서는 무의식적으로 남자를 혼란시키고 속이는 데 성공한 자신의 성性의 희생물이다. 남성의 신체는 여성의 번식력을 판독할 수 없기 때문에 여자에게 막무가내로 접근하도록 진화했다—할 수만 있으면 언제 어디서든 누구에게라도 사정한다. 앞에서 주목했던 대로 남자의 신체는 선택의 여지가 있는 경우라면 번식력이 가장 높은 연령의 여자(20~35세)를 선호하지만, 어떤 상황에서는 아주 어리거나 아주 늙은 여자조차 매력적으로 느끼기도 한다. 한 명은 아기, 한 명은 12세, 한 명은 20대 후반, 한 명은 60대, 이렇게 네 명의 여자와 마주했을 때 장면 34의 남자들은 모두 20대 후반의 여자에게 사정하기를 원했고, 그중 세 명이 12세 소녀에게 사정하기를 원했으며,

노인이나 아기에게 사정하기를 원하는 자는 없었다. 상황이 달라서 남자가 더 제한적인 조건에 처했더라면 노인 역시 강간의 고통을 겪었을 수도 있었다.

강간당한 두 여자는 모두 배란하고 임신했다. 이들은 앞에서 설명했듯이(장면 33) 강간 그 자체로 배란을 자극받았을 수도 있다. 이 점은 어머니의 경우에는 예상할 수 있는 문제였지만, 딸에게는 그럴 가능성이 거의 없었다. 여자가 강간에 대한 반응으로 배란을 할 수도 있다고 치면, 어머니가 임신할 확률은 약 3분의 1이었다. 하지만 딸의 임신 확률은 50분의 1도 되지 않았다.

어느 병사가 두 아이의 씨를 뿌렸는지는 추측하기 어렵다. 윤간의 한 가지 속성은 이것이 희생자의 몸 안에 강렬한 정자전쟁을 일으킨다는 점이다. 나머지 조건이 모두 동등했다면, 각 여자에게 처음으로 사정한 남자가 종족보존의 승자였을 것이라고 생각해볼 수 있다(장면 21). 그의 난자잡이 정자가 나팔관을 향해서 맨 먼저 출발했으며, 그의 정자잡이 정자가 자궁 안에서 맨 먼저 자리를 차지했으며, 그의 방패막이 정자가 자궁경부 안에 안정된 위치를 확보할 수 있는 기회를 잡았다. 그러나 장면 21에서 설명했듯이 대부분은 후속 남자들이 여자에게 얼마나 빨리 사정하는가, 이들의 음경이 전前남자의 정액고를 얼마나 효율적으로 제거하는가, 그리고 여자가 얼마나 정확하게 배란하는가에 의해 좌우된다. 장면 34에서 우위는 지휘관 병사가 점했을 것이다. 그가 두 여자 모두에게 맨 처음으로 사정했기 때문이다. 그러나 그보다는 운이 좋지 않았던 병사들 중에서 누군가가 강간범 유전자를 영속시킬 후손을 남겼을지는 알 수 없는 일이다.

장면 35

남자는 다 똑같아

술집 한구석에서 웃음이 터져 나왔다. 테이블의 두 여자는 주위를 돌아보고 자기네가 갑자기 너무 튀었다고 느꼈다—그러나 이들은 그 정도에 크게 신경 쓰지 않을 만큼 취해 있었다. 이들은 다시 서로에게 기댔고, 키 큰 여자가 빈손을 컵 모양으로 만들어 친구에게 자기 남편의 고환이 얼마나 큰지 보여주었다. 여자는 평생 동안 꽤 여러 남자의 물건을 보아왔지만 지금까지는 남편의 것이 제일 컸다고 말했다.

둘은 몇 년간 만나지 못했지만 이따금씩 편지를 주고받았다. 마침내 이들은 다시 만날 시간이 되었다고 판단했고, 또 한 여자가 친구와 그 남편, 그들의 두 자녀를 주말 동안 집으로 초대했다. 오늘 밤은 남편들이 TV로 스포츠 중계를 보고 싶어했기 때문에 여자들은 남편들에게 아이를 보라고 남겨두고 외출해서 술을 마시면서 그간 살아온 일들을 얘기하기로 한 것이다. 이제 둘은 취했고, 정말로 이야기하고 싶은 것은 섹스였다. 그중에서도 서로의 성생활에 대해서 알고 싶었다.

또 한 여자는 자신이 큰 고환을 좋아하는지 어떤지 잘 몰랐다. 여자가 정보 교환차 말을 꺼냈다. 그녀의 남편은 정말 작은데 탁구공보다 작고 음경도 좀 작은 것 같다고 했다. 키 큰 여자는 기회를 놓치고 싶지 않아, 자기 남편의 음경은 분명히 크다고 말을 받았다. 가끔은 그렇게 크지 않았으면 하고 바랄 때도 있다. 남편은 삽입할 때 정말로 격렬하게 하고 가끔 아플 때도 있다. 남편이 자기 안에서 계속 찔러대는 게 뭔지 모르지만 불편한 것만큼은 분명했다. 여자는 또 남편이 그렇게 자주 성교를 원하지 않았으면 하고 바랐다. 여자는 친구들 대부분이 1주일에 1회로 줄어들었지만, 자신은 여태껏 남편과 1주일에 두 번 혹은 세 번으로 떨어뜨리기 위해서 애를 써야 한다고 말했다. 여자의 계산으로는 남편은 그렇게 하고도 자기 집을 비울 때면 자위행위를 했다.

그건 자기에겐 전혀 좋지 않다고 여자의 친구가 말했다. 그 여자는 그렇게 잦은 성교를 당해내지 못할 것이었다. 다행히 여자의 남편 역시 정력이 약했다—지금은 한 달에 두 번 하면 운이 좋은 편이었다. 처음 결혼했을 때는 1주일에 한두 번이었지만 금세 줄어들었다. 자위행위로 말하자면, 얘기를 꺼내본 적도 없었다. 키 큰 여자는 웃고 나서 그 얘기를 해본 적이 없다는 것이 놀랍다고 말했다. 여자가 남편을 집에 두고 나갔다 돌아왔을 때 남편이 맨 먼저 하는 이야기가 자신이 자위행위를 했는지 어쨌는지라고. 어쩌면 백이면 백을 다 말하는 건 아닐지도 모르겠지만 보통은 말을 한다고 생각했다.

이들은 잠시 멈추고 술을 한 모금 마셨다. 또 한 여자는 자기가 보기에는 중대한 문제인데 물어보자니 용기가 나지 않는다고 좀 주저했다. 여자는 더듬으면서 조용하고 은밀한 목소리로 관계할 때 얼마나 자주 오르가슴을 느끼는지 물었다. 키 큰 여자는 놀라움이나 자의식 없이 가끔 느낀다고 대답했다—그러나 여자의 남편은 자신이 매번 느끼기를 원한다. 초창기에는 남편에게 느끼지 않았다고 한두 번 말한 적이 있는데, 그러면 남편은 몇 시간 동안 부어 있곤 했다. 그뒤로는 오르가슴이 오지 않아도 그런 척했다. 그뿐만 아니라 여자의 남편은 자기를 기다리면서 몇 시간이고 계속 할 수 있었다. 만약 여자가 오르가슴을 느끼는 척하지 않으면 남편은 절대로 멈추려고 들지 않았다.

또 한 여자는 불편해져서 한 모금을 더 마셨다. 여자는 친구의 대답에서 일말의 위안을 얻었지만 큰 것은 아니었다. 잠시 침묵이 흘렀다. 여자는 자기 차례가 된 것을 알았지만 사실대로 말해야 하는 것인지 아닌지 판단할 수 없었다. 여자는 결국 자신은 성교 중에 오르가슴을 느낀 적이 한 번도 없다고 말했다. 사실은 오르가슴이란 걸 한 번도 느껴본 적이 없다고 생각했다. 이들 부부의 성관계는 남편이 그저 삽입하고 사정하는 것이었다. 남편도 노력했다는 건 인정한다—적어도 초기에는. 전희를 할 때 남편이 자기 다리 사이를 만지작거리곤 했지만, 그것이 정말로 대단한 효과를 준 적은 없었다. 뭔가 있기라도 하면 여자는 흥분되기보다는 어색해서 어쩔 줄 몰라 하곤 했다. 여자는 결국 남편에게 자기한테 신경 쓰지 말고 그냥 하고 싶은 대로 하라고 말했다. 여자는 성교 중에 한두 번

뭔가를 느낀 적이 있으나 완전히 흥분된 적은 없었다. 여자는 그것이 자기 때문인지 남편 때문인지 확신할 수 없었고, 자신은 성관계로 얻은 것이 없었다―그들의 아기 말고는.

여자의 친구는 사실 놀랐다. 키 큰 여자는 다른 남자와는 조금이라도 더 나았느냐고 물었다. 또 한 여자는 웃으면서 고개를 저었다. 다른 남자는 없었다고 여자가 말했다. 키 큰 여자는 아예 한 번도 없었는지 아니면 결혼하고 나서 없었다는 건지 물었다. 한 번도 없었다는 대답에 여자는 믿을 수 없다는 표정이 되었고, 서른 살이 되도록 한 남자하고만 성관계를 갖는 사람이 있다는 데 충격을 받았다. 그녀는 적어도 스물은 되었다. 어렸을 때였느냐 아니면 결혼하고 나서도 다른 남자가 있었느냐는 질문을 받은 여자는 질문 한번 순진하다고 웃고 나서 둘 다라고 답했다. 여자는 적어도 1년에 한 건은 된다고 생각했다. 여자는 첫아이를 임신하고 있을 때도 다른 남자와 관계를 가진 적이 있었다. 남편하고만 관계를 갖느라고 이따금씩 누군가 새로운 사람과의 흥분을 놓치고 산다는 것은 상상도 할 수 없는 일이었다.

또 한 여자는 친구에 대한 새로운 발견을 어떻게 받아들여야 할지 몰라서 적당한 대꾸를 생각하려고 애썼다. 여자는 마침내 친구가 어떻게 그렇게 해낼 수 있는지 모르겠다고만 말했다. 자기 남편은 자신을 거의 눈 밖에 놔두지 않으며, 자기가 외도를 생각만 해도 남편이 알아차릴 것이라고 생각했다. 그러자 여자의 친구가 자신의 남편도 조금 더 세심했으면 하는 생각이 들 때도 있다고 말했다. 너무 많이는 말고 조금만. 여자는 가끔 남편이 자기가 무엇을 하고 다니는지 상관하지 않는다고 생각할 때도 있었다. 자신이 필요로 할 때 남편이 곁에 있었던 적은 없었다―여자가 아는 바에 의하면 남편은 여자를 매주 바꿀 수도 있었다. 남편 곁에는 항상 여자들이 있었다. 남편 취향대로 골라 가질 수 있었다. 그를 세심한 남편에 아버지로 바꿔놓으려고 노력하는 것은 헛수고가 될 것이다. 여자가 어쨌거나 그렇게 했더라면 그녀 자신이 즐길 수 있는 기회도 훨씬 줄어들었을 것이다.

여자는 몸을 기울여서 친구의 손을 잡았다. 친구의 정절 고백은 전혀 아랑곳 않는 듯이, 여자는 친구에게 오르가슴을 만들어줄 수 있는 상대를 원한다면 무엇을 해야 하는지 말해주었다. 여자는 속삭임으로 지금까지 최고의 애인은 게이였다고 털어놓았다. 여자는 둘의 관계가 끝난 지 몇 주 만에 술집에서 그가 다른 남자의 손을 잡고 있는 것을 볼 때까지 그 사실을 알지 못했다. 그는 굉장했고, 자신이 뭘 원하는지 항상 정확하게 알고 있는 듯했다. 너도 하나 찾아봐. 여자가 부추겼다.

또 한 여자가 친구가 멀게 느껴질 것 같은 예감에 주춤하는 순간, 바에 앉아 있던 한 남자가 비틀거리며 이들의 테이블로 다가왔다. 남자는 자신의 술잔을 내려놓고 두 팔을 뻗어 어정쩡하게 균형을 잡으면서 주먹을 테이블에 올려놓았다. 남자는 약간 건들거리며 말했다. 보아하니 댁들은 어떻게 하면 재미를 볼 수 있는지 아는 사람들 같다, 자기하고 어울리는 게 어떻겠는가, 기억에 남을 밤을 만들어줄 수 있다, 어쩌면 누가 자기를 먼저 가질지 동전을 던져야 할지도 모르겠다.

키 큰 여자가 남자에게 꺼지라고 말했다. 남자가 떠나지 않자 여자가 일어서서 그를 떠밀어버렸다. 남자는 바닥에 주저앉았다가 일어서서 욕설을 늘어놓더니 절룩거리면서 바로 돌아갔다. 여자는 다시 자리에 앉아서 술잔을 들어 올리며 친구에게 미소를 보냈다. 여자가 말했다. 속을 들여다보면 말야, 남자는 다 똑같아. 취했거나 멀쩡하거나, 어리거나 늙었거나 그들은 한 가지 일밖에는 관심이 없어. 만약 그들의 뇌가 생식기의 절반 크기만 되었더라도 정말로 위험한 존재였을 거야.

～

성적으로 남자를 남자끼리 비교해보면 여자를 여자끼리 비교했을 때보다 비슷한 점이 훨씬 많다. 남자는 실질적으로 모두가 사정한다(반면에 모든 여자가 오르가슴을 느끼지는 않는다). 남자는 실질적으로 모두 자위행위를 한다(반면에 전체 여성의 거의 4분의 1은 하지 않는다). 남자는 실질적으로 모두가 일생 중 어느 시기에 몽정을 한다(반면 60%의 여자는 하지 않는다). 그럼에도 남자들의 종족보존 성공 전략에는 그래도 차이가 있다.

대체로 네 가지 전략으로 분류할 수 있다.

장면 35에서 언급한 한 전략은 양성애다(장면 30에서 어느 정도 장황하게 설명했다). 이 장면의 두 여자가 묘사한 두 가지 다른 전략은 남성의 성적 특성 범위의 양 극단을 대변한다. 우리는 앞에서 다른 상황에 놓인 두 유형의 남자를 살펴보았다(장면 19). 한편은 정자전쟁을 전문으로 하며, 또 한편은 정자전쟁 회피를 전문으로 한다. 이들 두 유형 사이에는 정자전쟁의 회피와 추구를 가능한 한 생산적인 방식으로 섞어서 구사하는 다수의 남자가 있다. 한 남자가 어느 전략을 채택하도록 설정되어 있는지는 주로 그의 정자 생산율에 좌우된다―그리고 고환의 크기에 좌우된다.

남자는 두 개의 크기가 각기 다른 고환 한 쌍을 지니고 있는데(평균적으로 오른쪽이 5% 크다), 각기 다른 높이(보통은 왼쪽이 더 낮다)로 음낭陰囊 안에 달려 있다. 모든 포유류 수컷의 고환은 태어나기 전에는 난소처럼 체내에 있다―그리고 많은 종은 그 자리에 고환이 유지된다. 사람과 같은 종은 태어나기 전에 음낭으로 내려와서 일생 동안 그 자리에 있다. 그런가 하면 고환이 교미철에만 내려왔다가 철이 끝나면 안전한 보존을 위해서 체내로 돌아가는 종도 있다.

음낭형 고환은 체내 고환보다 약할 뿐만 아니라 다치기 쉽다. 음낭형 고환은 정자를 체내보다 낮은 기온에 보관할 수 있기 때문에 더 오랜 기간 동안 양호하고 건강한 상태로 유지할 수 있다는 중대한 보상이 있기는 하다. 남자가 알몸일 때는 정자가 체내에 있을 때보다 섭씨 6도 낮은 온도에서 보존되지만, 옷을 입었을 때에는 그 차이가 섭씨 3도밖에 되지 않는다.

평균적으로 키가 크고 육중한 (그러나 뚱뚱하지 않은) 남자는 고환이 더 크다. 체구에 비해서 상대적으로 고환이 큰 남자도 있고 또 상대적으로 작은 남자도 있기는 하다. 이 차이는 유전자에 의해서 결정된다. 임상 관련 문제만 없다면, 고환이 아무리 작아도 정자전쟁이 없는 상황에서 수태에 필요한 양의 정자를 생산하는 데는 차질이 없다. 게다가 작은 고환은 큰 고환보다 덜 약하고 덜 다친다. 그러면 왜 모든 남자의 고환은 작지 않을까? 답은 정자전쟁의 가능성이 있을 때에는 작은 고환이 커다란 장애가 되기 때문이다. 그러므로 한 남자가 구사할 최상의 성적 전략은 상당 부분 고환의 크기에 의해 좌우된다.

큰 고환을 지닌 남자는 하루에 더 많은 정자를 생산하고 사정을 더 자주 하며 성교 때마다 정자 주입량이 더 많다. 흥미롭게도 이들은 자위행위를 할 때는 더 많은 정자를 사정하지 않는다. 이들이 아내와 지내는 시간이 짧을수록 외도의 확률도 높아지며, 역시 외도할 수 있는 여자를 아내로 선택할 확률도 높다. 고환이 작은 남자는 이 모든 면에서 정반대다.

요약하면 큰 고환을 지닌 남자는 정자전쟁 추구에 전문적이도록 설정되어 있다―정자전쟁이 일어나면 이들의 정자 부대 규모가 더 큰 까닭에 승리할 확률도 더 높다. 반면에 작은 고환을 지닌 남자는 아내 방어와 정절, 정자전쟁 회피에 전문적이도록 설정되어 있다―정자 부대의 규모가 더 작으므로 정자전쟁에서 패배할 확률이 더 높다. 그러면 누가 종족보존에 더 성공할까? 작은 고환의 남자일까, 아니면 큰 고환의 남자일까? 답은, 둘 다 아니다. 양성애의 경우와 마찬가지로, 진화를 통해서 큰 고환의 남자와 작은 고환의 남자가 모두 공평하게 해낼 수 있도록 균형이 맞추어졌다.

이 점을 설명하기 위해서, 자신의 아내에게 적은 양의 정자를 주입하고 다른 남자의 아내에게 사정을 시도하지 않는, 작은 고환의 남자 인구 집단을 상상해보자. 이 인구 집단에 자신의 아내뿐 아니라 남의 아내에게까지 사정을 시도하는 큰 고환의 남자가 들어왔다. 처음에는 이 남자가 엄청나게 성공할 것이다. 이 남자는 규모가 큰 정자 부대를 지니고 있기 때문에 다른 남자의 아내에게 사정할 때마다 정자전쟁에서 이길 것이다. 그러나 그와 동시에, 다른 남자들이 그의 아내에게는 사정하지 않으므로 자신의 둥지에 '뻐꾸기'가 나타날 가능성에서도 안전하다. 그 결과 세대마다 큰 고환의 남자가 작은 고환의 남자보다 많은 자녀를 낳는다. 게다가 이들의 남성 후손은 큰 고환과 문란함, 그리고 정자전쟁에서의 승부 능력을 물려받을 것이다.

그러나 이 성공은 궁극적으로 제 살 깎기가 된다. 각 세대에 큰 고환을 지닌 남자들―원래 침략자의 후손―이 갈수록 늘어나고, 결국에 가서는 그러한 남자들도 더 이상 우세할 것이 없게 된다. 첫째, 이들은 더 이상 정자전쟁에서 승리를 장담할 수 없다. 이들이 사정하는 여자들이 큰 고환을 지닌 다른 남자들에게도 사정을 받고 있을 것이기 때문이다. 둘째, 이들 자신의 아내마저도 이제 똑같이 큰 고환을 지닌 남자들의 사정에 함락되기 쉬운 상태다. 셋째, 인구 집단 내에 만연한 문란함 때문에 모든 사람이 높은 질병 위협에 시달린다. 그중에서도 바로 그들 자신과 같이 문란의 정도가 심한 사람일수록 더 심각하다. 따라서 인구 집단 내에 큰 고환을 지닌 남자가 너무 많을 때에는, 자신의 아내를 다른 남자로부터 방어하는 데 집중하는, 재능을 좀 덜 물려받은 남자들이 사실상 더 실속 있다. 특히 그러한 남자가 질병에 감염될 확률이 더 낮을 뿐만 아니라 이들의 작은 고환이 사고와 손상에 쉽게 무너지지 않을 것이기 때문이다.

따라서 만약 큰 고환을 지닌 정자전쟁 전문가가 인구 집단 내에 너무 많다면 종족보존에서 사실상 작은 고환을 지닌 남자보다 못하게 될 것이다. 이 상황은 앞에서도 만난 적이 있으며(장면 30), 결과는 마찬가지가 될 것이다. 큰 고환을 지닌 남자의 구성 비율은 작은 고환을 지닌 남자에 비해서 **평균적으로** 많지도 적지도 않은 수준으로 고정된다.

장면 35에서 큰 고환을 지닌 남자는 자신의 아이일 수도 또 아닐 수도 있는 자녀 둘을 키우고 있었다. 게다가 그는 다른 여자와의 자녀를 얻었을 수도 또 아닐 수도 있다. 작은 고환을 지닌 남자는 자식이 한 명이었지만, 그 아이는 (그 아내의 말에 따르면) 분명히 그의 아이였다. 후자는 확실성을 보장받지만, 전자는 잠재력을 가지고 있다. 그러나 이 두 유형의 남자가 평균적으로는 동등한 수의 자녀를 얻게 마련이다.

이들 두 극단의 고환 크기와 종족보존 전략 사이에 다수의 남자가 위치한다—중간 크기의 고환을 지닌 남자들이다. 이들은 배우자 보호와 정자전쟁 사이에서 최상의 협상선을 찾을 수 있으나 어느 쪽에도 전문적이지 않은 '혼성' 전략을 채택한다. 인구 집단 내에 이 '혼성' 다수가 있어서 설명이 더 복잡해질 것이라고 생각하겠지만, 결론은 사실상 일관적이다—이들의 구성 비율 역시 평균적으로 작은 고환의 남자나 큰 고환의 남자보다 종족보존 성공 면에서 더 나을 것도 더 못할 것도 없는 수준에서 고정된다. 요컨대 남자는 자신의 고환 크기와 정자 생산량에 걸맞은 종족보존 전략을 추구하는 한, 평균적으로 다른 크기의 고환을 지닌 남자들만큼의 결실을 보게 된다.

장면 35의 정자전쟁 전문가는 큰 고환과 아울러 큰 음경을 지닌 반면, 배우자 보호 전문가는 작은 고환과 더불어 작은 음경을 지녔다. 음경도 정자전쟁에서 맡은 역이 있음이 확인된다면 이 역시 크게 새로운 사실은 아닐 것이다—음경은 질 내부에 있는 정액고를 제거한다. 그러나 전체적으로 보면 정자전쟁에서는 큰 음경보다 큰 고환의 활약이 두드러진다—왜냐하면 정자전쟁의 결과에는 음경의 크기보다 고환의 크기가 더 큰 영향을 미치기 때문이다. 결국 음경의 크기는 남자가 방금 전에 다른 남자와 성관계를 가진 여자와 관계를 갖게 되는, 드문 상황에서만 중요하게 작용한다—다른 남자의 정액고가 아직까지 여자의 질 상부에 있을 정도로 긴박한 순간에 말이다. 이와 대조적으로 고환의 크기는 정자의 양 때문에 정자전쟁에서 언제나 중요하다.

이것으로 어째서 정자전쟁 전문가에게는 큰 음경보다는 큰 고환을 갖는 것이 훨씬 큰 힘이 되는지는 설명이 되지만, 그렇다고 누구든 작은 음경을 가져야 한다는 뜻은 아니다. 물론 음경의 크기에는 하한선 제한이 있다—남자의 음경이 이 선 아래로 내려가면 질 높이까지 정자를 주입시킬 수 없다. 또 상한선도 있다—이 선위로 올라가면 여자를 다치게 하지 않고서는 삽입 행위를 할 수 없다. 이 범위 안에서 따지자면, 왜 남자의 음경은 상한선보다는 하한선 쪽이 나을까? 이 범위 안에만 들면 작은 음경에게는 아무 불리한 점이 없으며(별로 잦지 않은 정자전쟁에 장애가 되는 것 말고는) 때로는 오히려 유리한 점도 있기 때문이다.

한편으로는 작은 음경은 정자 보유 면에서 아무런 불리함이 없다. 첫째, 정액고를 질 상부로 옮기는 데는 특히 비효율적인 점이 없다. 최대 크기 이하의 음경이라도 사정하고 난 뒤에 빼낼 때 질 벽이 그뒤로 닫혀서(장면 3) 효과적으로 정액고를 질 상부로 밀어 넣기 때문이다. 둘째, 음경의 크기는 남자의 상대가 성교 중에 오르가슴을 느낄 개연성에 아무 영향력도 발휘하지 않기 때문이다.

또 한편 최대 크기에 못 미치는 작은 음경이 이로운 점도 있다. 특히 주기적 성관계에서 그렇다. 모든 것은 남자가 여자에게 예컨대 30분 이내의 짧은 간격으로 두 번 연속 사정하는 경우 **자기 자신의 정액고를 제거하게 될 때** 득실이 어떻게 되느냐에 달려 있다(장면 25). 이러한 상황에서 그전 정액고가 좋은 자리를 잡고 있다면 작은 음경이 유리하다. 만약 정액고가 제거되었다고 해도 작은 음경은 여전히 맡은 역을 수행할 수 있다—시간이 더 걸릴 뿐이다. 따라서 최대 크기보다 작은 음경은 큰 음경보다 남자에게 여러 면에서 융통성을 부여한다. 사고로 다칠 확률 또한 낮다.

고환과 음경의 크기는 한 인구 집단 내에서 남성 간에 차이가 날뿐 아니라 여러 인구 집단 및 여러 인종 사이에서도 차이가 난다. 평균적으로 체구도 그렇게 나타나는데, 생식기 크기는 흑인이 백인보다 큰 경향이 있으며, 또 흑인과 백인이 황인보다 큰 경향이 있다. 성교 중 사정되는 정자 수도 이에 따라서 차이가 난다. 이러한 인구 집단 간의 차이는 각기 다른 성적 전략의 비중에도 그대로 반영된다는 주장이 있는데, 한 인구 집단 내의 남자들이 각기 다른 전략을 추구하는 것과 똑같은 이치다. 달리 말하자면 (평균적으로) 큰 생식기를 지닌 인구 집단에는 (평균적으로) 작은 생식기를 지닌 인구 집단보다 정자전쟁을 추구하는 남자가 더 많아야 한다는 것이다. 이 주장은 인종 간 다른 인구 집단을 대상으로는 검증되지 않았지만 다른 종 사이에서는 검증되었다.

침팬지와 같은 영장류 일부 종은 암컷이 여러 수컷과 교미하는 경우가 잦으며 거의 모든 수태가 정자전쟁에서 비롯된다. 긴팔원숭이 같은 종은 암컷이 자기 짝 이외의 수컷과 교미하는 일이 거의 없으며, 정자전쟁을 통해서 이루어지는 수태가 거의 없다. 반면에 침팬지는 긴팔원숭이에 비해서 자신의 체구보다 훨씬 큰 고환을 지니고 있는 것으로 나타난다. 사람은 자녀의 4% 정도가 정자전쟁을 통해서 수태되며(장면 6), 정자전쟁 발생 확률과 고환 크기 둘 다 침팬지와 긴팔원숭이 중간에 위치한다.

영장류뿐 아니라 다른 많은 동물 그룹도 정자전쟁 발생 확률에 걸맞은 고환 크기를 지니고 있는 것으로 나타난다. 나비에서 조류, 생쥐에서 남자에 이르기까지, 수컷(혹은 남성)의 정자가 싸움에 결부될 확률이 높을수록 체구에 비해서 큰 고환을 가지고 있다.

장면 36
열광적인 혼란

기다리던 순간이 왔다. 두 번째 아내가 떠난 지 1년. 남자는 금욕과 허망한 기대감, 그리고 자위행위로 세월을 보냈다. 그러나 남자가 뭔가 완전히 바보짓만 하지 않는다면 지금이 그 순간이 될 것처럼 보였다.

아내가 떠난 뒤로 처음 여는 파티는 아니었다. 집에 많은 젊은 여자(그리고 약간 명의 남자)를 들이는 방법은 간단했다. 그러나 그가 누군가의 주의를 10분 넘게 끌 수 있었던 것은 그 첫 번째 파티에서였다. 남자는 자신보다 거의 서른 살 아래인 이 어린 여자가 이 방에 발을 들여놓는 순간 그녀를 목표로 삼았다. 한 친구의 친구인 이 여자는 남자의 주의를 한눈에 사로잡았다. 남자는 여자가 술에 취할 때까지 기다렸다가 비로소 행동을 개시했다. 이들은 몇 시간 동안 이야기를 나누었다. 여자는 화장실에 갔다가도―항상 아슬아슬한 순간이었다―남자에게로 돌아왔다. 대화의 마지막 시간, 화제는 섹스였다. 술기운에 기댄 솔직함으로 이들은 자위행위를 얼마나 자주하는가, 각자 몇 명의 상대가 있었는가 따위의 매우 사적인 부분까지 주고받았다. 여자는 두 자리 수를 훌쩍 넘겼다. 때로 그런 자신이 절망스럽기도 하다고 말했다. 그러나 안 된다고 말할 만한 합당한 이유가 떠오르지 않았다고.

여자는 슬프고 감상적인 얼굴이 되었다. 남자는 자기 자신을 그렇게 나쁘게 생각해서는 안 된다고 말했다. 그런 경험이 없었다면 어떻게 오늘의 그녀가 있었겠느냐, 그처럼 현실감각이 있고 그렇게 편안하며 그토록 매력적인……. 그러한 과거의 성적 경험이 분명히 현재 그가 도저히 저항할 수 없는 그러한 사람으로 만든 것이 아니겠느냐……. 남자는 이 말과 함께 손가락 등으로 여자의 옆얼굴을 어루만졌다. 여자가 얼굴을 남자의 손에 기대자 작은 눈물방울이 눈에 고였다. 여자는 남자가 볼의 눈물을 훔치자 미소를 지으며 사과했다. 그리고 남자는 계속해서 부드럽게 여자의 얼굴을 만졌고 손가락을 여자의 눈썹 주위, 코와 입을 따라서 움직였다. 여자는 그가 전 애인의 얼굴에서 보았던 표정으로 남자의 눈을 들여다보았다―여자는 성관계를 원했다. 사람들이 아직까지 방 안에 있었지만, 이 쌍은 이제 다른 데 신경 쓸 겨를이 없었다. 남자는 손가락 끝으로 더듬으며 손을 여자의 얼굴에서 목으로, 그리고 다시 등으로 옮겨 갔다. 기다리던 순간이 온 것이다. 남자는 여자의 손을 잡고 좀 더 사적인 장소로 가자고 제안했다. 여자는 남자가 이끄는 대로 스스럼없이 따랐다.

남자는 여자를 위층 자신의 침실로 이끌면서 쾌재를 불렀다. 남자는 드디어 성적 기술의 실력가가 되었는지도 모른다. 이 아가씨의 흥미를 끌기 위해서 사용한 대화 수법은 남자가 10년 전에 두 번째 아내를 처음 유혹할 때 사용했던 것과 거의 똑같았다. 사실 이 여자는 가슴이 상대적으로 빈약한 것을 빼고는 그의 전처와 거의 같다고 볼 수 있었다.

문을 따고 들어가는 몇 초 안에 이들은 침대에 알몸으로 누웠고, 남자는 전처와의 경험을 떠올려 자신을 화끈한 연인으로 만들었던 그 순서를 따르기 시작했다. 남자의 손, 입술과 혀가 강약의 정도를 달리하며 여자의 몸 위를 움직이기 시작했다. 전처가 지금 여자가 그래 보이는 모양으로 흥분했을 때 오르가슴을 자극하는 데 한 번도 실패해본 적이 없는, 충분한 연습을 거친 순서였다. 아내는 남자가 애무하는 동안 가만히 누워 있다가 남자가 클리토리스를 마사지하는 시간이 길어지면 흥분의 도가 높아지다가 마침내 클라이맥스를 맞곤 했다. 그러나 남자는 젊은 여자의 몸 위에서 천천히 움직이면서 여자의 클리토리스로 움직일 적절한 순간을 파악하다가 여자가 반응을 보이지 않는다는 사실을 깨달았다. 그런데 여자가 느닷없이 남자의 목을 부둥켜안더니 남자에게 열정적으로, 거의 폭력적일 정도로 키스하는 것이었다. 남자는 주춤했다가 다시 시작하기에 앞서 최선의 호응을 보였다. 남자는 여자를 굴려 여자의 다리 사이에 손을 끼워 넣으려고 하였다. 남자에게는 익숙하지 않은 각도였는데, 여자가 너무 많이 움직이는 탓에 클리토리스를 찾을 수 없었다. 남자는 전처와는 그런 문제를 겪어본 적이 거의 없었다. 그러나 여자는 그러고 나서는 남자가 자신을 자극하는 동안 가만히 누워 있었다.

자신의 원래 과정을 빼앗긴 남자는 대신 손가락을 여자의 질 안에 집어넣었다. 여자는 매우 젖어 있었다. 그러나 여자는 전처가 했듯이 남자가 손가락을 부드럽게 위로 아래로 안으로 바깥으로 움직이도록 놔두지 않고, 자신의 골반을 남자의 손에 대고 몇 초간 격렬하게 비벼대는 반응을 보였다. 그러더니 여자는 재빠르게 남자를 눕히고 남자의 몸 위로 올라갔다. 남자는 주로 상위를 이용했던 까닭에 아래에 누워 있는 것이 어색하게 느껴졌다. 남자는 진퇴를 시작하려고 했으나 여자 역시 진퇴를 하고 있었다. 남자의 전처는 고요히 누워 남자가 전 과정을 지휘하는 대로 맡겨두었었다. 하지만 아내는 보통 전희 때 클라이맥스를 얻곤 했다. 그나마 얻기를 원했을 때에나.

남자는 집중하는 데까지 해보았으나 자신의 삽입 동작을 여자의 동작에다 맞출 수가 없었다. 몸이 자꾸만 빠져나왔다. 여자는 남자의 음경을 놓칠 때마다 간단하게 음순으로 제자리에 맞추어 다시 안으로 빨아들이곤 했다. 남자는 이윽고 삽입 동작을 포기하고 모든 동작을 여자에게 맡기고는 자신이 사정하기 전에 여자가 클라이맥스를 얻을 수 있도록 인내심을 가지고 정중하게 기다렸다. 그러더니 여자가 갑자기 멈추었다—수축도, 해방이나 해소의 표출도, 어떤 것도 없었다. 여자의 동작이 멈추자 남자가 삽입 동작을 시작했으나 때는 너무 늦었다. 여자는 남자가 사정할 때까지 기다리지 않고 몸을 빼내더니 숨도 쉬지 않고 침대에 뻗었다. 남자의 발기된 성기를 젖고 약 오른 채 그대로 남겨두고.

남자는 여자가 누워서 숨을 돌리는 동안 여자에게 키스하고 애무했다. 여자에게 사정하고 싶은 간절한 마음에 남자는 여자의 흥분을 지속시키려고 했으나 소용이 없었다. 여자는 몇 분 뒤에 침대에서 일어나 옷을 입기 시작했다. 남자는 화장실에 가겠거니 생각했지만, 여자는 문을 나서면서 작별 인사를 했다. 정말로 즐거웠지만 가야겠다고 여자가 말했다. 남자는 자기는 아직 되지 않았다면서 막아보려고 했다. 여자는 남자에게 혼자서 하라고 말했다—시간이 더 있으면 돕겠지만 여자는 정말로 가야 한다는 것이었다. 남자 친구가 데리러 오기로 했다고. 여자가 문을 열자 남자가 다음에 한 번 더 해야 한다고 제안했다. 여자는 미소를 짓고, 고개를 젓고는 떠났다.

남자는 옷을 입고 파티 장소로 돌아갔으나 대부분은 떠나고 없었고, 아직까지 남아 있는 여자들 중에는 남자가 끌리는 여자가 없었다. 남자는 마지막 몇 사람을 배웅하고 침대로 돌아갔다. 그러나 남자는 자위행위를 하고 난 뒤에도 잠이 들지 않았다. 남자는 그 기회를 놓쳤다는 것이 믿어지지 않았다. 오십이 다 된 나이에도 자신에게 온 기회를 최대한 이용하지 못하다니. 남자가 경험이 부족한 것은 아니었다—다만 이런 여자를 전에 만나본 적이 없을 뿐이었다.

남자는 사춘기 동안에는 거의 성에 대해서 배울 기회가 없었으며, 첫 아내를 만날 때까지는 성교에 대해서 제대로 다 알지 못했다. 첫 아내와는 15년간 함께 살면서 두 아이를 낳았다. 하지만 두 사람의 전 관계를 통해 아내는 한 번도 오르가슴을 얻지 못했다. 아내는 완전히 수동적이었다. 아내는 남자가 자신의 다리 사이를 만지는 것을 좋아하지 않았고 남자의 얼굴이 음모 근처로 가는 것조차 허락하지 않았다. 전희가 없었기 때문에 남자가 아내에게 들어가려고 할 때는 아내가 젖어 있었던 적이 드물었다. 자신을 윤활시키기 위해서는 남자에게 음경 끝을 질 안으로 집어넣고 부드럽게 앞뒤로 움직이도록 했다. 남자가 일단 완전히 안으로 들어가면 아내는 그가 빨리 사정하기를 바랐다. 삽입 행위가 너무 길어지면 아내는 당혹스러워하는 듯이 보였다. 너무 오래 끌었다고 아내가 실제로 남자를 멈추게 하고는 빼내라고 한 것도 한두 번은 아니었다. 뒤늦게 생각해보면 말도 안 돼 보이지만, 남자는 첫 아내와 사는 동안 여자한테는 오르가슴 같은 것은 없다고 믿었다.

남자는 서른 살이 되어 처음 외도 기회를 가졌다. 직장의 파티에서였는데, 젊은 여자 한 명이 발로 그의 다리를 더듬기 시작했다. 그들은 남자의 사무실로 돌아가서 카펫 없는 바닥에 불편하게 누웠다. 남자는 이 여자도 자신의 아내와 같은 것을 원할 거라고 추측하고는 전희를 완전히 건너뛰었고, 절반쯤 벗겨진 치마와 속치마, 바지와 팬티의 뒤엉킴 속에서 곧바로 삽입을 시도했다. 여자는 남자의 배려 부족에 화를 냈으며 자신이 오르가슴을 얻지 못하리라는 데 실망했다. 여자는 갑작스레 그 상황의 불편함을 깨달은 듯했고, 마찬가지로 갑작스레, 죄책감에 압도되었다—여자에게도 집에 남편이 있었다. 여자는 남자를 밀어내면서 섹스가 결코 그렇게 좋은 생각이 아니었던 것 같다고 말하고는 떠났다.

남자는 그로부터 3년 뒤, 첫 번째 진짜 정부와 성관계를 가지려고 할 때에도 거의 같은 운명에 시달렸다. 이 여자 역시도 남자가 시작할 때 서두르는 것에 화를 냈다. 그러나 남자보다 열 살이나 아래였음에도, 첫 상황 때 남자를 보내버리는 대신 남자에게 교육을 실시하기 시작했다—알고 보니 남자가 알아야 할 것이 한두 가지가 아니었다. 예를 들면 남자는 아내와 사는 그 모든 세월 동안 아내의 클리토리스를 본 적도 만져본 적도 없었다. 남자는 솔직히 아내에게 그런 것이 있는지도 몰랐고, 뒤늦은 깨달음 덕분에 아내한테만 그런 것이 없는 것이 아닐까 의심했다. 정부에게는 아내와 공통점이 두 가지 있었는데, 젖꼭지 빠는 것을 약간 좋아하고 남자의 얼굴이 다리 사이로 오는 것을 심하게 싫어했다는 점이다. 남자가 하려고 할 때마다 여자는 가로막았다. 남자는 사실상 그녀의 클리토리스도 본 적이 없었다. 하지만 여자는 손가락으로 그것을 찾는 법과, 일단 찾고 나면 어떻게 해야 하는지를 남자에게 가르쳐주었다. 여자는 남자가 클리토리스를 직접 만지는 것을 원하지 않았고 그 주변 부위를 마사지하고 누르는 것을 더 좋아했다. 그러나 여자는 절대로 전희 클라이맥스를 원치 않았다. 남자는 손가락 사용에서 성기 사용으로 넘어가는 순간을 포착하는 데 전문가가 되었다. 그리고 남자의 순간 판단이 정확하기만 했다면 여자는 항상 삽입 중에 클라이맥스를 얻는 듯했다. 어째서인지 항상 여자가 속이고 있다는 느낌이 들기는 했지만.

이 첫 번째 외도는 1년간 지속되었고 아내에게 들키지 않고 지나갔다. 그 관계는 남자의 정부가 그녀 자신의 나이와 더 가까운 남자를 만났을 때 끝이 났다. 1년 뒤에 남자는 두 번째 관계를 시작했다. 남자는 이제 외도를 속이는 기술 면에서 어느 정도 경력이 쌓여 있었지만 아직까지도 여성의 오르가슴이 현실성이 있는 것인지 아닌지는 완전히 깨닫지 못하고 있었다. 나중에 증명되었듯이, 두 번째 정부는 남자를 완전히 계몽시켜주지는 못했다.

남자는 그녀와 있는 대부분의 시간 동안 여자의 꼭두각시 같은 느낌을 받았다. 그들은 한 직장에서 일했고 수시로 서로의 배우자를 벗어나 함께 지낼 그럴듯한 이유를 만들었다. 여자가 마침내 삽입하지 않는다는 조건으로 여자의 침대에 들어오는 것을 허락했다. 첫 번째 밤에는 남자가 여자의 몸을 애무하게 하는 대신 남자가 사정하는 것을 도왔는데, 특히 남자의 머리를 여자의 다리 사이에 놓도록 했다. 처음에는 자신이 뭘 하고 있는 건지 전혀 알 수 없었다. 남자는 서른다섯이나 되었지만, 그처럼 가까운 접촉을 원하거나 심지어 남자에게 허락까지 한 것은 그녀가 사실상 처음이었다. 그러나 여자는 말 그대로 만족이라고는 몰랐고, 온몸이 남자의 타액으로 뒤덮이도록 남자를 채근하고 들볶기까지 했다. 그랬지만 여자는 한 번도 오르가슴을 느끼지 않았고, 아니 흥분되는 일조차 없었다. 여자는 남자의 노력을 자극이라기보다는 치료 차원으로 생각하는 듯했다.

1년 뒤, 그들의 열 번째 밀회였는데, 여자는 아직까지도 자신에게 삽입하지 않는 한에서만 흥분의 시간을 가질 수 있을 거라고 주장했다. 이번에는 해외 출장이었고 기한은 2주였다. 이틀 밤 동안은 남자도 여자가 원하는 대로 들어주었지만, 세 번째 밤이 되어서 둘이 알몸으로 눕고 머리를 여자의 다리 사이에 넣자 남자의 흥분과 욕구 불만은 결국 이성의 문턱을 넘어버렸다. 남자는 여자의 몸을 타고 올라가서 몸 가는 대로 키스했다. 그러고는 여자의 얼굴과 입에 키스하는 동안 성기를 여자의 질 안으로 미끄러뜨렸다. 여자는 곧바로 저항했지만 남자는 여자를 찍어 누르면서 입과 자유로운 손을 사용해서 여자의 저항을 억눌렀다. 여자는 광포해져서 손을 움직일 수 있을 때마다 남자를 때리고 할퀴었다. 그러나 남자는 여자가 물리치기에는 너무 강했고 또 너무 흥분해 있었기 때문에 금방 사정하고 말았다. 끝나자 여자는 남자를 개자식이라고 불렀다—그러나 쫓아내지는 않았다. 여자는 옷도 입지 않았고, 한 시간도 되지 않아 남자에게 집적거려서 다시 강제로 관계를 하게 만들었다. 나머지 며칠 동안 이들은 매일 밤 관계를 가졌다. 남자는 밤마다 여자를 억압하고 강제할 다른 방법을 강구해야 했다. 여자는 그 주에 임신이 되었으나, 3개월이 지나서, 1년 넘게 성관계를 거부당해온 여자의 남편이 그것도 모자라 남의 아이를 키우겠느냐, 차라리 헤어지는 게 낫겠다고 결심하는 통에 유산되었다.

우리의 남자는 정부가 유산하기 전까지 자신의 아내와 헤어지고 아기 양육을 도와야 하는 것이 아닐까 하는 유혹을 느끼고 있었다. 유산이 되고 나자 남자는 불현듯, 수년에 걸쳐서 강제 섹스를 해야 할 것이라는 생각에 견딜 수 없어져서 관계를 청산하고 말았다. 그러나 너무 늦었다. 남편의 정부의 남편을 통해 남편의 외도 사실을 알게 된 아내는 그 사실을 알고 난 3개월 뒤에 다른 남자에게로 떠나면서 그들의 두 아이도 함께 데려가버렸다.

그러고는 세 차례 짧은 관계가 있었는데 세 여자 다 서로 너무나 달랐다. 첫 번째 여자는 섹스를 두려워했다. 여자는 어렸을 적에 강간을 당해서 발기된 성기에 대한 공포가 있었다. 그 사실에 어찌나 골몰했는지 남자 자신도 여자 못지않게 발기에 공포를 느꼈다. 이들은 술을 지나치게 많이 마셨다. 이들은 1년이 넘는 기간 동안 관계를 지속하면서 한 대여섯 번 함께 침대에 들었지만 한 번도 성관계를 갖지는 못했다. 남자는 그녀와 지난번 정부의 닮은 점을 이들의 마지막 만남 때까지 알아차리지 못했다. 여자는 남자에게 강간해달라고 요구했다. 남자는 어쩔 도리가 없기는 했지만, 남자가 성기를 강제로 여자 안에 넣을 때 여자가 괴로워하는 모습을 지켜보면서 마음이 찢어지는 듯했다. 하지만 여자는 전 정부와 달리 더 이상 남자를 찾아오지 않았고, 그뒤로 남자는 그녀를 다시 만나지 못했다.

이제 거의 마흔이었는데, 남자의 다음 경험은 굉장한 충격이었다. 남자는 직장 친구 몇몇과 무슨 축하 자리를 열고 있었다. 모두가 이제 갓 스무 살이 되었을까 싶은 젊은 부부의 집으로 몰려갔고, 아주 시끄러운 음악과 소란스런 웃음과 함께 취중 파티가 시작되려는 참이었다. 파티가 거의 즉각적으로 진행되고 있는데 여주인이 침실로 사라졌다. 여자는 몇 분 뒤 짧고 속이 훤히 비치는 흰색 드레스 차림으로 나타났다. 그러고는 한참 취한 남편이 보지 못하는 사이에 여자는 대놓고 얽매인 데 없는 남자들의 손을 한 명씩 이끌고 침실로 들어갔다. 그의 차례가 되자, 여자가 그에게 마지막까지 아껴둔 거라고 말했다. 여자는 남자를 아래층으로 데려가더니 문도 잠그지 않고 남자의 바지와 속옷을 벗겼다. 여자가 속치마를 벗자 남자는 앞 남자들의 정액 냄새를 맡을 수 있었다.

여자는 침대 끄트머리에 앉아 남자에게 구강성교를 해주기 시작했다. 여자는 자기가 내는 신음 소리에 남자보다 먼저 흥분했다. 거친 신음과 함께 여자는 남자를 자기 몸 위로 끌어올리고는 남자의 성기를 붙잡아 자기 질에 삽입했다. 남자가 삽입 동작으로 호응하자 여자는 피가 거꾸로 솟구칠 듯한 비명을 지르고는 온몸으로 전율했다. 여자의 반응이 너무 거칠어서 놀란 남자는 발기가 사그라지기 시작했다. 남자는 어떻게든 되살려보려고 삽입 동작을 계속했다. 그러나 여자가 두 번째 절정으로 치닫고 남자도 사정까지 몇 초 안 남은 순간, 여자의 애인이 방 안에 들이닥쳤다. 이제 막 사정하려는데 여자의 애인이 남자를 땅바닥에 내동

댕이치고는 당장 꺼지라고 소리쳤다. 그러고는 대수롭지 않은 듯이 자기 차례라고 말했다. 여자는 바뀐 성기에도 동요 없이 다시 한번 피가 거꾸로 솟구칠 듯한 비명을 내질렀다.

남자의 세 번째 상대는 이국적인 여성이었고, 다섯 차례 정도 성관계를 가졌다. 처음 두 번은 분명히 여자에게 실망스러운 것이었다. 여자는 갖가지 전희를 하기 전까지 삽입을 거부했다. 그러나 남자가 제공한 전희—첫 번째 정부와의 관계에서 빌려온 기교—는 여자에게 아무것도 아닌 듯했으며, 여자가 마침내 삽입을 허용했을 때는 두 번 다 잔뜩 못마땅한 모습이었다. 세 번째에는 여자가 혼자서 하겠다고 말했다. 여자는 남자가 보는 데서 자위행위를 했고 클라이맥스를 얻은 뒤에 삽입을 허락했다. 남자는 몇 년이 지나서야 깨달았다. 두 번째 아내가 될 사람을 이미 겪었더라면 이 여자를 흥분시킬 수 있었다는 것을. 여자가 그녀 스스로 한 것은 정확히 그의 두 번째 아내가 나중에 그에게 하도록 가르친 것이었다. 남자는 그의 이국적인 애인이 자위행위하는 것을 두 차례 지켜본 뒤에 자신이 상당히 무능하다고 느끼기 시작했다. 마지막에 가서는, 그 여자가 자신에게 정말로 원하는 것은 강제로 하는 것이 아닐까 생각하게 되었다. 두 번째 정부처럼. 남자는 이것을 시도했고 실패했다. 그러고는 밖으로 쫓겨났고 다시는 초대받지 못했다.

남자는 얼마 지나지 않아서 자신보다 스무 살 연하인 두 번째 아내를 만났다(그들의 아이를 데리고 최근에 그를 떠난 여자다). 이들의 첫 번째 관계에서는 남자의 절박함에 여자가 너무나 성이 나서 남자는 두 번째 기회를 거의 박탈당할 뻔했다. 하지만 여자는 마음을 누그러뜨렸고 여자가 원하는 것을 가르쳤다. 2~3년에 걸친 교육 끝에 남자는 꽤 능숙해졌다. 고요하면서도 관능적으로, 아내는 남자가 부드럽게 애무하는 동안 누워서 감각을 빨아들이는 것을 좋아했다. 하지만 남자의 첫 번째 정부와 달리 젖꼭지를 빠는 것은 거의 효력이 없었다. 아내는 남자에게 클리토리스의 정확한 위치와 찾는 방법을 알려주었다. 아내는 일단 윤활이 되고 나면 클리토리스 근육 그 자체를 직접 비비고 마사지하는 것을 좋아했다.

마침내 남자는 아내가 원할 때면 얼마든지 전희 오르가슴을 안겨줄 수 있다고 장담할 수 있는 경지에 이르렀다. 너무 약해서 얻을 가치도 없다면서, 아내는 성교 중 오르가슴을 얻는 일도 드물었거니와 심지어 원하는 때조차 너무나 드물었다. 여자는 성교가 시작될 때 남자에게 전희 오르가슴을 원하는지 아니면 그냥 삽입만 하고 싶은지 미리 말해주었다. 마음이 바뀌거나, 혹은 무슨 이유인지 남자가 아내를 흥분시키지 못할 때, 아내는 스스로를 만족시키기 위해서 내놓고 자위행위를 했다. 그리고 아내는 자신의 몽정 오르가슴에 대해서 남자에게 말해주었다. 남자가 아는 한, 그의 어떤 상대도 그것을 경험하지는 않았다.

두 번째 아내와 10년을 지낸 뒤, 남자는 어떤 여자라도 흥분시키고 만족시킬 수 있을 것이라고 느꼈다. 오늘 밤의 사건은 그가 틀렸음을 증명해주었다. 남자는 충격과 실망에 잠을 이루지 못하고 혼돈스런 상념의 바다를 표류했다. 그에게 여자란 도저히 이해되지 않는 존재였다.

남자와 비교해볼 때 여자의 성적 특징은 개인별 차이가 엄청나다. 어떤 여자(2~4%)는 오르가슴을 전혀 느끼지 않으며, 또 어떤 여자(5%)는 한 번의 클라이맥스에서 다음 클라이맥스를 얻을 때까지 거의 진정될 겨를도 없이 겹치기 오르가슴 multiple orgasms 을 얻는다. 10%는 성교 중 클라이맥스를 전혀 느끼지 않으며 또 10%는 거의 매번 클라이맥스에 이른다. 일부는 준비 과정에서 성교 중 클라이맥스까지 전적으로 수동적인 반응을 보이며 또 적극적으로 반응하는 여자도 있다. 50%가 일정하게 자위행위를 하며 20%는 전혀 하지 않는다. 마지막으로, 40%가 몽정 오르가슴을 겪는 반면에 나머지는 그러한 행사를 상상조차 하지 못한다.

이러한 여자 개개인의 오르가슴 유형 차이와 관련하여 추가되는 것은 신체 부위의 성감대 차이다. 어떤 여자는 젖꼭지가 민감하고 어떤 여자는 그렇지 않다. 클리토리스에 직접 접촉을 싫어할 정도로 민감한 여자가 있는가 하면 자극에 거의 반응을 보이지 않는 여자도 있다.

여자들은 저마다 다 다르다는 말은 사실과는 좀 거리가 있다―그러나 많은 남자들이 그렇게 느낀다. 여성의 성적 특성은 왜 그렇게 다양하며, 그러한 다양함은 여성의 종족보존 성공에 어떤 결실을 가져오는가? 이는 여자가 남자를 혼란시키고(장면 2) 그들의 능력을 테스트하는 것(장면 27)에서 얻어진 이점의 또 다른 발현이라고 보면 맞는 답이 될 것이다. 여성의 다양성은, 앞에서 보았듯이(장면 27), 남자가 성적 기교를 배워야 한다는 점 때문에 효과를 본다.

장면 36의 남자는 어안이 벙벙했다. 그러나 그는 자신이 생각한 것만큼 실패하지는 않았다. 그의 인생은 오히려 종족보존에 상당히 성공적이었다. 그는 첫 아내에게서 두 자녀를 얻었고 두 번째 아내에게서 한 아이를 얻었다(모두가 그의 자녀라고 추정할 때). 그러나 그는 그 이상도 얻을 수 있었다. 그는 일생 중 각각 다른 시기에 일곱 명의 여자를 임신시킬 기회를 누렸으며, 그의 실패 정도는 매번 달랐다. 몇 번은 사정조차 하지 못했다. 나머지는 관계를 충분히 오래, 말하자면 현실적으로 아버지가 될 기회를 얻을 만큼 오래 유지하지 못했다. 그가 다른 여자와 자녀를 얻을 수 있는 상황에 가장 가까이까지 갔던 것은 두 번째 정부하고였다. 여자의 신체는 마침내 그의 정자가 자신의 난자를 수정시키는 것을 허용했다. 그러나 그렇게 되기까지 남자는 1년간 기회를 놓쳐왔으며, 그것은 너무 긴 시간이었다. 더 일찍 임신시켰더라면 남자는 여자의 남편을 속여서 자신의 아이를 키우게 하는 데 성공할 수 있었을 것이다. 그랬더라면 아기도 유산되지 않았을 것이고, 남자의 종족보존 성공률도 결국은 실제보다 33% 높아졌을 것이다.

남자가 이들 일곱 명의 여자와 종족보존 기회를 이용하지 못한 것은 상황마다 놀라움과 충격, 오판으로 뒤섞인 혼돈을 느낀 것이 어느 정도 원인으로 작용했을 것이다. 남자는 자신이 할 수 있는 것을 다했지만 여성의 다양한 성적 특징이 매번 판이하게 나타나는 데 혼란스러웠다. 남자는 새 여자를 만날 때마다 지난 경험에서 배운 것을 적용시키려고 노력했다. 그는 과거에 성공적이었던 유혹, 자극, 사정 기교가 장래에도 성공적일 것이라고 예상했다. 그의 방식은 어느 정도까지는 효과가 있었다―다른 여자들과의 경험이 점진적으로 누적되면서 성적 기교에 관하여 그 나름의 깨달음과 경쟁력을 서서히 향상시켰다. 그러나 그는 여덟 명의 매우 다른 여자와의 만남 뒤에도 아홉 번째 여자에게 사정하는 데 여전히 실패했다.

한 암컷에게서 얻은 경험이 다른 암컷에게도 쉽게 적용되는 종이 있다. 그러나 그러한 유추가 잘 통하지 않는 종도 있다―사람과 같이 암컷의 근본 전략이 수컷을 혼란시키는 종은 성공률이 가장 낮다. 여성 개개인이 변덕스런 무드와 행동을 운용해서(장면 2), 자신의 남편을 혼동시킬 뿐만 아니라 전체 여성 인구 내에서도 개별 간의 다양성을 통해서 혼동을 야기한다. 장면 36에서 극명하게 드러났듯이, 여자가 다른 여자와 가능한 한 큰 차이를 지니면 다음 세 가지 면에서 유리하다.

첫째, 각각 남자의 경험과 경쟁력에 관해서 더한층 도발적인 테스트를 실시할 수 있다(장면 27). 이것으로 여자는 그 남자가 다른 여자와 경험이 많은지 적은지를 금세 파악할 수 있다. 여자들이 너무나 다른 까닭에 경험이 아주 많은 남자만이 여성의 다양한 유형을 알 수 있게 되고, 따라서 그 여자를 어떻게 다루어야 하는지도 알 수 있다. 만약 여자가 질병을 피하거나 정절을 지키는 배우자를 찾는 것에 중점을 둔다면 사실 고지식한 남자를 더 좋아할 수도 있다. 반면에 유전자적으로 더 매력적인 남자를 찾는 데 중점을 둔다면(장면 28), 다른 많은 여자들이 매력적이라고 느끼는 남자를 선호할 것이다(장면 27).

둘째, 여자는 매번 새로운 남자와의 성적 만남에서 그 남자가 자신과 관련된 최상의 방식을 헤아릴 때까지 초반 영향력을 행사한다. 그 결과로 여자는 그 남자가 장기적 배우자로서 적합한지를 판단할 시간을 벌게 된다.

장면 36에서는 세 여자가 주인공에 대해 성적인 테스트를 실시했지만, 성교를 하지 않고서 그를 거부했다. 한 여자는 그를 판단하는 데 시간을 좀 오래 끌었지만 그러는 동안에도 사정 횟수나 정자 보유량을 모두 최소치로 유지시킬 수 있었다. 나머지 두 명은 결심을 하기까지 거의 1년 가까이 남자의 사정을 피했다. 그중 한 명은 결국 남자를 거부했고 나머지는 임신을 했지만 차후에 유산되었다.

셋째, 여자는 한 남자를 배우자로 받아들이고 나서도 남자의 외도를 조장하지 않음과 동시에 자신에게 필요한 것을 교육시킬 수 있다. 이 장면에서는 확실히 두 여자(남자의 첫 정부와 두 번째 아내)가 남자의 여타 조건이 만남 초기의 성적 무능력을 인내해도 될 만큼 매력적이라고 판단했다. 이들은 남자가 자신들에게 클라이맥스를 안겨줄 수 있도록(장면 27) 비교적 오랜 기간에 걸쳐서 교육시켰다. 만약 남자가 향상된 능력으로 다른 여자를 쉽게 유혹했다면 그 교육은 자멸성 시도가 되었을 수도 있다. 물론 남자에게 약간의 도움은 되었으나, 여자들이 저마다 달랐던 까닭에 큰 도움은 되지 못했다. 남자의 첫 아내는 그 전략의 최종판을 구사했다. 그녀는 스스로 오르가슴을 얻지 않음으로써 남자에게 아무것도 가르치지 않았다. 여자는 그렇게 해서 남편이 한 번의 외도 기회를 놓치게 만들었고, 또 다른 기회가 왔을 때도 진행 속도를 떨어뜨렸다.

여자들이 저마다 다르기 때문에 상당한 이점을 누린다는 점은 이해하기 어렵지 않지만 이 가능성의 범위에는 제한이 있을 것이다. 따라서 여자가 개인마다 다른 성적 특성을 가지고 있을지라도 대체로 몇 가지 범주로 나누어볼 수 있다. 이들 범주는 유전적이며 인구 집단 내에 일련의 균형이 맞추어져 있고 모두가 너무 흔하지 않을 경우에 가장 성공적일 것이다.

우리는 앞의 장면들에서 진화를 거치면서 형성된 유전적 범주가 균형을 이루는 예를 보았다. 양성애와 이성애의 구성 비율(장면 30과 31)과 다른 고환 크기를 지닌 남자들의 구성 비율(장면 35), 둘 다 하나의 진화적 균형 내에 다른 범주들이 공존함을 보여주는 사례다. 각 범주는 아주 흔할 때 성공률이 평균 이하로 떨어졌다. 아주 드물 때는 성공률이 평균 이상이었다. 눈부시게 다양한 여성 개개인의 성적 특성은 지금까지 다루어온 이러한 균형 가운데 가장 복잡한 예일 뿐이다. 모든 선례에서 확인되었듯이, 여기에서의 균형 지점 역시 모든 범주가 진화를 거치면서 각기 종족보존에서 동등한 성공을 거둘 수 있는 지점에서 고정되었을 것이라고 생각하면 될 것이다.

그러면 이들 각각의 범주는 어떠한 것인가? 그보다 더 중요한 것은 이들 범주의 차이가 다만 차이를 위한 차이인가, 아니면 각 범주가 다른 측면의 성적 특성과 연관되어서 형성된 것인가 하는 점이다. 후자일 가능성이 높다. 큰 고환(장면 35)과 양성애(장면 30)가 일부 남자를 특정한 성 전략의 전문가로 만들어주는 것과 마찬가지로, 여자마다 다르게 나타나는 오르가슴 유형 역시 그들을 특정한 성 전략의 전문가로 만들어준다. 예컨대 어떤 오르가슴 유형은 해당 여성이 정자전쟁을 촉발하고 이용하는 데 최상의 효과를 발휘하도록 해준다. 다른 유형은 해당 여성이 세심한 배우자와의 관계에서 정조를 지키는 데 최상의 효과를 발휘하도록 해준다. 여성의 성적 특성의 어마어마한 다양성이 분류를 그다지 용납하지 않는다는 점을 사실 그대로 인정한다는 전제하에, 다음 네 가지 주요 유형을 알아둔다면 인생에 도움이 될 것이다.

첫째 유형은 모든 범위(자위행위, 몽정, 전희, 삽입 중, 사후 행위, 그리고 이따금씩은 겹치기로)의 가능한 오르가슴을 때때로 느끼도록(그리고 때때로 느끼지 않도록) 설정되어 있는 여자로 구성된다. 전체 범위의 오르가슴을 다 경험하는 여자는 5%밖에 되지 않지만, 25%는 겹치기 오르가슴을 제외한 나머지 모든 오르가슴을 경험하며, 40%는 겹치기 오르가슴과 몽정 오르가슴을 제외한 나머지 오르가슴을 경험한다. 이 범주에 드는 모든 여자는 앞에서 설명한(장면 22~26) 모든 방법으로 정자 보유량을 조종할 수 있다. 특히 이들은 모든 유형의 오르가슴을 얻고 얻지 않는 빈도를 다양하게 바꾸어서 남자 및 눈앞의 기회를 최대한으로 이용한다. 따라서 이들은 정자전쟁을 이용하는 것이 유리하다고 판단되면 언제나 가장 잘 활용할 수 있는 여자들이다.

전체적으로 보면 이 첫째 범주에 속하는 여자가 가장 많지만(약75%), 이 범주 안에서도 개인차는 엄청나다. 예를 들어보자. 이 범주에 속하는 여성의 30%는 자위행위와 몽정 둘 다 하는 반면에 50%는 자위행위만, 10%는 몽정만 한다. 이 다양함은 앞에서 언급했듯이 차이 그 자체를 위한 차이를 나타낸다. 자위행위와 몽정은 동일한 목적을 위한 선택적 수단이다(장면 22와 23). 개인에 따라서 둘 중 어느 쪽 출구에 치중하는지가 다른 것이다. 이는 또한 외도에 대비한 비밀 유지 정도에도 영향을 미치지만(장면 23), 정자 보유량 조종 능력에는 큰 영향을 발휘하지 않는다. 여성은 범주 내 개개인 간에 차이가 날 뿐 아니라, 개별 여성 역시 자신의 행동에 (때에 따라서, 상대에 따라서) 급격한 변화의 여지를 둠으로써 도저히 예측할 수 없는 존재가 된다.

둘째 범주는 정자 보유량과 정자전쟁을 조종할 수 있는 주요 수단 중 어느 한 가지를 피하도록 타고난 여자로 구성된다. 이들은 고립적인(자위행위와 몽정) 오르가슴을 겪지 않거나, 아니면 남자가 있는 데서는 클라이맥스를 느끼지 않는다. 그러나 대부분의 경우에 이들이 희생하는 조종 능력은 약간뿐이다. 그 보상으로 이들은 수적으로 드물다는 이점을 누린다. 따라서 약 10%의 여성만이 자위행위와 몽정을 둘 다 하지 않도록 타고나는데, 대신 이 여성들은 남자가 있는 자리에서 오르가슴을 얻음으로써 정자 보유량을 조종한다. 이 10%의 여성은 정자 보유량 조종 능력도 온전히 발휘할 수 있지만(삽입 행위, 삽입 중, 사후 행위 오르가슴을 통해서―장면 22~25), 이들에게 훨씬 더 중요한 것은 성적으로 능력 있는 남자를 선택하는 능력이다. 나머지 여성(이 역시 약 10%)은 남자가 있는 곳에서는 전혀 클라이맥스를 경험하지 않으나 자위행위와 몽정 둘 다 혹은 둘 중 하나를 경험한다. 이들 역시 정자 보유량 조종 능력을 온전히 발휘할 수 있다. 이들은 은밀하게 자궁경부 필터를 강화시키거나 약화시킨다—그러나 이들이 할 수 없는 것이 있는데, 마지막 순간에 마음이 바뀌었을 경우에 정자가 이미 준비된 초강력 필터를 피해 가게 할 수 없는 것이다(장면 25).

셋째 범주는 삽입 성교를 할 때마다 실질적으로 거의 매번 클라이맥스를 겪는 10%의 여성으로 구성된다. 이러한 여성도 정자 보유량을 조종할 수 있으며, 따라서 정자전쟁의 결과에 적극적으로 영향을 미친다—남자가 사정하는 순간과 여자 자신이 클라이맥스를 얻는 시간차에 변화를 가져올 수 있는 한(장면 25). 남자보다 1~2분 앞선 오르가슴은 정자 보유량을 낮춘다. 그뒤로는 어느 순간이라도 정자 보유량을 높인다.

마지막 범주는 성교할 때건 자위행위를 통해서건 몽정을 통해서건 오르가슴을 전혀 느끼지 않는 2~4%의 여성으로 구성된다. 앞에서 언급했듯이, 이들은 오르가슴을 느끼지 않는 보상으로 남편의 외도에 도움이 될 성적 기교를 교육시켜주지 않음으로써 이점을 누린다. 앞의 세 범주와 달리, 이 여성은 정자전쟁에 최소한의 영향력밖에 행사하지 못한다. 정자 수에 대해서는 어느 정도 영향을 행사하는데, 주로 지난번 성교 이래로 아무 현상이나 행위 없이 시간이 경과되어서 자궁경부 필터가 저절로 약해지기 때문이다(장면 22). 그러나 임신에는 정자전쟁만큼 정자수가 중요하지 않기 때문에, 정자전쟁의 가능성이 없을 경우에는 성교할 때마다 얼마만큼의 정자를 보유하는가는 하등 상관이 없다.

건강한 사정액에 정자가 **지나치게 많아** 수태하기가 어려운 경우도 있지만(장면 19) 지나치게 적어서 수태하기 어려운 경우는 훨씬 드물다. 정자가 적은 사정액이 종종 번식력이 떨어지는 경우가 있는데, 여자가 그 사정액을 통째로 보유한다고 해도 마찬가지다. 그러나 그것은 정자 수가 적기 때문이 아니다—정관 절제 수술을 받은 남자도 때로는 (100마리도 되지 않는)

소량의 정자를 사정해서 수태를 시키는 경우가 있다. 이는 오히려, 남자로 하여금 정자를 소량(수억 마리가 아니라 수천만 마리 정도)밖에 사정하지 못하게 만드는 임상 상태가 사정액의 번식력까지 떨어뜨리는 것이라고 보아야 한다.

이 마지막 범주의 여자는 말할 것도 없이 오르가슴의 질병 방어 기능도 상실한다. 그러나 어떤 범주의 여자보다 성병에 걸릴 확률이 낮다. 아무튼 오르가슴을 통한 정자 보유량 조종 기능을 행사하지 못하도록 설정된 여자일지라도 만에 하나 생식기 질병에 노출되면 오르가슴을 느낄 수 있다. 다만 이들이 어떻게 오르가슴을 느끼느냐는 신체 구조가 좌우할 것이다. 만약 클리토리스가 자극에 민감하다면 갑작스런 자위행위 욕구를 경험할 것이다. 하지만 이는 클리토리스가 자극에 덜 민감한 여자에게도 종종 발생한다. 덜 민감한 여자가 오르가슴을 얻기 위해서 자위행위하는 것은 힘들겠지만 그렇다고 몽정 클라이맥스까지 막을 길은 없다. 예컨대 클리토리스 절제 수술을 받은 여성도 몽정 오르가슴은 여전히 경험한다.

끝으로, 여자 개개인이 저마다 다른 성 전략을 추구할 때는 상대 선택에서도 미묘한 차이가 나타날 수밖에 없다―이는 앞서 살펴보았던 여타의 특성들에 추가될 수 있는 요소다(장면 18, 20, 21, 27, 28). 여자는 자신의 정자전쟁 방식에 보완이 될 만한 조건을 갖춘 배우자를 찾아야 한다. 배우자 보호에 전문가였던 장면 35의 고환 작은 남자는 클라이맥스를 한 번도 느껴본 적이 없는 여자에게 적합한 상대였다. 이와 유사하게, 같은 장면의 고환 큰 남자는 다양한 오르가슴 유형으로 외도와 정자전쟁에서 만반의 이익을 구가하던 여자에게 적합한 상대였다. 이 여자는 두 가지 면에서 이득을 보았다. 첫째, 그녀의 남편이 정자전쟁 전문가라는 것은 남편의 대량 정자 부대가 그녀의 다른 애인들로부터 유입된 정자 부대에 멋진 한판승을 거둘 수 있다는 뜻이다. 둘째, 여자의 남편 스스로 외도를 하고 다녔기 때문에 때로 그녀 역시 똑같은 경로를 밟음으로써 자신의 종족보존 성공을 추구할 자유를 누렸다.

마지막으로 강조해야 할 점은 이 장의 다른 장면에서 이미 강조한 것인데, **평균적으로** 각 범주의 여자 모두가 종족보존에서 동등한 성공을 누린다는 것이다. 한 인구 집단 내에서 각 범주의 구성 비율은 그 범주가 존재하기에 딱 적절할 수준에서 고정된다. 따라서 여자의 종족보존 전략에 자신이 타고난 오르가슴 유형이 방해가 될 수는 없다―물론 선택한 배우자와 여성 자신의 성적 행동 양태가 잘 맞아떨어졌을 때 얘기다.

11장
최종 점수

장면 37
최후의 성공

　노인은 마디가 붉어지고 주름 진 손을 뻗었다. 노인의 뻣뻣한 손가락이 곁에 앉아 있는 여자의 손에 닿았다. 여자는 노인 쪽으로 고개를 돌려 앞이 보이지 않는 유백색 눈동자로 미소를 지었다. 마침내 모두가 도착했다. 그중에는 며칠 걸려서 도착한 이도 있었다. 노부부는 수십년 만에 처음으로 이들의 장수의 결실인 전 가족에 둘러싸였다. 부부 자신을 포함해서 모두 다섯 세대가 모인 것이다. 큰아들은 이제 고희를 바라보았고 가장 어린 고손자는 생후 2주였다.
　노인은 아내의 얼굴을 바라보았다. 아내의 눈빛이 어두워질수록 그의 눈은 더 빛났다. 노인의 코앞에 놓인 현실은 주름이 깊게 팬 얼굴, 아내를 그토록 잔인하게 옭아맨 시력 잃은 눈, 상냥한 입과 앞니 한 개—아내는 그 마지막 남은 이를 무척이나 대견해했다—짜리 미소였다. 그러나 한순간 노인의 눈앞에는 70여 년 전에 노인의 오감에 그토록 불을 질렀던 부드럽고 아름다운 얼굴, 장난기 어린 맑고 검은 눈동자, 관능적인 입술과 반짝이는 치아가 떠올랐다. 노인은 마치 어제 일처럼 생생히 기억했다. 자신이 숲 속을 가로질러 어떻게 그녀를 뒤쫓았는지, 달콤한 내음의 나뭇잎 침대 위에서 정갈하고 완벽한 그녀의 몸을 맨 처음으로 어떻게 탐험하고 진입했는지를. 그녀는 훌륭한 아내이자 어머니요 할머니였고 일평생 완벽한 동반자였다. 이들의 관계가 불편했던 적은 아내가 폐경기에 이르렀을 때 단 한 시기뿐이었다―그나마 5년밖에 가지 않았다.

노인에게는 외도 기회가 많았고 수시로 유혹을 받았으나 그때마다 거부했는데, 그는 질병과 자신의 공주님을 잃는 것이 너무도 두려웠다. 마지막 기회는 60대 초반, 그의 지위와 건장한 신체에 깊이 매료된 나이 스물의 경박한 아가씨가 그날 밤 자신을 바치겠다는 것이었다. 그러나 그는 거절했다. 노인의 긴 일생 최고의 판단이었다. 그 아가씨가 5년 뒤에 죽었기 때문이다. 그 여자는 당시 사회의 재앙이었으며 자신을 바치겠다던 그날 밤에도 지니고 있었을 성병으로 죽었다. 만약 그가 그때 실수를 저질러 일찍 죽었다면, 그래서 갖가지 문제를 해결해주지 못하고 자신이 지닌 경험의 이점을 이들에게 물려주지 못했더라면, 아내와 그의 가족은 지난 25년간을 어떻게 살았을까?

마지막 외도 기회가 끝난 바로 그날 밤, 노인과 그의 아내는 마지막으로 사랑을 나누었다. 그뒤로는 어째서인지 나이가 먹어가는 몸으로 그 힘을 들여야 할 이유를 찾을 수가 없었다―이들은 관계를 갖고 안 갖고를 떠나서 더 이상 가까워질 것이 없었다. 노인은 그때 생각에 젖어서 아내에게 아름다워 보인다고 말했다.

늙은 아내는 다시 한번 그 앞니 한 개짜리 미소를 지어 보였다. 이제는 그녀에게 영구적 동반자가 된 위통이 곁의 가족의 소리를 듣는다는 단순한 즐거움으로 잠시 사라졌다. 여자는 남편의 손을 그러쥐었다. 그의 모습을 마지막으로 본 것도 10년이나 지났다. 남편이 허약해지고 부쩍 늙어간다는 현실로 더 이상 고통받을 필요도 없었다. 가면 갈수록, 여자의 마음속에서 남편의 모습은 시력이 떨어져갈 즈음 보았던 초라한 늙은이의 모습이 아니라 그 이전 세월 동안 알아왔던 근육질의 건장한 청년이 되어갔다. 여자는 남편보다도 더 명징하고 정확하게 기억하고 있었다. 호수에서 알몸으로 헤엄치다가 자신의 몸을 맨 처음으로 그에게 맡겼던 때를.

첫아이를 임신하기까지는 몇 년이 걸렸지만 그뒤로는 수월했다. 여자는 단 한 번도 외도 유혹을 느껴본 적이 없었다. 남편의 부와 지위가 상승하면서 여자의 가장 큰 두려움은 그를 잃을지도 모른다는 생각이었다. 오랜 세월 함께 살아오면서 남편이 오만하다고 느껴져 짜증 날 때도 있었으나, 남편은 언제나 친절했고 사려 깊었으며 재미있었다. 가족이 늘어나면서 여자는 단 한 번도 더 나은 남편이나 부양자를 꿈꾸어본 적이 없었다. 여자는 남편에게 다시 한번 누구누구가 있느냐고 물었다—먼저, 우리 아이들은 다 보여요?

노인은 집 앞에 크게 무리 지어 모여 있는 사람들을 둘러보았다. 이들의 가족뿐만 아니라 온 마을이 축하를 위해서 모였는데, 이 축하연은 하루 종일 진행될 계획이었다. 아이들은 서로 쫓고 달리고 있었고, 많이들 웃고 있었지만 다투거나 우는 아이들도 있었다. 어른들은 삼삼오오 바닥에 앉거나 옹기종기 서 있었다. 대부분은 술이나 음료를 마시고 가벼운 식사를 들면서 정찬을 기다리고 있었다. 모든 곳이 대화와 웃음소리로 가득했고, 친지간의 오랜 우애와 불화를 새로이 다지느라고 군데군데 목소리가 높아지는 곳도 있었다.

노인은 다섯 자녀를 한 명씩 찾아냈다. 눈에 들어오는 대로 이름을 일러주니 아내가 고개를 끄덕였다. 모두 왔다. 여자는 여덟 아이를 낳았지만 둘은 어려서 죽었고, 셋째는 가족을 다 이루고 난 뒤 몇 년 전에 50대에 죽었다. 손자들은요, 여자가 다그쳤다. 노인은 스물세 명이어야 한다는 것은 알았지만 이름을 다 기억하지는 못했다. 노인은 자신이 제일 잘 아는 절반만 골랐는데 모두 40대였다. 그보다 젊은 손자는 아내의 기억력에 의존해야 했으며, 아직 10대이거나 그보다 어린 손자들도 있었다. 여자는 손자들의 이름을 또렷이 기억했지만, 남편이 어린 손자 몇 아이가 어떻게 생겼는지 감도 잡지 못할 때는 그나마도 도움이 되지 않았다. 그랬어도 노인은 아내가 이름을 댈 때는 그곳에 있다고 말을 했다.

명단이 끝나자 여자는 흐뭇해서 뒤로 물러나 앉았다. 살아 있는 손자 스물세녀석. 화려한 성생활에 복잡하고 요란한 인생을 살다가 10년 전에 세상을 뜬, 평생의 친구이자 라이벌보다 세 명 더 많은 수였다. 여자는 지금 지난 우정이 그리웠다. 그들은 운이 좋았다. 그 세대 대부분이 병이나 사고로 젊어서 죽거나 아이를 낳지 못했고, 아니면 많은 자녀가 성인이 되기 전에 죽었다. 그녀와 그 친구가 마을 인구를 크게 늘린 것이었다.

노인이 아내한테 제발 증손자 수를 세어달라는 부탁만큼은 하지 않았으면 좋겠다고 말했다. 여자는 고개를 저으며 웃었다. 노인은 이제 서른이 다 된 맨 위 증손자가 이제 막 태어난, 이들의 막내 고손자를 안고 있는 것을 보았다. 아내가 말하기를, 간밤에 딸하고 같이 헤아려보았는데 전부 해서 쉰두 명이고 네 증손자가 아직 오고 있고, 이미 고손자도 열여섯 명이라는 것이었다. 노인은 자손 수 헤아리기 임무에서 풀려나 뒤로 물러앉아 쉬었다.

"우리가 일궈온 것을 한번 보구려." 노인이 흡족해하며 말했다. 아내가 앞을 보지 못한다는 것을 잊어버린 것이 이번이 처음은 아니었다. 여자는 곁에서 들리는 소리와 대화에 집중하면서 다시 한번 남편의 손을 쥐었다가 놓았다.

갑자기 소동이 일어났다. 벌거벗은 아이들 한 무리가 개간지를 가로질러 뛰어오고 허리둘레에 천 조각만 걸친 젊은이 무리가 숲에서 튀어나왔다. 앞장선 이들의 어깨 위에는 나무꼬챙이에 꽂힌 덩치 큰 짐승 세 마리가 얹혀 있었다. 만찬의 음식이 도착한 것이다.

∽

이 책 전체를 통해서 장면 장면 다양한 외도 사건을 기록했다. 각 장면의 주인공들이 순간이면 순간, 상황이면 상황, 손 안에 기회를 움켜쥐고 동시대인보다 아주 약간만 더 높을 뿐인 종족보존의 성공을 위해서 분투하는 모습을. 이 마지막 장면은 적절한 상황의 적절한 사람이라면 최고의 종족보존 성공을 획득할 수 있는 가장 훌륭한 방법이 때로는 일부일처 관계일 수 있음을 상기시킨다.

이 장면은 또한 일부일처제를 포함한 장기적 부부 관계가 약 300만 년에 걸쳐서 사람의 성적 특성으로 평가되어왔음을 상기시킨다. 우리의 수렵 채집 조상들(장면 16)은, 아프리카의 대초원에서 남미와 동남아시아의 산림지대까지, 호주의 원시 오지에서 캐나다의 에스키모 중심 지대까지 거의 항상 장기간의 남녀 배우자 관계를 형성해왔으며 그들 대부분은 일부일처 관계였다. 장면 37의 부부와 달리 이들의 배우자 관계는 꼭 평생 동안 지속되지는 않았다. 종종 한 사람이 두 명 혹은 세 명과도 연이어 관계를 형성하기도 했다. 그러나 어느 경우에도 그 관계가 지속되는 동안에는 깊은 인간적 유대 안에서 수년간 이어지는 (이따금씩 외도를 주고받지만) 일부일처 관계였다―현대 산업사회의 모습과 매우 유사하다.

단 1만 5,000여 년 만에, 많은 문화권이 농경의 발달에 힘입어서 일부다처제 사회로 전환했다. 여자들이 가장 큰 부를 축적한 남자들―가장 큰 경작지와 가장 많은 가축을 소유한 이들―주위로 몰려들었다. 그러나 일부다처 관계조차 장기적인 성격을 띠었으며 남성과 그에게 딸린 각각의 여성 사이에는 돈독한 유대가 생겨났다. 여자는 남자에게 정절을 지키고, 남자는 자신이 선정한 여자들에게 정절을 지키는 것이 풍속이었다.

지금으로부터 수백 년 전부터 도시화와 산업화의 도래와 함께 인류 사회는 일부일처제 혹은 그와 유사한 제도로 대대적으로 회귀했다. 그러나 여자들은 현재까지도 여전히 부와 지위를 지닌 남자들 주변으로 몰려든다(장면 18).

장면 37의 여자가 외도하지 않기로 한 것은 탁월한 결정이었다. 만약, 실제로도 그렇게 보이지만, 여자의 남편이 여자의 주위에서 최고의 부양자였고 현실적으로 가능한 최상의 유전자 소유자였다면 여자로서는 외도를 한다고 해서 종족보존에 더 이득이 될 것이 아무것도 없었으며(장면 18), 오히려 모든 것을 잃는 것이었다(장면 9와 11). 그러나 여자는 자신보다 훨씬 다양한 성생활을 즐겼던 친한 친구를 약간 앞질렀을 뿐이다. 추정컨대 이 친구는 그처럼 훌륭한 남편이라는 특혜를 부여받지 못했다. 만약 이 여자가 정절을 선택했더라면 실제로 이루었던 것보다 못했을 것이다―역시 종족보존 면에서. 두 여자가 얼마나 성공할 수 있었는지는 이들의 전략이 정절이었느냐 부정이었느냐보다는 얼마나 훌륭한 상대를 끌 수 있는가 하는 능력과 더 관련이 있었을 것이다. 이들은 자신의 상황에서 최선의 전략을 추구했다.

마지막 장면의 남자에게도, 외도를 피한 것은 훌륭한 판단이었다. 그에게는 득이 될 것이 많았지만(장면 13) 손실이 될 것 역시 많았다(장면 9와 11). 특히 자신의 '공주님'을 잃는다는 손실 말고도 그가 속한 사회에는 생명에 위협이 되는 질병에 접촉할 위험이 항상적으로 존재했다. 아내는 출산력이 있었고 정조를 지켰으며 훌륭한 어머니이자 할머니였다. 외도로 그 무엇을 얻는다고 해도 손실과 균형을 맞출 만한 것은 없었을 것이다.

다수의 사람이 평생 동안 순수하게 일부일처제만을 고집하지는 않지만, 대부분(예외도 있긴 하다―장면 30)은 장기적 배우자 관계 안에서 더 큰 종족보존의 성공을 얻는다. 그러면 개인이 순간 및 상황을 정확히 판단하기만 하면 외도, 강간, 집단 성교, 매춘 등등은 모두가 종족보존상 하나의 관계만으로 얻을 수 있는 것보다 아주 약간 더 높은 성공의 기회를 제공하는 전략들이다. 그러나 운용 능력이 형편없거나 해당 개인에게 이 전략을 완수할 만한 신체적, 성격적 매력이 없다면 전부가 위험을 수반하는 전략일 뿐이다.

마지막 장면의 부부, 특히 남자의 경우에는 외도와 정자전쟁을 통해서 더 큰 성공을 거두었을 수도 있다―그러나 모든 개연성을 따져볼 때, 상황이 돌아간 바로 봐서 이들은 그렇게 하지 않았을 것이다. 정조를 지키는 일부일처 관계의 종족보존 전략이 이들에게는 완벽한 성공을 선사했다.

장면 37의 부부는 일부일처 관계로 정절을 지켰으나, 그래도 정자전쟁의 그늘에서 벗어날 수는 없었다. 이들 중 누구도 정자전쟁에 **실질적으로**

연루되지 않았다는 것이 요령 있는 대응은 아니었다. 이들의 신체는 결코 이루어진 적 없는 전쟁 때문에 평생을 '경보 태세'로 보낸 것이다.

사람의 신체는 누구나 다 마찬가지로 경보 상태다—예외는 없다. 인체는 종족보존 생활 전체를 통해서 지속적으로 정자전쟁의 가능성을 측정하며 또한 적절하게 대비한다. 가능성이 낮을 때에는 일부 준비가 이루어지기는 하지만 최소다(장면 12와 22). 하지만 모든 인체는 하나도 빠짐없이 시시때때로 정자전쟁으로 이끌 만한 행위를 기대하고 있다—그럴 때에는 그러한 기대감이 준비의 단계를 상승시킨다(장면 13과 26). 항상 그런 것은 아니지만 대개 그러한 기대감은 환상일 뿐이고 준비물도 필요치 않다—아무 전쟁도 일어나지 않았으니까. 그러나 우리 자신의 세대에서조차 남자의 다수가 일생 중 적어도 한 차례는 그 환상을 현실에서 실현시켜서 자신의 정자를 전장에 투입한다—그리고 적어도 일생 중 한 번은 여성 다수가 같은 일을 행해서 정자전쟁을 촉발시킨다. 전쟁이 발발하면 각기의 신체는 준비가 제대로 되었는지, 그 전쟁이 종족보존의 이점을 행사할 가능성이 있는지 확실히 하기 위해서 최선을 다할 것이다.

이 책을 읽기 전에 정자전쟁과 그 결과에 대해서 진지하게 생각해본 사람은 얼마 없을 것이다. 그러나 이 현상이 존재하지 않았다면 사람의 성생활은 훨씬 단조로웠을 것이다. 정자전쟁이 없었다면 남자는 조그만 생식기로 소량의 정자를 생산하도록 진화했을 것이다. 여자는 오르가슴을 느끼지 못했을 것이며, 성교 중 삽입 행위도 성적인 꿈이나 환상도, 자위행위도 없었을 것이며, 일평생에 걸쳐서 성욕을 여남은 번—임신이 가능하고 바람직할 몇 되지 않는 상황에서—밖에 느끼지 않았을 것이다. 성과 사회, 예술과 문학—사실상 인류의 문화 전체—의 모습이 아주 달라졌을 것이다.

정자전쟁은 수천 년이 넘도록 사회의 형성을 도와왔다. 이와 대조적으로 지난 몇 년 동안 두 방면—하나는 사회 방면, 하나는 과학 방면—의 발전이 이루어졌는데, 이것으로 정자전쟁의 면모가 바뀌게 되었다. **사회적 발전**은, 정부가 배우자가 없는 여자의 자녀들에 대한 재정적 책임을 사회로부터 자기 책임을 방기한 아버지들에게 돌리려는 시도를 하는 과정에서 아동 후원 기관들이 출현한 것이다. 재미있는 사실은 곳곳에서 자신의 양육을 기피하거나 미루고 싶어하는 남자들이 정자전쟁이 있었음을 호소했다는 점이다—이 아이 혹은 저 아이가 자신의 아이가 아니라는 주장이다. 그러한 친부 부정 주장이 과거에 이루어졌다면 대부분 미결로 남았을 것이다. 그러나 **과학적 발전**—지문 채취에 의한 유전자 식별—이 그러한 주장에 대한 비교적 확증적인 실험 수단을 제공했다(장면 16과 30).

아동 후원 기관과 친부 확정 검사의 세계가 성 전략과 정자전쟁의 역할을 어떻게 바꾸었는지 살펴본다면 상당히 흥미로운 점을 발견할 수 있다.

주요 영향은 두 가지다. 첫째, 남자가 '성관계만 갖고 튀기'가 어려워졌다(장면 13과 29). 아버지임을 부인하고 아이 양육을 여자에게 맡겨버리는 일은 더 이상 쉽지 않을 것이다. 둘째, 여자가 남편을 속여서 다른 남자의 아이를 양육하게 만드는 일이 훨씬 어려울 것이다(장면 6, 8, 13, 16, 17, 18, 26, 31, 33, 35). 아이가 태어날 때마다 남자가 정기적으로 친부 확정 검사 비용을 지불하며(어쩌면 검사 권리까지 부여받고!) 자녀 양육을 법적으로 강제받게 될 미래를 상상해보는 일은 별로 어렵지 않다.

이 두 가지 오래된 전략은 훨씬 효력을 상실하겠지만, 오늘날 크게 성행하지 않는 대안적 전략들은 훨씬 큰 성공을 거둘 것이다. 예를 들면 여자가 여러 남자에게서 아이를 얻는 데 훨씬 자유로워질 것이다. 유전자적으로 이로울 뿐만 아니라 여러 남자로부터 장기적인 재정지원을 얻게 될 테니까(장면 18). 여러 남자에게서 아이를 얻는 과정에서 여자는 여전히 정자전쟁 촉발 노력을 게을리하면 안 된다. 그래야 자신의 남성 후손이 경쟁력 있는 사정액을 지닐 수 있다(장면 21). 그러나 여자에게는 자신이 구사한 전략의 결과로 빈약한 정부 지원에 의존하게 될 위험이 더 이상 존재하지 않는다. 물론 어느 상대에게도 자신의 행동을 숨기는 일이 불가능하지 않다면 매우 힘들겠지만, 또 굳이 그렇게 할 필요도 줄어들 것이다. 여자에게는 사실상 배우자의 필요성조차 줄어든다. 배우자가 있다고 해도 남자가 자신을 버리는 것이 과거에 그러했던 것처럼 큰 타격이 되지는 않을 것이다. 이제 남자 차례다. 남자는 여자가 얻을 수 있는 이 잠재력을 이용할 수 있다. 더 이상 다른 남자의 아이를 속아서 키울까봐 겁에 떨지 않아도 된다―만약 그런 아이를 키운다면, 그것은 그렇게 하는 것이 손실보다는 이득이 많다는 판단하에 원해서 하는 경우일 것이다(장면 15). 자기 아내가 다른 남자들의 자녀를 가짐으로써 생기는 부수입이 사실상 자신의 자녀를 더욱 성공적으로 양육하는 데 도움이 된다는 계산이 나오는 경우도 있을 것이다.

그러한 행위가 남자와 여자의 장기적 배우자 관계를 감소시킬 수는 있지만―남녀의 특징도 분명히 바뀔 것이다―그러한 남녀 배우자 관계는 아마도 여전히 존재할 것이다. 남자는 여전히 아내를 방어해서 정자전쟁을 피하려고 할 것이고(장면 9), 여자는 여전히 상대를 구해서 자녀 양육에 경제 외적인 다른 모든 측면의 도움을 받으려고 할 것이다(장면 18). 그러나 자녀 양육에서 재정적 협의와 친부 확인 기술의 발전은 부부 관계의 양대 기능을 상실시켜서 그 존재를 상당히 위축시킬 것이다. 남녀 쌍방의 종족보존 활동은 여러 관계의 연속성에 중심을 두게 되면서, 각 관계는 자녀를 한두 명 얻을 정도까지만 유지될 것이다.

남자 쪽에서 보면, 종족보존 성공의 균형은 부와 지위를 누리는 자에게 현재보다 더한층 유리하게 기울 가능성이 높다(장면 18)―어쩌면 이것이 자녀 양육권 입법 조치가 의원들 사이에서 호응을 얻는 이유일지도 모르겠다! 부유한 남자만이 여러 여자에게서 자녀를 얻을 여유가 있을 것이고, 따라서 그러한 남자만이 많은 여자의 표적이 될 것이다. 가난한 남자가 또 다른 여성에게 사정할 기회를 얻는다면, 꼬리를 남기지 않아야 한다는 중

압감이 현재보다 한결 더 가중될 것이다.

물론 전혀 바뀌지 않는 일도 있다. 가능한 한 많은 손자를 얻고 싶은 사람의 잠재의식은 그 무엇—거세나 뇌 수술, 또는 호르몬 이식수술 등—으로도 없애지 못한다. 따라서 그 무엇으로도 유전자와 상황이 허락하는 한 되도록 많은 여자에게서 되도록 많은 자녀를 얻고자 하는 잠재의식의 욕구를 제거하지 못할 것이다. 마찬가지로 그 무엇도 **자신의 유전자와 상황이 허락하는 한 최상의 유전자를 얻고 자녀에게 최고의 양육 환경을 주려는 여자의 잠재의식**을 막지 못한다.

중국의 '한 가족 한 자녀' 강제 법규는 기본적인 종족보존 전략이 사회 변화에 어떻게 적응하는지를 극명하게 보여준다. 이 법규는 자녀의 평균 수치(여자 1명당 아들 1.6명으로)를 성공적으로 떨어뜨렸다. 그러나 그렇게 하면서 남아 대 여아의 성비까지 1.6 대 1로 바꿔놓았다(선택 낙태와 영아 살해를 통해서—장면 6). 어째서 그렇게 되었는가? 본질적으로 남자보다 여자의 종족보존상의 성공 잠재력이 그러한 강제성의 영향을 더 많이 받는다. 성공적인 남자들(가령 이 법안을 구상하고 시행한 당사자들?)은 여전히 남모르게 여자들에게 사정하고 정자전쟁에서 승리해서 많은 자녀를 얻을 수 있다. 반면에 여자가 동시대인보다 많은 손자를 얻을 수 있는 유일한 방법은 그와 같은 성공적인 아들을 얻는 것뿐이다. 물론 성공적인 아들을 얻음으로써 남자 역시 이득을 본다. 현대 중국에서 아들을 너무나 간절히 원하는 나머지 딸이라면 기꺼이 죽이려고까지 하는 사람들이 의식적으로는 어떤 근거를 내세우든 간에 그들의 생물학적 반응은 이들이 종족보존의 성공을 향상시키기 위해서 노력할 경우에 나오는 결과와 정확하게 일치한다.

이 책에서 다룬 모든 성 전략은 어떠한 새로운 환경에라도 적응해나갈 것이다. 과학적이고 사회적인 발전을 이룬 미래 사회의 영향이 어떠한 것이거나 정자전쟁과 그에 관련한 행동은 항존하는 특성으로 남을 것이다.

따라서 정자전쟁은 앞으로 다가올 세대에서 인류의 성적 특성이 형성되는 과정에서도 계속해서 주요한 힘을 행사할 것이다.

옮기고 나서

이 책 『정자전쟁Sperm Wars: Infidelity, Sexual Conflict and Other Bedroom Battles』의 지은이는 우리가 한 번쯤 의문을 가져보았음직한 다음과 같은 질문들을 던진다. 행복한 결혼 생활 중에도 외도를 하게 되는 이유는 무엇인가? 평균적으로 남녀가 평생에 걸쳐서 얻는 자녀가 일곱 명을 넘지 못하는데도 평균 성교 횟수가 2,000~3,000회를 상회하는 이유는 무엇인가? 남자가 사정할 때마다 수억 마리의 정자가 배출되는 이유는 무엇인가? 여성 오르가슴이 그처럼 다양하며, 또 얻기 어려운 이유는 무엇인가? 왜 남몰래 자위행위를 하는가? 이러한 질문들에 대해서 자신 있게 정확한 대답을 할 수 있는 사람이 없다는 것이 지은이가 이 책을 저술하게 된 배경이다. 지은이는 우리를 곤혹스럽게 하는 이러한 의문거리들을 "정자전쟁"이라는 열쇠를 가지고 풀어나간다.

정자전쟁, 사뭇 낯선 개념이다. 지은이가 전쟁이라는 위협적인 표현을 사용한 것은 그것이 정말로 전쟁이기 때문이다. 부대와 무기를 적재적소에 배치시키고, 전략과 전술을 적절히 운용해야만 승리를 거둘 수 있는 진짜 전쟁이다. 이 전쟁의 궁극적 승리는 후손을 많이 남긴 자에게 돌아가는데,

그 양상은 우리가 상상할 수 있는 것보다 치열한 듯하다. 남자는 한 번 사정할 때 수억 마리의 정자를 배출하는데, 이 대규모 정자 부대는 적군을 때려잡는 정자잡이killersperm, 적군에게 달라붙어 앞길을 가로막는 방패막이blocker, 수억 마리 아군의 충성스런 복무에 힘입어 마침내 수정의 포상을 획득하는 1등 주자 난자잡이egg-getter로 구성된다. 이 정자들은 각각의 사명을 띠고서 절묘하게 대오를 지어 여자의 몸속에서 전투를 벌이며 종족보존에 이바지한다. 그러면 누가 이러한 전쟁을 촉발하는가? 여자 자신이다. 이렇게 무시무시한 일이 벌어지는데, 남자는 물론 여자 자신도 아는 바가 없다. 왜냐하면 그 모든 것이 머리는 모르게 신체에서 꾸민 일이기 때문이다.

여자는 무엇을 얻기 위해서 이러한 음모를 꾸미는가? 남자는 무엇을 얻기 위해서 그처럼 기분 나쁜 전투에 응하는가? 이 전쟁의 생물학적 동기이자 목적은 자기 자신의 유전자를 최상의 조건을 지닌 유전자와 결합시켜서 되도록 많은 후손에게 이어지게 하는 것이다.

지은이는 여자의 신체가 보기에 우월한 유전자가 남편이 아닌 남자에게서 발견되는 경우가 왕왕 있으며, 일단 발견되었다 하면 여자의 신체는 그의 유전자를 자신의 후손에게 이어주기 위해서 가능한 모든 수단을 동원한다고 말한다. 그렇게 되면 여성은 외도를 추구하도록 생물학적으로 설정되어 있다는 주장이 된다. 또한 이 전쟁에서 전쟁을 촉발한 여성이 큰 역할을 하고 있다고 한다. 남자뿐 아니라 여자 자신도 언제 오르가슴에 이르게 될지 짐작할 수 없는데(그 결정은 물론 여자의 몸이 내린다), 그 시점에 따라서 임신 여부가 결정된다. 남자가 아무리 애를 써도 여자가 원하지 않으면 여자에게 오르가슴을 안겨줄 수 없고, 남자가 수억 마리 아니라 수백억 마리의 정자를 채워 넣는다고 한들 여자의 몸이 내켜하지 않으면 난자를 획득하기는 어렵다고 한다. 그러나 남자라고 해서 수수방관만 하지는 않는다. 지은이는 남자 신체의 미학을 사정량의 조절에서 찾는다. 그는 이러한 이 책의 시각이 외도를 정당화, 심지어는 조장하는 것이 아니냐는 비판에 대해, 『타임time』지와의 인터뷰에서 "외도를 행하는 사람들에게 생물학적 평계를 제공하려는 것이 아니다. 다만 사람들의 행동을 해석하고자 한 것이다……. 외도가 옳다거나 그르다고 말하고자 한 것이 아니다"라고 하면서, 자신이 도덕적 입장을 넘어서서 진화생물학자로서 편견 없이 인간 행위를 분석하고자 했음을 밝히고 있다.

이 책의 과학적 근거를 제공한 진화생물학에서는 생물의 생태와 행동이 번식의 성공률을 최대한도로 높이는 데에 이바지하도록 진화되었다고 보며, 다른 종의 생태를 관찰하여 사람의 생태 근거와 접합시키는 연구 방법을 주로 사용해왔다. 지은이는 다른 종의 생태를 연구, 관찰했을 뿐만 아니라 동물학과 재학생들의 자원을 받아서 직접적으로 사람의 신체에서 벌어지는 현상을 연구했다. 말하자면 지은이의 실험실 비커는 각종 성관계, 성관계 시기, 체위에 따른 남성의 정액과 여성의 다양한 분비물로 채워져 있었던 것이다. 자신의 사생활의 결정結晶을 과감히 제출한 학생들의 용기도 대단하지만, 7년간 이처럼 선도적이고 충격적인 실험을 진행하는 과정에서 지은이의 연구팀이 받은 제재라고는 학교 당국이 자원 학생들에게 시간당 활동비를 지원하지 않은 것뿐이라고 하니 놀랄 만한 일이 아닐 수 없다.

*

1997년에 이 책을 처음 번역할 때는 무척이나 조심스러웠고, 출판사에서도 편집 과정에서 책을 출간하는 날까지 신중에 신중을 기했다. 『정자전쟁』의 주장 자체도 낯설었지만 그보다는 그 주장을 설득하기 위해 지은이가 구성한 장치가 과학서답지 않게 파격적인 데다가 그 장치 안에 담긴 구체적인 성적 행동 사례들은 더더욱 충격적이어서, 당시 우리 사회가 무리 없이 받아들일 수 있겠는가 하는 고민이 앞섰다.

책이 나오자 반응은 뜨거웠지만 다행히도 우려하던 그런 반응은 아니었다. 흥미롭다, 도발적이다, 그럴듯하다, 딱 내 얘기다, 듣고 싶었던 이야기다, 아내가 볼까봐 몰래 읽었다, 궁금하던 것이 풀렸다, 그리고 이 책이 고마웠다는 인사까지.

『정자전쟁』이 나온 뒤로 10년 동안 우리 사회 또한 많은 변화를 겪었다. 다양한 성 담론이 활발하게 일어났고 우리 몸이 원하는 일 혹은 우리 몸에서 벌어지는 일을 당당하게 여기는 정서가 자리 잡았으며 일상에서 성의 표현도 훨씬 자유로워지고 과감해졌다. 그런가 하면 성적 행위와 관련된 범죄가 늘고 그 형태도 잔인해졌으며 이혼율은 상승하고 평균 결혼연령은 남녀 할 것 없이 높아지고 있다. 최근 들어서는 출산율 저하가 심각한 사회문제로 떠올랐다.

특히나 출산율 저하 현상을 보면 이러한 우리 사회의 모습이 인류의 종족보존 본능에 반하는 것이 아닌가 하는 의문마저도 들지만, 생존경쟁이 갈수록 치열해지는 상황에서는 최소한의 자녀에게 가진 것을 다 투자하는 선택과 집중 전략이 종족보존의 성공률을 높이는 데 가장 유리한 대응일 수도 있다는 『정자전쟁』의 해석에 그래서 다시금 주목하게 된다.

『정자전쟁』 개정판 서문을 읽어보면, 다른 언어권 독자들의 반응도 우리 독자들과 크게 다르지 않았다는 것을 알 수 있다. 특히나 전혀 뜻밖에도 독자 편지의 대부분이 고맙다는 인사였다는 이야기를 보면, 10년 전에는 어떤 사회에서건 『정자전쟁』의 주장과 내용이 낯설고 또 반갑게 받아들여졌던 것 같다.

『정자전쟁』의 한국어판은 몇 년 전에 절판되어 새 책으로는 구할 수 없는 상황이었다. 그동안 정자전쟁을 직·간접적으로 다룬 책들을 적지 않게 접하고 또 각종 언론 매체, 나아가 인터넷의 토론장에서 벌어지는 정자논쟁 논의를 볼 때면 한 번씩 이 책이 다시 나와도 좋지 않을까 하고 생각했었는데, 정말로 개정판이 나오게 되다니 반가운 마음과 묘한 마음이 동시에 일어난다.

이학사에서 출간하는 『정자전쟁』 개정판은 원서 개정판에서 추가된 내용은 물론 절판된 한국어판에서 일부 누락되었던 번역도 싣고 있다. 또한 보다 정확성을 기하기 위해 기존의 번역을 전체적으로 가다듬었으며 미흡한 부분은 수정·보완하였다.

인류의 종족보존 의지가 사라지지 않는 한, 인간의 바람기가 없어지지 않는 한 남성들 사이에 혹은 남성과 여성 사이에 벌어지는 치열한 정자전쟁은 그칠 날이 없을 것이며, 따라서 『정자전쟁』의 존재 의미는 유효하다고 믿는다.

2006년 12월
옮긴이 이민아